국내여행
버킷리스트
101

국내여행 버킷리스트 101

지은이 최미선·신석교
펴낸이 임상진
펴낸곳 (주)넥서스

초판 1쇄 발행 2016년 10월 20일
초판 34쇄 발행 2023년 7월 25일

2판 1쇄 발행 2024년 7월 25일
2판 4쇄 발행 2024년 11월 28일

출판신고 1992년 4월 3일 제311-2002-2호
주소 10880 경기도 파주시 지목로 5
전화 (02)330-5500 팩스 (02)330-5555
ISBN 979-11-6683-852-1 13980

www.nexusbook.com

죽기 전에 가 봐야 할

국내여행
버킷리스트
101

글 **최미선** · 사진 **신석교**

넥서스BOOKS

Prologue

"가야 할 때 가지 않으면
가려 할 때 갈 수 없게 될지도 모른다."

다산 정약용 선생은 어렸을 때부터 독서 삼매경에 빠져 밥때마다 식구들이
찾아다니느라 애를 먹었다고 합니다.
선생은 그랬답니다.
"여유가 생긴 뒤에 남을 도우려 하면 결코 그런 날은 없을 것이고, 여가가 생
긴 뒤에 책을 읽으려 하면 결코 그 기회는 없을 것이다."

요즘 많은 사람이 여유가 있다면 가장 먼저 하고 싶은 일로 여행을 꼽곤 합
니다. 하지만 그 '여유'라는 건 사람마다 각기 다를 겁니다.
흔히 이런 우스갯소리들을 합니다.
"젊어서는 돈이 없어 가지 못하고, 중년층이 되면 시간이 없어 가지 못하고,
늙어서는 다리가 떨려 가지 못한다.'

노벨 문학상 수상자인 아일랜드 극작가 버나드 쇼는 자신의 묘비명을 이렇게 지었답니다.

'우물쭈물하다가 내 이럴 줄 알았다.'

저 역시 살아오면서 해야 할 때 하지 않아 때 늦은 후회를 한 적도 많았습니다. 그럼에도 불구하고 늦었다고 생각한 그 순간이 뭔가를 하기에 가장 빠른 시간입니다.
바리바리 짐을 꾸려 멀리 떠나는 것만이 여행은 아닙니다. 해외를 나가야만 여행이 되는 건 아닙니다. 내 집 근처도 누군가에게는 가고 싶은 여행지가 됩니다.

한 걸음이 모든 여행의 시작입니다.
우리 땅은 넓지 않지만 높이나 깊이는 만만치 않습니다.
어느 곳이든 제 나름의 매력을 품고 있습니다.
그런 이 땅에서 살아가는 동안 적어도 '이런 곳의 이런 묘미'는 맛봐야 할 것들을 나름 추려 보았습니다.
여유를 기다리지 말고 틈틈이 짬을 내어 여유 있는 마음으로 떠나 보세요.

최미선

Content

Part 3

강원도

Part 4

충청도

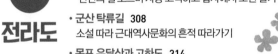

Part 1

서울

국내여행 버킷리스트

도심 속
낭만 기찻길
따라 거닐기

🚇 **대중교통**
❶ 지하철 1호선 월계역 4번 출구로 나와 도로 건너 녹천중학교
정문을 지나 담장을 따라 들어가면 경춘선숲길 시작(도보 7분)
❷ 화랑대철도공원은 지하철 6호선 4번 출구에서 도보 8분

⭐ **Tip**
노원불빛정원 점등 시간 일몰 30분 전~오후 10시(월요일 제외)

오래된 철길은 아날로그 감성 가득한 산책로가 되었다.

우리나라에서 첫 기차가 운행된 건 1899년 9월 18일이다. 이때 서울(노량진)과 인천(제물포)을 잇는 경인선 열차는 시속 20km에 불과했다. 하지만 그 이전에는 제물포에서 노량진까지 약 33km 거리를 이동하는 데 도보로는 12시간, 배를 타도 8시간 걸렸던 것에 비해 기차는 불과 1시간 40분 만에 주파했으니 엄청나게 빠른 속도였던 셈이다.

이후 일제는 한반도의 철도 부설권을 강탈해 경부선, 경의선, 호남선, 경원선을 비롯해 한반도 구석구석 새로운 철로를 착착 놓았다. 일제가 철도에 열을 올린 건 한반도를 집어삼키고 만주까지 침략하기 위해서였다. 또한 거미줄같이 파고든 그 철도망을 통해 우리의 농산물, 수산물, 광산물까지 꼼꼼하게 수탈해 일본으로 실어날랐다.

이렇듯 이 땅의 철도는 가슴 아픈 역사를 품고 있지만 그나마 서울과 춘천을 오가는 경춘선은 일제 강점기에 우리 자본으로 놓은 최초의 철도다. 당시 조선총독부가 춘천에 있던 강원도청을 경원선(서울~원산)이 지나는 철원으로 옮기려 하자 이에 반발한 춘천 부자들이 1936년 사재를 털어 3년여 만에 완성한 것이다.

그렇게 '도청 사수'를 위해 탄생한 경춘선은 훗날 대성리, 강촌, 남이섬으로 향하는 7080 청춘들이 즐겨 타던 '청춘 기차길'로 유명해졌다. 특히 좌석이 지정되지

1 레트로 감성 가득한 옛 열차가 세워진 화랑대철도공원.
2 알록달록한 조명들로 크리스마스 같은 풍경을 연출하는 노원불빛정원.
3 옛 화랑대역의 실내에 마련된 전시 공간.

않아 요금이 저렴했던 '비둘기호'는 주머니 사정이 여의치 않은 젊은이들의 기차였다. 청량리역 개찰구가 열리는 순간 달리기 시합을 하듯 뛰어서 자리 쟁탈전을 벌이고, 좌석에 옹기종이 모여 앉아 기타 치며 노래하다 승무원에게 한 소리 듣기도 했던 경춘선 열차의 추억은 나름 낭만이었다.

이렇듯 설레는 청춘들을 실어 나르던 경춘선은 2010년 복선 전철로 거듭났다. 그때 성북역~퇴계원역 구간은 철로 변경으로 운행이 중단되면서 폐철로가 되었다. 경춘선숲길은 그 구간을 활용해 산책로로 변신시킨 곳이다. 옛 철로를 그대로 살려서 걷기 좋게 정비한 산책로에서 중장년층들은 아련한 청춘 시절을 떠올리며 거닐고, 요즘 청춘들은 아날로그 감성 데이트를 즐기곤 한다.

이제는 기찻길이 아닌 낭만 산책로가 된 경춘선숲길엔 울창한 잣나무숲길과 아기자기한 카페, 전통 시장 등 소소한 볼거리와 먹거리가 가득하다. 경춘선숲길 초입, 70여 년간 경춘선 열차가 중랑천 위를 가로지르며 달리던 철교도 지금은 걷기 편한 보행교로 변신했다. 중랑천이 시원하게 내려다보이는 철교를 건너 오른편에 길게 이어진 잣나무숲길은 경춘선숲길 최고의 산책로로 사랑받는 곳이다.

과거 경춘선을 달리던 무궁화호 객차를 그대로 활용한 경춘선숲길방문자센터를 지나면 주택가를 가로지르는 철길이 펼쳐진다. 아기자기한 카페와 식당들이 즐비한 이 구간엔 '도깨비방망이처럼 무엇이든 만들어 낸다.'라는 의미에서 이름 붙은 공릉동도깨비시장도 있어 걷다 출출해지면 간식을 챙겨 먹기에 좋다.

녹슨 철로에 생기를 불어넣는 벽화가 가득한 주택가를 벗어나 차도와 나란히 이어지는 철길을 걷다 보면 화랑대철도공원(옛 화랑대역)이 등장한다. 서울의 마지막 간이역인 옛 화랑대역 실내는 기차 여행의 옛 추억을 더듬어 볼 수 있는 전시 공간이다. 화랑대철도공원에는 그 밖에도 이모저모 다양한 볼거리가 마련되어 있는데, 특히 야외에 조성된 '노원불빛정원'은 밤마다 크리스마스 같은 풍경이 연출된다. 해가 지면 곳곳에 설치된 조형물들이 알록달록 화려하게 불을 밝혀 경춘선숲길을 찾은 산책객들에게 낭만의 밤을 선사한다.

⊕ 노원구 월계동 경춘철교를 건너 서울의 마지막 간이역인 옛 화랑대역을 거쳐 서울시와 구리시의 경계
플 인 담터마을까지 이어지는 경춘선숲길은 총 길이가 6km가량이다. 그중에서 옛 화랑대역을 지나 담터
러 마을까지 이어지는 길은 걷는 이들이 많지 않아 경춘선숲길 중 가장 호젓한 구간이다. 경춘선숲길 끝
스 자락 인근에는 태릉(문정왕후 능)이 있어 더불어 돌아보기에도 좋다.

구한말
젊음의 거리
탐방하기

🚇 **대중교통** 지하철 1호선, 2호선 시청역 2번 출구로 나오면 바로
덕수궁 대한문 입구이고, 대한문을 바라보고 왼쪽으로 난 길이
정동길이 시작되는 지점

구한말 각국 공사관과 선교사들의 터전이던 정동에는 그 시대를 대표하는 명문 학교들이 몰려 있었다. 덕수궁 옆에 자리한 서울시립미술관은 1886년에 설립된 육영공원(育英公院)이 있던 자리에 세워졌다. '영재를 기르는 공립학교'라는 뜻의 육영공원은 사실상 '국내 최초의 영어학교'였다. 1882년 조미수호통상조약 체결 이후 근대화된 교육과 외국어의 필요성을 절감했던 고종은 미국에서 온 원어민 교사를 채용해 학교 문을 열었다.

과거에 합격한 관리와 고위급 양반 자제 중에서 선발된 학생들이 모인 육영공원에서는 영어 수업뿐만 아니라 수학, 지리, 세계사 등 모든 수업이 영어로 진행됐다. 영어를 모르던 학생들은 처음엔 애를 먹었지만 불과 8개월 만에 원어민 교사의 말을 척척 알아듣자 "학생들 영어가 중국, 일본보다 뛰어나다."라는 교사들의 칭찬이 쏟아졌다. 이에 흐뭇했던 고종은 학교에 친히 행차해 수업도 참관했지만, 엄격한 학사 관리에 적응하지 못한 퇴학생이 늘어나고 재정난까지 겹치면서 8년 만인 1894년에 폐교되고 말았다.

공립학교였던 육영공원과는 달리, 서울시립미술관 앞 정동제일교회 왼쪽에 자리한 배재학당은 미국 선교사인 헨리 아펜젤러가 세운 서양식 사립학교였다. 1885년 여름, 단칸방에서 시작된 이 학교의 첫 입학생은 달랑 2명이었지만 몇몇 과목을 빼고 대부분 영어로 진행되던 수업이었기에 '영어 배워 출세'하려는 학생들이 부적

덕수궁 옆 육영공원이 있던 자리에는 서울시립미술관이 세워졌다.

1 배재학당역사박물관 앞마당에 서 있는 설립자 아펜젤러의 동상.
2,3 우리나라 여성 교육의 역사를 보여 주는 이화박물관과 유관순 동상.

늘었다. 이에 고종이 '인재를 기르는 집'이란 뜻의 '배재학당(培材學堂)'이라는 교명을 지어 주면서 1886년 6월 8일 조선 왕실이 인정한 첫 사립학교가 되었다.

배재학당 이웃에는 국내 최초의 여성 교육기관인 이화학당이 있었다. 미국 선교사인 메리 스크랜턴은 1885년 6월 조선에 오자마자 근사한 기와집 학교를 열었지만 배재학당과 달리 한동안 학생을 구하지 못했다. 여자는 그저 집안일만 잘하면 된다고 생각하는 시대였기에, 스크랜턴 여사는 집집마다 찾아다니며 학생 모집에 나서야 했다. '학비도 공짜, 급식도 공짜, 거기다 입혀 주고 재워 주겠다.'라고도 했지만 사람들은 오히려 더 의심스럽게 생각해 스크랜턴 여사가 나타나면 슬슬 피했다. 그야말로 '개점휴업' 상태였던 학교에 드디어 첫 학생이 제 발로 찾아온 건 1886년 5월 31일이다. 5월 31일이 이화학당의 개교기념일인 이유다. 고위 관료의 첩이었던 여인은 영어를 배워 명성황후의 통역관이 되고자 나름 열심히 공부했으나 건강 문제로 3개월 만에 중퇴하면서 학교는 다시금 '개점휴업' 신세가 됐다.

그 귀한 학생이 떠난 후 한 달 만에 맞은 두 번째 학생은 가난 때문에 입 하나라도 줄이려는 엄마 손에 이끌려 온 10대 소녀였다. 몇 달 뒤 합류한 세 번째 학생은 전염병으로 죽어가는 엄마 품에 안긴 네 살배기 어린아이였다. 그런 아이들을 정성껏 품자 비로소 의심의 눈초리를 거둔 이들이 하나둘 아이를 맡기기 시작했다. 이듬해인

1887년 고종이 '배꽃같이 순결하고 향기로운 열매를 맺는 곳'이라는 뜻의 '이화학당(梨花學堂)'이라는 현판을 하사해 왕이 인정한 최초의 여학교가 되면서 양반집 딸들도 입학하기 시작했다.

그저 누군가의 딸, 누군가의 아내, 누군가의 엄마로만 살아오던 이 땅의 여성들이 자신의 이름으로 당당하게 살길 원했던 스크랜턴 여사는 학교 안에 여성들을 위한 병원도 세웠고, 고종은 '병든 여인들을 구하는 집'이란 의미로 '보구여관(保救女館)' 현판을 하사했다. 그렇게 탄생한 국내 최초의 여성 병원이 지금의 이화여자대학교 의료원의 뿌리다.

▐ 서울시립미술관
문의 02-2124-8800

▐ 배재학당 역사박물관
관람 시간 오전 10시~오후 5시 휴관 월요일, 공휴일, 개교기념일(6월 8일) 입장료 무료 문의 02-319-5578

▐ 이화박물관
관람 시간 오전 10시~오후 5시 휴관 월요일, 일요일, 공휴일 입장료 무료 문의 02-2175-1964

이렇듯 근대식 학교들이 모여 있었던 정동길은 자연스레 그 시절의 똘똘한 청춘들이 모이는 '젊음의 거리'가 되었고, 오늘날까지도 그 흔적이 고스란히 남아 있다. 1916년부터 배재학당 교사로 사용했던 건물은 배재학당역사박물관이 되었다. 박물관 앞의 잔디밭은 배재학당 운동장이 있던 곳으로, 1920년 '제1회 전 조선야구대회'가 열렸으며 지금의 '전국체전' 시발점이 된 장소다. 박물관 안에 들어서면 고종이 내린 '배재학당' 간판, 아펜젤러 가족의 유품, 졸업생들의 유품, 배재 출신 피아니스트 백건우가 학창 시절에 즐겨 쳤다는 1933년형 독일제 피아노 등 흥미로운 볼거리를 볼 수 있다.

또한 이화여고 담장 밑엔 '보구여관' 터를 알리는 표석이 있고, 교문 안에는 1915년에 지어진 이화학당 교사를 복원한 이화박물관이 있다. 박물관 내에서는 이화학당의 역사와 우리나라 여성들의 삶을 보여 주는 당시의 흑백사진과 전시물들을 만날 수 있는데, 마치 한 편의 근대영화를 보는 느낌이다.

사시사철 낭만적인 풍경으로 사람들의 발길을 유혹하는 덕수궁 돌담길을 시작으로 길게 이어지는 정동길을 걷다 보면 이 밖에도 1905년 을사늑약 체결 현장인 중명전, 1885년 설립된 한국 개신교 최초의 교회 정동제일교회 등을 만날 수 있다. 정동길을 빠져나오면 길 건너편에 구석구석 옛 추억이 묻어나는 돈의문마을박물관, 대한민국 임시정부 마지막 청사 기능을 한 곳이자 김구 선생이 1949년 암살당한 가슴 아픈 현장인 경교장(강북삼성병원 안)도 있다.

풍광 좋은
남산 둘레길 걷고,
왕돈가스로 마무리하기

🚇 **대중교통** 지하철 4호선 명동역, 회현역, 3호선 동대입구역에서 남산 둘레길 시작

⭐ **Tip** 명동역에서 남산 둘레길을 거쳐 회현역으로 오는 길은 약 8km 정도. 걷기 부담스러우면 명동역, 회현역, 충무로역, 동대입구역에서 순환버스를 타거나 명동역에서 만화골목길을 올라와 케이블카를 이용하면 N서울타워까지 갈 수 있다.

남산타워 케이블카
운행시간 오전 10시~오후 11시
요금 편도-어른 12,000원, 어린이 9,000원
　　　왕복-어른 15,000원, 어린이 11,500원

시시각각 변하는 N서울타워의 조명은 남산 야간 산책의 묘미를 더해 준다.

　마치 서울이라고 꼭 집어 가리키듯 서울 한복판에 우뚝 솟아 N서울타워를 품고
있는 남산은 서울의 랜드마크가 된 지 오래다. 하지만 등잔 밑이 어둡다고 이 남산
을 서울에서 살며 정작 한 번도 올라가 보지 못한 이들도 의외로 많다. 남산은 사실
그리 높은 산이 아니다. 하지만 해발 265m에 달하는 정상에 오르면 하늘을 향해 키
재기 하듯 모여 있는 빌딩 숲과 이를 감싸고 있는 한강 줄기 등 서울 시내가 한눈에
내려다보이는 풍광이 생각보다 근사하다. 뿐만 아니라 정상에 우뚝 선 N서울타워
를 중심으로 남산 자락을 한 바퀴 도는 둘레길은 계절마다 옷을 갈아입으며 걷기 좋
은 산책 친구가 되어 준다. 특히 봄, 가을이면 어디론가 멀리 떠나지 않아도 화사한
봄꽃 또는 그윽한 단풍, 낙엽과 마주하면 지상낙원이 따로 없다.
　그런 남산은 명동, 회현동, 장충공원, 국립극장 등 오르는 길이 다양하다. 둘레길
은 편하지만 어디서든 그 길에 들어서기까지는 어느 정도 땀 흘리는 수고를 감안해
야 한다. 하지만 그 길목에 볼거리가 다양하니 오르는 길이 마냥 힘들지만은 않다.
지하철 4호선 명동역에서 오르는 코스는 그런 길목 중 하나다. 3번 출구로 나와 퍼
시픽 호텔을 사이에 두고 왼쪽으로 접어들면 남산 밑에 자리한 애니메이션센터 앞
까지《공포의 외인구단》,《식객》등 40여 종의 만화 캐릭터가 전시된 언덕길이 펼쳐
진다. 걸음을 옮길 때마다 다양한 종류의 만화가 속속 등장하는 재미를 주는데, 그

1 명동역에서 남산으로 오르는 길목에 펼쳐진 골목길은 다양한 만화를 접할 수 있는 재미있는 길이다.
2 남산 둘레길 초입에는 식사를 하거나 차를 마시며 쉬어 가기 좋은 목멱산방이 있다.

래서인지 이 골목길 명칭이 '재미로'다.

만화 언덕을 다 올라 남산순환도로를 건너 애니메이션센터 앞에서 오른쪽으로 접어들어 순환도로를 따라 300m가량 오르면 케이블카 승강장 못 미처 남산 둘레 길 입구가 있다. 둘레길에 들어서는 순간 사뭇 분위기가 호젓해지는 초입에 식사를 하거나 차를 마시며 쉬어 가기 좋은 한옥 스타일의 목멱산방이 자리하고 있다. 이곳에서 국립극장 코앞까지 이어지는 북측 순환산책로는 차량 통행이 전면 금지된, 오로지 걷는 자들만의 비단길이다. 가을 단풍이 특히 아름다운 이 길목에서는 와룡선생이라 일컫던 제갈량과 단군 산신을 모신 사당 와룡묘와 조선 인조 때 세운 유서 깊은 국궁장으로 산책 중에 간간히 활쏘는 모습도 볼 수 있는 석호정도 있다.

북측 순환산책로를 벗어나 왼쪽으로 내려가면 국립극장이지만 둘레길은 오른쪽으로 이어진다. 이곳에서 N서울타워까지 오르는 길은 남측 순환도로라 일컫는다. 북측 순환도로와 달리 보행자 전용 산책로 옆으로 차량이 오가지만 주로 남산 인근 전철역에서 N서울타워 밑까지 관광객을 실어 나르는 친환경버스이기에 그리 번잡하진 않다. 북측 순환도로의 전망도 좋지만 이 길목에는 한강과 어우러진 탁 트인 서울 시내 전경을 볼 수 있는, 둘레길에서 가장 탁월한 조망 포인트를 품고 있다. 아울러 둘레길 밑에 펼쳐진 구불구불한 소나무 숲 사이로 난 좁은 오솔길 탐방로 곳곳에 놓인 벤치에서 싱그러운 숲의 향기를 맡으며 느긋하게 쉬어 가기에도 그만이다.

그렇게 쉬엄쉬엄 걸어 들어서는 N서울타워는 밤마다 시시각각 변하는 화려한 조명으로 서울 어디서든 눈길을 끈다. N서울타워 전망대는 좀 더 높은 곳에서 서울의 모습을 한눈에 내려다볼 수 있는 대표적인 장소지만 굳이 오르지 않아도 남산 정상에서 보는 도심의 야경은 '서울 야경 명소' 중 하나로 꼽을 만큼 아름답고 시원하다. N서울타워 앞 전망데크에 연인들이 사랑을 언약하며 채워 놓은 자물쇠들이 빼곡하게 달린 모습도 이색적이다. 타워 앞에는 조선시대 긴급 연락망 역할을 했던 봉수대가 있고, 봉수대 오른편에는 우리나라 지리적 위치 결정을 위한 측량 기준점인 서울 중심점이 있다. 이는 남산이 서울의 중심임을 말해 주는 포인트이기도 하다.

어느 봄날, 혹은 분위기 좋은 어느 가을날 혼자도 좋고, 연인과 함께 산책하며 이곳에 올라 카타야마 쿄이치의 소설 《세상의 중심에서 사랑을 외치다》처럼 아름다운 야경을 배경으로 서울의 중심에서 사랑을 외쳐 보는 것은 어떨까. 아울러 남산에서 내려갈 때는 케이블카 승강장 아래 계단으로 내려와 백범광장을 거쳐 회현역으로 방향을 잡는 것도 좋다. 내려오는 길목에 있는 잠두봉 포토 아일랜드에서는 북악산과 인왕산에 둘러싸인 서울 시내 전경이 한눈에 내려다보이고 백범광장에서 힐튼호텔 앞까지 이어지는 길은 남산과 어우러진 성곽길 풍경이 인상적이기 때문이다.

🍴 남산 케이블카 승강장 인근에 **남산돈까스** ☎02-777-7929, **원조남산왕돈까스** ☎02-755-3370 등 저마다
먹
을 자칭 원조 왕돈가스 집이라는 식당이 여럿 있다. 맛도 좋고 양도 푸짐해 어느 집이든 식사 때면 사람들
곳 이 길게 줄을 잇는다.

창덕궁-창경궁

사뿐사뿐 한복 입고
조선시대 5대 궁궐
엿보기

🚇 **대중교통** 지하철 1호선 시청역 2번 출구에서 바로 덕수궁 대한문 입구. 경복궁–창경궁 코스만 돌려면 지하철 3호선 경복궁역 5번 출구에서 경복궁으로 바로 연결

Close 휴무일 경복궁, 창경궁: 화요일 / 창덕궁, 덕수궁, 경희궁: 월요일(장소와 시기에 따라 입장 시간이 다르므로 사전 확인 필요)

💰 **입장료** (만 25세~만 64세) 경복궁, 창덕궁: 3,000원 / 창경궁, 덕수궁: 1,000원 / 경희궁: 무료

밤이 되면 화려한 자태로 궁궐의 위엄을 보여 주는 경복궁.

서울은 600년 역사의 조선시대 궁궐들을 고이 품고 있다는 점이 매력이다. 태조 4년(1395년)에 창건된 경복궁은 조선 왕실의 정궁으로 5대 궁궐 가운데 규모와 건축미에 있어 으뜸이다. 반면 창덕궁은 조선 건국 후 왕자들 간의 왕위 쟁탈전으로 인해 도읍지를 개경으로 옮겼다가 한양으로 재천도한 후 태종 5년(1405년) 경복궁 동쪽에 세운 태자궁이다. 이에 비해 창경궁은 1418년 세종이 즉위하면서 상왕인 태종을 모시기 위해 지은 궁이다. 그런가 하면 덕수궁은 임진왜란 당시 의주로 피난 갔다 돌아온 선조가 경복궁, 창덕궁, 창경궁이 모두 불타 버려 거처할 왕궁이 없자 왕실의 개인 저택 중 가장 규모가 컸던 덕수궁에 머물면서 궁궐이 되었다. 반면 경희궁은 인조의 생부이자 광해군의 이복동생인 정원군(훗날 원종으로 추존)의 사저였으나 이곳에 왕기(王氣)가 서렸다 하여 광해군이 이를 눌러 없애기 위해 빼앗아 지은 궁궐이다.

이렇듯 사연도 각각인 궁궐은 그 속내도 다르다. 특히 경복궁과 창덕궁은 조선왕조 초, 태조 이성계의 아들 이방원(태종)과 개국공신인 정도전을 중심으로 왕권과 신권의 팽팽한 대립이 스며 있던 터라 구조면에서도 확연한 차이를 보인다. 경복궁 건립을 주도한 정도전이 왕권에 위축됨 없는 신권을 내보이기 위해 왕족의 생활공간인 궁역보다 왕과 신하들이 정무를 집행하는 궐역을 더 많이 배려한 흔적이 엿보

1 창경궁 앞에 있는 서울대임병원센터 전망대에 오르면 창경궁 전경을 한눈에 내려다볼 수 있다.
2 덕수궁 정문에서 펼쳐지는 근위병 교대식.
3 경희궁의 단아한 모습.

이는 반면, 태종이 지은 창덕궁은 신하들을 위한 공간 배려가 거의 없는 데다 경복궁이 따라올 수 없는 왕족의 사적 공간인 후원을 조성해 왕의 절대적 권력을 내포하고 있다. 한편 덕수궁은 본래 지금의 모습과 달리 정동 일대까지 아우르는 제법 넓은 궁이었지만 19세기 말, 서구 열강들의 압력으로 궁궐 영역이 미국, 러시아, 영국, 프랑스 등의 공사관으로 넘어간 데다 일제가 궁궐의 권위를 없애기 위해 덕수궁 터를 조직적으로 분할 매각하면서 규모가 현저히 축소되었다.

광화문을 중심으로 반경 1.5km 이내에 있는 5대 궁궐은 맘만 먹으면 하루에 모두 둘러볼 수 있다. 그 출발점은 시청역 앞에 있는 덕수궁이 무난하다. 덕수궁에서는 조선왕조 최후의 궁궐 정전인 중화전(보물 제819호)을 시작으로 시계 방향으로 석조전, 즉조당, 석어당, 함녕전 등을 둘러보면 된다. 석조전 본관은 일제강점기에는 근대일본미술진열관으로, 광복 후에는 미소공동위원회(美蘇共同委員會) 회담장으로 활용됐던 곳이요, 석어당은 1618년 광해군이 계모인 인목대비를 유폐시킨 곳이자 1623년 인조반정 후에 인목대비가 폐위된 광해군을 뜰 앞에 꿇어앉혀 죄를 물었던 희비가 교차한 곳이다. 함녕전(보물 제820호)은 고종이 승하한 곳이다.

덕수궁에서 경희궁으로 향하는 정동길은 특히 가을이면 은행나무잎이 흩날려 운치가 있다. 이 길목에서는 1905년 을사조약을 체결한 비운의 현장인 동시에 1907년 헤이그 만국평화회의에 고종이 특사를 파견한 곳이던 중명전, 1895년 명성황후 시해사건이 일어나자 고종이 세자와 함께 피신했던 (구)러시아 공사관도 볼 수 있다. 경종, 정조, 헌종의 즉위식이 거행됐던 경희궁은 정동길을 나와 도로 건너편 오른쪽에 있다. 경희궁에서 광화문광장으로 오면 광장 끝에 경복궁이 있다. 경복궁 정문인 광화문을 넘어서면 왕의 즉위식이나 국가적 행사를 치르던 경복궁의 중심 전각인 근정전(국보 제223호)을 마주하게 된다. 근정전 앞마당 양쪽에 관리의 직급을 나타내는 품계석이 늘어서 있는데, 동쪽이 문관이 줄을 서던 동반, 서쪽은 무

경복궁 후문 앞에 조성된 개구쟁이 어린이 쉼터.

창덕궁 안에 자리한 후원.

관이 줄을 서던 서반 자리다. 조선시대 당시 양반이라 함은 바로 이 동반과 서반을
함께 지칭한 말이다. 근정전 뒤로는 왕의 집무실인 사정전, 왕과 왕비의 침전인 강
녕전과 교태전, 대비의 거처인 자경전(보물 제809호) 등이 차례대로 들어서 있다. 근
정전 왼쪽에는 나라에 경사가 있을 때 연회를 베풀던 경회루(국보 제224호)가 있고,
안쪽으로 들어서면 왕이 휴식을 취하거나 신하들과 함께 풍류를 즐겼던 향원정이
나온다. 향원정 뒤에 자리한 건청궁은 1895년 명성황후가 시해된 가슴 아픈 장소
다. 그리고 이듬해 2월 경복궁은 고종황제가 러시아 공관으로 파천하면서 왕궁으로
서의 운명을 다한다.

건청궁 아래 국립민속박물관 인근에 있는 문으로 나와 도로 건너 미술관 마당 옆
길로 올라 직진하면 재동초등학교를 지나 창덕궁으로 연결된다. 창덕궁은 태자궁
이었지만 임진왜란 화재로 소실된 후 고종 2년(1865)에야 중건된 경복궁을 대신해

정궁 역할을 한 곳으로, 가장 오랜 기간 동안 왕이 거처한 궁궐이다. 게다가 현존하는 궁궐 중 원형이 가장 잘 보존된 데다 자연과 조화를 이룬 건물들과 한국 전통 정원의 특색이 살아 있는 후원의 가치를 인정받아 1997년 유네스코 세계문화유산으로 등록되었다. 연산군, 효종, 현종, 숙종, 영조, 순조, 철종, 고종이 즉위했던 인정전(국보 제225호)은 순종이 일제에 의해 경운궁에서 강제로 이곳으로 옮기게 되면서 실내 일부가 서양식으로 바뀌는 어설픈 모습으로 변해 안타까움을 준다. 인정전 오른편으로는 왕이 업무를 논하던 선정전(보물 제814호)과 왕과 왕비가 생활하던 대조전(보물 제816호)이 있다. 대조전 옆 흥복헌은 1910년 마지막 어전회의를 열어 한일합방조약을 체결하면서 조선왕조의 마침표를 찍게 된 비운의 장소다.

창덕궁 안쪽에 있는 함양문을 넘어서면 창경궁이다. 창경궁은 일제에 의해 가장 많은 상처를 입은 궁이다. 1907년 순종이 즉위하자 일제는 순종을 강제로 덕수궁에서 창덕궁으로 옮기게 한 후 위로한다는 허울 좋은 명목으로 창경궁 전각들을 헐고 동물원과 식물원을 설치하면서 창경궁의 명칭을 창경원으로 격하시켰다. 창경궁 내전 가운데 가장 큰 통명전(보물 제818호)은 왕비의 침전으로, 숙종의 총애를 받던 장희빈이 인현왕후를 몰아내기 위해 통명전 밑에 흉물을 묻고 밤마다 저주하다 발각되어 사약을 받고 처형당한 사연이 깃든 곳이다. 통명전에서 사도세자가 태어난 집복헌과 정조가 승하한 영춘헌을 지나면 창경궁 내 연못인 춘당지가 나온다. 연못 안쪽에 생뚱맞게 들어선 유리 건물 식물원은 창경원 시절의 흔적이다. 춘당지를 한 바퀴 돌아 나와 창경궁 정문인 홍화문(보물 제384호)을 빠져나오면 5대 궁궐 산책이 마무리된다. 이처럼 열강들의 힘겨루기로 인해 조각나고 일제에 의한 계획적 훼손으로 상처 입은 조선 왕궁 산책은 곧 우리나라의 역사를 되새겨 보는 여정이 된다.

⊕ 덕수궁─창경궁을 모두 돌아보는 거리는 약 8.5km다. 한 번에 다 보는 것이 부담스러우면 덕수궁─경
플
러 희궁(약 3km), 경복궁─창덕궁─창경궁(약 5km) 코스로 나눠도 좋고 틈틈이 하나씩 둘러봐도 좋다. 단
스 왕실의 비밀 정원이자 생태계의 보고로 남아 있는 창덕궁 후원은 문화 해설사의 안내에 따라서만 관람
이 가능하다. 조선 왕궁은 밤에 둘러보는 맛도 일품이다. 경복궁, 창덕궁, 창경궁은 시기별로 특별 야간
개장을 하는 반면 덕수궁은 상시 야간 개장을 한다.

도심 속
비밀 정원에서
신선놀음하기

대중교통 지하철 3호선 경복궁역 3번 출구에서 50m 전방에 있
는 버스 정류장에서 7212번, 7022번, 1020번 마을버스 타고
자하문고개 정류장 하차

서울 한복판에 1급수에서만 산다는 천연기념물 버들치와 가재, 도롱뇽이 꼬물대는 청정 계곡이 있다면 믿겠는가? 청와대 뒤편, 북악산과 인왕산 자락에 둘러싸인 부암동 백사실계곡이 바로 그곳이다. 이곳을 두고 많은 이들이 '도심 속 비밀 정원'이라 일컫곤 한다. 오밀조밀한 산줄기와 맑은 계곡이 어우러진 부암동은 세종대왕의 셋째 아들인 안평대군이 꿈속의 무릉도원 같다 하여 정자를 짓고 심신을 단련했던 곳으로도 유명하다. 그런 부암동 끝자락에 청정 계곡이 고스란히 남아 버들치와 가재, 도롱뇽의 소중한 보금자리가 될 수 있었던 건 청와대가 코앞에 있어 개발이 금지됐기 때문이다.

서울 중심부에 위치하면서도 호젓함이 깃든 부암동은 도보 여행으로도 인기가 높은 동네다. 수십 년 전의 분위기가 묻어나는 부암동은, 작지만 개성 넘치는 카페와 음식점들이 들어서면서 아기자기한 멋까지 곁들인 동네로 거듭나 주말이면 카메라를 둘러메고 들어서는 사람들이 제법 많다.

백사실계곡은 부암동 자하문고개에 자리한 창의문 앞에서 도보 20분 정도 오르면 만날 수 있다. 그 출발점인 능금나무길에는 볼거리도 많다. 골목 한편에서는 수십 년 전 분위기 그대로인 정겨운 '동양방앗간'도 볼 수 있고, 방앗간을 지나 주택가로 접어들면 완만한 경사의 오르막길이 펼쳐진다. 높이 쌓인 돌 축대를 타고 오른 담쟁이덩굴과 이끼가 잔뜩 낀 모습은 다소 쓸쓸한 골목에 고풍스러운 멋을 안겨 준다. 한 걸음씩 오를 때마다 부드러운 곡선의 산자락이 서서히 모습을 드러내는데 그

백사실계곡은 어느 날 문득 호젓한 만추의 풍경을 음미하기에 좋은 곳이다.

또한 푸근하다. 구불구불 적당히 휘어지며 이어지는 길은 한눈에 모든 것을 보여 주지 않는다. 대신 살짝 모퉁이를 돌 때마다 새로운 풍경이 그림처럼 나타나 마치 전시장을 걸으며 새로운 미술 작품을 감상하는 느낌이다. 그렇게 오르다 보면 점점 도심의 풍경을 벗어나게 된다. 곳곳에 들어앉은 텃밭도 많고 어느 집 담장 너머로 주먹만 한 홍시가 가지를 늘어뜨린 가을 풍경도 서정적이다.

좀 더 오르면 노란 폭스바겐 차가 눈길을 끄는 집 한 채가 덩그러니 놓여 있는데,

이곳은 드라마 〈커피프린스 1호점〉으로 유명해진 '산모퉁이' 카페다. 이곳에서는 잠시 멈춰 뒤를 돌아보자. 카페 뒤로 북악산 능선을 따라 가파르게 쌓아올린 서울 성곽이 발목을 붙잡듯 놓치면 아쉬운 풍경으로 펼쳐져 있다. 그렇게 '산모퉁이' 카페를 지나 언덕 정상 갈림길에서 응선사 방향 왼쪽으로 내려가면 독특한 형태의 응선사를 지나 막다른 길인 듯 보이는 곳 오른쪽이 백사실계곡 입구다. 서울에서는 좀처럼 보기 힘든 소중한 생명체들의 터전인 계곡은 들어서는 순간부터 구불구불 솟아오른 소나무가 그득하다. 코끝으로 스미는 은은한 솔 향을 맡으며 안쪽으로 들어서면 오른쪽 암벽에 새겨진 '백석동천(白石洞天)'을 볼 수 있다. 백석은 북악산의 다른 이름인 백악산을, 동천은 '산천으로 둘러싸인 경치 좋은 곳'을 의미한다.

암벽 밑으로 내려가면 하늘을 가린 무성한 숲 사이로 맑은 계곡물이 졸졸 흐른다. 계곡가의 바위마다 돌멩이마다 파스텔 톤 물감을 발라 놓은 듯 푸른 이끼가 피어오른 모습도 곱다. 싱그러운 기운이 훅훅 밀려드는 숲에 들어서면 정말이지 '도심 속 비밀 정원'이란 말이 실감난다. 하지만 이 비밀 정원도 도롱뇽 산란기인 3~6월에는 가급적 발을 들이지 않는 게 예의다. 또한 산란기가 아니어도 도롱뇽의 삶터인 1급수 계곡에 발을 담그는 것도 금물이다.

백사실계곡으로 오르는 시발점인 부암동은 아기자기한 볼거리가 있다.

백사실계곡은 훗날 함께 재상이 된 이덕형과의 돈독한 우정과 해학이 깃든 〈오성과 한음〉 일화로 유명한 조선 중기 문신 백사 이항복의 별장이 있던 곳이라 하여 붙여진 명칭이다. 그 흔적을 말해 주듯 지금은 아담한 연못 위에 별장의 초석과 돌계단만이 덩그러니 남아 있다. 그 계곡을 따라 5분가량 거슬러 올라가면 서울의 두메산골로 불리는 뒷골마을이 살포시 숨어 있다. 산속에 폭 파묻힌 채 옹기종기 모여 있는 몇몇의 집에서는 굴뚝 연기가 모락모락 피어나고 장독대가 가득한 돌담 너머 배추, 감자, 고추밭 등이 펼쳐진 풍경은 어릴 적 시골 할머니 집을 생각나게 한다. 반면 계곡 아랫녘에는 널찍한 바위를 타고 흐르는 물줄기와 어우러진 아담한 '현통사'를 엿볼 수 있는데, 그 현통사 밑 주택가 골목길을 빠져나오면 홍제천이 나온다. 천을 건너지 않고 왼쪽으로 오면 보이는 자하슈퍼는 드라마 〈내조의 여왕〉에 출연해 유명해졌다. 자하슈퍼 앞 천변 산책로를 따라 나오면 산책로 끝자락에 인조가 광

1 광해군을 몰아낸 인조가 반정에 성공한 후 칼을 씻었다는 이야기가 전해 오는 세검정.
2 백사실계곡 넘어 세검정으로 내려오는 호젓한 숲길.

해군을 몰아내고 반정에 성공한 후 이곳에서 칼을 씻었다는 이야기가 전해 오는 세검정이 있다. 세검은 칼을 씻고 평화를 기원하는 의미를 담고 있는데, 현재의 건물은 1941년 화재로 소실된 것을 겸재 정선의 〈세검정도〉를 바탕으로 1977년에 복원됐다.

⊕ 환기미술관

플러스
동양방앗간을 끼고 골목 아래로 50m가량 내려가면 환기미술관이 자리하고 있다. 한국적 서정주의를 바탕으로 한 고유의 예술세계를 정립한 한국 추상미술의 1세대라 할 수 있는 수화 김환기(1914~1974)를 기리고자 부인인 고(故) 김향안 여사가 1992년에 설립한 미술관이다. 김환기의 작품 상설 전시관을 비롯해 시기별로 다양한 기획전을 볼 수 있음은 물론 아담하지만 미술관 내 정원을 산책하는 맛도 좋다.

관람 시간 오전 10시~오후 6시 **휴관일** 매주 월요일, 1월 1일, 설날 연휴, 추석 연휴
요금 전시회마다 다름 **문의** 02-391-7701

북촌의 '8대비경'을 찾아서 포토 메시지 남기기

🚇 **대중교통** 지하철 3호선 안국역 2번 출구에서 200m가량 직진하면 재동초등학교 앞 재동관광안내소(02-2148-4160)가 있다.

북촌길은 한국의 미를 찾는 외국인 관광객들의 발길이 부쩍 늘어났다.

한 나라를 대표하는 수도는 집중화, 도시화 이미지가 강해 여유로움을 찾기 어렵다. 이는 서울도 마찬가지다. 딱딱한 고층 건물 아래 바쁘게 움직이는 사람들, 그래서 생각의 시선을 돌려 서울도 바삐 돌아가는 생활 도시가 아닌 쉼표가 되는 여행지가 될 수 있다는 발상을 하는 이가 그리 많지 않다. 하지만 서울만큼 많은 볼거리를 지닌 곳도 드물다. 그중 북촌은 조선시대부터 이어온 서울의 모습이 담긴 의미 깊은 곳이다. 경복궁과 창덕궁 사이에 위치한 북촌은, 조선시대 한양대로인 종로 북쪽에 있다 하여 붙은 명칭이다. 하급 관리들이 주로 경복궁 서쪽에 살았던 것에 반해 궁과 궁 사이에 들어앉은 북촌은 당대 권문세가들이 모여든 '귀족촌'이라 할 수 있다.

가회동과 계동, 삼청동, 원서동 등을 아우르는 북촌은 한옥보존구역으로 지정돼 지금도 많은 한옥이 옛 모습 그대로 남아 있다. 이처럼 과거와 현재가 공존하는 북촌은 소중한 옛것을 보존하는 것이 얼마나 중요한지를 알게 해 주는 곳이기도 하다. 그런 북촌의 숨은 매력을 제대로 엿보려면 '북촌 8경' 포인트를 따라 골목 곳곳을 걷는 것이다.

'북촌 8경'은 북촌 한옥마을 곳곳에 산재해 있어 동선을 잘 짜야 한다. 우선 재동 관광안내소에 비치된 북촌 지도가 필요하다. 예전에는 북촌 8경의 촬영 포인트마다 '포토 스폿(Photo Spot)'이 바닥에 표시되어 있었지만 시간이 지나면서 없어져

1 북촌길에서 마주한 정겨운 트럭 물품들.
2 부드러운 곡선미의 기와지붕들이 머리를 맞댄 골목길은 마음까지 편안하게 해 준다.
3 야트막한 언덕길에서 내려다보는 창덕궁 풍경이 북촌 1경이다.

서 지도를 보고 찾아야 하기 때문이다. 재동관광안내소를 나와 왼쪽 길로 접어들어 직진하다 보면 사거리 너머 완만한 오르막 도로가 이어지는데, 이 언덕길을 넘어서면 원서빌딩 옆 비원손칼국수 바로 앞에 가로등이 있다. 이곳에서 보이는, 돌담 너머의 창덕궁 모습이 바로 북촌 1경이다. 북촌 1경을 지나 창덕궁 돌담길을 따라 왼쪽으로 가면 돌담 끝에서 아담한 기와집들이 줄줄이 늘어선 좁은 골목길이 이어지는데, 이곳이 바로 북촌 2경인 원서동 공방길이다. 골목 안쪽으로 들어서면 막다른 길에 조선시대 상궁이 살던 집터로, 문화재 지정 당시 소유주의 이름을 딴 백홍범 가옥도 볼 수 있다. 그 앞에 자리한 한샘연구원은 현대적인 유리 건물과 층층이 들어선 한옥이 한데 어우러진 건축양식이 독특하다.

원서동 공방길에서 돌아 나와 오른쪽 언덕길을 넘어서면 중앙고등학교다. 〈겨울연가〉 촬영지로 유명해진 학교 앞에는 문방구마다 한류스타의 브로마이드와 사진, 기념품으로 가득하다. 중앙고등학교 정문을 등지고 오른쪽 언덕 초입에서 왼쪽 골목으로 들어서면 북촌한옥청 담을 끼고 부드럽게 휘어지는 골목길 풍경이 북촌 3경이다. 가회동 11번지로 알려진 이 골목길에는 북촌한옥청을 비롯해 민화와 부적 등의 민속자료를 소장한 가회민화박물관, 화려하고 고운 색깔과 섬세한 손길이 문어나는 동림매듭공방이 있어 고만고만한 한옥이 늘어선 정겨운 길을 걸으며 구경하는 재미가 쏠쏠하다.

가회동 11번지 골목을 빠져나와 길 건너편 북촌로11길로 들어서면 북촌 4경부터 8경까지 이어진다. 골목 안쪽 회나무가 있는 곳에서 반석빌라를 끼고 이어지는 좁은 골목길에서 부드러운 곡선미를 자아내는 기와지붕들이 사방으로 머리를 맞대고 있는 북촌의 모습을 내려다보는 것이 북촌 4경이다. 그 골목길을 빠져나와 왼쪽으로 꺾으면 일직선으로 길게 뻗은 경사진 골목길이 펼쳐진다. 밑에서 올려다보는 것이 북촌 5경이요, 위에서 내려다보는 것이 북촌 6경이다. 이 골목은 북촌마을 중에서도 한옥이 가장 잘 보존되어 북촌을 대표하며, 특히 북촌 6경 포인트는 한옥 사이로 곧게 뻗은 길 끝에 남산타워를 비롯해 서울 시내 전경이 한눈에 들어와 북촌의 백미로 꼽는다.

북촌 7경은 6경 포인트 오른쪽에 있는 골목길로, 부드럽게 휘어지는 골목 너머로 남산타워가 보인다. 북촌 7경 골목길 입구를 지나 삼청동이 내려다보이는 전망대에서 오른쪽으로 몇 걸음 더 가면 '맑은 하늘길' 이정표가 담긴 가파른 계단길이 나 있다. 이 계단으로 들어서 골목길로 내려가다 보면 커다란 돌덩이를 통째로 깎아 만든 돌계단이 바로 북촌 8경이다. 그곳에서 조금 더 내려오면 삼청동이다. 삼청동은 어느 계절에 와도 볼거리가 풍성하지만 은행잎이 거리를 온통 노랗게 물들이는 늦가을의 풍경이 일품이다.

⊕ 삼청공원

플러스

삼청동으로 내려와 오른쪽으로 접어들어 가면 삼청공원이 자리하고 있어 걸음 끝에 한적하게 쉬다 가기에 좋다. 울창한 숲으로 뒤덮인 공원에 들어서면 새소리와 숲에서 부는 바람이 상쾌하다. 공원 내에는 카페를 겸한 숲속 도서관도 있어 차 한잔과 함께 잠시나마 '느긋한 독서'를 즐길 수 있다는 점도 이 공원의 매력 포인트 중 하나다.

산소 같은
자연숲길을
사랑하는 사람과 걸어보기

🚇 **대중교통** 지하철 3호선 독립문역 4번 출구에서 서대문형무소
역사관 뒤편에 있는 이진아기념도서관 뒷길로 올라가면 안산
자락길

안산 밑 홍제천변의 징검다리길과 안산 자락길 속에 숨어 있는 메타세쿼이아길.

숨 쉴 틈 없는 마천루 속에서 발견한 한자락의 숨길, 안산 자락길은 답답한 빌딩 숲을 걷다 보면 살포시 가려진 서울의 깊은 속내처럼 그 모습을 드러낸다. 이처럼 도심 속에 숨어 있는 산소 같은 자연 숲길인 안산 자락길은, 서대문구 중심부에 있다. 안산(鞍山)은 산의 모양새가 말의 안장처럼 생겼다 해서 붙은 이름이며, 높이 (296m)로 보면 그저 동네 뒷동산 같지만 웬만한 자연휴양림 부럽지 않을 만큼 숲이 울창하고 정상 부근에는 기암절벽까지 펼쳐진 야무진 산이다. 그 산자락 끝에 유서 깊은 봉원사를 품고 있는 안산은 가벼운 산행 코스로도 좋지만 2013년 말, 안산 자락길이 조성되면서 부쩍 인기가 높아졌다.

안산 자락길은 평소 산에 오르기가 버거웠던 노약자는 물론 휠체어나 유모차를 끌고도 부담 없이 걸을 수 있도록 배려한 국내 최초의 순환형 무장애 숲길이다. 무릎을 괴롭히는 계단 하나 없이 평지처럼 완만하게 이어지는 자락길은 그야말로 산은 좋지만 등산은 싫어하는 사람들에게 안성맞춤 코스다. 그래서 기분 전환하기에, 운동 삼아 가볍게 걷기에 좋으며, 특히 이 길만큼은 사랑하는 사람과 함께 자분자분 걸어 보는 것이 더욱 좋다.

안산의 허리를 한 바퀴 휘감아 도는 자락길(7km)은 출발했던 곳으로 다시 돌아오는 산책로라 발을 떼기 시작한 곳이 곧 도착점이다. 울창한 숲 사이로 지그재그

이어지는 나무데크길과 친환경 굵은 모래로 다져진 길을 따라 산자락을 돌다 보면 북카페 쉼터와 사도세자의 장남인 의소세손을 기려 만들었다는 능안정을 비롯해 정자와 벤치, 운동기구도 많아 걷다가 쉬어 가거나 가볍게 몸을 풀기에도 그만이다. 숲을 벗어나 잠시 하늘이 열리는 전망대에 서면 기차바위를 비롯해 울퉁불퉁한 바위로 형성된 인왕산 능선을 잇는 서울 성곽과 나한봉, 사모바위, 향로봉이 병풍처럼 펼쳐진 북한산 줄기가 한눈에 펼쳐지는 시원함도 맛볼 수 있다.

무엇보다 안산 자락길이 매력적인 숲길로 인정받는 건 메타세쿼이아 군락지를 은밀하게 품고 있기 때문이다. 도심 속에서 삼림욕을 즐길 수 있는 소중한 곳이다. 도시의 소음도 이곳에서는 조용히 묻혀 버리니 '사색의 숲'이란 애칭이 붙은 것도 이해가 간다. 하지만 '등잔 밑이 어둡다'는 말처럼 서울에 이렇게 멋진 숲이 있다는 걸 모르는 서울 사람도 많다. 한 치의 휘어짐 없이 하늘을 향해 장쾌하게 뻗은 메타세쿼이아 숲에서의 심호흡은 힐링 그 자체다.

나무 사이로 스며든 햇살을 받으며 메타세쿼이아 숲을 벗어나면 나무데크 마당에 통나무를 툭툭 잘라 놓은 의자가 가득한 숲속 무대도 펼쳐진다. 특히 서대문구청 위 벚꽃광장은 말 그대로 4월 중순경이면 왕벚나무가 흐드러지게 피어나 야트막한 산을 화사하게 물들이는데, 이 풍광이 일품이다. 울창한 숲 그늘을 드리운 여름과 알록달록 단풍이 물든 가을도 좋지만 나뭇잎을 모두 떨궈 내고 알몸을 드러낸 앙상한 겨울 가지들은 붓 줄기가 스친 섬세한 수묵화를 연상케 하는 나름의 멋을 풍긴다. 그런 자락길 곳곳에는 안산 정상인 봉수대로 오르는 샛길도 많다. 자락길에서 살짝 벗어나 각지에서 보낸 신호를 남산에 전하는 마지막 봉화를 피워 올린 봉수대에 오르면 시야가 훤하다. 천만 인구가 부대끼며 살아가는 서울이 파노라마처럼 펼쳐진 풍경을 내려다보노라면 가슴도 뻥 뚫린다.

안산 자락길은 서대문구청, 봉원사, 한성과학고등학교, 천연뜨란채아파트 등 여러 곳에서 오를 수 있지만 서대문독립공원에서 오르면 자락길 끝에서 차분하게 둘러보기에 좋다. 조국의 독립을 위해 헌신한 애국지사들을 기리기 위해 건립된 공원 내에는 서대문형무소역사관을 비롯해 태종 7년(1407) 명나라 사신을 영접하기 위해 세운 사대주의 상징물인 영은문을 헐고 1898년 독립 정신을 고취하기 위해 세운 독립문과 독립관, 3·1독립선언기념탑 등이 자리하고 있다. 공원의 중심이 되는 서대문형무소역사관은 1908년 경성감옥으로 문을 연 후 수많은 애국지사가 일제 침략에 항거하다 투옥되거나 형장의 이슬로 사라져 간 곳으로, 살아 있는 역사의 현장으로 거듭난 곳이다. 태조 이성계의 역성혁명 후 무학대사가 한양을 도읍으로 정할 당시 이곳을 두고 "명당 중의 명당이지만 한때 3,000여 명의 홀아비가 탄식할 곳"이라 했다는 그의 예언을 반증해 주는 곳이기도 하다. 그렇게 과거 순국선열의 아픔을 묵묵히 지켜본 안산 자락을 한 걸음 한 걸음 걷는 건 그래서 더 의미 있는 길인지도 모른다.

⊕ 서대문형무소역사관

플러스

옛 서울구치소 시설을 개조하여 과거 경성감옥·서대문감옥을 복원한 독립운동 및 민주화운동 관련 역사관이다. 사적 제324호로 지정되어 있다.

관람 시간 오전 9시 30분~오후 6시(11월~2월 오후 5시) **휴관일** 매주 월요일(월요일이 공휴일인 경우 다음 날 휴관), 1월 1일, 설날, 추석 당일 **입장료** 어른 3,000원, 청소년 1,500원, 어린이 1,000원, 만 65세 이상·6세 이하 무료 **문의** 02-360-8590

먹을곳

서대문독립공원 초입에 형성된 영천시장 안에 못난이만두와 김말이, 수제 어묵, 30년 전통의 달인이 만들어낸 꽈배기 등 명칭도 재미있을 뿐 아니라 값도 저렴하고 맛도 좋고 양도 푸짐한 먹을거리들이 다양하다.

'윤동주 **시인의 언덕**'에 올라
<서시> 읊어 보기

🚇 **대중교통** 지하철 3호선 경복궁역 2번 출구에서 통인사거리를 지나 통인시장 골목을 빠져나오면 수성동계곡으로 가는 골목. '윤동주 시인의 언덕' 밑 자하문고개 버스 정류장에서 7212번, 1020번 버스 타면 경복궁역으로 돌아옴.

　영원한 저항 시인이자 청년 시인으로 기억되는 윤동주는 우리나라 사람들이 가장 좋아하는 시인 중 한 사람이다. 그는 일제강점기 때 조국을 집어삼킨 나라에서 공부할 수밖에 없는 자신을 부끄러워했고, 그 암울한 상황에서 시를 쓴다는 것을 부끄러워했다. 끊임없는 고민과 죄책감 속에서 그는 결국 자신에게 주어진 시인의 길을 걸으며 민족의 아픔과 설움, 희망을 올올이 풀어냈다. 하지만 그것이 조선 독립을 선동한 죄가 되어 체포돼 투옥된 지 1년 반 만에 광복을 불과 6개월 앞두고 1945년 2월 16일 일본 후쿠오카 형무소에서 숨을 거뒀다. 그렇게 영원한 만 스물일곱 청년 시인으로 남은 윤동주의 흔적은 서촌 곳곳에 남아 있다.

　인왕산 자락에 옹기종기 모여 있는 동네들을 일컫는 서촌은 경복궁 서쪽에 있다 하여 붙여진 명칭이다. 조선시대 당시 경복궁을 중심으로 북촌이 지체 높은 양반들의 주거지였다면, 서촌은 중인들이 모여 살던 동네였다. 서울의 중심인 광화문이 코앞에 있음에도 오래된 한옥들이 곳곳에 자리한 서촌은 좁은 골목길도 유난히 많다. 산줄기 밑에 가능한 한 많은 집을 들어서게 한 터라 미로처럼 줄기줄기 퍼져 나간 어느 골목은 통인동이요, 어느 골목은 효자동, 옥인동, 체부동, 누하동, 청운동이다. 이렇다 할 경계도 이정표도 없는 골목 모두를 품은 서촌은 청와대가 지척에 있어 개발이 제한돼 수십 년 전의 분위기가 고스란히 녹아 있다. 그래서 그 안에는 윤동주

한 폭의 산수화 같은 수성동계곡은 윤동주 시인의 산책로이기도 했다.

를 비롯해 시인 겸 소설가 이상, 화가 이중섭과 박노수 등이 예술혼을 불태우며 살 았던 곳을 엿볼 수 있다. 그 밖에도 구석구석 수십 년간 이어온 작은 서점과 이발소, 사람 사는 냄새가 물씬 풍기는 정겨운 시장 골목, 아기자기한 공방과 카페들이 오밀 조밀 어우러져 하나하나 구경하며 걷다 보면 지루할 틈이 없다.

그중 옥인동으로 이어지는 골목길 끝자락에 있는 수성동계곡은 조선시대 최고 의 화가 중 한 명인 겸재 정선(1676~1759)의 〈진경산수화〉 무대로도 유명하다. 계 곡 초입에 놓인 기린교는 조선시대 당시 도성 내에서 가장 긴 통 돌다리였다. 2010 년 옥인아파트를 철거하고 계곡을 복원하는 과정에서 시멘트에 묻혀 있던 것을 찾 아낸 것으로, 기린교와 어우러진 계곡은 겸재의 그림 속 풍경과 꼭 닮았다. 인왕산 줄기를 타고 소나무 사이사이로 흘러내리는 물이 싱그러운 이 계곡은 대학 시절 근 방에서 하숙을 했던 윤동주의 아침 산책로이기도 했다.

계곡을 거슬러 오르면 인왕산 스카이웨이를 만나게 되고, 산자락을 타고 구불구 불 이어지는 도로 옆 오솔길은 청운공원으로 이어진다. 간간히 오가는 차 소리가 들리긴 하지만 새들이 조잘대고 분위기도 한적한 오솔길을 걸어 올라 청운공원에 들어서면 정자 너머 야트막한 언덕이 도드라져 있다. 이곳이 바로 '윤동주 시인의 언덕'이다. 서울 시내가 한눈에 내려다보이는 언덕에는 큼지막한 돌에 그의 대표작인 〈서시〉가 새겨져 있고, 그 시인의 언덕 밑에는 윤동주 문학관이 자리하고 있다. 3개의 전시실로 구성된 문학관은 아담하지만 그 안에는 윤동주의 짧은 삶이 고스란히 담겨 있다. 문학관은 용도 폐기된 수도 가압장 시설과 인근에 버려진 물탱크를 활용해 만든 건물이다. '가압장은 느려지는 물살에 압력을 가해 다시 힘차게 흐르도록

오래된 골목에 자리 잡은 아기자기한 공방과 카페들.

아담하지만 윤동주의 짧은 삶이 고스란히 담긴 윤동주 문학관.

도와주는 곳이다. '세상사에 지쳐 타협하면서 비겁해지는 우리 영혼에 윤동주의 시는 아름다운 자극을 준다. 그리하여 영혼의 물길을 정비해 새롭게 흐르도록 만든다. 윤동주 문학관은 우리 영혼의 가압장이다.' 이는 수도 가압장을 굳이 시인의 문학관으로 변신시킨 이유다.

시인의 사진과 시집, 친필 원고 등이 전시된 1전시실을 나오면 두 개의 물탱크를 활용한 2전시실과 3전시실을 만나게 된다. 하나는 윗부분을 뜯은 '열린 우물'이요,

다른 하나는 꽉 막힌 '닫힌 우물'을 상징한다. 이는 1948년에 발표된 유고 시집《하늘과 바람과 별과 시》에 수록된 그의 시 '자화상'을 이끄는 우물을 모티브로 한 것이다. '열린 우물'은 외딴 우물 속에 드리워진 자신을 보고 스스로를 미워하며 돌아섰다 다시 들여다보며 가엾어 하다 또다시 미워져서 돌아가지만 이내 그가 그리워진다는 '자화상'을 빌어 윤동주를 그리워하는 곳이다. 반면 '닫힌 우물'은 시인의 일생을 보여 주는 영상실로, 한줄기 빛만이 힘겹게 스미는 물탱크는 시인이 죽음을 맞이한 형무소를 연상케 한다. '죽는 날까지 하늘을 우러러 한 점 부끄럼이 없기를…' 바랐던 윤동주의 흔적을 더듬어 가는 건 곧 '나는 과연 부끄럼 없는 삶을 살고 있는지' 되돌아보게 하는 여정이다.

⊕ 종로구립박노수미술관

플러스 통인시장에서 수성동계곡으로 가는 길목에 있는 종로구립박노수미술관은 애초 일제강점기 때의 대표적 친일파인 윤덕영이 시집간 딸을 위해 1930년대 후반에 지은 집이다. 조선의 마지막 황후인 순정효황후의 백부였던 윤덕영은 1910년 한일합병 당시 일본 측에 서서 고종과 순종을 협박하고 강제로 체결한 인물 중 한 명이다. 합병 직전 순정효황후가 옥새를 자신의 치마 속에 감추며 끝까지 막아 보려 했지만 그 조카딸을 협박해 옥새를 탈취해 기어코 합병을 성사시킨 장본인이다. 그 덕에 귀족 작위도 받고 거금까지 하사받은 이후 이 집을 지었는데, 한옥 양식과 중국, 서구 양식이 혼합된 2층 건물로 온돌방과 복도, 응접실 등으로 구성되어 있다. 1972년부터 동양화의 거장 박노수 화백이 소유했기에 박노수 가옥이란 이름이 붙었지만 지금은 종로구립박노수미술관으로 활용되고 있다.

관람 시간 오전 10시~오후 6시(종료 30분 전 입장) **휴관일** 매주 월요일, 설날, 추석 **요금** 어른 3000원, 청소년 1800원, 어린이 1200원

먹을곳 원조 기름떡볶이로 유명한 통인시장은 다양한 음식을 이것저것 골라 사 먹는 재미가 쏠쏠한 곳이다. 식사 때가 아니더라도 늘 사람들로 북적인 통인시장은 시장 안의 고객만족센터에서 판매하는 엽전 한 묶음(500원짜리 10개)을 사면 1회용 도시락을 주는데, 구입한 엽전으로 도시락 가맹점에 가입된 음식 코너에서 취향대로 음식을 조금씩 사서 먹을 수 있다.

휴무 매주 월요일, 매월 셋째 주 일요일

사연 깊은
성북동 고택들 속으로
시간 여행하기

🚇 **대중교통** 지하철 4호선 한성대입구역 5번 출구에서 700m가
량 가면 왼쪽 골목에 최순우 고택

⭐ **Tip** 한성대입구역에서 최순우 고택-성곽길-와룡공원-북정
마을-심우장-수연산방-간송미술관-한성대입구역으로 돌아
오는 길은 약 4km 정도

최순우 고택은 재개발로 헐릴 위기에서 시민들의 모금 운동으로 복원되어 '시민문화유산 1호' 별칭을 얻은 곳이다.

서울 성곽 북쪽에 있다 하여 이름 붙은 성북동은 재벌가들과 각국의 대사관저들이 들어선, 서울에서 알아주는 부자 동네. 일제강점기부터 한국전쟁 이후까지는 산자락에 둥지를 튼 가난한 서민들의 집들로 빼곡했지만, 1960년대 후반부터 부자들의 대저택이 하나둘 생기면서 묘한 대조를 이루는 동네가 되었다. 적막함이 감도는 고급 주택가의 널찍한 길목과 달리 토박이 서민들 구역은 다닥다닥 붙은 집 사이로 좁은 골목길이 미로처럼 연결되어 있다.

성북동은 옛 정취가 묻어나는 아기자기한 골목길을 걸으며 사람 사는 풍경과 문인들의 숨결이 담긴 고택, 미술관 등을 두루 엿보기에 손색없다. 그런 성북동 산책은 지하철 4호선 한성대입구역에서 출발하면 무난하다. 5번 출구로 나와 널찍한 도로를 따라가면 가장 먼저 《무량수전 배흘림기둥에 기대 서서》 등을 통해 한국 전통의 미를 보여 준 저자이자 국립중앙박물관장을 지낸 최순우 선생(1916~1984)이 살았던 옛집을 둘러볼 수 있다(4월~11월, 매주 화~토요일 오전 10시~오후 4시 무료 관람). 1920년대 지어진 한옥은 2002년 성북동 재개발로 헐릴 위기에 처했으나 시민들의 모금 운동으로 복원되어 '시민문화유산 1호'라는 별칭을 얻기도 했다. 아담한 마당에 조성된 정원과 단아한 정취가 돋보이는 집안에 들어서면 특히 돌 의자와 돌 식탁이 놓인 뒷마당이 매력적이다.

1 《님의 침묵》으로 유명한 승려 시인이자 독립운동가 한용운 선생이 머물던 심우장.
2 수성동계곡에서 보는 북악산 자락.

심우장 아래 도로변에 조성된 만해공원.

최순우 옛집에서 골목길을 따라 오르면 도로 건너편 서울과학고
등학교 담장 옆에 와룡공원으로 오르는 서울 성곽길이 이어진다. 성
벽을 따라 오르는 길은 분위기도 좋거니와 한 걸음 한 걸음 오르다 문
득 뒤를 돌아보면 발밑의 성북동을 비롯해 서울 시내가 한눈에 보이
는 전망 좋은 길이다. 그렇게 들어선 와룡공원 위에서 성벽 오른쪽 통
로를 지나면 북악산 자락의 울창한 숲이 기다리고 있어 잠시 숨을 고
르기에도 안성맞춤이다. 이곳에서 왼쪽 성벽길을 따라 오르면 창의
문까지 이어지는 서울 성곽길이 본격적으로 펼쳐지지만 성북동 산책
은 도로 건너 오른쪽 아래 북정마을로 꺾어진다.

성북동 꼭대기에 들어선 북정마을은 소박한 구멍가게와 타일 그
림이 알록달록 붙여진 재미있는 화장실, 옛날 그대로의 빈집을 활
용한 전시 공간인 북정미술관 등이 아기자기하다. 그 앞에 펼쳐진
너른 마당은 오랫동안 함께 살아온 동네 사람들의 정겨운 사랑방
공간이기도 하다.

북정마을 밑에는 독립운동가이자 《님의 침묵》으로 유명한 승
려 시인인 만해 한용운 선생이 3.1운동으로 옥고를 치르고 나온 후

수연산방에서 맛볼 수 있는 오미자차.

1933년부터 1944년까지 살았던 심우장(무료 관람)이 있다. 심우장은 깨달음의 경지에 이르는 선종(禪宗)의 열 가지 수행 단계 중 하나인 '자기의 본성인 소를 찾는다'는 심우(尋牛)에서 유래한 것이다. 심우장은 지대가 높아서 마당에 서면 성북동 동네가 한눈에 보이는 전망 좋은 집이지만 한옥에서는 보기 드문 북향집이다. 이는 남쪽에 있는 일제 총독부를 마주보기 싫어 총독부를 등지고 지었기 때문이다. 실내는 만해의 초상화와 연구논문집, 옥중 공판 기록 등을 비롯해 그가 사용했던 소박한 물품들이 놓여 있고, 마당에는 만해가 직접 심었다는 꼿꼿한 향나무가 눈길을 끈다. 심우장에서 꼬불꼬불 이어지는 좁은 골목길을 따라 도로로 내려오면 만해 선생이 고무신을 신고 의자에 앉아 있는 동상과 〈님의 침묵〉 시가 담긴 아담한 마당도 볼 수 있다.

도로를 따라 몇 걸음 내려와 왼쪽으로 접어들면 성북구립미술관 옆에 일제강점기 당시 《가마귀》, 《달밤》, 《복덕방》 등의 단편소설을 통해 한국현대소설의 바탕을 다진 소설가로 평가받는 이태준 선생의 고택인 수연산방이 있다. 이태준 선생은 1933년부터 1946년까지 이곳에 머물면서 《달밤》, 《돌다리》, 《황진이》 등을 비롯해 다수의 작품을 집필했지만, 해방 후 월북했다는 이유로 오랫동안 금서로 묶이기도 했다. 서울시 민속자료로 지정된 이태준 고택은 현재 전통찻집으로 운영되고 있다.

낡은 나무 대문 넘어 나무와 꽃이 가득한 마당에 장독대와 우물, 고풍미가 흐르는 건물 등이 어우러진 모습은 언제라도 들어서는 이의 마음을 편하게 해 준다. 현대적인 커피숍에서는 맛볼 수 없는 아늑함과 정겨움이 묻어나는 수연산방은 어느 화사한 봄날 또는 낙엽으로 가득한 어느 가을날, 걸음 끝에 차를 마시며 느긋하게 시간을 보내기에 좋은 곳이다.

⊕ 간송미술관

플러스

수연산방에서 한성대입구역으로 오는 길목에 자리한 간송미술관은 고(故) 전형필(1906~1962) 선생이 1938년에 세운 국내 최초의 사립박물관이다. 우리나라 근대 3대 부자 가운데 한 사람이었던 간송 전형필 선생은 나라를 지키는 길은 문화재를 보존하는 것이라 생각해, 일제강점기 때 일본으로 빠져나간 문화재를 사들인 것을 시작으로 평생 적지 않은 사재를 털어 민족문화재를 수집해 온 결과, 지금의 간송미술관이 되었다. 박물관 내에는 훈민정음 원본을 비롯해 국보급 문화재와 김홍도, 신윤복, 정선, 김정희, 장승업 등의 보물급 미술 작품, 서예, 도자기, 불상, 석불 등 한국미술사 연구에 소중한 자료가 수두룩하다. 하지만 아쉽게도 간송미술관은 매년 5월과 10월, 딱 두 차례에 걸쳐 2주 동안 전시회를 열 때만 무료로 개방한다.
문의 02-762-0442

🍴 수연산방 앞에 자리한 **금왕돈까스전문점** 📞 02-763-9366 은 원래 택시기사들이 즐겨 찾는 곳이었으나 맛도 좋고, 양도 푸짐해 성북동에 돈가스 바람을 일으킨 곳이다.

먹을곳

톡톡 튀는 벼룩시장에서 '신세대 장돌뱅이' 체험하기

대중교통 지하철 4호선 성신여대입구역 하차 후 6번 출구에 있는 버스 정류장에서 1014번, 162번 버스로 환승 뒤 정릉시장 입구 정류장 하차

Open 개장일 4월~11월까지 매월 둘째·넷째 주 토요일(봄가을-낮 12시~오후 6시, 6~7월-오후 3시~7시, 8월에는 개장하지 않음).

문의 판매자로 참가(참가비 무료)하려면 전화(02-909-3683)나 이메일(jnmarket@naver.com)로 문의

　해마다 봄이 시작되면 매월 둘째, 넷째 주 토요일마다 사람들로 북적대는 특별한 벼룩 장터가 있다. 이른바 정릉 개울장이다. 개울장은 연륜 높은 정릉시장 상인들과 톡톡 튀는 젊은이들의 합작품이다. 여느 재래시장처럼 정릉시장 또한 대형마트에 밀려 고전을 면치 못하던 터에 인근의 국민대, 서경대, 한국예술종합대 학생들이 '시장 안의 또 다른 시장'을 제안해 정릉 개울장이 시작됐다.

　일명 '신세대 장돌뱅이' 무대라 일컫는 개울장은 젊은이들의 재치만점 아이디어가 녹아 '팔장', '손장', '배달장', '수리장', '소쿠리장', '알림장' 등으로 구분된다. '팔장'은 남녀노소 누구나 자신이 사용하던 중고품을 파는 코너다. 사이즈가 맞지 않아서 가지고 나온 옷이나 신발과 책, 그릇을 비롯해 저마다의 사연이 담긴 중고품들은 종류도 가지가지다. 개중에는 장난감들을 챙겨 온 꼬마 장돌뱅이들도 심심찮게 보인다. 그런가 하면 '손장'은 공장에서 대량으로 쏟아낸 제품이 아닌 개인이 손수 만든 것들을 판매하는 코너로, 개울장이 열릴 때마다 제품도 바뀌니 구경하는 재미도, 고르는 재미도 제법 쏠쏠하다. 팔찌나 귀고리 같은 액세서리도 많지만 향초, 가방, 그림, 도자기도 있고, 수제 쿠키나 잼, 음료수 등을 만들어 오는 이도 있다. 또한 즉석에서 캐리커처를 그려 주는 이도 있다. 손장 코너는 판매를 목적으로 하기도 하지만 자신의 재능과 감각을 평가받기 위해 나오는 젊은 예술가도 많다.

1 개울장이 펼쳐지는 정릉천 산책로 끝에서 연결되는 북한산 초입 계곡.
2 정릉천 위에는 수십 년간 이어온 정겨운 재래시장이 있다.
3 여름에는 도심 속 물놀이장으로 인기 만점인 정릉천.

'배달장'은 정릉시장의 다양한 먹을거리를 배달해 주는 프로그램이다. 시장 활성화를 위해 청년들이 제안한 배달장은 벼룩시장 구경을 나선 손님들은 물론 출출하지만 쉽사리 자리를 비우기 어려운 판매자들에게 더욱더 인기 만점이다. 아울러 물건을 수리해서 다시 쓰는 '수리장'과 지역의 도시 농부들이 직접 키운 수확물을 판매하는 '소쿠리장'의 인기도 만만찮다. 마지막 '알림장'은 지역의 기업이나 복지관 등의 소식을 전하며 더불어 살아가는 사회의 의미를 나누는 캠페인의 일종이다.

훈훈한 시장 인심에 신세대 청년들의 신선한 열정이 보태진 개울장은 2014년 첫선을 보인 후 입소문을 타면서 빠르게 전파돼 소위 '대박' 난 벼룩시장이 됐다. 그리하여 장이 열리는 토요일마다 수천 명이 몰려들 만큼 정릉의 '핫 플레이스'로 떠올랐는데, 그 대박 요인 중 개울가를 배경으로 펼쳐지는 장터라는 것을 빼놓을 수 없다. 벼룩 장터 무대인 정릉천은 북한산에서 흘러내리는 물줄기다. 도심에서는 좀처럼 보기 힘든 맑은 물줄기에는 송사리들이 요리조리 헤엄쳐 다니고 간간히 오리들도 동동 떠다닌다.

개울장은 단순히 물건을 사고파는 장터라기보다 감성을 나누는 문화 공간이자 소풍 놀이장이다. 개울을 가로지르는 다리 밑에 마련된 미태극장에서는 젊은 아티

스트들의 노래가 울려 퍼지고 졸졸졸 흐르는 개울물 소리는 그 노래에 화음을 맞춘다. 옹기종기 모인 청중들은 흥겨운 음악에 박수로 화답하고 어깨를 들썩이며 신명나는 장터를 즐긴다. 물건을 파는 이들도, 구경나온 이들도 개울에 발을 담그며 물놀이를 즐기는가 하면, 개울 도서관도 마련돼 개울가 어디서나 차분하게 책을 읽을수도 있다.

정릉천 안에 도톰하게 솟은 '개울섬'은 캠핑장으로 활용되어 아예 소풍 삼아 나온 이들도 많고, 한때 염색 공장이 있었던 정릉시장의 과거를 재현한 '개울 염색터'에서는 천연 염색 체험도 할 수 있다. 아울러 장이 마감되면 정릉천을 따라 북한산 입구까지 산책하는 즐거움도 있다. 천변을 따라 조성된 산책로(약 2km)는 길도 푹신하고 군데군데 나무데크길도 조성되어 걷기에 아주 좋다. 정감 어린 골목길도 지나게 되는 산책로 길목에는 울창한 숲속에 자리한 유서 깊은 경국사도 있어 더불어 둘러보기에 좋다. 고려 때 창건한 청암사를 시초로 한 경국사의 영산전과 명부전 등의 전각에는 예전의 주지 스님이었던 보경스님이 직접 그린 불화와 불상 등을 비롯해 볼거리가 다양하다.

이렇듯 청춘들이 뭉쳐 정겨운 골목 시장을 더욱 매력적인 공간으로 거듭나게 한 정릉 개울장은 잠시나마 팍팍한 삶을 벗어나 이웃들과 함께 정을 나누고 싱그러운 자연까지 마주할 수 있게 해 한 번쯤 '신세대 장돌뱅이'가 되어 장터의 주인공이 되어볼 만하다.

산책로 길목에는 유서 깊은 경국사도 자리 잡고 있다.

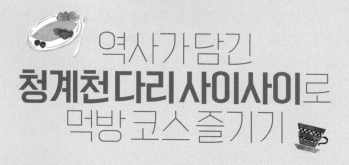

역사가 담긴
청계천 다리 사이사이로
먹방 코스 즐기기

대중교통 지하철 5호선 광화문역 5번 출구에서 동아일보 사옥 앞 청계광장에서 광장시장은 약 2km, 광장시장에서 동묘 벼룩시장은 약 1.5km. 동묘 벼룩시장 인근에는 지하철 1호선과 6호선 동묘역 연결

병풍처럼 둘러진 빌딩 숲 사이를 비집고 나와 도심을 아랑곳하지 않고 재잘재잘 소리 내며 흐르는 모습이 풀 한 포기가 그리운 도시인들에게 청량제처럼 다가와 발길을 유혹하는 곳, 청계천이다. 그곳에 가면 요리조리 헤엄치는 물고기, 풀숲을 넘나들며 조잘대는 새소리는 기본이요, 물길 따라 가는 산책로 곳곳에 볼거리뿐 아니라 군데군데 징검다리를 건너며 물위를 넘나드는 재미도 쏠쏠하다.

그 시작점인 청계광장에는 우리나라 팔도를 대표하는 돌로 제작된 '팔석담'이 있다. 이곳에 동전을 던지고 소원을 빌면 이루어진다고 하니 재미 삼아 소원을 빌어 보자. 청계천 산책로에서 첫 번째로 지나는 광통교는 태조 이성계의 계비 신덕왕후의 아픔이 묻혀 있는 다리다. 기존의 광통교가 폭우로 유실되자 태종 이방원은 신덕왕후의 능을 초라한 형태로 정릉으로 옮기면서 왕후의 혼을 짓밟고 다니게 하기 위해 능에 설치했던 묘지석을, 그것도 거꾸로 쌓아 다리를 만들게 했다. 왕비의 묘에 있던 돌을 다리 건설에 사용한다는 것은 있을 수 없는 일이나 이는 계모이자 과거 정적 관계에 있던 신덕왕후에 대한 이방원의 증오심을 보여 주는 한 단면이다. 이어서 장통교를 중심으로 길게 이어진 '정조대왕 능행반차도'는 조선 22대 임금 정조가 아버지 사도세자의 묘를 참배하기 위해 화성으로 가는 행렬을 도자벽화로 재현한 것이다. 왕실 기록화이자 한 폭의 풍속화를 연상시키는 이 '능행반차도'는 당시 행차의 격식과 복식, 악대 구성 등을 살필 수 있는 역사적 가치를 지니고 있다.

삼일교를 지나면서부터는 풀숲 길 분위기가 풍겨나 걷기에도 훨씬 좋다. 이어서

동아일보사 앞 청계천 시작점(왼쪽), 광장시장의 명물 마약김밥(오른쪽).

1 청계천 위로 살짝 올라오면 마주하게 되는 독특한 디자인의 동대문디자인플라자.
2 청계천 위 광장시장은 4대문 안의 최대 '먹방 시장'으로 소문난 곳.

화려하고 다양한 조명 기구들을 볼 수 있는 세운전자상가를 가로지르는 세운교 밑을 지나 붉은 벽돌로 조성된 마전교를 코앞에 두고 계단 위로 올라가면 국내에서 가장 오래된 재래시장인 광장시장이 펼쳐진다. 광장시장은 1905년 일본의 본격적인 경제 침략에 맞서 서울 상권을 좌우지하던 몇몇의 거부 상인들이 광장주식회사를 설립해 시장을 관리, 경영하면서 붙은 명칭이다. 100년이 넘도록 서민들의 삶과 함께한 광장시장은 다양한 품목을 팔지만 이곳의 명물은 뭐니 뭐니 해도 먹을거리다. 4대문 안의 최대 '먹방 시장'으로 소문난 광장시장은 종류를 헤아릴 수 없을 만큼 먹을거리가 무궁무진하다. 녹두를 곱게 갈아 야채와 고기 등을 숭숭 썰어 넣고 기름에 노릇노릇 지져낸 빈대떡을 비롯해 할머니의 손맛이 그대로 담긴 뜨끈한 순대 국밥, 원하는 야채를 골라 즉석에서 비벼 먹는 양푼비빔밥, 달착지근한 호박죽, 칼칼한 김치만두와 푸짐한 칼국수, 통통한 순대와 매콤한 떡볶이, 겨자를 살짝 넣은 간장 소스에 찍어 먹는 맛이 먹을수록 입맛을 당겨 마약김밥이란 별칭이 붙은 꼬마김밥까지 그야말로 없는 게 없어 골라먹는 재미가 있는 맛의 천국이다. 특히 해가 뉘엿뉘엿 넘어갈 무렵이면 푸짐한 먹을거리와 함께 한잔하려는 인근 직장인들로 북적대 밤늦게까지 불야성을 이뤄 시골 잔칫집 같은 분위기를 자아낸다.

반면 광장시장에서 다시 청계천 산책로로 들어서서 일명 '전태일 다리'로 일컫는 버들다리와 수상 패션쇼(매년 4월~10월 둘째 주 토요일 오후 8시 오픈, 문의 02-2290-7111)도 펼쳐지는 오간수교 밑을 지나면 영도교를 마주하게 된다. 영도교는 단종이 숙부인 수양대군에게 왕위를 빼앗기고 귀양 갈 때 그의 아내인 정순왕후와 이별한 다리로 알려져 있다. 두 사람이 이별한 후 두 번 다시 못 만났다는 뜻에서 '영이별다리'로 불리다 세월이 흐르면서 '영원히 건너가신 다리'라는 의미에서 '영도교'란 이름을 지니게 되었다고 한다. 그 영도교 위로 올라가면 바로 동묘 벼룩시장이 펼쳐진다.

동묘는 중국의 명장인 관우의 위폐를 모시고 제사를 지내는 사당이다. 임진왜란 직후 명나라 측은 '우리가 군대를 보내 왜군을 물리칠 당시 영령이 비범한 관우의 신령이 나타나 많은 도움을 주었으니 그 공을 갚는 것이 마땅하다'며 선조 때(1602) 명나라 왕이 친필로 쓴 편액과 건립 기금을 보내오자 조선에서도 어쩔 수 없이 비용을 보태 지은 것이 지금의 동묘다. 그러나 정작 동묘보다 '중고품 지존 장터'인 벼룩시장이 더 유명하다. 옷, 신발, 책, 악기, 고가구를 비롯해 각종 전자제품은 물론 하다못해 밥주발에 숟가락, 젓가락까지 물품도 다양한 동묘 벼룩시장은 주말이면 발 디딜 틈이 없을 정도다. 바닥에 수북하게 쌓아 놓은 물건마다 가격도 아주 착해 눈썰미만 좋으면 그야말로 '왕건이'를 건질 수 있는 보물창고 같은 곳이다. 게다가 곳곳에서 울려 퍼지는 신나는 리듬의 뽕짝 음악까지 곁들여져 굳이 물건을 사지 않더라도 구경하는 재미가 있다.

블랙이글타고 대한민국 공군의 뿌리 찾기

🚗 자동차 내비게이션 국립항공박물관(서울시 강서구 하늘길 177)

🚍 대중교통
   ❶ 지하철 5호선, 9호선, 공항철도, 김포골드, 대곡소사선 김포
   공항역에서 도보 15분
   ❷ 김포공항 국내선 1층 Gate4 앞에서 셔틀버스(공항순환버스)
   타고 국립항공박물관 하차

Open 관람시간 오전 10시~오후 6시(입장마감 오후 5시)

Close 휴관일 월요일, 1월 1일, 설·추석 당일

Ⓦ 입장료 무료

ℹ️ 문의 02-6940-3198

대한민국 공군의 뿌리가 된 한인비행학교 조종사들과 훈련기 동상.

김포공항 옆에 위치한 국립항공박물관은 과거부터 현재, 미래의 하늘까지 책임지는 모든 것을 엿볼 수 있는 흥미로운 공간이다. 비행기 엔진 모양을 본떠 만든 박물관은 몸집이 거대한 데다 층별로 세세하게 신경 쓴 전시물과 다양한 체험거리가 있어 꼼꼼히 둘러보려면 제법 시간이 걸리는 곳이다.

항공역사관(1층), 항공산업관(2층), 항공생활관(3층)으로 구성된 이곳에선 최첨단 시뮬레이션 장비를 통해 공항 관제사가 되어 항공기를 착륙시키거나, 제각각 다른 비행기를 직접 모는 것 같은 독특한 손맛을 볼 수 있다. 아울러 곡예비행에 능한 공군 제트기(블랙이글)를 실제 탑승한 것처럼 360도 회전하는 짜릿한 체험도 가능하다. 관람로를 따라 올라가다 보면 천장에 다양한 전투기들이 대롱대롱 매달려 있다. 그 사이엔 조선인 최초로 우리 하늘을 날았던 안창남이 몰던 금강호도 실물 그대로 복원되어 있다.

박물관 앞 잔디밭엔 의미 깊은 조형물들도 많다. 특히 눈여겨볼 것은 대한민국 임시정부가 세운 한인비행학교 조종사들 동상이다. 봉오동전투와 청산리전투에서 일제를 대파했던 1920년, 땅에서 펼쳐진 그 치열한 독립운동은 하늘로도 이어졌다. 앞으로 독립전쟁은 육군보다 공군에 의해 좌우될 것이라고 판단해 조종사 양성을 위한 비행학교 설립을 강력하게 추진한 이는 당시 상하이 임시정부 군무총장이었던 노백린 장군이다. 그래서 탄생한 게 일제의 영향력이 미치지 못하는 미국 캘리포니아주 북부의 농촌 도시인 윌로스 벌판에 세워진 한인비행학교다.

1 박물관 천장에는 매달려 있는 안창남의 비행기 '금강호'를 비롯한 여러 비행기들.
2,3 한인비행학교 설립에 지대한 공헌을 한 노백린 장군과 김종림.

노백린 장군은 답사를 위해 샌프란시스코 레드우드 비행학교를 찾았다가, 그곳에서 이미 항공 독립운동을 위해 조종술을 익힌 한인 청년들이 있음을 알게 된다. 생각지도 못한 교관은 확보했지만 비행학교를 세우자니 막대한 돈이 문제였다. 그때 기적처럼 나타난 이가 바로 '쌀의 왕(Rice King)'이라 불리던 김종림이다. 22살 때(1907년) 미국에 건너가 캘리포니아에서 쌀농사를 짓기 시작한 그는 유럽에 1차 대전이 터지자 군량미로 수출하는 쌀값이 폭등하면서 엄청난 부를 쌓았다. 그런 김종림이 발 벗고 나서자 비행학교 설립도 일사천리로 진행됐다.

김종림의 농장에 활주로가 곧게 뻗고, 교실이 마련되고, 레드우드 비행학교 교관 출신 미국인과 그 학교를 졸업한 한인 청년들이 합류하고, 최신형 비행기까지 구입하면서 모든 준비가 끝났다. 이 모든 비용은 물론, 다달이 나가는 교관 월급과 운영비까지 김종림이 부담했다. 당시 한인비행학교 소식을 알렸던 1920년 2월 19일자 '월로스 데일리 저널' 기사 원본도 박물관에 전시되어 있다.

1920년 7월 5일 월로스 한인비행학교 정식 개교식 때 30명의 생도들 앞에서 '독립전쟁이 시작되면 일본으로 날아가 도쿄를 쑥대밭으로 만들자!'라며 목소리를 높인 노백린은 무선 통신, 군사학까지 체계화시키고 열흘 뒤 상하이 임시정부로 복귀했다. 이후 비행기를 5대로 늘리면서 조선총독부를 긴장시킨 비행학교는 안타깝게도 이듬해 4월 날개를 접어야 했다. 1920년 10월 캘리포니아를 휩쓴 대홍수 여파로 김종림이 파산했기 때문이다.

결국 자금난으로 문을 닫은 윌로스 비행학교 역사는 짧았지만 그 의미는 묵직하다. 비록 졸업생 중 누구도 폭탄을 싣고 도쿄로 날아가진 못했지만 비행학교 출신 박희성과 이용근은 1921년 7월 대한민국 임시정부 최초의 비행장교로 임명됐고 일부 청년들은 중국군과 미군에 입대해 일본군과 맞서 싸웠다. 임시정부는 윌로스 비행학교 경험을 바탕으로 조선 청년들을 중국의 항공학교로 보내 비행사를 양성했다. 해방 후 열악한 기반 속에서도 공군이 빠르게 창설될 수 있었던 이유다. 대한민국 공군 창군일은 1949년 10월 1일이지만 '대한민국 공군의 뿌리는 임시정부의 항공부대이자 항공 독립운동의 출발점이었던 윌로스 한인비행학교'라고 대한민국 공군 홈페이지에 명시되어 있다.

국립항공박물관은 한인비행학교 개교 100주년에 맞춰 2020년 7월 5일에 개관했다. 야외 전시장에는 노백린 장군과 6명의 교관(한장호, 이용선, 이초, 오림하, 장병훈, 이용근), 10명의 학생 비행사와 그들의 훈련기 동상이 있다. 이 조형물은 한인비행학교 개교 당시 찍은 사진 모습 그대로 제작된 것이다. 인근에는 1925년 중국 윈난육군항공학교 졸업 후 중일전쟁에서 전투기를 몰고 일본군과 싸웠던 우리나라 최초의 여성 비행사 권기옥의 동상도 있고, 일제강점기인 1922년 조선인 최초로 조선 하늘을 훨훨 날며 자부심을 심어 준 안창남 동상도 있다. 모두 조국 독립을 위해 하늘을 날았던 애국 비행사들이다. 하지만 이곳에 피땀 흘려 번 돈을 조국을 위해 아낌없이 쏟아부었던 애국 농부 김종림이 없다는 게 아쉽다.

Part 2

경기도

국내 여행 버킷리스트

Gyeonggi-do

아날로그 감성가득!
뉴트로 여행
즐기기

🚗 **자동차 내비게이션** 조양방직(인천 강화군 강화읍 향나무길5번길 12)

🚌 **대중교통** 지하철 2호선 신촌역 또는 홍대입구역에서 강화행 3000번 버스 이용, 강화터미널에서 조양방직까지 약 1.5km (21번, 26번 버스 이용 / 택시 5분 / 도보 25분)

⭐ **Tip**
강화읍내 도보 여행(약 5km) 강화터미널~강화산성 남문~소창박물관~조양방직~용흥궁~강화성당~고려궁지~강화터미널

강화도는 우리나라에서 네 번째로 큰 섬이다. 그런 강화도는 수십 년 동안 번성한 직물 산업 덕분에 전국에서 소문난 부자 동네였다. 일제 강점기인 1933년 조양방직이 문을 연 이후 심도직물과 평화직물 등 굵직한 공장만 수십 곳이었고, 가내수공업까지 포함하면 한 집 건너 한 집이 직물로 먹고 살았다. 하지만 1970년대 들어 직물 산업이 쇠퇴하면서 지금은 소규모 소창(평직으로 성글게 짠 면직물) 공장 몇 군데만 그 명맥을 잇고 있다. 그런데 아직도 곳곳에 옛 공장들의 흔적이 남아 있는 강화도가 몇 년 전부터 '뉴트로 여행지'로 인기를 끌기 시작했다. 사람들의 발길을 강화도로 이끈 일등공신은 바로 조양방직이다.

강화도 갑부가 1933년에 설립한 조양방직은 우리나라 최초의 방직 공장으로, 한때는 일꾼들이 돈을 지게로 져서 은행에 나를 만큼 전성기를 누리다 1958년에 폐업했다. 이후 오랫동안 방치되어 흉물스러웠던 공장 건물을 리뉴얼하여 2018년 거대한 카페를 오픈했는데, 무려 90년 된 공장 건물을 살려 단순한 카페가 아닌 '미술관'으로 재탄생시켰다. 수십 년 세월을 고스란히 보여 주는 허물어진 벽면과 깨진 유리창 그대로인 문짝, 비바람에 뒤틀린 문틀은 그 자체가 독특한 설치미술품이 되었다. 마치 '세상에 쓸모없는 물건은 없다.'라고 말하듯 고장 난 경운기, 재봉틀, 옛날 저울, 이발소 의자 등 공장 구석구석에 놓인 모든 것들이 곧 음료를 마시는 테이블이요 의자다. 발길 닿는 곳마다 요모조모 볼거리가 다양한 데다 그 옛날의 추억을 담은 흑백사진들까지 꼼꼼히 보노라면 시간 가는 줄 모르게 된다. 그런 독특함이 SNS를 타고 알려지면서 주말마다 손님들로 넘쳐나고, 이제는 조양방직에 간 김에 강화도를 둘러본다는 말까지 생겨날 정도다.

조양방직 인근에는 '소창체험관'이 있어서 함께 둘러보기 좋은데, 이곳은 강화

1 강화 직물 산업의 역사를 엿볼 수 있는 소창체험관.
2 강화도령 철종의 기구한 삶이 담긴 용흥궁.
3 한옥 지붕 위의 십자가가 독특한 인상을 주는 대한성공회 강화성당.

직물 산업의 한 축을 담당하던 평화직물 자리에 들어선 한옥 체험관이다. 여기서는 옛 직조기로 소창을 짜는 모습도 볼 수 있고 그 소창에 다양한 문양을 찍어 나만의 손수건을 무료로 만들어 볼 수도 있다.

이렇듯 조양방직과 소창체험관이 끌어들인 발길은 자연스레 강화의 역사 속으로 이어진다. 소창체험관에서 멀지 않은 용흥궁 주차장 앞에 솟은 굴뚝은 60~70년대 강화 경제를 이끌던 심도직물의 흔적이요, 굴뚝 옆에 전시된 소창 직조기는 섬유도시였던 강화의 추억을 말해 주는 상징물이다.

이 굴뚝을 지나 오른쪽으로 오르면 좁은 골목 안에 '강화도령'이라 불렸던 철종이 왕위에 오르기 전에 살았던 집인 용흥궁이 있다. 철종은 정조의 이복동생 은언군의 손자로 집안이 역모 사건에 휘말리면서 14살 때 강화도로 유배됐다. 하지만 5년 뒤 헌종이 자식을 남기지 않은 채 세상을 뜨자 19살에 왕이 되었지만 외척 세도가에 휘둘리는 허수아비 임금으로 살다 1863년 33살에 병사했다. 용흥궁은 원래 초가집이었으나 철종이 왕위에 오른 후 새로 지은 건물이다.

용흥궁 바로 위에 자리한 건물은 1900년 영국인 선교사가 세운 국내 최초의 한옥 성당인 대한성공회 강화성당이다. 외양은 한옥인데 팔작지붕 위에 십자가를 얹은 것이 눈에 띄며, 서까래에 매달린 샹들리에를 비롯해 내부는 유럽식으로 지은 독특한 성당이다. 강화 시내가 한눈에 들어오는 언덕 위의 성당은 기독교에서 말하는 '구원의 방주'로서의 의미를 담아 배의 형상으로 지어졌다지만, 왠지 국운이 기운 조선

▶ 소창체험관
관람 시간 오전 10시~오후 6시 휴관 월요일 문의 032-934-2500

▶ 조양방직
관람 시간 오전 11시~오후 8시(주말·공휴일 오후 10시) 문의 032-933-2192

에 서양의 종교가 군림하는 것 같은 모습에 마음이 씁쓸해지기도 한다.

강화성당에서 조금 더 올라가면 고려궁지다. 1232년 고려 왕실과 조정이 몽고의 침략에 대항하기 위해 도읍을 강화로 옮겨 39년간 머무를 때 지은 궁궐이 있던 곳이다. 그렇게 실낱같은 고려의 운명을 지켜 오던 궁궐은 고려가 몽고와 화친을 맺고 개경으로 환도할 때 몽고의 압력으로 모두 허물어졌다. 조선 시대에 와서는 흔적만 남은 궁궐터에 관청인 강화 유수부와 행궁이 들어섰고 정조 때 왕실 관련 서적을 보관하던 외규장각도 자리를 잡았으나, 1866년 병인양요 때 프랑스군이 귀중한 책과 보물을 약탈하고 여러 건물을 불태우면서 수난이 되풀이되었다. 당시 약탈된 책들 중 유네스코 세계기록유산으로 지정된 의궤는 2011년 우리 품으로 돌아왔지만 나머지는 여전히 프랑스 박물관에 있다. 현재 고려궁지에는 조선 시대의 강화 유수부 동헌과 이방청, 외규장각이 복원되어 있다.

몽고에 대항하기 위해 강화로 옮겨진 궁궐이 있었던 고려궁지.

한여름에도 서늘한 동굴에서 엘도라도 체험하기

🚌 자동차 내비게이션 광명동굴(경기도 광명시 가학로85번길 142)

🚍 대중교통
❶ 지하철 7호선 철산역 2번 출구에서 2001아웃렛 건너편 버스 정류장에서 17번 버스 타고 광명동굴 정류장 하차
❷ 지하철 1호선, KTX 광명역 8번 출구에서 77번 버스 타고 광명동굴 종점 하차

Open 관람 시간 오전 9시~오후 6시(입장 마감 오후 5시), 월요일 휴무

₩ 입장료 어른 10,000원, 청소년 5,000원, 어린이 3,000원

ℹ 문의 070-4277-8902

광명동굴 안에 조성된 와인동굴에서는 와인 시음과 더불어 국내산 와인의 모든 것을 볼 수 있다.

한여름에 들어서면 서늘한 겨울 느낌이 들고, 한겨울에 들어서면 훈훈한 봄 느낌을 안겨 주며 계절감마저 바꿔 놓는 묘한 곳이 광명시에 있다. 그동안 동굴을 보려면 강원도나 충청도 산골로 발걸음을 옮기든가 아니면 멀리 제주도로 떠나야 했다. 하지만 이제는 수도권에서도 가능해졌다. 광명시에 솟은 가학산 속살을 요리조리 파고든 광명동굴이 나타난 덕분이다. 평범해 보이는 산속에 조용히 숨어 있던 이 지하 세계는 사실 '자연산'은 아니다. 광명동굴은 일제강점기인 1912년부터 뚫어 만든 광산이다. 해발 200m가량의 야트막한 산속을 헤집고 층층이 파고든 동굴의 깊이는 275m에 길이는 7.8km나 된다. 깊고도 긴 그 동굴 속에는 금과 은이 묻혀 있었고 그 밖의 요긴한 광물자원도 많았기에 일명 '노다지 동굴'이란 애칭이 붙었던 곳이다. 30년이 넘도록 일제의 수탈 현장으로 금쪽같은 속살을 야금야금 파 먹히던 동굴은 해방 후에도 30년 가까운 세월 동안 노다지를 토해 내다 홍수로 인해 1972년 막을 내렸다. 이후 얼마간 소래포구 새우젓 저장 공간으로 활용되기도 했지만, 40년 동안 애물단지로 방치되었던 광산은 이제 광명시를 넘어 경기도를 대표하는 관광 명소가 되어 새로운 노다지를 캐고 있다.

'폐광의 기적'이라 일컫는 광명동굴은 자연 동굴이 빚어낸 종유석, 석순 등은 없지만 수도권 유일의 동굴 테마파크로 변신해 볼거리가 다양하다. 특히나 지금도 동

1 다가서기만 해도 서늘한 기운이 밀려오는 광명동굴 입구.
2 동굴 탐험로에 줄을 이은 황금 장미.
3 동굴 깊숙한 곳으로 내려가면 황금빛으로 장식된 보물 조형물이 가득하다.

굴 어딘가에는 적지 않은 금이 묻혀 있다는 의견도 있어 부귀영화의 상징인 황금 기운을 받고자 찾아오는 발길이 끊임없이 이어진다. 7.8km에 달하는 갱도 중 개방된 구역은 2km 남짓이다.

사시사철 섭씨 12도를 유지하는 동굴은 땡볕이 내리쬐는 여름날에 들어서면 추울 정도다. 입구에서 몇 걸음 떨어져 있음에도 시원한 바람이 솔솔 불어온다. 일명 '바람길'이라 일컫는 초입 통로는 황금빛을 발하는 인조 장미꽃길이 이어진다. 그 길목에서는 그 옛날 한줄기 햇빛도 들어오지 않던 어둡고 습한 동굴에서 작업한 광부들의 고된 일상의 흔적도 엿볼 수 있다. 길게 이어지는 바람길을 지나면 4개의 통로로 갈라지는 지점을 마주하게 되는데, 이곳은 우주 공간에서 블랙홀과 화이트홀이 연결되는 통로를 의미하는 '웜홀'이란 이름이 붙여졌다. 동굴 탐험은 이곳에서 오색찬란한 빛이 반짝이는 '빛의 터널'로 연결된다. 아울러 곳곳에서 다양한 형체들이 색색의 빛으로 변하는 모습은 까만 어둠 속에서 빚어내는 풍경이라 더욱 신비롭게 다가온다.

걸음을 옮기면 제법 넓은 마당도 볼 수 있다. '동굴 예술의 전당'이라 부르는 이곳에서는 음악회와 패션쇼, 뮤지컬, 토크쇼 등 다양한 공연이 펼쳐진다. 뿐만 아니라 햇빛이 없는 이 컴컴한 동굴 속에는 첨단 기술을 동원해 조성한 식물원도 있고 이색적인 수족관도 있다. 천연 지하수를 활용한 물이기에 1급수에서만 산다는 토종 물고기들을 자세히 엿볼 수도 있지만 특히 순금 빛을 발하는 희귀 어종인 '금용'은 부와 행운을 기원하는 황금 물고기라 하여 모든 사람의 눈길을 사로잡는다.

지하 암반에서 퐁퐁 솟아나는 물은 과거 광부들의 갈등을 달래 주던 생명수였고, 이 광부 샘물은 지금도 여전히 동굴 탐험에 나선 관람객들의 목을 축여 주고 있다. 그런가 하면 이 물줄기는 우렁찬 소리를 내뿜는 황금 폭포가 되어 쏟아져 내리기도 하고, 황금빛으로 반짝이는 별 모양인 초신성 밑에는 저마다의 소원을 담은 손바닥만 한 황금패들이 줄줄이 달려 있는 모습이 이채롭다.

미로처럼 연결된 갱도를 걷다 광부들이 오르내리던 통로를 따라 한차례 땅 밑으로 더 내려가면 황금 궁전이 기다리고 있다. 거대한 황금 기둥과 보물로 가득한 황금 방이 있는 공간은 물론 모든 것이 모조품이지만 잠시나마 황금의 도시 '엘도라도'를 찾아 나선 기분을 안겨 주기도 한다. 그곳에서는 영화 〈반지의 제왕〉을 만든 뉴질랜드 웨타 워크숍이 제작한 거대한 용과 골룸도 볼 수 있고, 귀신들이 들끓는 오싹한 공포 체험도 할 수 있다.

다시금 올라오는 계단은 가파르기에 그만큼의 수고가 따르지만 한 계단 오를 때마다 4초의 수명 연장 효과가 있는 '불로장생 계단'이라 명명한 센스가 돋보인다. 그렇게 수명을 연장하며 오르고 나면 늙지 않는다는 속설이 전해 오는 불로문을 통과하게 된다. 마지막 관람 코스는 국내산 와인이 총집결한 와인동굴이다. 소량의 와인을 시음할 수 있는 곳이자 100여 종이 넘는 각 지역의 와인을 판매하기에 와인 애호가들에게 인기 만점이다.

🍴 광명동굴 매표소 앞에 화덕피자와 핫도그, 음료 등을 판매하는
먹 노천카페가 있고, 노천카페 아랫녘에 위치한 광명업사이클아트
을 센터 2층에 광부도시락, 수제돈가스, 음료 등을 판매하는 동굴카
곳 페가 있다.
문의 070-4277-8907

남한산성에 올라 세계문화유산 급 서울 야경 즐기기

🚌 자동차 내비게이션 남한산성로터리주차장(경기도 광주시 남한산성면 산성리 521)

🚇 대중교통 지하철 8호선 산성역 2번 출구에서 9번, 52번 버스 타고 종점(산성로터리) 하차

⭐ Tip 남문으로 가려면 종점 바로 전 정류장인 남문 매표소 앞에서 하차하는 것이 편리하다.

　북한산성과 함께 한양 도성을 수호했던 요충지, 남한산성은 신라 문무왕 때 축성된 토성을 바탕으로 조선 광해군 때 석성으로 개축한 후 인조 때 지금의 형태를 갖추게 되었다. 주봉인 청량산을 중심으로 연주봉, 망월봉, 벌봉 등을 연결해 쌓은 성벽의 길이는 약 12km. 성벽 외부는 급경사를 이루는 데 비해 성의 내부는 경사가 완만한 천혜의 지형을 갖춘 곳으로, 삼국시대 이래 외침에 의해 정복 당한 적이 없던 철옹성이었다. 그러나 1637년 겨울, 청나라 대군과 대치중이던 이 철옹성 문이 조용히 열렸다. 문을 나선 이는 조선 임금 인조였다. 청태종 앞에 무릎 꿇고 머리를 조아리기 위해 나선 발걸음이다. 당시 막강한 힘을 과시하던 청의 침략에 남한산성으로 피신한 지 꼭 47일 만의 일이다. 혹독한 추위와 굶주림 속에서도 달포를 넘기며 항전했지만 결국 '삼전도 굴욕'이라 칭하는 인조의 치욕적인 항복으로 병자호란은 끝이 났다. 그 뼈아픔이 벽돌 하나하나마다 배어 있는 남한산성은 이후 항일 투쟁의 거점이자 3·1운동의 중심지이기도 했다.

　한때 굴욕의 현장이긴 했지만 때마다 민족적 자긍심을 높여 주던 남한산성은 현재 남아 있는 산성 중 비교적 원형이 잘 보존되어 있다. 그렇게 꿋꿋하게 버텨왔기에 그 역사적, 문화적 가치를 인정받아 2014년 유네스코 세계문화유산으로 등재되면서 이제는 세계적인 보물이 되었다. 규모도 제법 큰 성 안에는 궁궐을 벗어난 왕

1 남한산성 안에 자리한 장경사.
2 남한산성에서 가장 높은 곳에 자리한 수어장대는 그 옛날 군사들을 통솔하던 장수의 지휘부다.

의 거처로 활용되던 행궁이 들어 있다. 인조 4년(1626)에 건립된 남한
산성 행궁은 다른 행궁에는 없는 종묘사직 위패를 모신 유일한 곳으로
유사시 임시 궁궐 역할까지 했다. 병자호란 당시 인조도 이 행궁에 머물
렀고 이후 숙종, 영조, 정조 등 여러 임금들이 인근 능행길 도중 이곳에
머물렀다. 그러나 본래의 행궁은 1907년 일본의 군대 해산령과 함께
사라졌고 1세기가량 지난 후 10여 년간의 복원 공사 끝에 2012년 지금
의 모습으로 재탄생했다. 아울러 병자호란 당시 치욕적인 삶을 사느니
차라리 떳떳한 죽음을 맞겠노라며 끝까지 항복을 반대한 이들을 기리
는 사당(현절사)도 남아 있다.

　　남한산성은 자연 지형을 고스란히 따르며 병풍처럼 띠를 두른 성곽
자체가 예술 작품이다. 그 성곽 안팎으로 다양한 코스의 산책로도 조성
되어 있다. 봄 벚꽃, 울창한 여름 숲, 가을 단풍, 겨울 눈꽃 등 계절마다
멋을 달리하는 산책로는 트레킹 코스로도 인기다. 성곽을 따라 산성을
한 바퀴 다 돌자면 3시간 30분은 족히 걸린다. 4대문을 다 거치는 코스
가 벅차다면 남문에서 수어장대와 서문, 연주봉을 거쳐 북문에서 산성

성곽을 따라 조성된 산책로는 남한산성의 멋을 오롯이 느낄 수 있는 길이다.

로터리로 내려오는 코스(1시간 20분 소요)만으로도 산성의 멋을 느끼기에 무난하다. 물론 정해진 코스를 따라 걷는 것도 좋고 마음 가는 대로 걸어도 좋다.

　4대문 중 유일하게 현판(지화문)이 남아 있는 남문은 남한산성 성문 가운데 가장 크고 웅장하다. 그 옛날 새벽에 인조가 행렬을 이끌고 들어왔던 문이다. 문 앞에는 그 모습을 지켜보았을 거대한 느티나무가 묵묵하게 서 있다. 이곳에서 숲이 우거진 성벽길을 따라 오르면 수어장대를 마주하게 된다. 성 안에서 가장 높은 곳에 자리한 2층 누각의 수어장대는 군사를 통솔하던 장수의 지휘부로 성 안에 남아 있는 건물 중 가장 화려하다. 병자호란 당시 인조도 이곳에서 군사들을 격려하여 항전했지만 후대의 영조는 그 치욕을 잊지 말자는 의미에서 '무망루(無忘樓)'라는 편액을 걸어 놓았다.

　수어장대에서 솔숲 산책로를 따라 600m가량 가면 나오는 서문은 인조가 청나라에 굴욕적인 항복을 하기 위해 나섰던 문이다. 연주봉 옹성을 지나 마주하게 되는 북문은 병자호란 때 전투를 치른 유일한 문이다. 300여 명이 이 문을 나서 공격을 감행했지만 청나라 대군에게 전멸한 아픔을 지닌 성문이다. 훗날 정조 또한 다시는 전쟁에서 패함 없이 승리하자는 의미에서 이 문에 '전승문'이란 이름을 붙였다. 역사적 아픔을 딛고 꿋꿋하게 자리를 지켜 온 남한산성의 매력은 어둠이 내리면서 다시금 빛을 발휘한다. 무엇보다 해 질 무렵 산성에서 굽어보는 서울 야경이 일품이다. 야경을 감상하는 최고의 포인트는 서문 밑의 전망대. 해 질 무렵 이곳에 서면 붉게 물들었던 노을이 사그라지면서 어둠을 뚫고 은은하게 피어오른 불빛들이 점점 화려해지는 불빛 세상이 펼쳐진다. 대한민국의 수도 서울을 화려하게 수놓은 아슴아슴 불빛들은 몽환적인 밤의 낭만에 취하게 만드니 세계문화유산 위에서 본 야경도 가히 세계문화유산 급이다.

➕ 만해기념관

플러스

만해 한용운(1879~1944) 선생이 보여 준 민족에 대한 사랑과 일제에 항거한 독립 정신, 그의 문학과 철학 사상을 엿볼 수 있는 곳이다. 아담한 규모의 기념관 안에 들어서면 세계 각국의 언어로 번역된 시집 《님의 침묵》을 비롯한 그의 저술과 일제강점기 동안 금서였던 《음빙실문집》, 《영환지략》, 《월남망국사》 등 평소 만해가 즐겨 보았던 수택본, 3.1독립운동으로 투옥 중에 옥중 투쟁을 보여 준 각종 신문 자료, 1962년 정부가 추서한 대한민국 건국 공로 최고 훈장인 대한민국장이 전시되어 있다. 남한산성로터리 인근에 위치해 있다.

입장 시간 오전 10시~오후 6시(동절기 오후 5시) **휴무일** 매주 월요일, 1월 1일 **요금** 어른 2,000원, 어린이 1,000원
문의 031-744-3100

성남 모란민속5일장

성남시 중원구 성남동에서 열리는 모란민속5일장은 전국 최대 규모의 5일장이다. 매월 끝 자릿수 4일, 9일 장날이면 시장 입구부터 장사진을 이룬 사람들로 발 디딜 틈이 없다. 저마다 '싸다, 싱싱하다, 좋다'를 외치는 상인들의 추임새에 구수한 입담의 약장수와 쿵작쿵작 신나는 품바 공연까지 가세해 활기 넘치는 장터 분위기를 느낄 수 있다. 계절에 따라 판매하는 품목도 다양한 그야말로 없는 게 없는 그것도 도심에서 열리는 후끈한 장터기에 더욱더 색다른 풍경을 안겨 준다. 장터 안쪽에는 음식 코너도 부지기수. 이곳에서 가장 인기 있는 메뉴는 손으로 직접 썰어 면발의 굵기가 들쭉날쭉한 못난이 손칼국수와 김치 왕만두다.

공원 같은 **조선왕릉**에서 느린 산책하기

🚗 **자동차 내비게이션** 동구릉(경기도 구리시 동구릉로 197)

🚌 **대중교통**
❶ 청량리역 환승센터 정류장에서 202번 버스 타고 동구릉 입구에서 하차
❷ 경의중앙선 구리역에서 2번 버스 타고 동구릉 입구에서 하차

Open 입장 시간 오전 6시~오후 5시(6월~8월 오후 5시 30분, 11월~1월 오후 4시 30분)

Close 휴관일 매주 월요일

₩ 요금 만 25세~만 64세 1,000원

ⓘ 문의 031-563-2909

조선 왕릉은 1392년 건국 이래 1910년 한일합병까지 500여 년 동안 조선왕조를 이끌어 온 왕족의 무덤이다. 왕가의 무덤은 지위에 따라 그 명칭이 다르다. '능'은 왕과 왕비의 무덤에만 붙여진다. 왕권을 물려받을 왕세자와 왕세자빈의 무덤은 '원', 왕의 나머지 자녀와 후궁이 묻힌 곳은 '묘'라고 한다. 예외적으로 왕위에서 쫓겨난 연산군과 광해군은 능이 아닌 묘로 불리는 무덤에 잠들어 있다.

조상 공경을 무엇보다 중시한 조선왕조는 최고의 지관들을 동원해 최고의 명당 자리에 선왕을 모셨다. 단, 한양 도성을 중심으로 10리 밖, 100리 이내의 장소여야 했다. 이는 당시 궁궐에서 출발한 참배 행렬이 하루 안에 도착할 수 있는 거리를 기준 삼은 것이다. 때문에 대부분의 왕릉이 서울과 가까운 곳에 있지만 예외도 있다. 태조 이성계가 왕이 되기 전 죽은 본처 신의왕후의 능(제릉)과 왕자의 난을 일으킨 동생에게 왕위를 넘기고 개경으로 간 정종의 능(후릉)은 북녘 땅인 개성에 있고, 유배지에서 죽은 단종의 능(장릉)은 강원도 영월에 있다.

이렇듯 조선왕조 500년을 넘어 지금까지 한 왕가의 무덤이 온전하게 보존된 건 지구촌에서 유일하기에 2009년 왕릉 전체가 세계문화유산으로 등재되었다. 북한 땅을 제외하고 국내 곳곳에 흩어진 왕릉은 40기에 달한다. 그중 백미로 꼽는 곳은 동구릉이다. 규모면에서도 단연 압도적이지만 조선왕조 창시자인 태조의 능이 있

동구릉과 달리 서오릉에 있는 명릉은 유일하게 봉분 위에 올라 왕릉을 자세하게 볼 수 있다.

기 때문이기도 하다. 경복궁 동쪽에 있는 9기의 능을 의미하는 동구
릉에는 7명의 왕과 10명의 왕비가 잠들어 있다. 검암산 자락을 타고
60만 평에 이르는 숲에 조성된 동구릉에 들어서면 부드러운 구릉들
이 겹겹이 둘러져 아늑함을 자아낸다. 이 안에 자리한 왕릉들은 형태
는 비슷하지만 그 안에 잠든 주인공마다 사연은 제각각이다.

　동구릉 가장 안쪽 중앙에 자리한 건원릉은 1408년 태조가 묻힌
곳이다. 그 봉분에는 잔디가 아닌 억새풀로 덮여 있는 모습이 이채롭
다. 역성혁명으로 나라를 세우고 왕이 됐지만 자식들의 권력 다툼에
편치 않은 말년을 보내야 했던 태조가 그리운 고향 땅의 흙과 풀 아래
잠들고 싶다는 유언을 남겼기 때문이다. 태종(이방원)은 이를 충실하
게 수행했지만 생전에 아끼던 신덕왕후의 능에 함께 묻히길 원했던
아버지의 소원은 묵살하고 말았다. 태조의 사랑과 신뢰를 한 몸에 받
았던 계비 신덕왕후는 원비(신의왕후)의 아들들을 제치고 자신의 차
남을 세자로 세울 만큼 정치적 역량도 뛰어났다. 그런 계모가 이방원

에게는 눈엣가시였기에 왕비가 세상을 뜨자 세자로 책봉된 어린 동생은 물론 계비의 장남까지 살해하고 결국 왕위에 올랐다. 뿐만 아니라 태조가 승하한 이듬해 덕수궁 뒤에 있던 능을 도성 밖으로 몰아내고 평민으로 강등시켜 봉분마저 깎아 버려 사람들이 알아볼 수 없게 했으니 신덕왕후를 향한 태종의 증오심이 어느 정도인지를 가늠하게 한다. 오랫동안 존재감 없이 쓸쓸하게 방치되다 260년 만에 지금의 모습으로 복구된 정릉이 바로 신덕왕후의 무덤이다.

건원릉 오른쪽에 있는 목릉에는 선조와 의인왕후, 계비 인목왕후의 무덤이 제각각 자리하고 있다. 후궁 소생의 서자로 왕위에 오른 선조는 27명의 임금 중 가장 무능한 왕으로 알려진 인물이다. 임진왜란 당시 백성을 버리고 의주로 피신했던 선조는 죽어서도 수맥이 좋지 않다는 이유로 무덤을 옮겨 다녀야 했다. 목릉 아래 있는 현릉은 세종의 맏아들인 문종과 현덕왕후를 모신 곳이다. 문종에 앞서 왕세자빈 신분으로 세상을 떠난 현덕왕후의 무덤은 본래 다른 곳에 있던 데다 세조 즉위 후 단종 복위 사건에 가족이 연루되어 폐위되기까지 했지만 중종 때 복위되어 사후 72년 만에 남편 곁으로 왔다.

왕릉을 수호하는 무인석.

현릉 아래에 자리한 수릉은 순조의 아들로 사후 문조로 추존된 효명세자와 부인 신정왕후의 능이다. 효명세자는 당시 극에 달했던 안동 김 씨 세도정치에 시달리던 아버지를 대신해 왕권강화를 위해 고군분투했지만 스물두 살 나이에 생을 마감하고 말았다. 이후 아들 헌종이 즉위하면서 왕으로 추존되어 동구릉으로 옮겨온 무덤의 호칭도 능으로 승격되었다. 일찍이 왕세자빈으로 헌종을 낳은 신정왕후는 왕비의 영화를 누리진 못했지만 오래도록 장수하며 왕실 최고의 어른으로 살다 남편 곁에 잠들어 있다.

반면 건원릉 왼쪽, 인조의 계비 장렬왕후가 묻힌 휘릉 아랫녘에 있는 원릉은 조선 임금 중 가장 오래 통치한 영조와 계비 정순왕후의 무덤이다. 53년의 재위 기간 동안 결단력 있는 군주의 모습을 보이기도 했지만 선왕인 경종을 독살했다는 구설수에 오를 만큼 평생 정통성에 대한 콤플렉스와 정쟁에 휘말려 아들 사도세자를 뒤주에 가둬 죽인 아픔을 달고 살아야 했다. 첫 왕비가 죽은 후 열다섯 나이에 쉰한 살이나 많은 할아버지 같은 영조의 계비가 된 정순왕후는 어리지만 당찬 여인이다. 영조에 이어 정조가 세상을 떠나 열한 살의 순조가 왕위에 오르자 실질적인 권력을 거머쥔 정순왕후는 신하들로부터 충성 서약을 받아낼 만큼 막강한 영향력을 행사하다 예순한 살에 세상을 떠났다.

원릉 밑에 있는 혜릉은 경종의 왕비 단의왕후가 홀로 묻힌 곳이고 인근에 있는 숭릉에는 현종과 명성왕후가 잠들어 있다. 그 위에 자리한 경릉은 동구릉이란 명칭을 낳게 한 마지막 능으로 헌종과 효현왕후, 계비 효정왕후의 무덤이 한 자리에 있다. 이처럼 3기의 능이 나란히 놓인 건 조선 왕릉 중 경릉이 유일하다. 풍수가들은 명당 중의 명당이라 꼽은 이곳에 두 왕비와 함께 영면한 헌종은 행복해 보이지만 이면에는 힘없던 왕의 아픔이 어려 있다. 조선의 임금은 사후 두 개의 이름을 얻게 된다. 종묘에 안치될 때 붙는 묘호와 무덤에 안장될 때 붙이는 능호다. 우리가 흔히 부르는 태조는 묘호, 건원릉은 능호다. 그러나 헌종은 먼저 떠난 안동 김 씨 가문의 딸인 효현왕후의 경릉에 묻혔다. 그렇다 해도 왕의 능호로 바꾸는 게 당연함에도 왕비의 능호를 그대로 둔 건 당시 왕보다 막강했던 안동 김 씨 가문의 위력을 보여 주는 대목이다.

왕릉을 알현하기 위해서는 예의를 갖추고 조심 또 조심하라는 의미의 시설물들이 줄줄이 이어져 있다. 금천교는 왕의 혼이 머무는 신성한 공간과 속세를 구분하고 붉은 홍살문은 악귀를 물리치는 상징물이다. 선왕의 혼이 다니는 신도가 살아 있는 왕이 다니는 어도보다 높은 건 엄격한 조선의 법도를 보여 준다. 이처럼 조선왕조의 숨결이 담긴 보물 같은 조선 왕릉은 솔 향 가득한 숲 산책로가 일품으로 이 땅에 살면서 한 번쯤 찾아볼 만한 곳이다.

⊕ 서오릉

플러스

동구릉 다음으로 큰 서오릉은 서울 서쪽에 있는 다섯 왕릉이란 의미다. 이곳에는 숙종과 제1계비 인현왕후, 제2계비 인원왕후를 모신 명릉, 세조의 맏아들인 의경세자(사후 덕종으로 추존)와 소혜왕후를 모신 경릉, 덕종의 아우 예종과 계비 안순왕후를 모신 창릉, 숙종의 원비 인경왕후를 모신 익릉, 영조의 원비인 정성왕후를 모신 홍릉이 모여 있다. 아울러 한때 숙종의 총애를 받던 장희빈의 대빈묘도 한 구석에 조촐한 모습으로 자리하고 있다.

숙종과 연관된 네 여인이 같은 지역에서 따로 또 같이 잠들어 있다는 것도 흔치 않은 일이다. 한 시대를 같이하던 삶의 끝에서 이렇듯 다른 형태로 남겨진 모습에서 묘한 마음을 갖게 하는 서오릉에서 유일하게 능상을 개방한 명릉은 봉분이 있는 언덕에 올라가서 능을 자세히 둘러볼 수 있다.

🍴 동구릉 앞에 있는 한옥 카페인 **카페동구릉** 📞031-563-3450 은 고즈넉한 분위기가 물씬 풍기는 한옥 카페다. 동구릉을 둘러보고 편안하게 쉬어 가기 좋은 곳으로, 조경수로 꾸며진 넓은 정원 곳곳에는 나무 그늘 아래 설치된 데크에 개성이 돋보이는 테이블이 놓여 있다. 천장 서까래 부분을 살려 운치를 더해 주고 액자 같은 창을 통해 싱그러운 정원을 엿볼 수 있는 실내에 꾸며진 테이블도 멋스럽다. 샌드위치를 비롯해 고소한 치즈나 달콤한 고구마무스를 얹은 피자 맛도 일품이라 브런치를 즐기러 오는 이들도 제법 많다(영업 시간 오전 10시~오후 9시, 월요일 휴무).

먹
을
곳

시원한 한강길 거슬러
다산 정약용 선생의
'삶의 지침' 배우기

🚇 **대중교통** 용산역에서 출발하는 경의중앙선 용문행 전철 탑승 후 팔당역 하차, 팔당역에서 자전거 겸용 한강 산책로 따라 다산 유적지로 도보 이동(돌아올 때는 구능내역 버스정류장에서 땡큐 58-3번, 63번 버스 타고 팔당역 하차)

넘실대는 한강 물결을 내려다보며 걷는 길은 보기만 해도 가슴이 탁 트인다.

한강과 북한강, 운길산, 축령산 등을 아우르는 '남양주표 올레길'을 통틀어 일컫는 다산길은 여러 갈래다. 강변 따라 가는 물길과 철길, 마을과 마을을 잇는 옛길, 호젓한 숲길 등으로 이루어진 길은 모두 13개 코스로 합산 거리는 170km 남짓이다. 각 코스마다 분위기와 볼거리가 제각각이지만 가장 인기 있는 구간은 한강나루길(1코스)과 다산길(2코스), 새소리명당길(3코스)이 겹쳐지는 팔당역-능내역-다산유적지로 이어지는 길이다.

코스에 상관없이 이 구간을 다산길의 백미로 꼽는 건 시원스럽게 흘러내리는 한강 물줄기를 따라가다 보면 옛 기찻길을 걷는 낭만도 있지만, 무엇보다 이 길의 중심에 다산길이란 명칭을 붙게 한 다산 정약용 선생의 고향을 품고 있기 때문이다. 다산의 얼이 깃든 조안면은 수도권에서 유일하게 슬로시티로 지정된 곳이기도 하다. 공해 없는 자연에 느림의 미학까지 가미된 다산길 여정은 차를 타고 훌쩍 들어서는 것보다는 천천히 걸어오는 것이 제격이다. 길이 열린 초반에는 중앙선 전철이 개통되면서 폐쇄된 철길 그대로를 걷는 코스였지만, 2012년 이후 남한강으로 이어지는 자전거 겸용 도보길로 변신했다. 군데군데 철길이 남아 있긴 하지만 대부분의 철로를 시멘트로 메워 걷기는 좀 더 편해졌다. 하지만 잡초가 무성한 녹슨 철로가 안겨 주는 낭만적인 분위기를 그대로 살려 두었더라면 하는 아쉬움도 있다.

1 기차가 넘나들던 봉안터널에 들어서면 한여름에도 서늘하다.
2 다산 정약용 선생이 머물던 여유당을 중심으로 조성된 실학박물관.
3 2008년 중앙선 전철이 개통되면서 폐쇄된 뒤 오히려 유명세를 탄 능내역.

그래도 넘실대는 물결 따라 걷다 보면 가슴이 탁 트이는 이 여정의 시작점은 팔당역이다. 역에서 나와 왼쪽으로 400m가량 가서 교각 밑을 지나면 자전거도로와 보행로가 나란히 붙은 한강길이 펼쳐진다. 강변에 바짝 붙은 길을 걷다 도로 건너편으로 올라가면 옛 기찻길이 시작된 그 길목에서는, 여름에도 냉장고처럼 시원한 봉안터널을 지나게 되고, 1990년대부터 데이트 명소로 유명했던 카페 봉주르도 거치게 된다. 아울러《다산시문집》에서 추려낸 문구들을 엿볼 수 있는 다산 쉼터들도 곳곳에 있어 쉬엄쉬엄 걷기에 좋다.

그렇게 강을 거슬러 오르면 남한강과 북한강이 두물머리에서 합류해 비로소 한강이 되는 물줄기에 자리한 강마을이 능내리다. 서울을 비롯한 수도권 지역의 식수원인 팔당호를 품었기에 상수원보호구역이자 개발제한구역으로 묶여 때 묻지 않은 자연환경을 지닌 이곳은 연꽃마을로도 유명하다. 개구리밥이 잔디밭처럼 수면을 메운 저수지에 나룻배가 동동 떠 있는 모습은 그 자체로 한 폭의 그림이요, 한여름이면 넓은 저수지를 가득 메운 연잎과 우아한 연꽃 사이를 거니는 맛이 싱그럽다.

이곳에서는 연꽃과 더불어 추억의 간이역을 둘러보는 재미도 쏠쏠하다. 1956년에 문을 연 능내역은 어쩌다 한 번씩 기차가 머물던 쓸쓸한 간이역이었지만, 2008

년 중앙선 전철이 개통되면서 폐쇄된 뒤 오히려 유명세를 탄 곳이다. 기차가 다니지 않는 녹슨 철길 앞에 놓인 역사는 50여 년 전의 시간 그대로인듯 소박한 운치를 자아내고 빨간 우체통과 어우러진 아담한 역사 안팎에는 능내리 사람들의 옛 모습이 담긴 빛바랜 흑백사진들이 매달려 있어 아련한 향수를 불러일으킨다.

연꽃 산책로를 따라 안쪽으로 들어서면 저수지 끝자락에서 다산 유적지를 마주하게 된다. 조선 후기의 위대한 실학자인 다산 정약용(1762~1836)이 태어난 곳이자 천주교 박해 사건으로 전남 강진에서 오랜 유배 생활 끝에 돌아와 생을 마감한 곳이다. 유적지 내에는 생전에 머물던 여유당을 중심으로 다산의 묘, 다산기념관, 실학박물관이 조성되어 선생의 면면을 엿볼 수 있다. 생가 앞에는 선생이 직접 설계해 수원 화성 축조에 사용되었던 거중기(무거운 물건을 손쉽게 들어 올릴 수 있는 기계)가 실제 크기로 전시되어 있다. 소매 넓은 선비 옷을 입고 예를 익히는 것만이 선비의 학문은 아니라 여겼던 선생이 고안해 낸 거중기는 당시로서는 획기적인 발명품이었다. 뿐만 아니라 부정부패가 만연했던 조선 후기 관리들의 비리와 폭정을 비판하고 관리들이 지켜야 할 지침을 소상히 밝힌《목민심서》나 모든 제도를 근본적으로 뜯어고치지 않으면 반드시 나라가 망할 것이라 예견하며 혁신적인 제도 개선 방안을 담아 낸《경세유표》는 권력에 굴하지 않고 자신의 의견을 당당하게 표출한 것으로 귀감이 되기에 충분하다.

그 외에도 500권에 달하는 실학 저서를 후세에 남길 수 있었던 건 어릴 때부터 '다독가'였기 때문이다. 그런 선생이 18년 동안의 유배 생활 중 수많은 편지를 통해 두 아들에게 제시한 삶의 지침은 누구나 새겨 둘 내용들이다. 그 첫 번째는 자신이 그랬듯 독서의 중요성을 끊임없이 강조하며 반드시 읽어야 할 책들과 읽는 순서와 자세까지 꼼꼼하게 일러 주었다. 행여 뻐딱한 자세를 취하거나 생각 없이 아무렇게나 말을 내뱉는 것도 삼가라고 일렀다. 올바른 자세에서 올바른 마음이 나온다는 걸 누누이 말했던 다산 선생은 자신의 유배 생활로 힘들었을 자식들에게 어려운 이웃을 먼저 도와주고, 도운 뒤 공치사를 해서도 보답을 바라서도 안 된다고 당부하기도 했다. 그런 다산의 삶의 지침을 모든 이가 새겨듣고 실천한다면 세상은 훨씬 아름다워질 터다.

신기루 같은
바다 속 모래 운동장에서
내 멋대로 놀다오기

🚢 **배로 가는 길** 섬 내에는 대중교통이 없어 걸어야 하므로 자전거
를 싣고 가는 것도 방법이다.

인천 연안여객터미널에서 출발
고려고속훼리 1577-2891 / 2시간 소요
대부해운 032-887-6669 / 2시간 소요

대부도 방아머리 선착장에서 출발
대부해운 032-886-7813 / 1시간 40분 소요

인천광역시 옹진군 자월면 이작리에 속한 대이작도는 작지만 야무진 섬이다. 해
안선 둘레는 18km에 불과하지만, 그 안에는 큰풀안, 작은풀안해변과 계남해변, 목
장불해변이 담겨 있다. 섬이기에 해변을 품고 있는 건 여느 섬과 마찬가지지만 대이
작도가 신비의 섬으로 주목받는 건 무엇보다 풀등을 품고 있기 때문이다. 풀등은 강
이나 바다 안에 모래가 쌓여 돋아난 모래섬으로, 특히 바다에 형성된 풀등은 드문
데다 이곳은 썰물 때만 슬며시 모습을 드러냈다 물이 들면 신기루처럼 이내 사라지
는 풍경이 이색적이다. 때마다 드러나는 풀등의 모래알은 밀가루처럼 유난히 곱다.
게다가 대이작도는 전망 좋은 부아산과 야영하기 좋은 솔숲까지 품었기에 2008년
행정안전부로부터 전국 3,000개 섬 중 '휴양하기 좋은 섬 Best 30'에 선정된 곳이
기도 하다.

섬 입구인 선착장에서 섬 끝에 자리한 계남마을까지의 거리는 4km 남짓으로 천
천히 걸으며 섬을 둘러보기에도 안성맞춤이다. 선착장 앞 해변도로를 따라 걷다 보
면 코앞에 마주 보이는 소이작도 끝자락에 불쑥 솟아난 손가락 바위가 눈길을 끈다.
구불구불 해안가를 걷다 처음 마주하게 되는 곳은 섬마을 공공예술 프로젝트의 일
환으로 허름한 민박촌에서 예술촌으로 거듭난 큰마을이다. 산뜻한 이작분교 뒤편
으로 올망졸망 모여 있는 집집마다 개성만점의 벽화와 꽃들이 담장과 마당을 장식

하고 있는 모습이 정겹다.

큰마을을 지나 한 굽이 언덕길을 넘어가면 장골마을이지만 언덕을 넘어서기 전 왼쪽 숲길로 접어들면 부아산으로 오르는 오솔길이 나 있다. 고즈넉한 숲길을 지나 계단을 오르고 한 사람 정도 지날 수 있는 좁은 폭의 구름다리를 건너는 아기자기한 길이다. 구름다리 건너 정상 전망대로 오르는 길목에 뾰족뾰족 튀어나온 바위들은 마치 설악산 만물상 바위를 미니어처 형태로 꾸며 놓은 듯 독특한 모습이다. 섬 중앙에 볼록 솟은 부아산 전망대에 오르면 사방에 점점이 떠 있는 섬들과 더불어 물때가 맞으면 바다 한가운데에 길쭉하게 펼쳐진 대이작도의 명물 풀등을 한눈에 볼 수 있다. 특히 해 질 무렵 섬 전역을 발갛게 물들이는 노을의 장관은 이곳에서만 맛볼 수 있는 묘미다. 부아산 너머 장골마을로 가는 길목에는 삼신할미약수터도 있어 시원하게 목을 축이기에도 그만이다.

그렇게 들어선 장골마을은 안쪽에 작은풀안해변을 살포시 숨겨 놓고 있다. 모래도 곱고 수심도 얕아 물놀이하기에 그만이다. 물놀이를 즐기다 슬그머니 물이 빠지기 시작하면 바로 이곳에서 풀등까지 배로 오갈 수 있다. 밖에서 볼 때의 풀등은 규모를 가늠하기 어렵지만 막상 안에 들어서면 지평선이 보일 만큼 아득하다. 30만 평에 달하는 광활한 모래밭에 들어서면 마치 사막 한가운데 서 있는 듯 아무것도 없음이 오히려 마음을 편안하게 해 준다. 촉촉한 물기를 머금은 모래밭은 무척 단단하다. 모래밭을 화폭 삼아 비단고둥은 느릿느릿 움직이며 연신 자신만의 추상화를 그

1,2 대이작도 한복판에 솟은 부아산 정상에서 내려다보는 섬과 바다는 한 폭의 수채화 같은 풍경을 자아낸다.

작은풀안해변을 품고 있는 장골마을은 다양한 장승이 여행객을 맞이한다.

려낸다. 맛조개, 바지락, 비단조개, 우렁이, 범게 등 다양한 바다 생물들의 소중한 삶터로 생태계보전지역으로 지정된 모래밭에 들어선 사람도 그 자연의 일부로 녹아든다. 이곳에서는 노는 방법도 다양하다. 재미 삼아 조개를 캐는 이들이 있는가 하면 모래찜질을 하거나 일광욕을 즐기는 사람, 우산을 펴 놓고 낮잠을 자는 사람, 심지어 공을 들고 와 축구를 하는 사람들도 있다. 다시금 물이 들 때까지 이 넓은 모래밭은 각자의 취향대로 마음껏 즐기며 스트레스를 날려 버리게끔 하는 아량을 베풀어 준다.

작은풀안해변 옆 동네에 자리한 큰풀안해변은 울창한 솔숲 아래 넓고 긴 백사장을 품고 있는 모습이 인상적이다. 백사장을 부드럽게 훑어 대는 파도 끝자락, 잔잔한 수면 위로 간혹 물안개가 피어오르면 은은한 수묵화처럼 몽환적인 분위기를 빚어낸다. 고운 모래가 깔린 바닷물은 한참을 들어서도 허리께 정도에서 찰랑거려 해수욕을 즐기기에 더없이 좋은 곳이다. 반면 장골마을 장승공원 옆으로 난 아스팔트 길을 따라가면 섬 끝 마을인 계남마을에 닿게 된다. 계남마을에 들어서기 직전에 펼쳐진 목장풀해변은 해수욕보다는 제트스키와 바나나보트, 수상스키 등의 수상 레포츠가 주를 이루는 곳이다. 계남마을은 1960년대 중반 '해~당화 피고 지는~ 섬~ 마을에~'로 시작하는 이미자의 히트곡을 모티브 삼아 서울에서 온 총각 선생님과 섬 처녀의 사랑 이야기를 담은 영화 〈섬마을 선생님〉 촬영지로 이름난 곳이기도 하다. 마을 끝 바닷가에 영화의 주 무대였던 계남분교가 자리하고 있지만 20여 년 전에 문을 닫은 분교 앞에 서 있는 '섬마을 선생 영화 촬영지'란 푯말만이 이곳이 영화 촬영지였음을 말해 준다.

참고로 풀등은 하루 두 번에 걸쳐 3~4시간 동안만 제 모습을 보여 주는 시한부 모래섬으로, 가급적 한낮에 모습을 드러내는 날을 골라 가는 것이 좋다(매일 변하는 밀물과 썰물 시간은 대이작도 홈페이지에서 확인 가능). 또한 작은풀안해변에서 1.5km 가량 떨어져 있는 풀등을 오가는 배는 여름 성수기에는 매일 수시로 운행하지만 겨울을 제외한 나머지 기간에는 주말에만 운행한다. 작은풀안해변 안쪽 목책 산책로 끝에 자리한 정자 밑으로 내려가면 배를 탈 수 있다. 목책 산책로 초입에는 25억 1천만 년 나이의 국내 최고령 암석군도 볼 수 있다.

🍴 대이작도 홈페이지(www.daeijakdo.kr)에 대이작도 내의 모든 숙소와 음식점들이 사진과 함께 안내
먹
을 되어 취향에 맞춰 선택하기 편리하다. 뿐만 아니라 코스별로 나뉜 다양한 산책로의 특성과 거리, 소요
곳 시간 등이 자세하게 안내되어 있다.

힐링 산책로에 숨어있는 아픈 역사 기억하기

🚗 **자동차 내비게이션** 영종역사관(인천시 중구 구읍로63)

🚌 **대중교통** 공항철도 영종역 1번 출구로 나와 205번 버스를 타고 영종진공원에서 하차, 구읍뱃터 건너편 계단을 오르면 영종진 공원

운요호 사건의 현장인 영종진공원에는 35명의 전사자를 기리는 전몰영령추모비가 있다.

영종도는 고려시대 개경으로 향하는 중국 사신들이 잠시 쉬었다 가던 섬이다. 당시 이 섬은 유독 제비가 많아 자연도(紫燕島)라 불렸다. 중국 사신들을 접대하던 자연도는 조선시대 들어 정묘호란과 병자호란을 겪으면서 한양으로 향하는 길목을 지키는 군사 기지가 됐다. 영종도는 효종 때(1653년) 경기도에 있던 수군 기지인 영종진이 이곳으로 옮기면서 바뀐 이름이다.

그런 영종도가 2001년 인천국제공항이 들어서면서 몸집이 확 불어났다. 원래 영종도, 용유도, 삼목도, 신불도가 제각각 떨어져 있었는데 공항 건설로 섬 사이를 메워 한 몸이 된 것이다. 각국 비행기가 수시로 드나드는 국제 관문이 된 영종도에서 한 번쯤 들러 봐야 할 곳이 영종진공원이다. 영종진은 그 옛날 느닷없이 봉변을 당하며 엄청난 피해를 입었던 곳이다. 그 봉변은 곧 1875년 발생한 운요호 사건이다.

영종진이 들어서 있는 인천 앞바다는 19세기 말 조선과의 통상을 원하는 서양 열강의 배들이 출몰하면서부터 끊임없이 출렁대기 시작했다. 프랑스는 1866년 자국의 선교사 학살을 구실로 함대를 파견해 영종도 앞 강화도를 침략했고, 5년 뒤엔 미국 함대도 똑같은 짓을 했다. 병인양요와 신미양요로 인해 피로 물들었던 인천 바다에 급기야 일본 배까지 등장했다.

임진왜란 이후 일본과는 상종을 안했던 조선은 일본의 끈질긴 요청으로 1609년 '기유약조'를 맺어 교류를 허용했다. 그래도 일본을 믿지 못한 조선은 외교와 무역을 부산 왜관(일본인 거주 구역)에서만 행하게 했고 구역을 벗어나는 일본인은 처벌

하는 규정을 내세웠다. 이후 1868년 메이지 유신 정부의 서구식 근대화를 통해 변방 섬나라에서 신흥 강국으로 떠오른 일본은 새로운 교섭을 시도했지만 쇄국정책을 고수하던 조선에게 번번이 거절당하자 조선 영해를 무단 침범한 것이다.

　운요호가 강화 앞바다에 나타난 건 1875년 9월이다. 영국에서 수입한 거대한 신식 군함인 운요호에서 작은 배로 갈아탄 10여 명의 일본군이 초지진으로 스르륵 다가갔다. 정지 명령에 불응하는 정체불명의 배를 향해 초지진 병사들이 경고용 포를 쏘자 이를 빌미로 초지진을 쑥대밭으로 만든 운요호는 뱃머리를 돌려 영종도로 향했다. 당시 영종진에는 400여 명의 조선군이 있었지만 최신식 무기를 갖춘 일본군을 상대하기엔 역부족이었다. 일본군은 겨우 2명이 다친 데 반해 조선군은 35명이 전사하고 숱한 부상자가 속출하면서 전투는 싱겁게 끝났다. 영종진을 접수한 일본군은 주민들을 학살하고 무기를 비롯해 가축까지 전부 약탈했고, 그것도 모자라 마을을 불바다로 만들고 밤새 승전 잔치를 벌인 뒤 유유히 일본으로 돌아갔다.

　영종도를 그 꼴로 만들고 간 일본은 오히려 억울한 피해자인 척했다. 한양의 턱 밑인 강화해협은 병인양요 이후 '외국 군함 항행 금지' 비석까지 세워 외국 배의 통행을 금지함은 물론, 내국선도 항행권이 없이는 함부로 다닐 수 없는 곳이었다. 그런 바다에 무단 침입했으니 초지진 병사들이 발포한 건 지극히 당연한 일이었다. 그러나 일본은 오히려 운요호 사건으로 피해를 입었다고 주장하며 또다시 군함 여러 척과 수백 명의 병사를 동원해 조약 체결을 강요했으니, 그것이 바로 1876년 2월에 체

결된 '조일수호조규(일명 강화도조약)'이다. 강화도조
약으로 조선의 문은 활짝 열렸고 치외법권까지 인정된
지극히 불평등한 조약을 시발점으로 조선을 야금야금
침탈하던 일본은 결국 1910년 완전히 집어삼켰다.

▐ 영종역사관

관람 시간 10:00~18:00(입장 마
감 17:30) 휴관 월요일, 1월 1일, 설
날·추석 연휴 입장료 어른 1,000
원, 청소년 700원, 어린이 무료 문의
032-746-9901

운요호 사건 당시 일본군의 공격을 받아 피로 물들었던 영종진 언덕은 2013년
영종진공원으로 변신했다. 깔끔하게 단장된 성벽과 전망 좋은 정자, 가을이면 단풍
과 억새 풍광이 멋진 숲속 쉼터, 그 사이사이로 이어진 맨발산책로와 솔잎산책로를
품은 공원은 볼거리도 제법 많고 산책하기도 좋다. 공원의 중앙 광장에는 운요호사
건 때 전사한 35명의 병사들을 기리는 전몰영령추모비가 우뚝 솟아 있지만 그들의
이름은 없다. 당시 일본이 자료까지 탈탈 털어 갔기 때문이다. 이름을 잃은 전사자들
을 위해 이곳에선 매년 가을에 추모제를 연다. 추모비에서 산책로를 따라 공원 언덕
에 오르면 마주하는 영종역사관은 선사시대부터 근현대까지 영종의 역사와 문화를
세밀하게 살펴볼 수 있는 곳이다. 역사관 앞 야외 전시장에는 소원석탑을 비롯해 고
인돌과 선정비, 토기 조형물 등이 아기자기하게 전시되어 있다. 아울러 공원 밑에는
해안을 따라 레일바이크를 탈 수도 있고 바다 전망대를 품은 인공 암벽을 지나 인천
대교기념관까지 이어지는 산책로(7.8km)가 연결되어 있어 탁 트인 바다 풍광을 감
상하며 걷기에 좋다.

⊕ 영종씨사이드 레일바이크

_{플러스} 바다를 따라 연결된 철로에서 신나게 페달을 밟으며 달리는 레
일바이크는 왕복 약 5.6km로 시원한 바닷바람에 스트레스를 확
날려 버리기에 안성맞춤이다.

운행시간 09:00~17:00(1시간간격 출발) **요금** 2인승 25,000원, 3인승
29,000원, 4인승 32,000원 **문의** 0507-1316-7778

구읍뱃터

영종진공원 아래에 자리한 구읍뱃터에는 월미도를 오가는 여객선이 운항되고 있다. 구읍뱃터 앞에는
싱싱한 활어회를 판매하는 상설 어시장도 있고 해산물을 비롯해 다양한 밑반찬이 곁들여 나오는 횟집,
푸짐한 조개찜과 조개구이 전문점, 전망 좋은 카페들이 있다.

월미도여객선 1시간 간격 운행, 15분 소요, 차량 탑승 가능, 배편 문의 032-777-8088

정조대왕의 효심이 깃든

'한국 성곽의 꽃'
한바퀴 돌기

🚗 **자동차 내비게이션** 화성행궁(경기도 수원시 팔달구 정조로 825)

🚌 **대중교통** 지하철 1호선 수원역 앞에서 11번, 13번, 35번 등 팔
달문 앞으로 가는 버스 탑승

　수원 시내 한복판에 우뚝 솟은 팔달산을 중심으로 시가지를 둘러싼 수원 화성은 '한국 성곽의 꽃'으로 일컫는다. 이곳에 성곽이 둘러진 것은 정조가 양주 배봉산(지금의 동대문구 휘경동)에 있던 아버지 사도세자의 무덤을 당시 수원의 행정 중심지였던 화성 관내의 화산(현 경기도 화성시 안녕동에 위치한 융릉)으로 옮기면서 비롯됐다. 사도세자는 이복형인 효장세자가 요절한 후 1735년 영조가 마흔이 넘은 나이에 얻은 아들로 두 살 때 왕세자로 책봉된 후 열다섯 살 때 영조를 대신해 대리청정하게 되자 이를 반대하는 세력들의 끊임없는 무고로 1762년 아버지 영조의 명에 의해 뒤주 속에 갇혀 있다 8일 만에 숨진 비운의 인물이다. 이후 영조는 아들을 죽인 자신의 잘못을 후회하면서 '세자를 생각하며 추도한다'는 뜻의 사도(思悼)란 시호를 내렸다. 불행한 삶을 보낸 아버지를 늘 가슴 아파하던 정조는 왕위에 오르자 1789년 아버지의 무덤을 현 위치로 이장한 후 정성을 들여 치장했다.

　그 후 능이 들어서면서 이 지역에 있던 관청과 민가들을 팔달산 밑으로 이전시킨 후 지명을 화성이라 칭하면서 축성한 것이 지금의 수원 화성이다. 수원 화성은 군사 목적보다는 당쟁에 의한 당파정치 근절과 강력한 왕도 정치의 실현을 위한 정치적 측면과 더불어 부모에 대한 정조의 효심이 낳은 결과물이다.

　다산 정약용의 감독하에 1794년(정조 18년)에 쌓기 시작해 불과 2년 6개월 만에

수원 화성에서 가장 높은 곳에 위치한 서장대에 오르면 수원 시내와 성곽길이 한눈에 보인다.

완성된 화성은 장엄하면서도 우아한 외형뿐만 아니라 포루, 돈대, 치성, 암문, 수문 등 다양한 방어 시설을 갖춘 과학적 구조로 1997년 유네스코로부터 세계문화유산으로 지정받은 곳이자 '한국 성곽의 꽃'으로 부르기도 한다. 짧은 기간 안에 이처럼 시가지를 보호하는 성벽을 완벽하게 세울 수 있었던 것은 무거운 돌을 거뜬히 올리는 정약용의 발명품 거중기의 힘이 컸다. 또한 성곽에 벽돌을 가미한 것도 수원 화성이 처음이다. 견고한 성벽 동서남북에 각각 자리한 4대문 위에는 불이 날 경우를 대비해 구멍을 뚫어 물탱크를 얹은 치밀함까지 보인다.

정조의 효심이 깃든 수원 화성은 4대문 어느 곳에서든 돌아볼 수 있지만, 팔달문(남문)에서 시작하는 것이 일반적이다. 장안문(북문)과 더불어 가장 규모가 크고 화려한 팔달문을 바라보고 왼쪽 길로 들어서면 팔달문 관광안내소를 지나자마자 화성으로 올라가는 계단길이 시작된다. 이곳에서 성벽을 한 바퀴 돌아 나오는 거리는

5.7km 남짓으로 쉬엄쉬엄 구경하며 걸어도 2시간이면 충분하다.

계단을 올라 평탄한 흙길을 따라 서포루 앞에 이르면 효를 상징하는 효원의 종이 있어 직접 쳐볼 수도 있다(요금 1,000원). 종은 세 번 칠 수 있는데 1타는 부모 건강, 2타는 가족 건강, 3타는 자기 발전을 기원하는 의미가 담겨 있다. 서포루를 지나면 수원 화성 중에서 가장 높은 곳에 위치한 서장대에 오르게 된다. 군사 지휘소였던 서장대에 들어서면 수원 시내와 성벽길이 한눈에 들어와 시내를 둘러싼 성의 규모를 가늠할 수 있다. 반면 서장대 아래편에 자리한 화서문(서문)은 동글동글 쌓인 돌벽과 외부 벽체에 구멍을 뚫어 바깥 동정을 살필 수 있게 한 서북공심돈과 어우러져

과거 군사들을 훈련시키던 연무대에서는 국궁 활쏘기 체험을 할 수 있다(위).
화성행궁 안에 조성된 정조 조형물(아래).

성곽 산책로를 걷다 보면 성벽을 중심으로 과거와 현재가 공존하는 독특한 모습을 볼 수 있다.

아름다운 조형미가 돋보인다. 화서문을 통과해 장안문으로 향하는 길목은 왼쪽은
성벽, 오른쪽은 주택가가 형성되어 과거와 현재가 공존하는 독특한 분위기를 보인
다. 장안문을 지나 방향을 틀어 걷다 보면 수원천을 가로지르는 7칸의 무지개다리
위에 세워진 누각인 화홍문을 마주하게 된다. 그 옛날 무지개다리 사이사이로 시원
하게 쏟아져 내리는 일곱 물줄기를 보는 즐거움을 두고 '화홍관창'이라 일컬으며
수원 팔경 중 하나로 꼽던 곳이다.

화홍문 옆 도톰한 언덕 위에는 방화수류정이라고도 부르는 동북각루가 살포
시 앉아 있다. 작지만 자태가 단아한 이 정자 밑으로는 도넛 형태의 연못인 용연
이 어우러져 아름다움을 더해 주고 방화수류정 앞에 위치한 북암문은 아치형 돌벽

의 모습이 이국적인 풍경을 자아낸다. 반면 창룡문(동문) 앞에 자리한 동장대는 평상시 군사들을 훈련하고 지휘하던 곳으로 연무대라고도 부른다. 연무대 앞에는 국궁 활쏘기장이 있어 초등학생 이상이면 누구나 체험(요금 2,000원) 가능하다. 창룡문을 지나면서부터는 길이 점점 낮아지면서 동남각루를 마지막으로 성벽길이 끝난다. 성곽을 내려오면 지동시장과 영동시장 등이 있어 시장 구경하는 재미도 덤으로 주어진다. 걷는 것이 싫다면 성 안팎을 도는 화성어차로 둘러보는 방법도 있다. 화성어차는 두 군데에서 출발한다. 화성행궁-팔달문-수원남문시장-수원화성박물관-연무대-화홍문-화서문-장안문-화성행궁, 연무대-화홍문-화서문-장안문-화성행궁-팔달문-수원남문시장-수원화성박물관-연무대 노선으로 눈이나 비가 오면 운행하지 않는다.(탑승료 어른 4000원, 청소년 2500원, 어린이 1500원 연무대매표소 031-228-4686, 화성행궁매표소 031-228-4683)

➕ 화성행궁

플
러
스
정조가 아버지의 묘소를 옮긴 후 수원 화성과 더불어 건립한 궁이다. 행궁은 왕이 지방 행차 때 임시로 거처하던 곳으로, 정조는 1800년에 죽기까지 11년간 10여 차례에 걸쳐 능행을 하면서 이곳에 머물렀다. 건립 당시 행궁은 600여 칸의 건물이 들어선, 제법 큰 규모였지만 일제강점기 때 대부분 훼손되어 사라졌던 것을 1996년부터 복원 공사를 시작해 2003년 지금의 모습으로 공개되었다. 화성행궁의 중심 건물인 봉수당은 정조가 어머니인

혜경궁 홍씨의 회갑연을 연 곳으로 만년에 장수를 기원한다는 의미에서 지은 이름이다. 봉수당 오른쪽으로 돌아가면 일제강점기 당시 유일하게 훼손을 면한 낙남헌을 볼 수 있다. 행궁 앞에선 국왕 직속 친위 부대인 장용영이 거행하던 장용영 수위 의식과 무예24기 공연도 펼쳐진다.
입장 시간 오전 9시~오후 6시(11월~2월 오후 5시) **요금** 어른 1,500원, 어린이 700원 **문의** 031-228-4677

공원에 숨어 있는
이국적인 중국 정원
산책하기

🚌 **자동차 내비게이션** 효원공원(경기도 수원시 팔달구 동수원로 397)

⭐ **Tip** 주차는 바로 옆의 경기아트센터 주차장(경기도 수원시 팔달구 효원로307번길 26)을 이용한다.

🚇 **대중교통** 지하철 수인분당선 수원시청역 10번 출구에서 도보 5분 거리

Open 월화원 관람 시간 오전 9시~오후 10시 / 무료 관람

동그랗게 뚫린 통로 옆에는 파초의 형상이 새겨져 있다.

　수원시청 인근에 조성된 효원공원은 도심 속 산소 같은 공간으로 가볍게 산책하기에 좋은 곳이다. 효심 깊은 정조와 연관이 많은 수원답게 효(孝)를 주제로 한 공원 산책로 곳곳에는 혜경궁 홍씨를 형상화한 '어머니상'을 비롯해 효를 상징하는 조형물과 효를 권장하는 시비들이 세워져 있다. 공원 내에는 자매도시인 제주시를 상징하는 제주 거리도 조성되어 있다. 제주시가 기증한 돌하르방을 비롯해 제주 탄생 신화의 주인공인 설문대할망상과 해녀상 등이 곳곳에 놓여 있을 뿐만 아니라 바닥에도 제주도의 돌이 깔려 있다. 제주 거리를 벗어나면 식물을 다듬어 동물 모양을 형상화한 토피어리원에 30여 개의 작품이 전시되어 있어 볼거리도 쏠쏠하다.

　이런저런 동물들로 변신한 정원수 사이를 요리조리 걷다 보면 공원 한쪽 끝에 중국풍 전통 정원인 월화원이 살포시 숨어 있다. 느닷없이 중국풍 정원이 나타나는 게 좀 생뚱맞게 보이지만, 이는 2003년 경기도와 중국 광둥성이 맺은 '우호 교류 협약'을 상징하는 의미에서 광둥성이 비용을 대고 중국에서 온 80여 명의 전문가들이 직접 조성한 것이다. 중국 명나라 말기에서 청나라 초기까지 유행한 민간 전통 정원 양식을 그대로 재현한 월화원은 2006년 문을 열었지만 드라마 '달의 연인-보보경심 려(2016년 방영)' 촬영지로 유명해지면서 찾는 발걸음이 부쩍 늘었다.

　여의주를 입에 문 기이한 동물상이 양쪽에 앉아 있는 정문 안으로 들어서면 중국

월화원에서 가장 높은 정자인 우정(위)과 연못가에 자리 잡은 월방(아래).

무협 영화에서 보던 풍경이 펼쳐져 마치 중국으로 순간 이동한 것 같은 느낌을 안겨준다. 겉보기와 달리 내부가 은근 넓은(1,820평) 월화원은 정원을 한눈에 보여 주지 않는다. 정원 곳곳에 각각의 공간을 분리하는 담장이 둘러져 있지만 그 벽면을 다양한 형태로 뚫어 다른 공간으로 이어지는 통로를 만들어 놓았다. 또한 군데군데 독특한 액자 형태로 창을 내어 또 다른 공간을 슬쩍 엿볼 수 있게 했기 때문에 답답함 없이 아기자기한 느낌이다. 특히 동그랗게 뚫린 통로 옆에 새겨진 큼지막한 나뭇잎이 눈길을 끄는데, 이는 중국 남방 지역의 대표 식물인 파초를 형상화한 것이다.

그렇게 직선과 곡선이 절묘한 조화를 이룬 담장을 따라 미로 같은 길을 지나면 연못을 중심으로 '연꽃 정자'라는 뜻의 부용사, 접대와 휴식처로 사용되었다는 옥란당을 비롯한 중국풍 건축물들이 둘러싸고 있다. 곳곳에 걸린 글이 고풍스러운 느낌을 더해 주고 지붕 끝을 말아 올린 모양새가 독특한 건축물들은 줄줄이 이어져 그 자체가 이동 통로이기에 걸음을 옮기면서 다양한 풍경을 엿보기에 그만이다.

안쪽으로 더 들어가면 제법 넓은 인공 호수와 다양한 종류의 나무들이 가득한 후원이 시원하게 펼쳐진다. 그 물가에 자리한 건물은 벽면이 훤하게 뚫린 '월방'으로 강과 호수가 어우러진 중국 남부 지역 원림 건축에서는 약방의 감초처럼 빼놓을 수 없는 건축물이라고 한다. 후원 산책로를 걷다 보면 아담한 대나무 숲길도 만날 수 있고, 그 끝자락엔 인공 호수를 조성하면서 파낸 흙을 쌓아 만든 도톰한 산이 솟아 있다. 야트막한 산언덕 줄기를 타고 인공 폭포수가 흘러내리고 그 꼭대기에는 2층 지붕을 얹은 정자가 살포시 앉아 있다. 월화원의 전망대 역할을 하는 이 정자는 산책 중에 잠시 쉬었다 가기에 딱 좋은 명당자리다.

이국적인 정취가 물씬 풍기는 월화원은 획획 지나기보다 시간 여유를 가지고 느긋한 발걸음으로 독특한 건물과 다양한 문양의 창살들까지 하나하나 꼼꼼하게 눈여겨보는 것을 추천한다. 월화원은 맑은 날도 좋지만 비 오는 날 처마 밑으로 떨어지는 빗소리를 듣는 맛도 나름 운치 있다. 게다가 싱그러운 자연과 어우러져 있어서 화사한 꽃으로 가득한 봄날, 짙은 풀 향기로 가득한 여름, 곱게 물들었던 단풍이 선선한 바람에 낙엽으로 떨어져 쌓이는 가을, 하얀 눈이 내려앉은 겨울 풍경 모두 매력적인 곳이니 계절마다 찾아가기 좋은 곳이다.

⊕ 나혜석거리

플러스

효원공원 앞에 길게 펼쳐진 나혜석거리는 수원 태생인 나혜석 (1896~1948)을 기념하여 조성한 문화 거리다. 나혜석은 우리나라 최초의 여성 서양화가, 최초의 여류 소설가, 최초로 유럽 일주 여행을 한 여성이며, 또한 여권운동가이자 독립운동가로 활동했던 인물이다. 아버지를 따르고, 남편을 따르고, 아들을 따라야만 했던 세상에서 '당당한 나혜석'으로 살고자 했지만 남성 중심의 보수적인 사회에서 내내 상처만 입다 쓸쓸한 최후를 맞이한 비운의 여성이기도 하다. 보행자 전용 도로를 따라 맛집과 술집이 몰려 있는 이곳에는 거리 이름에 걸맞게 한복을 곱게 차려 입고 앉은 나혜석 동상도 있고 화구를 들고 서 있는 나혜석 동상도 있다. '나혜석거리'임을 알리는 큼지막한 돌기둥 옆엔 그녀가 파리에 머물던 시절에 그린 자화상이 박혀 있다.

소금밭 생태공원에서 아카시아꽃 길 걷기

🚌 **자동차 내비게이션** 시흥갯골생태공원(경기도 시흥시 동서로 287)

🚌 **대중교통**
❶ 서해선 시흥시청역 1번 출구 앞에서 5번 버스 타고 시흥갯골 생태공원 하차
❷ 시흥시청역에서 장현천 산책로를 따라 시흥갯골생태공원 까지 걸어갈 수도 있다.

ℹ️ **문의** 031-488-6900

⭐ **Tip**
전기차 오전 10시~오후 5시(평일 30분, 주말 20분 간격 운행) / 2,000원 / 월요일 휴무

시흥갯골생태공원은 소래염전이 있던 부지에 조성한 공원이다. 시흥 일대는 내만갯골 지역이다. 내만갯골은 바닷물이 내륙 깊숙이 파고들었다 빠져나가길 반복하며 뱀처럼 구불구불한 형태의 깊은 고랑을 낸 모양새다. 바닷물이 육지 안까지 깊숙이 밀려든 갯고랑은 마치 강줄기처럼 변해 작은 배들이 오갈 수 있는 뱃길이 되곤 했다. 이런 지형은 경기도에서 유일한 형태로 2012년 국가습지보호지역으로 지정됐다.

과거 바닷물이 드나들던 이곳에 염전이 생긴 건 일제강점기인 1930년대 중반이다. 당시 이곳에서 생산된 대부분의 소금은 일본으로 고스란히 건너갔다. 해방 후에도 한때 국내 최고의 천일염 생산지로 명성을 떨쳤지만 점차 수익성이 떨어지면서 1996년 폐쇄됐다. 이후 방치되었던 소금밭에는 바닷물을 머금고 자라는 염생식물이 자라고 풍성한 갈대와 억새가 가득해졌으며, 드넓은 갯벌은 다양한 생명체들이 꿈틀대는 터가 되었다.

2014년에 조성된 갯골생태공원에는 이러한 자연생태를 고스란히 엿볼 수 있는 생태탐방로와 소금밭 일부를 복원한 염전체험장이 마련되어 있다. 폐염전 부지에는 1950년 전후에 만든 것으로 추정되는 40여 채의 소금 창고가 있었지만 지금은 달랑 2채만 남아 있다. 그 낡은 소금 창고 옆에는 가시렁차가 전시되어 있다. 가시

1 아카시아 향기가 가득한 꽃길은 흔히 만날 수 없는 이곳만의 매력이다.
2 22m 높이의 흔들전망대에 올라서면 드넓은 공원을 한눈에 볼 수 있다.

령차는 기관차 뒤로 널찍한 판때기를 줄줄이 연결해 이곳에서 생산된 소금을 수인선까지 실어 나르던 것으로, 기관차 엔진 소리가 '가릉가릉' 들린다 해서 이름 붙은 꼬마 열차는 일제강점기의 가슴 아픈 흔적 중 하나다.

갯골생태학습장은 꼼지락대는 갯벌 생물과 새들을 관찰할 수 있는 공간이다. 한쪽만 유난히 크고 붉은 집게발을 지녀 눈에 잘 띄는 수컷 농게를 비롯해 방게, 망둥어 등 다양한 생물들이 부지런히 움직이는 갯벌은 먹이가 풍부하다 보니 새들도 유난히 많다. 이곳에선 왜가리, 흰뺨검둥오리 등 언제든 볼 수 있는 텃새들과 계절에 따라 날아드는 저어새, 백로 같은 철새를 포함해 수십 종의 새들이 살아가는 소중한 보금자리다.

150만 평에 달하는 넓은 공원은 요리조리 연결된 산책로가 잘 조성되어 걷기도 좋지만, 전기차를 타고 공원을 한 바퀴 돌거나 자전거를 빌려 타는 이들도 많다. 곳곳에 원두막 형태의 쉼터도 많고 캠핑장도 있어 돗자리와 텐트, 간식거리를 싸 들고 소풍 나온 사람들도 많다. 그런 공원의 랜드마크는 어디서든 눈에 띄는 흔들전망대다. 22m 높이의 6층 전망대는 갯골에 부는 바람이 휘돌아 오르는 모습을 표현한 나선형 구조로 되어 있다. '흔들전망대'라는 이름 그대로 바람이 불 때마다 살짝 흔들리긴 하지만 구조적으로 안전하다고 한다. 빙글빙글 돌아가며 오르는 전망대 꼭대기에 서면 드넓은 공원이 한눈에 보이는데, 특히 해 질 무렵에 올라 갯골에 퍼지는 붉은 노을의 서정적인 풍광을 엿보기에 그만이다.

갯골생태공원은 곳곳에 수많은 꽃들이 피고 지면서 계절마다 다른 매력을 보여 주는데, 500m 가량의 벚꽃 터널로도 유명하지만 벚꽃이 진 뒤에 피어나는 아카시아꽃 길이 특히 매력적이다. 4월 중하순부터 피어나 늦으면 6월 초까지도 볼 수 있는 아카시아꽃은 소금 창고를 지나면서 상대적으로 한적한 길을 따라 줄줄이 이어진다. 벚꽃 길은 어디든 흔하지만 아카시아꽃 길이 이곳처럼 화사하고 풍성하게 이어진 산책로는 그리 흔치 않다. 제법 긴 아카시아꽃 길을 지나면 갯골을 가로지르는 자전거 모양의 다리도 볼 수 있다. 바람에 실려 오는 아카시아꽃 향기를 맡으며 호젓한 오솔길을 걷다 보면 마음까지 상큼해지니 꽃이 만개하는 5월 어느 날, 한 번쯤 걸어 볼 만하다.

⊕ 소래포구

플
러
스 시흥갯골생태공원 인근에 있는 소래포구는 공원 산책 후 들러 다양한 해산물을 맛보기에 좋은 곳이다. 시흥갯골생태공원 입구에서 소래포구로 가는 버스도 있지만 경기둘레길 53코스를 따라 갯골생태공원에 있는 자전거다리를 건너 월곶을 거쳐 소래철교를 건너가는 방법도 있다.

소래포구로 향하는 자전거다리.

자연 속에 숨겨진 별난 예술 작품 찾아내기

🚌 **자동차 내비게이션** 안양예술공원(경기도 안양시 만안구 예술공원로 131)

🚍 **대중교통** 지하철 1호선 안양역 1번 출구에서 롯데백화점 앞 버스 정류장에서 안양예술공원행 2번 버스 타고 종점에서 하차 후 안양예술공원 입구

108개의 거울 기둥으로 이루어진 '거울 미로'는 곳곳에서 반사된 자신의 모습을 볼 수 있는 흥미로운 공간이다.

　관악산과 삼성산 사이의 삼성천 골짜기를 타고 내려오는 맑은 물과 울창한 숲이 어우러져 과거 수도권 쉼터로 각광받던 안양 유원지가 2005년 안양공공예술프로젝트를 통해 개성 만점의 예술 공간으로 거듭났다. 누군가에게는 쉼터가 되는 계곡과 숲은 보는 것만으로도 싱그럽지만 그 안에 세계 각국 예술가들의 손길이 스민 이색적인 건축물과 조각품, 조경 작품들이 자연스럽게 녹아 있으니 누군가에게는 그야말로 '일석이조' 알짜배기 노천 예술관이다. 그런 계곡과 숲길을 거닐다 보면 곳곳에 재미있는 작품들이 툭툭 튀어나와 걷는 발걸음이 한결 즐겁다. 곳곳에 숨어 있는 수많은 작품의 위치를 한눈에 볼 수 있는 지도가 있지만 이곳에서는 지도를 접어두고 하나같이 호기심을 불러일으키는 작품들을 숨은 그림 찾기 하듯 살금살금 발견하는 재미도 있다.

　이곳에서 가장 먼저 마주하게 되는 작품은 공원 입구 주차장 한 귀퉁이에 서 있는 '1평 타워'로 포르투갈 건축가가 한국 건축의 기본 단위인 1평을 모티브로 지은 4층짜리 건축물이다. 한 평의 공간이 실제 어느 정도의 크기인지 가늠해 볼 수 있는 곳으로, 밑에서 보면 별거 아닌 것처럼 보이지만 바닥이 숭숭 뚫린 철판 계단을 따라 올라 4층에 이르면 다소 어지럽기도 하다. 이어서 모습을 드러내는 '오징어 정거장'은 이탈리아 건축가 그룹이 지중해산 오징어를 모티브로 만든 작품으로 쭉쭉 뻗

은 계단 모양의 오징어 다리를 따라 머리 부분에 이르면 멀리서 오는 버스의 위치를 확인할 수 있다.

오징어 정거장을 시작으로 삼성천변을 따라 올라가다 보면 안양 대홍수 때 산에서 굴러 떨어진 큰 바위 위에 설치한 물고기 형태의 분수, 각목 위에 아슬아슬하게 균형을 잡고 서 있는 체조선수를 표현한 '각목 분수' 등 다양한 조형물들이 줄을 잇는다. 하천을 둘러싼 석축에 알록달록 피어난 꽃송이를 형상화한 '돌꽃'은 물길을 화사하게 물들이고, 바르셀로나 구엘공원에 있는 가우디 벤치를 연상시키듯 조각 타일로 구불구불 용의 형상을 한 '드래곤 벤치' 등 걸음을 옮길 때마다 독특한 형태의 작품들을 엿보는 재미가 그만이다.

천변을 벗어나 야트막한 산 오솔길로 접어들어서도 마찬가지다. 숲 한복판에 있는 '거울 미로'는 불교의 상징적 숫자인 108개의 거울 기둥으로 이루어진 작품으로, 원형이 겹겹으로 둘러싸인 통로를 걷다 보면 곳곳에서 반사된 자신의 모습을 엿볼 수 있는 흥미로운 공간이다. 이 외에도 큼지막한 선풍기 날개를 머리에 인 '춤추는 부처'가 슬그머니 웃음을 자아내게 하는가 하면, 음료수 박스를 활용한 '빛의 집'은 안에 들어서야 진면목을 볼 수 있다. 겉에서 보면 그저 다양한 색상의 플라스틱 박스를 무심코 쌓아 놓은 듯 보이는 조형물이지만 내부로 들어서면 상자 안으로 스며드는 은은한 빛줄기들이 안겨 주는 느낌이 아주 독특하다. 숲 산책로 안쪽으로 더 들어가면 빨간 장미 얼굴을 지닌 표범처럼 '신종생물'이란 주제로 서로 다른 두 가지 종의 생물체를 결합해 있는데, 현실에서는 결코 볼 수 없는 상상 속 작품들은 기발하면서도 섬뜩한 느낌이 들기도 한다. 아울러 숲속 곳곳에 놓인 벤치들도 단순히 쉬어 가는 편의 시설이 아닌 작품의 일환이다.

그렇게 하나하나 작품을 찾아가며 공원을 돌아본 후 마지막에는 산속에 산이 솟은 형상을 나타낸 안양전망대에 올라본다. 네덜란드 건축가 그룹이 조성한 안양전망대의 높이는 15m지만, 빙글빙글 돌아 올라가는 146m 길이의 나선형 통로를 따라 편안하게 오를 수 있다. 그 전망대에 오르면 지금껏 둘러본 안양예술공원은 물론 안양 시내가 한눈에 들어온다.

⊕ 삼성산

플러스 안양예술공원을 둘러본 후 내친김에 공원을 둘러싸고 있는 삼성산을 올라보는 것도 좋다. 삼성산은 해발 480m가량의 암산으로, 오르내리는 길목에 울퉁불퉁한 바위들이 많지만 비교적 편안한 산길이다. 삼성천 물줄기 상류에 조성된 나무데크길 끝자락에 놓인 다리 앞에서 도로를 건너면 삼성산으로 오르는 길이 연결되어 있다. 완만한 오르막 아스팔트길을 따라 1km가량 오르면 대웅전 뒤편 절벽에 자리한 불상과 아담한 전각들이 이색적인 염불사도 볼 수 있다. 염불사 왼쪽으로 난 산길로 올라 삼막고개에서 왼쪽으로 접어들면 완만한 능선길이 이어진다. 이 길을 따라 제2전망대, 제1전망대에 서면 안양전망대보다 더 시원한 풍경을 엿볼 수 있다. 삼성천 상류에서 염불사–제2전망대–제1전망대를 거쳐 안양예술공원 입구로 내려오는 거리는 3.5km가량으로 누구나 부담 없이 오르기 좋은 가벼운 산행 코스다.

연꽃 세상 끝에서
배다리 건너
두물머리 노을 보기

🚗 자동차 내비게이션 세미원(경기도 양평군 양서면 양수로 93)

🚉 대중교통 중앙선 전철을 이용해 양수역 하차 후 세미원까지 도보 10분

Open 세미원 관람 시간 오전 9시~오후 6시(7~8월 오후 8시)

Close 휴관일 월요일(7~8월 제외, 월요일이 공휴일인 경우 다음 날 휴관)

₩ 입장료 19세 이상 5,000원, 65세 이상·6세 이상 3,000원

ℹ️ 문의 031-775-1835

'관수세심 관화미심(觀水洗心·觀花美心)'

'물을 보며 마음을 씻고, 꽃을 보며 마음을 아름답게 하라'는 의미다. 이런 취지를 담아 남한강 물줄기 끝자락에 조성한 물과 꽃의 정원, 세미원의 자랑거리는 뭐니 뭐니 해도 연꽃이다. 해마다 여름이면 이곳에서는 사람 키만큼 자란 줄기 끝에서 피어오른 큼지막한 연꽃들이 연못을 화려하게 수놓으며 사람들을 유혹한다. 매표소를 지나 연꽃 밭으로 가려면 기와지붕을 얹은 태극 문양의 불이문을 통과해야 한다. 불이문은 유마경의 불이법문에서 비롯된 것으로 '진리란 둘이 아니라 하나'임을 강조하는 것이기에 이 독특한 문을 지나는 것도 나름 의미가 있다.

태극문 안으로 들어서면 백두산에 자생하는 식물을 구성했다는 한반도 모양의 연못이 펼쳐져 있다. 이어서 둥그스름한 돌담 안에 가지런하게 놓인 장독대가 방문객을 맞이한다. 장독대는 먹을거리를 챙겨 주는 곳이기도 하지만 그 옛날 어머니들이 정화수를 떠 놓고 자식들의 안녕과 나라의 평화를 기원하던 신성한 장소로 여겨지는 곳으로, 저마다 뚜껑 속에서 퐁퐁 솟아나는 물줄기가 재미있다.

장독 분수를 지나면 본격적으로 연꽃 세상이 펼쳐진다. 이미 피어났다 꽃잎을 떨군 것이 있는가 하면 제 세상 만난 듯 활짝 핀 연꽃에 이제 막 꽃봉오리를 맺은 것 등 다양하게 뒤섞여 피고지고를 거듭하는 모습이다. 널찍한 연밭 사이에는 징검다리를 놓아 연밭 속을 걸을 수도 있다. 큼지막하게 피어난 연꽃들을 코앞에서 보면 그

두물머리 한 자락에 있는 소원 쉼터에는 소원을 빌면 이루어진다는 소원 나무가 있다.

야말로 탐스럽기 그지없다. 꽃송이 자체도 크지만 이파리가 워낙 넓다 보니 그 큰 꽃이 상대적으로 작아 보인다. 통로가 좁아 우산처럼 펼쳐진 연 이파리들을 스치고 지나가는 게 미안할 정도다. 뿌리는 더러운 진흙탕에 두어도 더러움에 물들지 않고 깨끗한 꽃을 피우는 연꽃을 보면 잠시나마 그 꽃말처럼 청순한 마음이 돋는다.

연꽃 외에 요모조모 볼거리도 많다. 창덕궁 옥류천과 경주 포석정 등에서 착안해 굽이굽이 물이 흐르는 시설을 만들어 흐르는 물에 술잔을 띄워 시를 읊고 풍류를 즐기던 전통 정원, 몽촌토성에서 출토된 백제의 유물 중 하나인 토기탑, 화기(火氣)가 넘치는 지형에 수기(水氣)의 상징인 용두당간을 본떠 만든 용두당간분수, 보물 786호로 지정된 청화백자운용문병 등 다양한 조형물이 세미원의 멋을 더한다.

양수대교 교각 건너편에서 다시 펼쳐지는 연꽃밭으로 접어들면 세심로가 펼쳐진다. 빨래판 모양의 돌길이 길게 이어진 세심로는 말 그대로 물을 보며 마음을 씻는다는 세미원의 취지가 돋보이는 산책로다. 그 길가에서 마주하는 작은 연못은 동전 모으기로 이웃 사랑을 실천하는 사랑의 연못이다.

마음을 씻어 내고 작은 사랑을 실천하는 세미원 끝자락 강줄기에는 두물머리로 연결되는 배다리가 놓여 있다. 1789년 정조 임금이 경기도 양주에 있던 아버지 사도세자의 묘소를 수원으로 이장할 당시 상여를 보다 안전하게 옮기기 위해 수십 척의 배를 엮어 만든 배다리를 그대로 재현해 놓은 것이다. 배다리 양편에는 화려한 깃발이 줄줄이 휘날리는데, 뱃머리의 깃발은 배의 소속을 표시하고, 꼬리의 깃발은 바람의 세기와 방향을 살피는 풍향기 역할을 하는 것이다.

건너는 재미가 독특한 배다리를 지나 왼쪽으로 들어서면 남한강과 북한강 물줄기가 합쳐지는 두물머리에 이르게 된다. 너른 강줄기에 동동 떠 있는 황포돛배와 수령 400년이 넘는 느티나무가 어우러져 고즈넉한 운치를 자아내는 두물머리는 강위로 붉게 퍼지는 노을이 아름다워 해 질 무렵이면 사람들이 유독 많이 찾는 곳이다. 느티나무 쉼터에서 안쪽으로 좀 더 들어가면 소원 쉼터도 있다. 오래전 정선과 단양 등지에서 출발한 나룻배가 한강 마포나루에 도착하기 전 마지막 기착점이던 옛 나루터 앞에는 소원을 빌면 이루어진다는 소원 나무가 있다. 이 쉼터는 특히 느티나무와 어우러진 두물머리 풍경이 담긴 사각 프레임이 있어 사진 촬영 장소로 인기가 높다.

⊕ 두물머리 물래길

두물머리 물래길은 중앙선 전철 양수역 앞에 펼쳐진 용늪을 거쳐 세미원−두물머리−한강물환경연구소−양수리생태환경공원−북한강철교(남한강 자전거길)−양수역으로 돌아오는 길이기에 내친김에 두물머리 물래길을 온전히 걸어 보는 것도 좋다. 물래길은 물이라는 우리말과 한자의 '올 래(來)'자를 합성한 명칭이다. 용늪 또한 연꽃이 가득 피어나는 곳으로 꽃이 피는 여름이 아니어도 하얀 눈을 밟으며 걷는 겨울의 운치도 좋다. 또한 소원쉼  터 안쪽에서 물래길 이정표 따라 양수대교 건너편 호젓한 강변길과 생태공원, 자전거도로를 거쳐 양수역으로 돌아오는 거리는 7km 남짓으로 전체적으로 길이 평탄해 천천히 걸어도 2시간 30분이면 충분하다.

천년묵은
동양 최대의 보물,
은행나무 만나기

🚗 **자동차 내비게이션** 용문산관광단지(경기도 양평군 용문면 용문사로
641)

🚌 **대중교통** 중앙선 전철을 이용해 종점인 용문역 하차 후 건너편
버스터미널에서 용문사행 버스 탑승(20분 소요)

🏧 **입장료** 무료

ℹ️ **템플스테이 문의** 031-775-5797

은행나무 위편에 자리한 대웅전은 천년 고찰의 위엄을 안고 묵직하게 자리하고 있다.

'가을에 은행나무 숲길을 걷노라면, 내 마음까지 노랗게 물들고 말아, 나도 가을이 된다.'

용혜원 시인의 〈가을에 은행나무 숲길을 걷노라면〉의 첫 구절이다. 가을이면 세상을 노랗게 물들이는 은행나무들을 보면 시인이 그랬듯 보는 이 누구나 그 가을 운치에 빨려 들게 된다. 은행나무는 벚나무에 이어 국내에서 두 번째로 많은 가로수다. 은행나무가 도심 가로수로 각광받는 건 공기 정화 능력이 뛰어나기 때문이다. 게다가 삭막한 도심에 아름다운 가을 풍경까지 선사하니 기특하고 또 기특한 나무다.

도시의 은행나무도 좋지만 살아가면서 한 번쯤 가 봐야 할 곳이 있다. 바로 기암괴석 암릉들이 만들어낸 빼어난 산세와 깊은 골을 품어 일명 '경기의 금강산'으로 부르는 용문산이다. 그리고 좀 더 파고들어 그 안에 자리한 용문사는 신라 신덕왕 2년(913년)에 대경대사가 창건했다는 설과 신라의 마지막 임금인 경순왕이 세웠다는 설이 전해지는 천년 고찰이다.

단풍이 절정을 이룰 무렵 용문사를 찾아야 하는 이유는 그 중심에 사찰보다 더 유명한 은행나무가 있기 때문이다. 수령 천 년을 훌쩍 뛰어넘은 은행나무는 경순왕의 맏아들인 마의태자가 나라 잃은 설움을 안고 금강산으로 가던 길에 심었다는 전설, 신라의 고승 의상대사가 짚고 다니던 지팡이를 꽂은 것이 자랐다는 전설 등 다

1 사찰로 오르는 길목에서는 은행나무뿐 아니라 곳곳에서 색깔 고운 단풍이 길손을 맞아준다.
2 용문사에서는 심신수양을 위한 템플스테이도 진행된다.

용문사 인근에 있는 중원계곡.

양한 이야기가 전해 오는 유서 깊은 나무다. 그 어떤 나무도 넘볼 수 없는 고령이기도 하지만 몸집도 만만치 않다. 높이 42m, 둘레 15.2m에 이르는 거대한 나무는 국내를 넘어 동양에서 가장 큰 은행나무로 일찌감치 천연기념물이 되었다. 그런 용문사 은행나무에는 신비로운 전설만큼이나 범상치 않은 내력도 깃들어 있다. 나라에 큰일이 닥칠 때마다 소리 내어 그 변고를 알렸다는 이야기가 전해 오는가 하면 조선 세종 때는 정삼품에 버금가는 당상관 벼슬을 꿰차기도 했다.

또한 나무 스스로도 치명적인 변고를 두 차례나 무사히 넘겼다. 용문사는 일제가 고종황제를 강제 퇴위시키고 우리 군대를 해산시키는 만행을 저질렀을 때 정미의병(1907) 항쟁의 근거지 중 하나였다. 때문에 일본군이 절을 모두 불태웠지만 은행나무만큼은 그 불구덩이 속에서 살아남아 천왕목(天王木)이라 불렸다. 재건된 후 6·25전쟁 당시 치열했던 용문산 전투의 화마 속에서도 용케 살아남아 더욱더 신령스러운 나무로 통하는 이 은행나무는 몸값도 어마어마하다. 한 방송 프로그램에서 이 나무를 두고 무려 1조 7,000억 원에 육박하는 값어치를 산정해 세상을 놀라게 한 것이다.

그 귀하신 은행나무를 만나러 가는 길도 싱그럽다. 매표소에서 일주문까지 가는 길목에는 농경문화를 엿볼 수 있는 친환경농업박물관과 놀이 시설을 갖춘 용문산

랜드가 자리하고 있다. 그 사이로 조성된 잔디밭 곳곳에는 다양한 형태의 조각품들이 볼거리를 제공하고 물고기 모양의 알록달록한 벤치도 이색적이다. 그 길을 지나 마주하게 되는 일주문은 '용문(龍門)'이란 명칭이 말해 주듯 꿈틀대는 용들이 반겨 주는 듯하다. 일주문을 지나 은행나무와 어우러진 대웅전으로 가는 길은 울창한 숲에 둘러싸인 계곡길이다. 여름에는 시원한 그늘을 드리우고, 가을에는 빨갛게 물든 단풍의 멋도 은행나무에 뒤지지 않는다. 울창한 숲의 향기가 알싸하고 숲길 가장자리를 타고 흐르는 좁은 도랑물 소리도 상큼하다. 일주문에서 용문사까지의 거리는 1km 남짓이다. 가볍게 산책하기 좋은 이 숲길에는 마음에 새겨 두면 좋은 경전 구절도 곳곳에 보인다.

　그렇게 기분 좋은 숲길 끝에서 마주하는 은행나무의 위용은 가히 주변을 압도한다. 하늘을 찌를 듯 몇 가닥의 기둥이 서로를 감싸며 절묘하게 꼬여 올라간 나무 밑에 서서 고개를 젖혀 나무 끝을 보노라면 목이 뻐근해진다. 몸집이 너무 크다 보니 어디서라도 카메라에 온전히 담기 어렵다. 오래전 뿌리를 내려 자라는 동안 숱한 고비를 넘긴 고목에서는 천 년 세월의 무게가 고스란히 느껴진다. 가을 햇살을 받아 황금빛으로 물들었다 하나둘 떨어지는 낙엽의 무게만 2톤이 넘는단다. 해마다 풀어놓는 열매도 10여 가마니나 된다. 그야말로 살아 있는 화석으로 자연재해와 화재로 인한 변고로부터 보호하기 위해 유전자를 추출해 보존하고 있다. 그 은행나무 밑에는 저마다의 소원이 담긴 쪽지들이 달려 있다. 너무나도 많은 소원이 매달려 있건만 신령스러운 나무는 모든 이의 소원을 들어줄 것만 같은 마음이 들기도 한다.

은행나무 위로 살포시 들어앉은 대웅전은 화려하지 않은 단청이 은근한 멋을 자아낸다. 대웅전 옆 팔각정 모양의 관음전도 독특하다. 이 전각들은 1980년대 초반에 지어진 것이다. 한편 과거와 현재가 서로를 보듬고 있는 용문사에서는 심신수양을 위한 템플스테이도 진행한다.

⊕ 중원계곡

플러스

용문사 인근에 위치한 중원계곡은 주변 산세가 깊고 수림이 울창해 가뭄에도 물이 줄지 않고 홍수 때도 물빛이 탁해지지 않는 천혜의 자연 조건을 갖추고 있다. 용문사가 많은 사람에게 알려진 반면 중원계곡은 그 진가에 비해 덜 알려져 사람의 발길도 뜸한 편이다. 곳곳에 기암괴석과 옥류를 빚어내고 있는 이곳의 대표적인 명소는 중원폭포다. 계곡 입구에서 15분 정도 올라가면 기암절벽이 병풍처럼 드리워진 가운데 3단으로 이어지는 폭포가 시원스레 떨어진다. 폭포 아래의 소도 제법 넓고 깊다. 폭포 주변에는 앉아서 쉬기에 좋은 암반과 숲속 공간이 군데군데 펼쳐져 있다. 중원폭포를 지나 좀 더 오르면 또 하나의 멋진 비경을 보이는 치마폭포도 만날 수 있다.

먹을곳

용문사 입구에 산채비빔밥, 버섯전골, 토종닭백숙, 파전 등 토속음식을 판매하는 음식점이 여러 곳 있다.

'석모도바람길' 끝에서 마애불상에게 나만의 소원 빌기

🚌 **자동차 내비게이션** 석포리선착장(인천광역시 강화군 삼산면 삼산 북로 4)

🚌 **대중교통** 신촌역 앞에서 3000번 버스 타고 강화터미널에서 내려 석모도행 버스(31B) 타고 석포리선착장 하차

사방이 탁 트인 '석모도 바람길'은 이름만큼 시원하고 가슴이 탁 트인다.

강화도가 품은 섬 속의 섬 중 가장 인기 있는 곳은 석모도다. 바다에 동동 떠 있는 섬 안에는 듬직한 산봉우리가 네 개나 병풍처럼 솟아 있고 산자락 밑에는 제법 넓은 들판이 펼쳐져 있다. 그런 석모도는 애초 세 조각으로 나뉘어 있던 섬이다. 섬 초입에 해명산과 낙가산, 상봉산이 그야말로 산(山)자 모양으로 나란히 붙어 있는 것과 달리 상주산이 섬 끝자락에 뚝 떨어진 건 오래전에 바다로 갈라진 외딴 섬이었기 때문이다. 남쪽의 어류정항 또한 마찬가지다. 세 개의 섬이 하나로 붙은 건 밀물과 썰물을 반복하는 바닷물이 섬 사이에 형성한 갯벌에 아예 둑을 쌓고 고려 때부터 조선 후기까지 꾸준하게 바다를 메운 결과다. 작은 섬에 들어앉은 넓은 들판은 그 바다의 변신인 셈이다.

이렇듯 바다와 산, 평야가 삼박자를 이룬 섬 안에는 우리나라 3대 관음도량으로 유명한 보문사도 들어 있다. 그 풍광을 모두 볼 수 있는 여정이 '석모도 바람길'이다. 강화나들길 중 한 코스인 석모도 바람길은 보문사를 향해 가는 길이다. 석포선착장에서 어류정항, 민머루해변을 거쳐 보문사에 이르는 길은 16km 남짓이다. 제법 긴 길이지만 대부분이 바다와 들판을 낀 평지이기에 걸음은 편하다. 사방이 탁 트인 길을 걷다 보면 내내 바람을 맞게 된다. 바다를 훑고 불어오는 바람은 시원하고, 흙 내음을 실어 나르는 들녘 바람은 훈훈하다. 석모도 바람은 천 개의 눈과 천 개

민머루해변의 아기자기한 조형물들(위)과 보문사의 미니어처 불상들(아래).

의 손을 가진 관음보살이 흩뿌리는 바람이란다. 온몸을 스치고 또 스치는 관음보살
바람과 함께 걷다 보면 마음도 바람처럼 가볍고 그 길 끝에서 마주하는 마애불은 소
원을 이뤄 주는 부처로 유명하기에 '소원을 비는 바람길'이란 의미를 부여하기도
한다.

　그동안 석모도는 호위병처럼 내내 따라오는 갈매기들과 함께하는 뱃길 여정이
었다. 관광객들이 던져 주는 새우깡을 잽싸게 낚아채는 갈매기들의 묘기를 엿보는

재미가 나름 쏠쏠했지만 2017년 6월 28일 석모대교가 완공되면서 그 모습을 볼 수 없다는 게 서운하다. 대신 오가는 길은 훨씬 수월해졌다.

(석모도 내) 석포선착장에서 왼쪽으로 접어들면 석모도 바람길이 시작된다. 둑길 왼쪽으로는 갯벌을 품은 바다가, 오른쪽으로는 바다를 메운 염전이 내내 따라온다. 수십 년 동안 금쪽같은 소금을 펑펑 쏟아 내던 곳이지만 값싼 중국산을 이기지 못해 지금은 잡초만 무성하다. 낡은 창고와 소금기 마른 갯벌이 안겨 주는 서정적인 풍경 속에 이따금 사람 발길에 민감한 새들만 푸드득 날아오른다. 둑길 끝에 어류정항을 지나 잠시 기암괴석이 즐비한 해변을 스쳐 한 자락 숲길을 넘어오면 석모도 유일의 해수욕장인 민머루해변이 펼쳐진다. 썰물 때면 1km 이상 드러나는 드넓은 갯벌에는 조개를 캐고 게를 잡는 이들도 부지기수다.

민머루해변 뒤 언덕을 넘어서면 장구처럼 생겼다 해서 이름 붙은 장구너머포구도 볼 수 있다. 포구 앞에서 이어지는 짧은 산길을 넘어오면 넓은 들판이 펼쳐진다. 텅 빈 논두렁, 낡은 옛집, 저만치 농가에서 낯선 이의 발걸음을 향한 간간이 들려오

2017년 6월 28일 석모대교가 완공되면서 그동안 갈매기와 함께하던 뱃길 여정은 한 자락 추억이 되었다.

표정이 제각각인 오백나한상을 품은 보문사에서 내려다보는 석모도 전경은 언제나 평화롭다.

는 개 짖는 소리뿐, 적막감이 흐른다. 봐야 할 것, 들어야 할 것, 알아야 할 것이 너무 많은 세상에 휑한 바람만 스치는, 그 아무것도 없음이 그냥 좋다. 바닷가에 바짝 붙은 둑길로 들어서니 바람이 분다. 워낙 고요하다 보니 바람소리가 귓가에 유난히 크게 들린다. 그 바람이 등을 밀며 발걸음을 가볍게도 하고 간간이 앞을 막아서며 천천히 가라고도 한다. 한 템포 늦춘 걸음 속에는 햇빛을 받아 은가루를 뿌린 것처럼 반짝이는 바다와 들꽃들이 살포시 얼굴을 내민다.

종착점인 보문사는 석모도에서 가장 활기가 넘치는 곳이다. 찾는 이도 많고 절 입구에는 지역 특산물을 파는 노점과 식당도 많다. 낙가산이 품은 보문사는 신라 선덕여왕 때 창건된 천년 고찰이다. 절에 들어서면

거대한 와불과 무심한 듯하면서도 표정이 제각각인 오백나한상(나한은 부처의 제자로 번뇌를 끊고 해탈의 경지에 오른 성자를 일컫는다)이 눈길을 끌기도 하지만 이곳의 명물은 뭐니 뭐니 해도 눈썹바위 밑 암벽에 새긴 마애석불좌상이다. 보문사가 남해 보리암, 낙산사 홍련암과 함께 우리나라 3대 관음도량으로 명성이 자자한 것도 이 마애불 덕분이다.

　소원을 들어준다는 마애불을 마주하기 위해서는 극락보전에서 418개 계단을 밟고 올라가야 한다. 계단 길목에는 소원이 이루어지는 길이란 문구도 쓰여 있다. 소원을 빌러 가는 길이니 이 정도의 수고는 감내 해야 한다는 암시 같기도 하다. 숨이 가빠질 즈음 잠시 숨을 고르기 좋은 쉼터 난간에는 작은 병들이 빼곡하게 매달려 있다. 저마다의 소원을 담은 쪽지가 담긴 병이다. 조금 더 오르면 길쭉한 형태로 툭 튀어나온 눈썹바위 바로 밑에 후덕한 얼굴에 자애로운 미소를 담은 마애관음보살상이 새겨져 있다. 아닌 게 아니라 '석모도 바람길' 끝에서 만난 이 부처님 앞에서 경건한 마음으로 소원을 빌면 이루어질 것만 같다.

섬 속의 섬에서 '무의바다 누리길'을 여유 있게 누려보기

🚌 **자동차 내비게이션** 광명선착장(인천광역시 중구 무의동 9-6)

🚇 **대중교통** 공항철도 인천공항1터미널역에서 나와 인천공항 T1(3층 7번) 정류장에서 무의1번 버스 타고 소무의도 앞 광명항에서 내린다.

소무의도에서 가장 높은 곳으로 오르는 나무 계단길에 접어들면 탁 트인 바다 전경을 내려다보게 된다.

인천이 품은 섬은 무려 168개나 된다. 그중 배를 타고 들어가는 섬 중 가장 가까운 곳이 바로 무의도였다. 잠진도선착장에서 뱃머리를 돌리자마자 코앞에 바로 보이는 섬이니 사실 배 타는 재미도 미처 느끼지 못할 만큼 가까운 거리다. 그랬던 섬이 2019년 봄, 무의대교가 연결되면서 짧게나마 배 타는 재미는 없어진 대신 언제든 마음만 먹으면 드나들 수 있는 육지 같은 섬이 되었다. 인천국제공항 인근에 위치한 무의도는 한적한 공항고속도로를 타고 가니 어느 때고 차량이 정체되는 일도 없다. 공항철도를 이용해도 한 시간 반 정도면 도착하니 차가 없어도 마음만 먹으면 훌쩍 떠나기에 좋은 섬이다. 무의도는 호룡곡산과 국사봉 산줄기를 따라 마당바위 부처바위 등 기암괴석을 엿볼 수 있는 등산로와 낙조가 아름다운 하나개해수욕장 등으로 유명해 찾는 발걸음도 많다.

그런 무의도를 찾기 좋은 이유가 또 생겼다. 무의도에 끝에 달린 소무의도 때문이다. 본섬 크기의 9분의 1밖에 안 되는 소무의도는 '본섬에서 떨어져 나가 생긴 섬'이라 하여 주민들은 지금도 무의도를 '큰무리', 소무의도를 '떼무리'라 부른다. 섬 둘레가 고작 2.5km에 불과한 소무의도는 비록 몸체는 큰형님에 비해 턱없이 작지만 내실로 따지면 형님을 능가하던 야무진 섬이었다.

섬에서 섬을 거쳐 가는, 그야말로 섬 안의 섬 소무의도는 300년 전 처음 사람의 발길을 받아들인 후 1960년대까지만 해도 새우와 조기잡이로 이름을 떨치며 당시 면 전체를 먹여 살렸다는 부자 섬이었다. 일제강점기엔 상해임시정부에 독립자금을 지원하며 항일운동에 앞장섰기에 해방 후 백범 김구 선생이 다녀갔던 곳이기도 하다.

하지만 산업이 활성화되면서 젊은이들이 뭍으로 빠져나간 데다 1992년 인천국제공항 건설로 인한 매립공사로 어장이 쇠퇴해 지금은 수십 가구만이 남은 소박한 섬마을이 되었다. 그렇게 조용히 숨어 있던 외딴섬이 다시금 활기를 찾기 시작한 건 2011년 무의도와 소무의도를 잇는 인도교가 놓이고, 이듬해 '무의바다 누리길'이 조성되면서부터다.

섬 가장자리를 따라 한 바퀴 돌아 나오는 무의바다 누리길은 짧지만 다양한 풍광을 품고 있어 아기자기하다. '인도교길' '마주보는 길' '떼무리길' '부처깨미길' '몽여해변길' '명사의 해변길' '해녀섬길' '키 작은 소나무길' 등 여덟 구간으로 짤막짤막하게 연결된 길목마다 주제에 따른 이야기가 담겨 있어 걷는 재미를 더해준다. 아기자기한 해변과 숲길을 넘나들고 섬마을의 소소한 풍경을 그림과 시, 수필로 담아낸 정겨운 풍경을 거치며 섬을 한 바퀴 도는 누리길은 천천히 걸어도 1시간 남짓이면 충분하다. 차가 한 대도 들어서지 못하는 청정 섬이니 푸른 하늘을 훑어 내리는 산뜻한 바람과 시원한 파도소리, 향긋한 솔내음을 벗 삼아 걷는 이 둘레길에선 좀 더 느긋해져도 좋다.

그 첫걸음은 무의도 끝자락에 있는 광명선착장에서 소무의도를 잇는 인도교에서부터 시작된다. 사람과 자전거만 통행할 수 있는 다리라 하여 이름 붙은 인도교길을 건너면 정면에 산으로 오르는 나무계단길이, 왼쪽에는 마을길이 펼쳐진다. 어느 쪽으로 가든 섬을 한 바퀴 도는 건 마찬가지지만 코스 방향은 왼쪽이다. 그 왼쪽 길이 물길 건너편 광명선착장을 '마주보며 가는 길'이다. 올망졸망 집들이 들어선 마을 끝에 있는 떼무리선착장에서 부처깨미까지 이어지는 떼무리길과 부처깨미길은 소무의도의 자연을 엿볼 수 있는 숲 오솔길이다. 그러다 부처깨미 전망대에 이를 즈음엔 푸른 바다가 시원스럽게 모습을 드러낸다.

부처깨미는 소무의도 주민들이 만선과 안전을 기원하기 위해 풍어제를 올리던 곳으로 인천공항, 인천대교, 팔미도, 송도신도시가 한눈에 보이는 전망 좋은 곳이

1,2소무의도로 들어가는 관문인 인도교(위)와 다리 건너 들어서면 마주하게 되는 정겨운 섬마을 풍경(아래).

서쪽마을에서 동쪽마을을 가로질러 가는 지름길(위).
인천국제공항과 인천대교 등이 한눈에 보이는 부처깨미 전망대(아래).

다. 부처깨미 전망대 밑에 펼쳐진 몽여해변길에선 길을 걷다 찰랑대는 바닷물에 발을 담그고 잠시 쉬었다 가기에 좋다. 이곳은 바닷물이 빠졌을 때가 더욱 아름답다. 물이 빠질 때마다 물속에 꼭꼭 숨어 있던 기암들이 제각각의 모습을 뽐내며 해안 풍경을 더욱 멋들어지게 만들어놓기 때문이다. 해변 앞엔 오드리 헵번을 테마로 한 카페도 있고 그보다 더 눈에 띄는 건물도 있다. 고즈넉한 해변 분위기와 다소 어울리지 않는 생뚱맞은 모습이지만 소무의도의 삶을 속속들이 전해주는 '소무의도 스토리움'이다. 몽여해변 끝자락에선 명사의 해변길이 이어진다. 하루 두 차례 썰물 때만 들어설 수 있는 아늑한 이 해변은 박정희 전 대통령이 여름 휴양지로 애용했다는 곳이다.

해변을 벗어나 나무계단을 올라 마주하게 되는 안산 정상 정자전망대는 최고의 조망 포인트를 선사해준다. 소무의도에서 가장 높은 산이라지만 74m의 야트막한 봉우리로 오르는 이 길목에선 해녀들이 전복을 따다 쉬던 섬이라 하여 이름 붙은 찐빵 모양의 해녀섬과 팔미도를 품은 바다의 시원함이 그만이다. 정자를 지나 누리길 마지막 구간인 키 작은 소나무 숲길을 내려오면 무의도와 소무의도를 잇는 인도교가 한눈에 내려다보인다. 번잡한 일상 속에서 어느 날 문득 쉼표를 찍고 싶다면 이 호젓한 섬에서 느긋한 휴식여행을 즐겨보는 것도 괜찮다.

⊕ 무의도

플러스

소무의도를 가려면 반드시 거쳐야 하는 무의도를 둘러보지 않으면 아무래도 섭섭하다. 섬 밖에서 보면 말 탄 장군이 옷깃을 휘날리며 달리는 것처럼 보이기도 하고, 춤추는 무희처럼 보이기도 한다는 뜻에서 이름 붙은 무의도는 산과 바다를 동시에 즐길 수 있다는 점이 매력적이다. 광명선착장 인근에 연결된 등산로로 접어들어 호룡곡산과 국사봉을 잇는 종주 코스를 따라 오면 큰 무리선착장에 이를 수 있다. 4시간 남짓 걸리는 종주 코스가 부담스럽다면 전망 좋은 호룡곡산만 올라도 충분하다. 이곳에서 해안 절벽을 따라 '환상의 길'로 칭하는 오솔길을 품은 하나개해변 코스로 내려오면 '섬에서 가장 큰 갯벌'이란 의미인 하나개해변에 들어서게 된다. 썰물 때면 희고 고운 모래가 넓게 펼쳐지는 이 해변은 드라마〈천국의 계단〉으로 유명세를 탄 곳이자 낙조가 아름다워 찾는 곳이다.

소무의도 스토리움

몽여해변에 자리한 소무의도 스토리움은 소무의도의 역사와 섬과 연관된 이런저런 이야기들과 사진들을 담은 전시 공간이자 카페로 운영되는 복합문화공간으로 해변 산책로를 걷다가 잠시 쉬었다 가기에 좋은 곳이다.

입장 시간 오전 10시~오후 6시 **휴무일** 매주 월요일
문의 032-751-8393

타임머신타고
인천 삼색 개화기 시대
체험하기

🚗 자동차 내비게이션 인천중구청 주차장(인천광역시 중구 신포로
27번길 80)

🚌 대중교통 1호선 전철 타고 종착역 인천역 하차 후 바로 앞이 차
이나타운. 역을 등지고 오른쪽으로 조금 걸어오면 인천경찰서
건너편에 인천아트플랫폼.

아직도 과거의 모습 그대로 동심의 세계를 담고 있는 곳이 있다. 바로 인천 중구 지역이다. 인천은 우리나라 근대 개화기가 시작된 곳이라 해도 과언이 아니다. 1883년 제물포항이 개항되면서 인천은 지금껏 당시의 근대 유산이 가장 많은 곳으로 남아 있다. 비록 외세에 의한 강제 개항으로 다져진 오욕의 현장이기도 하지만 이 또한 떨칠 수 없는 우리 역사이기에 품고 새겨 둘 현장이다. 특히 인천역 앞 일대는 개항기 모습이 가장 잘 보존된 곳이다. 항구가 열리면서 외국인들이 몰려오고 은행, 호텔, 사교 클럽, 성당 등 당시로서는 생소한 건물들이 우후죽순처럼 생겨난 이 지역은, 지금으로 치면 국내 최초의 '국제도시'였던 셈이다. 그럼에도 불과 몇 년 전만 해도 차이나타운 외에 그다지 주목받지 못했는데, 이곳이 요즘 핫 플레이스로 떠오른 건 근대 역사 속에 녹아든 예술 문화촌으로 거듭났기 때문이다. 그 중심을 잡아 준 것이 인천아트플랫폼이다. 개항 후 물류 운송 업무가 늘어나면서 지은 100년 전 창고를 활용해 예술인들의 창작 공간과 카페, 공연장 등으로 재탄생시킨 인천아트플랫폼 옆에는 1890년대부터 1948년까지의 근대문학 작품을 다룬 한국근대문학관도 있어 보는 재미를 더한다. 이곳에는 문인들이 즐겨 찾던 1930년대 다방을 재현한 벽화 앞 테이블에 앉아 기념 촬영도 하고 손 편지를 쓰는 코너도 마련되어 있다.

시간을 거슬러 우리 근대사의 모습을 더듬어 볼 수 있는 이 여행길의 중심점은 인천아트플랫폼 위쪽에 있는 청일 조계지 계단이다. 개항 당시 청나라와 일본 구역

100년 전 창고를 활용해 예술인들의 창작 공간과 카페로 거듭난 인천아트플랫폼.

개항기 당시 일본식 건축물들이 그대로 남아 있는 근대역사문화타운.

을 가르던 청일 조계지 계단을 기준으로 오른편에는 일본 거리, 왼편에는 차이나타운, 위편으로는 국내 최초의 근대식 서구 공원인 자유공원이 삼각형 구도로 펼쳐져 있기 때문이다. 이처럼 독특한 정서가 뒤섞인 이 지역은 일명 '개항장 근대역사문화의 거리'로 불린다.

먼저 오른쪽 일본 거리에 있는 중구청사 앞에는 일본식 목조건물 형태의 가게들이 줄지어 있어 독특한 풍경을 보여 준다. 근대역사문화타운으로 지정된 이 거리에서 눈길을 끄는 건 아무래도 개항 당시 원형을 그대로 보존하고 있는 일본 은행들이다. 당시 일본 영사관 금고 역할을 했던 '일본 제1은행'은 현재 '인천개항박물관'으로, '일본 제18은행'은 '인천개항장 근대건축전시관'으로 변신한 반면 인천전환국에서 만든 신구 화폐를 교환하는 업무를 담당했던 '일본 58은행'은 요식업 조합 건물로, 개항 후 가장 먼저 세웠던 일본 영사관은 현재 중구청으로 사용되고 있다. 과거 우리 민족을 수탈하기 위해 세워진 이 오래된 건물들은 다양한 근대문화재로 등록되어 있다.

반면 계단 건너편으로 들어서면 거리의 색깔도 냄새도 확 달라진다. '한국 속의 작은 중국'으로 중국 특유의 붉은 물결을 이룬 차이나타운은 단조로운 색감의 일본 거리에 비해 화려한 치장이 돋보이는 거리다. 차이나타운의 상징인 패루(화려한 지봉을 얹은 중국 전통 대문)가 곳곳에 들어앉은 '그들만의 거리'에는 중국풍 건물과 기념품점이 줄을 이어 정말로 중국의 한 뒷골목에 들어선 것 같은 착각이 들기도 한다. 이곳은 그 옛날 최고의 외식 메뉴이자 지금의 서민 음식으로 자리매김한 짜장면 발상지이기도 하다. 개항 후 쏟아져 들어온 중국 노무자들을 상대로 수레에 솥을 싣고 나가 즉석에서 면을 삶아 춘장을 얹어 주다 고기를 넣어 볶기도 하고 야채를 첨가하면서 지금의 짜장면이 되었다. 그 길거리 음식을 당시 청요리집 '공화춘'이 정식 메뉴에 포함시키면서 본격적으로 짜장면 시대가 열렸고, 1980년대까지 짜장면의 원조 음식점으로 명성을 이어오던 공화춘은 현재 '짜장면 박물관'이 되었다.

청일 조계지 계단을 올라 차이나타운으로 내려가는 왼쪽 골목으로 꺾어지면 '삼국지 벽화'를 만나게 된다. 담장을 따라 150m가량 이어지는 이 벽화는 소설 삼국지를 만화 형식의 그림(77장면)과 함께 내용을 일목요연하게 정리해 한 장면씩 차분하게 읽다 보면 삼국지 한 편을 떼는 셈이다. 반면 청일 조계지 계단 위 응봉산 자락에 조성된 자유공원은 개항 당시 각국에서 들어온 외국인들을 위한 휴식 공간으로, 원래 만국공원이라 불렸지만 한국전쟁 당시 인천상륙작전을 지휘한 맥아더 장군 동상을 건립하면서 자유공원이라 개칭되었다. 공원 초입에 자리한 제물포 구락부는 당시 외국인들의 사교 클럽으로 그저 먹고 즐기는 장소라기보다 각국의 이권을 챙기는 치열한 외교 현장이기도 했다. 우리로선 아픈 과거가 어린 곳이지만 나무 그늘이 드리워진 공원에 오르면 인천항을 비롯해 멀리 월미도와 영종도까지 한눈

1 청일 조계지 계단 위 왼쪽에 펼쳐진 삼국지 벽화 거리.
2 차이나타운 안에 조성된 짜장면 박물관 내부.
3 중국 특유의 붉은 물결을 이루는 차이나타운으로 진입하는 한 관문.

에 보이는 풍광이 시원하다.

　자유공원을 한 바퀴 돌아 서쪽 끝으로 내려오면 언덕 밑에 송월동 동화마을이 있
다. 송월동은 1970년대 들어 인근 어시장이 연안부두로 이전하면서 쇠퇴하기 시작
해 수십 년간 낙후되었던 마을이다. 빛바랜 환경 속에서 묵묵하게 살아온 주민들을
위해 꿈과 희망이 담긴 세계명작동화를 마을 구석구석 심어 놓은 이 예쁜 동화마을

은 바로 옆에 있는 차이나타운보다 더 인기 있는 명소로 떠오른 곳이다.

요즘 벽화마을은 전국 어디서나 흔히 볼 수 있어 다소 식상한 선입견도 있지만 이곳은 한층 '업그레이드'된 모습을 보여 준다. 그림에 입체적인 조형물을 맞춰 꾸며 놓은 모습이 너무나 생생해 금방이라도 동화 속 주인공들이 벽에서 튀어나올 것 같은 느낌도 든다. 실핏줄처럼 연결된 좁은 골목길들은 백설공주와 피터팬을 만나고 혹부리 영감도 만날 수 있다. 우리에게 친숙한 동화 속 주인공들을 하나하나 만나다 보면 가물가물하던 동심이 되살아나는 곳이다. 그래서일까? 이곳에서는 나이 고하를 막론하고 벽화 앞에서 사진을 찍을 때 아이처럼 '귀요미' 포즈를 취한다. 이렇듯 근대역사의 발자취를 따라 차분하게 과거를 만나고, 타임머신 타고 시간을 건너 뛴 듯 동심의 세계로 빨려드는 이색적인 경험을 놓치는 건 아쉬운 일이다.

⊕ 월미도
플러스

인천역 앞에서 버스(2번, 23번)를 타고 가면 10여 분 걸리는 월미도는 수도권 지역에 사는 젊은이들의 데이트 명소이자 주말 가족 여행지로 각광받는 곳이다. 문화의 거리로 지정된 바닷가를 따라 1km가량 이어진 산책로에는 분위기 좋은 카페와 횟집, 놀이동산이 갖춰져 있는 데다, 작약도, 용유도, 팔미도 등 인천 앞바다를 둘러보는 유람선도 탈 수 있어 평일에도 찾는 사람이 많다. 월미도로 가는 길목에 있는 한국전통공원은 창덕궁 후원에 있는 애련지와 애련정, 부용지와 부용정을 비롯해 담양 소쇄원 등 조선시대 대표적인 정원들과 양반 가옥인 양진당과 전통 민가 등을 곳곳에 재현해 놓아 산책하며 우리 고유의 멋을 엿볼 수 있는 곳이다.

⑪ 차이나타운 먹거리
먹을곳

차이나타운에는 중국 음식점이 아주 많다. 어느 동네에서나 맛볼 수 있는 짜장면과 별 차이는 없지만 '짜장면 발상지'에서 직접 시켜 먹는 재미가 남다르니 그 짜장면 한 그릇을 먹기 위해 줄지어 서 있는 모습도 심심찮게 볼 수 있다. 길을 걷다 중국 전통 음식인 월병과 두꺼운 만두피를 화덕에서 구워 낸 화덕만두를 사 먹는 맛도 좋다. 겉은 크고 빵빵하지만 속은 텅 비어 있는 공갈빵의 바삭한 맛도 차이나타운의 명물이다.

500여 년간 이어온
조선 왕릉 부속 수목원에서
가을 낭만 즐기기

🚗 **자동차 내비게이션** 국립수목원(경기도 포천시 소흘읍 광릉수목원로 509)

🚇 **대중교통** 지하철 1호선 의정부역 1번 출구에서 의정부경찰서 방향으로 200m 지점의 버스 정류장에서 21번 버스 이용(50분소요)

Open **관람 시간** 오전 9시~오후 6시(11월~3월 오후 5시, 매표는 한 시간 전에 마감)

Close **휴관일** 매주 월요일, 일요일, 1월 1일, 설날, 추석 연휴

🏧 **입장료** 어른 1,000원, 청소년 700원, 어린이 500원, 6세 이하 65세 이상 무료

⭐ **Tip** 홈페이지(www.kna.go.kr)를 통한 사전 예약자에 한해 화~토요일 출입 허용

국립수목원은 조선 왕릉을 보호하기 위한 부속림으로 관리되던 숲이다. 1468년 조선 7대 임금 세조는 자신의 능지를 정하면서 왕릉 구역을 둘러싼 숲에 산지기를 두어 일반인의 출입을 엄격하게 통제했다. 그렇게 보전된 광릉숲은 일제강점기에 임업 시험장으로 활용되어 수많은 인공림이 숲을 더욱더 빼곡하게 메웠다. 해방과 한국전쟁을 거치면서 먹고살기 힘든 이들이 땔감으로 몰래 베어 가고 숱한 도벌꾼으로 인해 한때 상처를 입기도 했지만 위기를 무사히 넘기고 지금까지 임업 시험장의 본산이 되어 국내 최고의 숲으로 자리매김하게 되었다.

500년이 넘도록 꽁꽁 숨어 온 광릉숲이 일반인에게 공개된 건 1987년부터다. 애초 광릉수목원으로 개원했지만 이후 국내 유일의 국립수목원으로 변신했다. 광릉숲의 절반가량을 차지하고 있는 수목원은 오랫동안 국내 최대 규모의 수목원으로도 명성이 높았다. 하지만 아시아 최대 규모인 국립백두대간수목원이 2017년 봄에 정식 개장되면 국내 유일이자 국내 최대 규모 타이틀을 내려놓아야지만 국내에서 가장 오래된 수목원의 위용은 영원불변이다.

500년 세월 동안 사람의 발길을 허용하지 않았던 광릉숲은 수천 종의 식물과 곤충, 조류들의 편안한 안식처다. 그 안에는 하늘다람쥐, 장수하늘소 같은 천연기념물도 살고 있다. 단위면적당 식물과 곤충의 종류는 국립공원인 설악산과 북한산을 능가한다. 이 숲에서 최초로 발견되어 학계에 보고된 식물들도 부지기수다. 그로 인해 광릉골무꽃, 광릉제비꽃, 광릉요강꽃, 광릉개고사리 등 이곳에서 발견된 꽤 많은 식물 이름에 '광릉'이란 성이 붙었다. 그 다양성을 인정받아 2010년 유네스코 생물권 보전 지역으로 지정됐다.

관상수원, 화목원, 수생식물원, 약용식물원, 관목원, 덩굴식물원, 난대식물(온실) 등 구역별로 22개의 전문 수목원으로 조성된 국립수목원은 목련과 철쭉이 만발하는 봄과 녹음이 짙어가는 여름도 좋지만 만추의 숲이 마지막 향기를 뿜어내는 늦가을 풍경도 일품이다. 가을의 끝자락이 아쉬운 듯 팔랑팔랑 춤을 추다 천천히 떨어져 내리는 나뭇잎들이 수북하게 쌓인 낙엽 길은 보는 것만으로도 낭만적이다. 무엇보다 이곳은 숲 보전을 위해 하루 입장객을 5,000명(토요일 3,000명) 이하로 제한해 조용한 분위기 속에서 상쾌한 숲의 향기를 맡을 수 있다는 것이 장점이다. 넓은 수목원 안에는 다양한 분위기의 산책로가 연결되어 있어 연인들의 데이트 코스로도

국립수목원은 유난히 짙고 무성한 단풍 물결 속에 가을의 낭만을 즐기기에 안성맞춤이다.

인기가 높다.

정문을 지나 다리를 건너면 주제별로 구성된 전문 수목원을 연결하는 산책로가 얼기설기 뻗어 있다. 관람 요령은 따로 없지만 대개 오른쪽으로 접어들어 관상수원-수생식물원-맹인식물원-화목원-관목원-난대식물원(온실)-산림박물관-약용식물원-숲생태관찰로-육림호-전나무 숲길을 돌아 방문자센터로 돌아오는 것이 무난하다. 천천히 걸으며 꼼꼼히 둘러보고 쉬엄쉬엄 쉬어 가다 보면 서너 시간은 족히 걸린다. 산책로를 걷다 보면 통나무를 엮어 만든 구름다리, 연인들이 팔짱을 끼고 가기에 좋은 오작교도 놓여 있다. 오작교를 건너면 우리나라 지형을 본 떠 만든 연못 속에 조성한 수생식물원과 맹인식물원이 차례로 이어지는데 이 길목에 쌓인 낙엽이 가장 운치 있다. 그 풍경을 눈으로 볼 수 없는 이들을 위해 조성한 맹인식물원에는 향기가 뛰어난 서양측백나무, 맛이 쓰고 독한 소태나무나 생강나무, 만지면 따끔한 노간주나무 등 냄새와 맛, 촉감으로 나무를 식별할 수 있도록 세심하게 배려한 흔적을 곳곳에서 엿볼 수 있다. 바스락거리는 낙엽을 밟으며 걷다 맹인식물원 위쪽에 자리한 포근한 난대식물원에서 싱그러운 풀의 향기를 흠뻑 들이키는 기분도 좋다.

'숲생태관찰로'도 수목원에서는 빼놓을 수 없는 명소다. 울창한 숲 사이로 둘이 걷기에 딱 좋을 만한 넓이로 조성된 운치 만점의 나무판 오솔길(462m)은 연인들이 가장 좋아하는 코스다. 여느 곳에서나 쉽게 볼 수 없는 70여 종의 희귀 수목과 야생화의 보고인 숲길이다. 숲생태관찰로를 벗어나면 잔잔한 물빛에 수목원의 멋진 풍광을 은은하게 비춰 내는 아담한 호수, 육림호가 자리하고 있다. 구름다리를 건너 호숫가를 따라 한 바퀴 돈 후 들어서게 되는 전나무 숲길은 그저 걷는 것만으로도 맑고 상큼하다.

⊕ 광릉

플러스

세조와 정희왕후를 모신 광릉은 국립수목원 정문에서 퇴계원 방향으로 700m 지점에 위치해 국립수목원을 찾는 이들이 빼놓지 않고 들르는 곳이다. 능으로 오르는 길에 펼쳐진 350m의 숲 터널은 가을 단풍이 곱기로도 유명하지만 낙엽이 쌓인 길도 운치 만점이다. 숲길을 따라 10분 정도 걸어 들어가면 묘역의 신성함을 의미하는 홍살문이 우뚝 서 있고, 그 문을 지나면 두개의 능이 보인다. 왼쪽에 있는 것이 세조의 능, 오른쪽이 세조비 정희왕후 윤 씨의 능이다. 이전까지 왕의 능은 석실로 되어 있는 것이 대부분이었지만 "내가 죽으면 속히 썩어야 하니 석실과 석곽을 사용하지 말 것이며, 병풍석을 세우지 말라"는 세조의 유언에 의해 다른 왕릉에 비해 소박한 모습이다.

입장 시간 오전 9시~오후 5시(6~8월 오후 5시 30분 11~1월 오후 4시 30분) **휴무일** 매주 월요일
요금 만 25~만 64세 1,000원

봉선사

광릉매표소에서 1.5km 남짓 거리에 있는 봉선사도 들러볼 만하다. 조선 제8대 예종이 선왕인 세조를 추모하기 위해 세운 봉선사는 가는 길목에 수령 1백 년 안팎의 전나무가 빽빽하게 들어차 보기만 해도 가슴이 시원하다. 우거진 숲속을 지나 나타나는 상가 단지에서 200m 정도를 걸어 올라가면 나오는 봉선사는 일반 절과는 달리 들어가는 문이 양반집 대문 같아 독특하다. 대웅전 처마 밑에 걸린 현판에 대웅전이라 하지 않고 한글로 '큰법당'이라 쓴 것도 이채롭다. 또 봉선사 입구에 보운당 부도와 운허스님 부도 그리고 한때 이 절에 머물며 글을 썼다는 춘원 이광수의 비가 있어 구경하며 쉬어 갈 만하다.

★ 강릉 정동심곡 바다부채길   ★ 영월 서강   ★ 태백 검룡소와 황지연못

★ 삼척 덕풍계곡   ★ 인제 자작나무 숲   ★ 태백산 국립공원

★ 삼척 하이원추추파크   ★ 정선 5일장   ★ 평창 오대산 선재길

★ 평창 선자령 풍차길   ★ 정선 하이원 하늘길   ★ 평창 효석문화마을

★ 양양 낙산사   ★ 춘천 겨울 여행   ★ 화천 산천어축제

★ 영월 김삿갓 문학길   ★ 강촌 구곡폭포와 문배마을

Part 3

강원도

국내여행 버킷리스트

Gangwon-do

천연기념물 바닷길에서 베일에 싸였던 비경 엿보기

🚗 **자동차 내비게이션** 정동매표소(강릉시 강동면 정동진리 50-13)

🚌 **대중교통** 서울역, 청량리역에서 정동진행 기차 이용. 정동진역에서 내리면 모래시계공원을 거쳐 정동매표소까지 도보로 15분 정도 걸린다. 정동진역~모래시계공원~정동해변~심곡항~금진항 구간은 958번 버스가 운행된다.

Open **바다부채길 개방 시간** 오전 9시(7~8월 오전 8시)~오후 5시 30분 (11~3월 오후 4시 30분) / 폭설, 강풍 등 기상 악화 시 출입이 통제 되므로 일기예보를 미리 체크해야 한다.

₩ **입장료** 어른 5,000원, 청소년 3,500원, 어린이 3,000원

ℹ **문의** 033-641-9444

일출 명소로 잘 알려진 정동진. 이 해변에서 바다부채길이 시작된다.

정동진은 국내에서 알아주는 일출 명소다. 게다가 세계에서 바다와 가장 가까운 기차역을 품은 정동진역 옆에는 세계에서 가장 큰 모래시계를 조성한 모래시계공원도 자리하고 있다. 음식점과 카페, 숙박업소들이 속속 들어서면서 어쩌다 한 번 기차가 멈추던 옛 간이역 풍경의 호젓한 멋은 사라진 지 오래지만 그래도 세계에서 바다와 가장 가까운 기차역이라는 의미에 걸맞게 바다와 어우러진 철길은 여전히 운치 있어 사시사철 찾는 사람들이 많다.

모래시계공원에서 남쪽으로 살짝 내려오면 나타나는 '정동심곡 바다부채길'은 정동진 못지않게 강릉 여행의 인기 코스로 떠오른 곳이다. 둥그스름하게 휘어진 지형이 바다를 향해 부채를 펼쳐 놓은 모습 같다 하여 이름 붙인 바다부채길에 한양에서 정방향의 동쪽이라는 뜻의 '정동'과 깊은 골짜기 마을이라는 '심곡'을 따 붙인 명칭이다.

이곳이 강릉의 명소로 부상한 건 오로지 수백만 년의 시간을 공들인 자연 덕분이다. 2300만 년 전 지각 변동으로 솟구친 정동과 심곡 사이 해안은 국내에서 가장 긴 해안단구라서 천연기념물로 지정된 곳이다. 하지만 그 신비로운 해안은 그동안 꽁꽁 숨어 있었다. 건국 이래 누구의 발길도 닿지 못했고, 분단 이후 해안 경비를 위해 군인들만 오가던 금단의 구역이었다. 걷기 열풍이 일면서 조성되기 시작한 강릉 바

1 바다부채길의 또 다른 시작점은 심곡항에 있다.
2,3 쪽빛 바다와 절벽을 배경으로 이어지는 길을 걷다 보면 불쑥불쑥 비경이 나타난다.

우길과 동해안을 잇는 해파랑길도 이곳만은 비껴갔었다. 하지만 오랜 고심 끝에 철책을 걷어 내면서 '딸깍' 하고 문이 열린 천연기념물 바닷길이 바로 바다부채길이다.

2017년 6월 정식으로 개방된 바다부채길은 돈 내고 걷는 길임에도 1년 만에 입장객 수십만 명이 훌쩍 넘었으니 시쳇말로 '대박'이 난 길이다. 그동안 정동진 해변 끝자락 언덕에 자리한 썬크루즈리조트 주차장에서 가파른 계단을 내려와 심곡항을 잇는 코스(2.86km)였지만, 2024년 4월 정동해변에 평탄한 산책로가 추가로 조성되면서 걷는 게 훨씬 편해졌다. 새롭게 연장된 정동항과 심곡항을 잇는 코스(3.01km)는 양방향 어디서든 출발할 수 있다.

쪽빛 바다를 배경으로 병풍처럼 이어지는 절벽을 휘감아 도는 탐방로는 대부분 잔구멍이 숭숭 뚫린 철제 통로로 이어져 발밑에서 끊임없이 부서지는 파도를 온몸으로 느끼게 되는 곳이다. 걸음을 옮길 때마다 베일에 싸여 있던 비경이 불쑥불쑥 나타나는 길에선 오랜 시간 파도를 묵묵하게 받아 내며 저마다 기묘한 조각품으로 변신한 묵직한 바위들, 깎아지른 절벽 틈을 비집고 나와 거센 해풍에도 질긴 생명력을 보여 주는 나무들이 인간의 번민쯤은 하찮게 느껴지게 한다.

시시각각 달라지는 물빛과 보는 각도에 따라 모습이 변하는 기암괴석들 중 단연 돋보이는 건 투구바위와 부채바위다. 투구를 쓰고 바다를 지키는 장수의 모습을 닮았다는 투구바위는 강감찬 장군의 형상이라는

바다부채길이 짧게 느껴진다면 심곡항과 금진항을 잇는 헌화로를 더불어 걸어 보자.

설도 있다. 그 이야기 속에는 그 옛날 스님으로 가장해 내기 바둑을 두어 숱한 사람들을 잡아먹었다는 육발호랑이(발가락이 6개인 호랑이)가 강 장군의 기개에 눌려 줄행랑을 쳤다는 전설이 담겨 있다.

또한 펼쳐 놓은 부채를 닮은 부채바위에도 신비한 이야기가 담겨 있다. 바위 앞을 떠내려가고 있는 자신을 구해 달라는 여인의 꿈을 꾼 노인이 달려가 나무 궤짝에 든 꿈속의 여인 초상화를 안치한 후 만사형통했다는 이야기이다. 이렇듯 자연이 만든 무대에 사람들이 만들어 낸 이야기가 어우러진 길 끝에 조성된 심곡전망타워를 넘어서면 한국전쟁 당시 난리가 난 줄도 몰랐을 만큼 깊은 골짜기 항구가 포근하게 여행객을 맞아 준다.

　도보로 한 시간쯤 걸리는 바다부채길이 조금은 아쉽다면 정동진으로 되돌아가는 것도 그리 부담스럽지 않고 심곡항과 금진항을 잇는 헌화로(2km)를 더불어 걷는 것도 좋다. 수로부인이 아득한 절벽에 핀 꽃을 갖고 싶어 하자 소를 끌고 가던 노인이 위험을 무릅쓰고 올라 꽃을 꺾어 바치며 불렀다는 신라 향가의 배경 무대인 헌화로는 국내에서 바다와 가장 가까운 해안도로로, 바다부채길 못지않은 풍경에 걷기도 편한 멋진 산책 코스다. 그 끝에서 마주하는 금진해변에서는 파도에 몸을 실은 서퍼들도 심심찮게 볼 수 있다.

⊕ 안목 커피거리

플러스 강릉 여행은 넘실대는 파도가 밀어내는 바다 향, 바닷가 어디서든 마주하게 되는 소나무가 솔솔 뿜어내는 솔 향, 안목해변에 은은하게 번지는 커피 향을 만나야 제맛이라고 한다. 안목해변은 여느 바닷가처럼 '횟집 사이에 어쩌다 커피숍'이 아닌 '커피숍 사이에 어쩌다 횟집'이 끼어든 풍경이 이색적인 커피거리로 유명한 곳이다. 횟집 몇 군데밖에 없던 이 해변이 커피로 유명해진 건 1990년대에 놓은 커피 자판기 몇 대 덕분이다. 이후 주머니 가벼운 청춘들 사이에 '바다를 보며 자판기에서 뽑아 먹는 헤이즐넛 커피가 세상에서 가장 맛있다.'라는 입소문이 돌면서 낭만 커피를 찾아 몰려들자 자판기가 수십 대로 늘어나면서 일명 '줄줄이 길다방'이 되었다. 그러자 이름난 커피 명장들이 하나둘 모여 카페를 열기 시작하면서 지금의 커피거리가 된 것이다. 자판기를 대신해 빼곡히 자리한 카페들은 분위기도, 커피 맛도 제각각이다.

심심산골
은밀한 계곡따라
물길 트레킹하기

🚌 **자동차 내비게이션** 덕풍계곡마을(강원도 삼척시 가곡면 풍곡안길 17-18)

🚌 **대중교통** 동서울종합터미널에서 호산행 시외버스 이용. 호산시외버스정류장에서 13번 버스 타고 덕풍계곡 초입인 풍곡리에서 하차.

산이 높으면 골도 깊다. 그 깊은 골짜기는 사람의 발길을 호락호락 받아들이지 않는다. 삼척과 울진 사이에 높이 치솟은 응봉산에 꼭꼭 숨어 있는 덕풍계곡도 오랫동안 그런 곳이었다. 용소골, 문지골, 괭이골 등 크고 작은 계곡을 아우른 덕풍계곡은 '우리나라 최후의 오지'란 별칭이 붙을 만큼 사람의 발길이 드문 곳이었기에 때 묻지 않은 원시 자연의 비경을 고스란히 품고 있다. 그러나 언젠가부터 골 깊은 계곡 안에 끊임없이 이어지는 기암괴석 사이로 구불구불 흐르는 물길이 빚어내는 비경이 알음알음 입소문을 타면서 이제는 계곡 트레킹 명소가 되어 찾아드는 발길이 제법 많다. 특히 각기 다른 자태의 세 개의 용소를 품고 있는 용소골은 덕풍계곡의 진수를 엿볼 수 있다. 덕풍계곡 초입인 풍곡마을 앞 계곡에서는 여름의 끝을 잡고 뒤늦은 물놀이를 즐기는 사람들도 많다. 풍곡마을 주차장에서 용소골이 시작되는 덕풍마을까지는 6km. 덕풍마을 안에 있는 민박집에서 묵을 경우 계곡 옆 좁은 도로를 따라 덕풍마을까지 차로 갈 수 있지만 자분자분 걸어 들어가는 것도 좋다.

오지마을의 대명사였던 덕풍마을도 찾는 발길이 많다 보니 수년 전의 고즈넉한 멋은 다소 사그라진 느낌이다. 좁은 도로마저 끊긴 덕풍마을 안쪽으로 들어가면 용소골로 이어진다. 이른 아침 길을 나서면 나팔꽃과 달개비, 강아지풀 등에 송송 맺힌 아침 이슬이 싱그럽다. 길가에 펼쳐진 도라지와 콩밭을 지나 계곡으로 들어서면 양편으로 치솟은 절벽이 병풍처럼 늘어선 협곡을 타고 흐르는 물소리가 바위에 울

덕풍계곡물은 너무나 맑고 투명해 발을 담그기가 미안할 정도다.

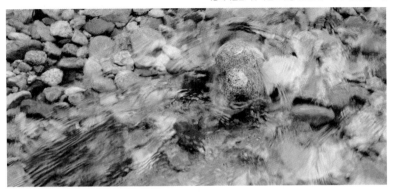

물길 트레킹을 즐기다 계곡물에 첨벙 뛰어드는 이들도 심심찮게 보인다.

려 더욱 우렁차게 들려온다. 계곡물의 형태도 제각각이다. 바닥이 훤히 드러나던 얕은 물은 어느새 수영을 해도 좋을 만큼 넓고 깊게 형성돼 있다. 또 어떤 곳은 폭포처럼 쏟아져 내리는 물줄기가 기포를 만들며 부글부글 끓어오르는 모양새를 보인다. 그 물길을 따라 은밀한 협곡 사이로 빨려드는 트레킹은 딱히 '이곳이 길이요' 하는 것도 없다. 저마다 발걸음을 내딛는 곳이 곧 길이다. 절벽 밑 바위 면을 타고 가다 어쩔 수 없이 수시로 얕은 물속을 첨벙첨벙 걸어가야 하는 물길 트레킹은 은근 짜릿하다. 물빛도 독특하다. 녹차를 우려낸 물빛이랄까? 오랫동안 쌓이고 쌓였던 낙엽이 녹아든 계곡물은 황갈색 빛이 연연하다. 그럼에도 일급수에서만 산다는 산천어, 버들치들이 여기저기서 꼬물대는 움직임까지 또렷이 보일 만큼 물이 맑다.

발을 담근 물길임에도 오르다 보면 어느새 등줄기를 타고 땀이 흘러내린다. 그러면 너나 할 것 없이 물속에 풍덩풍덩 뛰어들어 물장구를 치고 물 미끄럼을 타며 노는 모습이 영락없는 개구쟁이들 같다. 그렇게 쉬엄쉬엄 물놀이를 즐기다 1용소에 들어서면 우렁차게 떨어지는 폭포 줄기 아래 너른 물웅덩이가 펼쳐져 있다. 바닥을 가늠할 수 없을 만큼 깊다 보니 물빛도 검푸르다. 육중하고 속 깊은 자연의 기운에 주눅이 들만도 하건만 절벽 위에서 다이빙을 하는 사람도 많다. 2용소는 1용소 우측 절벽에 심어 놓은 작은 철심 계단을 밧줄을 잡고 올라야 하는데, 다소 오금이 저려 오긴 하지만 서너 발 정도 조심조심 오르면 별 무리는 없다. 1용소를 넘어 2용소로 가는 길목에는 수영장처럼 넓은 소를 비롯해 굽이굽이 돌아 들어설 때마다 새로운 모습을 보여 주니 지루하지 않다. 또한 계곡 물 한가운데서 섬처럼 돋아난 모래밭에 들어앉으면 신선이 된 기분이 들기도 한다.

그렇게 걷다 보면 물에 뛰어들어 흠뻑 젖었던 옷도 시원한 계곡 바람에 젖었던 옷도 꾸덕꾸덕 말라간다. 20m 높이에서 물방울을 튕겨 가며 힘 있게 쏟아지는 2용소의 폭포 줄기는 보는 것만으로도 시원하다. 1용소에 비해 물빛이 맑고 투명한 물웅덩이는 심심산골에 은밀하게 숨어 있는 수영장이 되어 걸음 여행자들을 다시금 유혹한다. 덕풍마을에서 1용소까지는 약 1.5km로 왕복 2시간, 2용소까지는 3km 거리로 왕복 4시간가량 걸린다. 덕풍마을에서 2용소까지는 비교적 안전장치가 잘되어 초보자들도 수월하게 오를 수 있다. 하지만 2용소에서 3km 위에 있는 3용소는 적어도 왕복 8시간이나 걸리는 만만찮은 코스이기에 2용소에서 돌아가는 경우가 대부분이다. 계곡 트레킹을 할 때 물속을 걸어야 하는 경우가 많기에 가급적 등산용 아쿠아 신발을 신는 것이 편리하고 갈아입을 옷을 준비하는 것이 좋다. 물이 순식간에 불어나는 장마철에는 트레킹 절대 금지다.

⊕ 해신당공원

플러스 풍곡리에서 호산항으로 나와 바닷가를 끼고 삼척 시내 방향으로 올라가면 신남항 위에 남근 숭배 문화를 고스란히 엿볼 수 있는 해신당공원이 자리하고 있다. 바다가 한눈에 보이는 언덕에 오르면 발길 닿는 곳마다 온통 남근 투성이다. 우람한 자태로 앞을 겨냥하고 있는 대포 모양의 남근, 꽈배기 모양의 남근, 줄줄이 늘어선 12지 신상도 남근이다. 하다못해 가슴이 봉긋하고 엉덩이가 불쑥 나온 여성의 몸에도 남근이 달려 있고 남자 어깨 위에 올라  앉은 여자의 머리에도 남근 뿔이 솟아 있다. 그럼에도 흉측하다기보다 해학적인 그 모습에 슬그머니 웃음이 나온다. 하지만 쉬어 가라고 군데군데 놓아 둔 돌의자나 나무의자 모두가 남근 모양이니 사실 앉기가 좀 민망하다. 아울러 공원 밑으로 펼쳐진 바다는 곳곳에 봉긋봉긋 솟은 기암괴석과 어우러진 풍광이 일품이다.

입장료 어른 3,000원, 청소년 2,000원, 어린이 1,500원

삼척 하이원추추파크

거꾸로 가는
추억의
증기기관차 타기

🚐 **자동차 내비게이션** 하이원추추파크(강원도 삼척시 도계읍 심포남
   길 99)
🚉 **대중교통** 청량리역에서 정동진행 무궁화호 열차 타고 도계역 하
   차 후 택시(요금 12,000원 선)로 추추파크 도착
ℹ️ **문의** 033-550-7788

동해안을 따라 펼쳐진 삼척은 대개 해변 도시로만 생각하는 경우가 많다. 하지만 태백과 경계를 이루는 내륙 쪽으로 접어들면 강원도 특유의 산골마을까지 적지 않게 품은 곳이 바로 삼척이다. 삼척 끝자락에서 태백과 정선을 아우르는 지역은 과거 국내 석탄 산업을 대표하는 요지 중의 요지였다. 수십 년 전까지만 해도 이곳의 거대한 산줄기가 토해낸 석탄은 기차에 실려 전국 각지로 퍼져나갔고 호황 속에 석탄을 캐내던 탄광촌 사람들은 뽀얀 수증기를 뿜어내며 칙칙폭폭 달리는 증기기관차를 타고 여름 해수욕을 즐기기 위해 동해로 향하곤 했다.

당시 석탄을 실어 나르거나 탄광촌과 동해안 주민들의 요긴한 이동 수단이었던 기차는 가장 험준한 산자락 한 줄기인 흥전역과 나한정역 사이의 스위치백 구간을 거치며 힘겹게 오르내려야 했다. 스위치백은 경사가 가파른 산간지역을 열차가 한 번에 치고 오를 수 없어 'Z'자 형태의 철로를 따라 지그재그 오르는 운행 방식을 일컫는다. 그런 구간에선 길디긴 기차가 앞머리의 방향을 틀지 못하는 터에 뒤꽁무니가 앞이 되어 구렁이처럼 슬금슬금 기어오른다. 그렇게 '앞으로 갔다 뒤로 갔다'를 반복하며 서서히 고도를 높여 올라가는 구간은 도계역에서 통리역으로 가는 길목에 있는 나한정역(해발 315m)과 흥전역(해발 349m)을 거쳐 심포리역으로 이어지는 곳이다.

1,2 나한정역은 예전에 스위치백 트레인이 쉬었다 가는 역이었다. (지금은 종착점인 흥전도삭마을에서 30분 동안 자유 시간이 주어진다.)
3 증기기관차 맨 뒷자리 칸은 오픈형으로 되어 있다.

  그렇듯 요상한 형태로 수없이 오르내리던 스위치백 구간은 2012년 6월 솔안터널이 뚫리면서 폐철로가 되어 역사의 뒤안길로 사라지는 듯했으나 2014년 산악철도 테마파크인 '하이원 추추파크'가 추억의 증기기관차를 재현한 관광열차인 '스위치백 트레인'을 운행하면서 되살아났다. 운행구간은 추추파크~심포리역~흥전역~나한정역~흥전삭도마을(왕복 16.5km)로 1시간 50분 정도 걸린다. 그 시간 안에는 종착점인 흥전도삭마을에서 30분 동안의 자유 시간도 포함되어 있어 다양하게 꾸며진 산골 마을에서 간식과 음료를 마시며 잠시나마 여유를 즐길 수도 있다.

  예전에도 그랬듯 '스위치백 트레인'은 국내에서 유일하게 뒤로 가는 이색적인 기차다. 다시 돌아온 스위치백 트레인은 일정 구간에서 거꾸로 움직이는 기차의 모습도 별나지만 3량으로 연결된 열차 실내도 제각각이다. 그 옛날의 추억을 되살려 천장엔 선풍기가 돌아가고 난로가 놓인 객차가 있는가 하면 추억의 완행열차 느낌이 물씬 풍기는 객차도 있고 대통령 전용객차로 꾸며진 공간도 있다. 열차 꽁무니는 차창 없이 트여 있어 앞뒤로 오갈 수 있도록 연결된 철로의 모습을 고스란히 엿볼 수 있다. 아울러 반짝반짝 빛나는 별들을 콕콕 박아놓은 컴컴한 터널을 지나는 맛도 이색적이다. 은하터널이라 이름 붙은 이곳을 통과할 땐 오색 별빛의 향연을 오롯이 느낄 수 있도록 실내조명을 일제히 끈다. 그리고 실내엔 '은하철도 999' 노래가 울려 퍼진다.

되돌아온 추추파크에서는 일제강점기 때인 1939년부터 1963년까지 운행되다 폐지된 강삭철도를 활용한 인클라인 트레인도 타볼 수 있다. 강삭철도는 스위스 융프라우 산악열차처럼 와이어로프로 기차를 가파른 산자락 고지대로 끌어올리는 방식이다. 국내 최초의 산악열차였던 강삭열차는 무게에 민감해 사람은 타지 못하고 석탄만 실을 수 있었기에 당시 심포리에서 통리역을 오가던 사람들은 해발 720m에 이르는 통리재까지 걸어서 오르내려야 했던 애환이 담겨 있다.

또한 아이들을 위한 '미니 트레인'이 있는가 하면 추추파크에서 통리역까지 연결된 폐철로 구간(7.7km)을 활용한 레일바이크도 운영되고 있다. 이곳의 레일바이크 출발점은 해발 720m에 자리한 스카이스테이션이다. 평지가 아닌 내리막 철로이기에 시속 25km에 달하는 속도로 산기슭을 굽이굽이 돌아 내려오는 짜릿한 스릴감을 느낄 수 있다는 점이 특징이다. 뿐만 아니라 제각각 다른 주제로 연출된 다양한 조명과 조형물이 독특한 12개의 터널을 통과하는 재미도 쏠쏠하다.

레일바이크 구간은 드라마 〈미스터 선샤인〉에서 유진 초이를 맡은 이병헌이 죽음을 맞는 장면의 배경지이기도 하다. 또 스위치백 트레인을 타고 스쳐 지나는 심포리역은 손예진, 소지섭이 출연한 영화 〈지금, 만나러 갑니다〉 촬영지로, 추추파크 메인스테이션에서 고즈넉한 오솔길과 철로를 따라 걸어서 5분 정도면 도착한다.

🍴 하이원추추파크 내에 다양한 종류의 음식을 판매하는 푸드 코트가 있다.
먹
을
곳　전화 033-550-7788

🏠 하이원추추파크 내에 침대방과 온돌방, 거실을 갖춘 단독형 빌라 형태의 숙소와 기차 실내를 활용한 트레인빌 등이 있다.
숙
박

이국적인 풍차 언덕에서 **바람과 함께** 거닐기

🚗 **자동차 내비게이션** 대관령마을휴게소(강원도 평창군 대관령면 경강로 5721)

🚌 **대중교통** 시외버스로 횡계 도착 후 횡계버스터미널(033-335-5289)에서 대관령마을휴게소 가는 버스 탑승(하루 4회 운행. 버스 시간을 맞추는 게 여의치 않으면 택시(요금 1만 원 선) 이용).

⭐ **Tip** 대관령마을휴게소에 도착한 버스는 10분 후에 떠난다. 버스 시간에 맞추는 게 여의치 않으면 택시를 타야 한다

선자령으로 오르는 길목에서 보게 되는 독특한 형태의 소나무.

　선자령 풍차길은 강릉 바우길의 첫 구간이다. 바우길은 백두대간 줄기인 대관령
에서 경포대와 정동진을 이으며 줄기줄기 뻗어나간 길을 아우른 명칭이다. '바우'
는 '바위'를 뜻하는 강원도 사투리로, 바우길은 강원도 사람들을 친근하게 부를 때
쓰는 '감자바우'에서 유래된 명칭이다. 아울러 항간에선 손만 대도 죽을병을 낫게
한다는 건강의 신으로 통하는 바빌로니아 신화 속의 여신 바우(Bau)와 같은 발음이
라 하여 걸으면 절로 건강해지는 길이란 의미를 부여하기도 한다.

　산길과 숲길, 마을길, 해안길 등이 다채롭게 펼쳐지는 10여 개 코스의 바우길 중
가장 인기 있는 곳은 뭐니 뭐니 해도 첫 구간인 선자령 풍차길이다. 선자령은 정상
이 1,157m에 이르는, 제법 높은 산이지만 출발점의 고도가 이미 850m로 정상을
향해 오르는 길이 대부분 평탄하고 간혹 만나게 되는 오르막 내리막길도 완만해 누
구든 걷기에 무리가 없다. 그런 선자령길은 사람의 통행이 끊겨 잡목만 무성했던 옛
길을 찾아 이은 길이기에 순수한 자연의 멋을 오롯이 엿볼 수 있다. 그 길목에서 서
정적인 풍경의 목장도 엿보고 아기자기한 숲길과 계곡길을 지나는가 하면 봄부터
가을까지 끊임없이 피고 지는 야생화 꽃길을 거치기도 한다.

　하지만 이 길의 매력은 단연 정상에서 마주하게 되는 이국적인 풍경이다. 대관령
일대 서쪽은 완만한 구릉이 펼쳐지는 반면 동쪽으로는 급경사로 치닫다 바다를 만

나는 형국이다. 이러한 지형적 특성으로 인해 겨울이면 심심찮게 폭설이 내리고 수시로 몰아치는 세찬 바람은 대관령 일대의 능선을 이국적인 초원 지대로 만들었다. 이런 특징을 가장 잘 보여 주는 봉우리가 이 선자령이다. 그런 선자령으로 향하는 출발점은 대관령마을휴게소(옛 대관령휴게소)다. 휴게소 뒤편에서 400m가량 들어가면 왼쪽에 '선자령 5.8km'란 표지판이 있다. 평지인 듯 완만한 숲길을 걷다 통나무 계단을 한 차례 오르면 양떼목장과 경계를 이루는 철조망을 따라 이어지는 좁은 오솔길로 돈 안 내고 목장 풍경을 엿볼 수 있다. 목장을 벗어나 지나게 되는 잣나무 군락지 끝자락에서는 갈림길을 마주하게 된다. 오른쪽은 국사성황사를 거쳐 백두대간 능선에 올랐다가 강릉 방향으로 내려오는 바우길 2구간인 '대관령 옛길'이다.

　선자령으로 가는 왼쪽 길로 접어들면 거대한 구렁이 한 마리가 기어가는 듯한 좁고 길쭉한 오솔길이 숲의 품을 파고들도록 인도한다. 걸음을 옮길 때마다 숲은 점점 깊어지고 무성한 숲길은 더욱더 포근해진다. 그 길을 따라 거꾸로 선 듯한 모양새의 소나무를 지나면서부터는 발밑으로 계곡물 흐르는 소리가 들려 싱그럽다. 그렇게 걷다 좁디좁은 계곡물 건너 안쪽에 마련된 샘터에서 시원하게 목을 축이고 나오면 이제는 하얀 나무껍질이 이색적인 자작나무 숲길이 길손을 맞는다. 자작나무 숲에서 참나무로 바뀐 무성한 숲을 벗어나면 이내 하늘이 열리면서 핑핑 돌아가는 풍력발전기의 머리꼭지가 하나둘 보이기 시작한다. 그러다 선자령을 코앞에 둔 너른 평지에 들어설 즈음엔 백두대간 등줄기를 타고 길게 이어진, 국내 최대의 풍력발전단지 모습이 온전히 드러난다.

이곳에서 300m가량 더 올라가면 선자령 정상이다. 정상으로 오르는 그 길목은 봄이면 진달래가 화사하게 피어나는 꽃길이다. 그 길 끝에서 운동장처럼 너른 선자령 정상에 서면 '시베리아 칼바람이 이런 바람일까?' 싶을 만큼 키 큰 나무들은 배겨 내지 못하는 거센 바람이 다듬어 놓은 초원을 마주하게 된다. 잔풀들만 하늘대는 탁 트인 초원에 터를 잡은 하얀 풍차들이 빚어낸 이국적인 풍광을 보노라면 세찬 바람은 아랑곳없이 가슴이 뻥 뚫리고 뼛속까지 시원해지는 느낌이다.

선자령 너머 너른 초원을 가르는 좁은 길과 숲길을 내려오면 갈림길이 나온다. 어느 곳으로 내려가도 나중에 다시 합류되지만 왼쪽으로 가야 강릉 시내와 바다를 한눈에 내려다볼 수 있는 새봉전망대를 거치게 된다. 이어서 대관령 산신과 사후 국사성황신으로 신격화된 신라의 고승 범일국사를 모신 곳으로, 과거 대관령을 넘나들던 사람들이 무사안녕을 기원하던 국사성황사를 지나면 출발점인 대관령마을휴게소까지 줄곧 아스팔트 내리막길이다.

⊕ 대관령 양떼목장

플러스 선자령에서 내려오면 대관령마을휴게소 뒤편에 있는 양떼목장을 둘러보는 것도 좋다. '한국의 알프스'라 일컫는 대관령 양떼목장은 파란 하늘 아래 펼쳐진 초록빛 들판에 몽실몽실한 양들이 모여 한가롭게 풀을 뜯는 이색적인 풍경으로 사람들을 유혹한다. 6만여 평의 초원에 아담한 오두막집이 어우러진 목장 길은 산책로를 따라 능선 정상까지 올랐다가 초지를 가로질러 내려오는 데 넉넉잡고 1시간이면 충분하다. 푸르름이 사라진 겨울철에  는 목장을 찾는 발걸음이 상대적으로 뜸하지만 두툼한 솜이불을 덮은 양 포근하게 다가오는 눈 내린 겨울 목장 풍경은 그야말로 한 폭의 그림 같은 진풍경을 보여 주니 눈 내리는 날 한 번쯤 찾아볼 것을 강력 추천한다. 목장을 돌아본 후 내려와서 입장료를 겸한 건초교환권을 주면 양들에게 건초를 먹이는 체험도 할 수 있다.

운영 시간 오전 9시~오후 5시~6시 30분(시기별)
요금 어른 9,000원, 만 3세~고등학생 7,000원, 만 65세 이상 6,000원 **문의** 033-335-1966

✔ 선자령 풍차길(약 11km)은 겨울철 눈꽃산행 코스로도 인기가 높지만 눈과 거센 바람에 대비해 반드시 아이젠과 방풍복을 준비해야 한다.
✔ 매점과 화장실은 대관령휴게소에만 있으므로 걷기 전에 충분한 식수와 간단한 먹거리를 챙겨두는 것이 필요하다.

템플스테이 통해 한번쯤 나자신 돌아보기

🚌 **자동차 내비게이션** 낙산사(강원도 양양군 강현면 낙산사로 100)

🚏 **대중교통** 양양시외종합버스터미널에서 9번, 9-1번 버스 타고
설악해수욕장 정류장 하차

ℹ️ **템플스테이 문의** 033-672-2417

　다람쥐 쳇바퀴 도는 일상 속에서 늘 무언가에 쫓기듯 살아가는 느낌이라면 한 번쯤 산사를 찾아가는 것도 좋을 것 같다. 복잡한 빌딩 숲을 벗어나 맑은 공기와 향기로운 솔 내음이 가득한 산사에서 보내는 하루는 확실히 다른 경험을 안겨 준다. 2002년 한일월드컵 당시 외국인 관광객을 위한 관광 상품으로 선보였던 템플스테이, 그 산사 체험이 지금은 우리 모두에게 한 번쯤 나 자신을 돌아보게 하는 소중한 시간을 마련해 준다.

　사람들이 붐비는 낮 시간, 대부분의 스님은 절을 찾은 손님들을 위해 자신들의 공간을 내어 주고 절 깊숙한 곳으로 물러나 수행을 한다. 때문에 단순히 관광 삼아 사찰만 훌쩍 돌아보고 나오면 산사의 진면목을 보기란 힘들다. 새벽 목탁 소리를 들으며 잠에서 깨어나 산사의 하루를 맞이하고, 그저 듣기만 하던 범종을 직접 치면서 마음의 평안을 얻고, 발우공양을 통해 음식의 소중함을 깨닫고, 참선을 통해 나를 돌아보는 시간을 갖는다는 건 분명 의미 있는 일이다.

　국내에는 그런 템플스테이를 시행하는 절이 무수히 많다. 취지만 보자면 어느 곳에서 하든 상관없다. 그중 하나인 낙산사는 바다와 산을 더불어 품었기에 숲의 포근함과 바다의 장쾌함을 동시에 느낄 수 있으니 더욱 좋다. 바다가 내려다보이는 오봉산 자락에 자리한 낙산사는 신라 문무왕 때 의상대사가 창건한 절이다. 해돋이로 유

낙산사 창건의 모태가 된 홍련암.

명한 의상대를 비롯해 홍련암, 해수관음보살상 등 볼거리가 많아
관광객들의 발길이 끊이질 않는다. 일주문을 지나 원통보전에 이
르는 울창한 해송 숲 또한 낙산사의 자랑거리였다. 그러나 2005년
어느 봄날, 1,000년을 훌쩍 넘긴 이 고찰의 경내를 덮친 산불에 휩
싸여 힘없이 무너져 내릴 때 온 국민이 가슴을 쓸어내렸고 발을 동
동 굴렀다. 믿기지 않은 광경에 눈물을 흘리는 이도 많았다. 비록
그 옛날의 유서 깊은 건축물은 아니지만 국민들의 성원에 힘입어
모습을 되찾았으니 다행이다.

　낙산사에는 파랑새에 이끌린 의상대사가 새가 사라진 석굴 앞
에서 솟아난 홍련 위의 관음보살을 보았다는 전설이 전해 온다. 그

자리에 세운 암자가 바로 낙산사 창건의 모태가 된 홍련암이다. 낙산사 템플스테이의 주제가 '파랑새를 찾아서'인 것도 전설과 무관하진 않다. 이는 곧 파랑새 날아오르는 길을 따라 아름다운 꿈을 찾는 나를 만나는 시간이다.

산사에 도착해 짐을 풀고 나면 우선 솔바람 가득한 사찰 곳곳을 둘러본다. 풍경 소리와 목탁 소리, 산새 소리가 어우러진 산사의 풍경은 언제 봐도 아름답다. 낙산사의 중심 법전인 원통보전에서 바다를 향해 이어진 '꿈이 이루어지는 길'을 따라가면 낙산사의 랜드마크격인 해수관음상이 나온다. 해안 절벽 위에 등대처럼 우뚝 솟은 해수관음상은 언제나 온화한 미소로 방문객을 푸근하게 맞아 준다. 이곳에서 내려다보는 바다 풍광은 가슴이 뻥 뚫릴 만큼 시원하다. 끊임없이 밀려드는 우렁찬 파도 소리가 잡념을 씻어 준다.

낙산사 해수관음상 앞 절벽에서 내려다보는 바다 풍경.

그 밑에 자리한 의상대는 일출 명소로 유명하다. 의상대에서 안쪽으로 더 들어가면 파도가 만든 자연 동굴 위에 홍련암이 살포시 앉아 있다. 아담한 법당 마루에는 손바닥만 한 구멍이 뚫려 있어 동굴 속을 들락날락하는 파도를 볼 수 있다. 이 동굴이 바로 의상대사가 파랑새에 이끌려 와 참선하다 관음보살을 보았다 하여 관음굴이라 일컫기도 한다.

아침이나 저녁식사는 곧 발우공양 체험이다. 자신이 먹을 만큼만 덜어 마지막에는 물로 헹궈 고춧가루 하나 남기지 않고 다 마시는 스님들의 식사법이다. 쌀 한 톨이 밥상에 오르기까지 여든여덟 사람의 손길이 미친다고 한다. 땀 흘린 모든 이에게 감사하는 마음으로 시작된 발우공양은 단순한 식사가 아니라 수련의 한 과정으로 모든 이가 한자리에서 똑같은 음식을 나눠 먹는 평등심과 음식을 탐하지 않고 몸을 지탱하는 약으로 먹는다는 정진심까지 함축되어 있다.

발우공양을 마칠 즈음 해가 뉘엿뉘엿 지면 고요한 산사에 가슴을 파고드는 또 다른 소리가 울려 퍼진다. 모든 중생이 번뇌를 떨쳐 버리고 해탈의 경지에 이르기를 기원하는 법고와 범종 소리로 종은 직접 쳐 볼 수 있다. '뎅~ 뎅~' 우렁차면서도 맑은 종소리가 긴 여운을 남기면 귀 기울여 듣는 이의 마음도 절로 숙연해진다. 이어지는 명상수행은 '나는 누구인가'를 돌아보는 시간이다. 꼿꼿하게 앉아 스스로에 대한 근본적인 질문과 답을 하는 과정에서 수많은 생각이 떠올랐다 사라진다. 번뇌를 끊겠다는 의미로 올리는 108배는 정신수양은 물론 전신운동으로 건강에도 좋고 에너지 소비량이 많아 다이어트에도 그만이라니 일석이조다.

그러다 보면 어느새 산사의 밤이 깊어간다. 바람에 흔들리는 나뭇가지 소리가 고스란히 들려올 만큼 산사의 밤은 고요하다. 까만 어둠 속에 창호지 문을 통해 은은하게 비쳐오는 불빛이 포근하다. 그리고 몇 시간 후, 어둠 끝의 새벽녘에 적막을 깨는 목탁 소리가 들려온다. 그렇게 산사의 하루가 또 시작된다. 템플스테이는 무엇을 얻고자 함보다는 무엇을 버리고자 함이다. 무언가를 얻는 것도 어렵지만 내 안의 무언가를 버리는 것도 쉽지 않다. 단 하루 이틀 만에 '모든 게 네 덕이요, 모든 게 내 탓이다.'란 마음의 경지에 이를 수는 없어도 남 눈치 볼 것도 경쟁할 것도 없는 곳에서 잠시나마 마음을 내려놓을 수 있는 것만으로도 충분히 행복하다.

참고로 낙산사의 템플스테이는 세 종류다. 매일 진행되는 '꿈, 길 따라서'는 예불,

공양, 해맞이, 독서 등 개인이 자율적으로 자아성찰의 시간을 갖는 프로그램이다. 원할 경우 108배 체험, 스님과의 차담, 명상도 할 수 있다. 주말에 운영되는 '길에서 길을 묻다'는 사찰 탐방, 범종 체험, 명상, 108배하며 염주 꿰기, 발우공양 체험을 한다. 월 1회 운영되는 '파랑새를 찾아서'는 소원등 만들기, 달빛 걷기, 명상 체험이 진행된다. 체험료는 1박 2일 기준으로 '꿈, 길 따라서' 5만 원, 나머지는 7만 원이다. 체험 시간 동안 휴대전화는 반납해야 한다.

⊕ 하조대

플러스

바다 위에 우뚝 솟은 기암절벽과 노송이 절묘한 조화를 이루는 하조대는 울창한 소나무 숲과 넓은 백사장을 자랑하는 하조대해수욕장 옆에 자리하고 있다. 해수욕장 오른편 길을 따라 올라 하조대 입구에 들어서면 두 갈래 길이 나온다. 오른쪽은 하조대, 왼쪽은 등대로 가는 길이다. 조선 개국공신인 하륜과 조준이 머물렀다는 하조대에 오르면 해송 사이로 푸른 동해와 고깃배가 어우러져 한 폭의 그림처럼 다가온다. 반면 왼쪽으로 들어서 구름다리 건너 절벽 길을 따라 들어가면 암반 위로 하얀 등대가 홀로 서 있다. 하조대 일출은 이곳에서 보는 것이 가장 멋스럽다.

휴휴암

양양군 현남면 광진리에 위치한 휴휴암은 몸과 마음을 모두 놓고 쉬고 또 쉰다는 뜻에서 붙여진 이름이다. 바닷가에 바짝 붙어 있는 이 사찰에는 무엇보다 바다 위에 자연적으로 형성된 관세음보살 모양의 바위가 누워 있는 모습이 독특하다. 그 앞에는 관음보살상에 기도하는 듯한 형상의 거북바위도 있고, 여의주처럼 동그란바위, 발가락 모양이 뚜렷한 발바닥바위 등 운동장처럼 넓은 바위 곳곳에 기이한 형태의 바위들이 많아 나름 보는 재미가 쏠쏠하다. 경내에 있는 '굴법당'도 독특하다. 동그스름하고 아담한 동굴 법당 안에 들어서면 온통 화려한 불화로 가득하다.

'김삿갓 문학길' 따라 방랑 시인 김삿갓처럼 걸어보기

🚗 **자동차 내비게이션** 난고 김삿갓문학관(강원도 영월군 김삿갓면 김삿갓로 216-22)

⭐ **Tip** 김삿갓 문학길을 걸으려면 차를 김삿갓면사무소에 주차한 후 버스 타고 김삿갓문학관(종점)에서 하차 후 면사무소까지 걸어오는 게 편리하다.

🚌 **대중교통** 영월버스터미널 인근에서 김삿갓문학관행 버스 이용

⭐ **Tip** 버스 시간은 영월군청 홈페이지 시내 교통편에서 확인하거나 영월교통(033-373-2373)에 문의한다.

김삿갓 주거지에는 지금도 삿갓 쓰고 도포 자락 휘날리며 다니는 현대판 김삿갓이 살고 있다.

괴나리봇짐 하나 달랑 메고 전국을 정처 없이 떠돌던 한 외톨이가 조선시대 최고의 괴짜 나그네 시인이 되었다. 이름 하여 방랑 시인 김삿갓. 그의 시가 훗날 관심을 끈 건 당시 그의 눈에 들어오는 아니꼬운 사회상의 면면을 재치발랄하게 풍자했기 때문이다.

'書堂來早知(서당내조지) 서당에 일찍 와서 보니/ 房中皆尊物(방중개존물) 방 안에는 모두 존귀한 분들만 있고/ 生徒諸未十(생도제미십) 생도는 모두 열 명도 못 되는데/ 先生來不謁(선생내불알) 훈장은 나와 보지도 않더라'

허름한 차림새로 방랑 생활 중 서당 훈장에게 홀대를 받자 즉석에서 걸쭉한 육담시를 지어 야박한 훈장을 조롱한 시로, 발음 나는 대로 읽어도 욕이고 그 뜻 또한 욕이니 김삿갓의 기발한 재치를 엿볼 수 있는 대목이다.

김삿갓의 본명은 김병연이다. 1807년 경기도 양주에서 태어난 김병연은 다섯 살 때 평안도 선천부사(지금의 도지사급)였던 조부 김익순이 홍경래의 난 때 투항한 죄로 집안이 멸족당할 위기에 처하자 어머니를 따라 영월로 숨어들어 화전을 일구며 살았다. 그렇게 성장한 그가 스무 살 되던 해 불현듯 영월 도호부가 개최한 향시에 도전장을 내밀었다. 그러나 하필이면 그해 제시된 시제가 '김익순의 죄를 묻는다'였으니 참으로 얄궂은 운명의 장난이다. 자신의 할아버지인 줄도 모르고 김익순을 신랄하게 비판한 글로 1등을 거머쥐고 의기양양하게 돌아온 그는 어머니로부터 집안 내력을 듣고 조상을 욕되게 한 죄인이라는 자책감에 스물두 살에 집을 나서 발길 닿는 대로 정처 없이 떠돌았다. 빈손으로 떠난 방랑 길에 큰 삿갓을 쓰고 다닌 것은 조상을 욕되게 한 죄인으로 '하늘 아래 얼굴을 들고 다닐 수 없고, 세상 보기 부끄러워서'였다고 한다.

그렇게 수십 년을 떠돌다 쉰일곱 살에 전남 화순에서 생을 마감한 김삿갓은 훗날 그의 둘째 아들에 의해 제2의 고향인 영월 땅에 묻히게 된다. 그곳이 바로 어릴 적에 숨어들어 살던 영월군 김삿갓면 와석리다. 그가 잠들어 있는 이곳에는 방랑 시인 김삿갓을 기념하여 조성한 김삿갓 유적지가 있다. 야트막한 언덕에 조성된 김삿갓 묘역을 중심으로 주변에는 죽장에 삿갓을 씌워 놓은 상징적인 조형물과 함께 그가 남긴 시가 곳곳에 놓여 있다. 특히 땅 위에 얼굴만 내민 노인의 조각품 앞에 쓰인 글귀와 저녁노을 붉게 물든 길을 가다 주막 앞에서 술 생각이 간절하여 읊은 시, 소반 위에 두툼한 조기 두 마리가 놓인 조각품 앞에 놓인 시 등 한자의 운을 빌어 세상사의 흐름을 나타낸 김삿갓의 뛰어난 재치를 음미하는 재미가 쏠쏠하다.

김삿갓 묘역에서 마대산 자락을 따라 1.8km가량 오르면 김삿갓 주거지도 있다. 산 중턱에 자리한 김삿갓 주거지는 찾아가는 길이 별나다. 산자락을 타고 흘러내리는 작은 물줄기를 중심으로 강원도와 충청북도로 나누어지다 보니 짧은 다리를 건널 때마다 충청도와 강원도를 수차례 넘나들어야 닿게 된다. 생전에 방랑 시인이 그랬듯 찾아드는 사람마저 강원도와 충청도를 수없이 넘나들게 하는 방랑객으로 만들어 놓으니 역시 김삿갓 주거지답다. 주거지만 덜렁 놓여 있다면 다소 썰렁할 법도 하지만 이곳에는 지금도 죽장에 삿갓 쓰고, 괴나리봇짐을 멘 채 하얀 도포 자락을 휘날리며 다니는 김삿갓이 살고 있다. 영월군청 소속 문화 해설사이자 자칭 '마대산 김삿갓'이라는 최상락 씨가 그 주인공이다. 여행자에게 영월의 역사와 문화를 알려 주는 풍채 좋고 웃음 호탕한 현대판 김삿갓이 있어 찾는 발걸음이 더욱 즐거운 곳이다.

반면 김삿갓 묘역에서 계곡 건너 자리한 김삿갓
문학관에서는 재치와 해학이 담긴 그의 문학 세계와
더불어 아픔이 묻어나는 김삿갓의 생애를 고스란히
접할 수 있다. 조선시대 최고의 방랑 시인 김삿갓의
흔적을 따라 걷는 김삿갓 문학길의 출발점이 바로
이 김삿갓문학관이다. 김삿갓 문학길은 경북 청송-

김삿갓문학관

관람 시간 오전 9시~오후 6시 휴관일 1
월 1일 입장료 어른 2,000원, 청소년
1,500원, 어린이 1,000원 문의 033-
375-7900

영양-봉화-영월로 이어지는 외씨버선길의 한 줄기다. 그 길을 모두 이은 모습이 오
이씨처럼 볼이 조붓하고 갸름한 외씨버선과 같다 하여 이름 붙여졌는데, 영양 출신
시인 조지훈의 시 〈승무〉에서 명칭을 따온 것이다.

김삿갓문학관에서 와석리마을을 거쳐 김삿갓면사무소까지 이어지는 김삿갓문
학길은 12km 남짓이다. 김삿갓계곡을 타고 가는 오솔길과 마을길을 따라 가는 고
즈넉한 길이다. 살다 보면 누구든 한 번쯤 모든 것을 내려놓고 홀가분하게 떠나고
싶은 마음이 일기도 한다. 김삿갓처럼 긴 세월은 아닐지언정 잠시나마 그의 발길이
스친 길을 자분자분 걸으며 나만의 시 한 수 떠올려 기념으로 남겨 두는 것도 나름
의미가 있을 것이다.

⊕ 지붕 없는 미술관거리

플러스

영월 읍내 영흥리 중앙로에 위치한 골목은 60~70년대에는 일
명 요리 골목으로 통한 곳이었지만 지금은 공공미술 프로젝트의
일환으로 재미있는 벽화 작품과 조각품들이 구석구석 들어서 지
붕 없는 미술관 거리로 재탄생한 곳이다. 수십 년 전의 분위기가
그대로 묻어나는 추억의 골목길에는 탄광지였던 영월을 상징하
는 광부의 얼굴을 비롯해 골목 주민들과 아이들의 모습이 벽면

가득히 담겨 있고 영월 출신 배우인 유오성의 조각상과 영월을
배경으로 만든 영화 〈라디오스타〉의 두 주인공인 안성기와 박중훈의 얼굴도 큼지막하게 그려진 모습
도 재미있어 천천히 걸으며 기발한 작품들을 감상하는 재미가 쏠쏠하다.

푸근한 물줄기 따라

영월의 3대 명소
찾아보기

🚗 **자동차 내비게이션**
❶ 청령포 매표소(강원도 영월군 청령포로 133)
❷ 선돌주차장(강원도 영월군 영월읍 방절리 769-4)
❸ 선암마을(강원도 영월군 한반도면 선암길 66-9)

🚌 **대중교통** 영월버스터미널에서 청령포, 선돌, 선암마을 방면
버스 이용

영월은 아름다운 별빛과 강물을 품은 고장이다. 기암괴석을 힘차게 휘감아 도는 동강이 남성적인 멋을 자아낸다면 마을을 부드럽게 감싸고 흐르는 서강은 어머니 품처럼 편안함을 안겨 주는 여성적인 강이다. 각기 다른 방향에서 흘러내린 두 물줄기는 영월 읍내에서 만나 남한강이 되어 한강으로 흘러간다. 어라연계곡을 품은 동강이 래프팅 명소로 이름난 곳이라면 서강은 영월의 역사와 비경을 품은 3대 명소로 인기 있는 곳이다.

그 첫 번째가 영월 읍내에서 가까운 청령포다. 영월은 비운의 임금 단종을 빼놓고 얘기할 수 없는 곳이다. 청령포는 열두 살 어린 나이에 왕이 된 단종이 숙부인 수양대군(세조)에게 왕위를 뺏기고 노산군으로 강등된 것도 모자라 1457년(세조 3년) 유배되어 그해 여름 홍수로 관풍헌으로 옮길 때까지 머물던 곳이다. 삼면이 강으로 둘러싸인 데다 뒤로는 험준한 산줄기와 절벽에 가로막혀 있어 '물의 감옥'이라 일컬어지던 청령포는 지금도 배를 타야만 들어설 수 있다.

자갈밭으로 둘러싸인 강줄기가 휘감아 도는 청령포에 들어서면 소나무 밭 사이에 단종이 머물렀다는 아담한 집이 들어서 있다. 승정원일지 기록을 바탕으로 재현한 이곳 사랑방에는 글을 읽는 단종과 단종을 알현하러 온 선비의 모습이 담겨 있다. 집 뒤로는 단종이 한양을 그리워하며 쌓았다는 망향탑과 해 질 무렵 올라 시름에 잠겼다는 노산대도 있다.

단종의 거처를 둘러싼 주변은 온통 울창한 소나무 숲이다. 그 가운데 담장을 뚫

고 단종을 향해 넙죽 절을 하는 듯한 모양새로 이름 붙은 충절 소나무와 높이 30m
에 달하는 커다란 소나무가 눈길을 끈다. 전해 오는 이야기에 의하면 단종이 이곳에
서 유배 생활을 할 때 이 소나무 가지에 걸터앉아 울부짖으며 오열하는 모습을 직
접 보고 들어 하여 이름 붙은 관음송이다. 이곳이 이처럼 소나무가 울창한 건 유
배지였던 만큼 일반 백성들의 출입을 금해 사람의 발길이 닿지 않은 때문이기도 하
다. 그 결과 지금은 청정 자연 풍광이 되어 많은 사람이 찾아드는 곳이 되었지만 당
시 아무도 찾는 이 없고 산짐승들만 들끓는 이곳에서 열일곱 어린 나이의 단종이 언
제 죽을지 모르는 두려움과 외로움 속에 홀로 지냈을 상황을 떠올려보면 가슴이 먹
먹해지는 곳이기도 하다.

　서강 줄기를 좀 더 거슬러 올라 영월읍 방절리에 이르면 선돌을 엿볼 수 있다. 마
을을 둥글게 휘감아 도는 서강 속에서 70m 높이로 불쑥 솟아난 선돌은 마치 돌산
을 수박 쪼개듯 칼로 내리쳐 두 쪽을 낸 듯한 형상이 독특한 곳으로 일명 신선암이
라 불리기도 한다. 두 동강으로 갈라진 절벽 틈새로 유유히 흐르는 서강의 푸른 물
이 어우러진 풍경은 한 폭의 그림 그 자체다. 하늘에서 칼로 내리치다만 듯한 형상
이라지만 오랜 시간이 흐른 동안 석회암의 결대로 갈라진 절리 현상으로 그야말로
자연 스스로가 만들어 놓은 걸작품이다.

선돌은 영화 〈가을로〉의 촬영지이기도 하다. "때로는 조금 높은 곳에서 보는 이런 풍경이 나를 놀라게 해. 저 아래에서는 전혀 생각하지 못한 것들이 펼쳐지거든." 영화 속 대사처럼 선돌은 강변에서보다는 소나기재 위의 전망대에서 내려다보는 풍경이 일품이다.

강줄기를 더 거슬러 올라 한반도면 옹정리에 이르면 서강이 빚어 놓은 또 하나의 걸작을 마주하게 된다. 주천강과 합류되어 한 굽이 휘감아 도는 물줄기가 마치 삼면이 바다로 둘러싸인 한반도 지형을 쏙 빼닮은 형상으로 유명해져 행정구역조차 서면에서 한반도면으로 바꾸게 한 선암마을이다. 선암마을 위 한반도 지형 주차장에서 야트막한 산자락을 따라 20분 정도 오르면 그 모습을 온전히 볼 수 있는 전망대가 있다. 대개 전망대에서 선암마을 전경만 휙 보고 가는 경우가 많지만 선암마을 안에 들어서면 모래로 뒤덮인 강가에 수직으로 깎아지른 절벽 등 위에서는 생각지 못했던 또 다른 풍경을 볼 수 있다. 이곳에서는 뗏목을 타고 마을을 감싼 강줄기를 따라 한반도 지형을 코앞에서 훑어볼 수 있다.

⊕ 장릉

플러스

어린 나이에 왕위에 올랐다가 숙부인 수양대군에게 왕위를 빼앗긴 후 영월에 유배되어 죽음을 맞이한 비운의 왕 단종을 모신 무덤이다. 유네스코 세계문화유산에 등재된 조선 왕릉은 한양 백리 안에 모시는 게 관례였지만 장릉만이 유일하게 한양 밖 천리길인 첩첩산중 유배지에 모셔져 있어 애틋한 감회를 갖게 하는 곳이기도 하다. 안으로 들어서면 단종역사관을 비롯해 1457년, 사약을 받고 죽음을 당한 단종의 시신을 거두는 자는 삼족을 멸

한다는 어명에도 불구하고 단종의 시신을 암장했던 엄흥도의 충절을 기리는 정려각과 단종을 위해 목숨 바친 268인의 위패를 모신 장판옥 등이 자리하고 있다. 단종 능은 다른 왕릉과 달리 산등성이 위에 자리하고 있는데, 이는 엄흥도가 단종의 시신을 암장한 곳을 능으로 정비했기 때문이다. 묘역도 비교적 좁은 데다 병풍석과 무인석도 없고 호위 동물석도 적은 것이 특징이다.

입장 시간 오전 9시~오후 6시 **요금** 어른 2,000원, 청소년 1,500원, 어린이 1,000원 **문의** 033-374-4215

청령포

입장 시간 오전 9시~오후 5시 **입장료** (도선료 포함) 어른 3,000원, 청소년 2,500원, 어린이 2,000원, 65세 이상 1,000원 **문의** 033-372-1240

자작나무 눈밭에서
영화 속 주인공 되어 보기

- 🚗 **자동차 내비게이션** 속삭이는 자작나무숲 안내소(강원도 인제군 인제읍 자작나무숲길 760)
- 🚌 **대중교통** 인제터미널에서 원대리 방면 버스 하루 1회 운행. 택시비 약 2만 5,000원(15km)

완만한 산길을 오르다 보면 자작나무와 어우러진 첩첩 산줄기가 자연의 깊은 맛을 더해 준다.

화사했던 꽃들도, 화려했던 단풍도 사라진 겨울 숲은 황량하다. 하지만 그런 겨울에 오히려 아름다움이 도드라지는 게 자작나무다. 잎을 모두 떨구고 나서야 뽀얀 피부를 살포시 드러내며 군살 없이 늘씬하게 뻗은 자작나무의 자태는 우아하다. 그런 자작나무는 광활한 시베리아 벌판을 가득 메운 자작나무 숲이 인상적인 고전영화 〈닥터 지바고〉에서 보듯 추운 지방을 대표하는 수종으로 사실 국내에서는 보기 드문 나무다. 하지만 우리에게도 이국적인 풍광을 자아내는 대규모의 자작나무 숲이 은밀하게 숨어 있다.

강원도 인제군 원대리 산기슭에 펼쳐진 자작나무 숲은 1990년대 초반에 인공적으로 조림한 숲이지만 은밀한 산속에서 무럭무럭 자라 어느새 건장한 20대 청년이 되어 당당하게 서 있는 모습이 대견하다. 70만 그루가 빼곡하게 들어앉은 원대리 자작나무 숲은 특히 눈 내린 겨울 풍경이 으뜸이다. 땅 위에 내려앉은 눈송이 하나하나가 아름다운 꽃잎이 되는 눈밭에서 솟아오른 은빛 자작나무는 그 자체로 한 폭의 수채화가 되어 '겨울 숲의 여왕'이라 불리기도 한다. 그 독특한 풍경이 세상에 공개된 건 불과 3년 전이지만 이제는 입소문을 타고 찾아드는 이도 제법 많다.

눈과 어우러진 은빛 나무 세상을 접하려면 주차장 건너편 산림감시초소에서 방문록을 작성하고 3.5km가량 올라가야 한다. 하지만 산자락을 휘감아 도는 완만한

완만한 산길을 오르다 보면 자작나무와 어우러진 첩첩 산줄기가 자연의 깊은 맛을 더해 준다.

임도이기에 누구나 부담 없이 걸을 수 있는 길이다. 소복하게 내려앉은 눈길을 사부 작사부작 걸어올라 넓은 산 마당에 이르면 발밑으로 산자락을 가득 메운 자작나무 군락지가 모습을 드러낸다. 발밑의 눈밭은 하얗고 머리 위의 하늘은 파랗다. 모든 것이 맑고 싱그럽다. 빼곡한 자작나무 사이를 스치는 바람소리가 속삭이는 것처럼 들린다 해서 '속삭이는 자작나무 숲'이라 이름 붙은 산속 정원에는 포근함이 스며 있다.

'당신을 기다립니다.' 자작나무의 꽃말이다. 그 숲이 '눈 오는 날 만나자'며 연인 처럼 나긋나긋 속삭인다. 활엽수 중 피톤치드를 가장 많이 뿜어내 들어서는 것만으 로도 상쾌한 자작나무 숲에는 자작나무 코스(0.9km), 치유 코스(1.5km), 탐험 코스 (1.1km) 등의 산책로가 요리조리 연결되어 있다. 그 안에 들어선 움막과 그네, 벤치 들이 천천히 쉬어 가라며 손짓한다. 그 벤치에 앉아 '속삭이는 자작나무 숲'을 찬찬 히 들여다보면 이곳을 왜 '겨울 숲의 여왕'이라 하는지 절로 이해하게 된다. 특히 이 른 아침 안개라도 피어오르면 숲은 몽환적인 분위기가 물씬 풍겨난다.

기름기가 많아 껍질을 태울 때 '자작자작' 소리가 난다 해서 이름 붙은 자작나무 는 은빛으로 반짝이는 수피가 아름답기로도 유명하다. 종이처럼 얇게 벗겨지는 자작나무 껍질은 그 옛날 불쏘시개나 종이 대용으로 그림을 그리거나 글씨를 쓰는 데 유용하게 사용됐다. 흔히 결혼식을 두고 '화촉(華燭)을 밝힌다'고 하는 건 전기가 공급되지 않던 시절 자작나무 껍질에 불을 붙여 촛불 대용으로 사용한 데서 비롯됐다.

자작나무 숲을 거닐다 보면 군데군데 껍질이 벗겨진 나무들도 꽤 많다. 얇고 고운 표피에 사랑편지를 써 보내면 그 사랑이 이루어진다 하여 벗겨진 자국이니 사랑 때문에 몸살을 앓은 흔적이다. 순백의 아름다움이 깃든 그 겨울 풍경은 솜털처럼 포근한 눈밭을 누비는 연인의 모습이 인상적이었던 영화 〈러브 스토리〉를 떠올리게 한다.

'모두가 오래 살고 싶어 하지만 아무도 늙고 싶어 하지는 않는다.'는 벤자민 프랭클린의 말처럼 영화 속 풍경 같은 이곳에서는 간혹 중년들도 영화 속 청춘들처럼 눈밭을 뛰어다니며 눈싸움을 벌이고 포근한 눈밭에서 뒹굴기도 한다. 누구에게나 동심의 세계를 안겨 주고 청춘의 마음을 돋게 하는 하얀 눈밭에서 영화 속 주인공 못지않은 겨울 연인이 되어 눈밭에서 뒹굴며 사랑한다는 말을 건네 보는 건 어떨까. 눈 오는 어느 겨울날, 이 로맨틱한 공간에서 연인 혹은 배우자와 함께 가슴 콩닥대던 그 사랑을 다시금 되짚어 보는 것만으로도 의미 있는 여행이 될 것이다.

설악산 줄기로 넘어가는 인제군 끝자락의 용대리는 국내 최대의 황태마을이다. 매서운 추위에 꽁꽁 얼었다가 햇볕을 머금은 바람 속에 녹는 과정을 반복하며 꾸덕꾸덕 말라가는 황태덕장은 용대리 특유의 겨울 풍경이 되어 사람들의 시선을 끌고, 그렇게 속살이 노랗게 변한 황태로 겨울 입맛을 사로잡는 곳이니 향긋한 미더덕과 아삭한 콩나물을 곁들인 황태찜, 매콤달콤한 황태강정, 뜨끈한 국물이 속을 시원하게 해주는 황태해장국의 맛도  놓치지 말자. 진부령과 미시령으로 갈라지는 용대리 삼거리에 있는 매바위 인공폭포는 겨울이면 거대한 얼음 기둥으로 변해 아슬아슬 빙벽을 오르는 이들의 모습도 볼 수 있다.

용대리로 가는 길목인 백담사 입구 인근에는 시인이자 독립운동으로 일생을 바친 만해 한용운 선생을 기리기 위해 세운 만해마을 ☎033-462-2303 이 있어 더불어 둘러보기에 좋다. 국내외 시인들의 작품이 빼곡히 들어 있는 평화의 시벽을 지나면 만해 선생의 친필 서예와 작품집이 일목요연하게 전시된 만해 문학박물관을 무료로 감상할 수 있다.

정선아리랑열차 타고
정겨운 시골 장터
구경하기

📍 **정선아리랑열차** 정선5일장 날(끝자리 수 2일, 7일)과 매주 토, 일요일마다 청량리역에서 아침에 출발하여 오후에 돌아온다.(출발 시간은 레츠코레일 홈페이지 참조)

수십 년 전에 비하면 요즘은 모든 것이 편리하고 모든 것이 풍요로운 세상이다. 하지만 수십 년 전에 비해 점점 더 빈곤해지는 게 따뜻한 정이요, 훈훈한 인심이 아닌가 싶다. 그 옛날 이웃집 숟가락 수까지 훤히 꿰뚫는다 할 만큼 정을 나누며 터놓고 지내던 것과 달리 요즘은 앞집 사람이 누구인지도 모르고 사는 경우가 허다하다. 정이 없는 세상은 아무래도 팍팍하다.

따뜻한 마음을 나누기 쉽지 않은 요즘 문득 더불어 사는 사람들과의 따뜻한 정이 그리워질 때 가끔씩 찾아보면 좋은 곳이 시골장터다. 똑 부러지는 가격표가 붙은 물건을 계산대에 올리면 바코드에 의해 계산되어지는, 편리하지만 정감 없는 도심의 대형 마트에 비해 흥정이 오고가는 시골장터는 말 한 마디 잘 하면 깎아도 주고 덤으로도 주는 훈훈한 인심이 남아 있기 때문이다.

요즘은 그 옛날의 5일장이라 해도 세태의 흐름에 밀려 갓 쓰고 양복 입은 격으로 어설픈 곳도 많다. 하지만 매월 끝 자릿수 2일, 7일에 열리는 정선 5일장만큼은 예나 지금이나 여전히 활기가 넘친다. 게다가 장날이면 정선장터로 직행하는 '정선아리랑열차'가 꼬박꼬박 운행하니 장터로 가는 길도 한결 수월하다. 너무 빠르지도 그리 느리지도 않은 속도에 맞춰 끊임없이 나타났다 사라지는 창밖의 풍경을 차곡차곡 눈에 담아두는 기차 여행은 왠지 모를 아련한 향수를 불러오기도 한다.

장터의 흥을 돋워 주는 엿장수는 장터에 나온 모든 이를 즐겁게 해 준다.

1,2 추억의 옛 물품들이 가득한 장터에서는 장터 손님들을 위한 공연도 펼쳐진다.

덜컹대는 기차바퀴 리듬에 몸을 싣고 떠나는 이 여정은 열차를 타는 순간부터 흥미롭다. 알록달록 모양도 예쁜 명품 관광 열차답게 나비넥타이 정장과 한복을 곱게 차려 입은 승무원들이 진행하는 감성적인 음악 방송과 더불어 퀴즈 게임, 노래 자랑까지 펼쳐져 지루할 틈이 없다.

'얼른 와요! 여가 장터래요.'

투박하면서도 정겨운 강원도 사투리가 담긴 간판이 맞아 주는 장터 안에 들어서면 길목마다 정선 각지에서 채취한 무공해 산나물이 수북하고, 즉석에서 짚을 엮어 짚신과 망태기를 만들고, 엿장수의 흥겨운 가위질 소리에 닭, 오리, 강아지도 나와 한몫 거드니 그야말로 시끌벅적한 장터 분위기가 고스란히 느껴진다. 꼼꼼하게 둘러보다 보면 대장간의 농기구, 검정 고무신, 나무를 깎아 만든 투박한 새총, 호롱불, 숯다리미 등 시골 옛 장터의 향수를 느낄 수 있는 물건들도 가득하다. 파는 물건이라기보다 골동품 전시장 같다. 또한 '뻥이요~' 하는 소리와 함께 뻥튀기 터지는 소리가 귓전을 때리면 구수한 강냉이 한두 줌씩 거저 얻어먹는 인심을 맛볼 수도 있다.

장터를 둘러보다 출출해질 즈음 토속 음식을 맛볼 수 있다는 점도 5일장의 묘미 중 하나다. 넉넉하게 두른 기름에 부쳐 내는 수수부꾸미

정선아리랑열차는 장터 물건뿐만 아니라 가슴속에
묻어 둔 향수를 덤으로 얻어 오게 하는 매개체다.

와 매콤한 메밀전병, 아삭한 배추 한 잎 깔고 얇게 부쳐 내는 즉석 배추전은 보기만 해도 군침이 돌고 후루룩 먹으면 탄력 좋은 두툼한 면발 끝자락이 콧등을 친다 하여 이름 붙인 콧등치기 국수는 보는 것만으로도 재미있다.

정선 5일장은 이곳 주민들에게는 한바탕 흥을 돋는 잔칫날이기도 하다. 장날이면 어김없이 시장 한복판에서 정선아리랑 공연과 장기자랑이 펼쳐지는 때문이다. 공연이 시작되기만을 기다리는 사람들이 옹기종기 모인 풍경이 더없이 정겹다. 이윽고 '아리랑~ 아리랑~ 아라리요~ 아리랑 고개로 나를 넘겨 주게~' 시집살이의 설움과 가난하게 살던 때의 시름을 담아 구성지게 토해 내는 노랫가락이 시작되면 한복을 곱게 차려 입고 나온 어르신들이 어깨를 들썩이며 춤을 추고 장단 맞추는 그 모습은 곧 흥이 넘치는 우리 민족의 자연스러운 문화 공연 그 자체다.

공연과 이벤트는 정선아리랑열차를 타고 온 관광객들을 배려해 열차 도착 시간에 맞춰 진행된다. 그렇게 다가 간 시골 장터는 어찌 보면 물건을 사러 온다기보다 이제는 찾아보기 힘든 우리네 삶의 넉넉했던 인심을 사러 오는 것인지도 모른다. 돌아올 땐 장터 물건뿐만 아니라 가슴속 깊은 곳에 묻어 두었던 향수를 덤으로 얻어 오는, 수지맞는 여행이 아닌가 싶다.

⊕ 아라리촌

플러스

장터 구경이 끝나면 강 건너편에 있는 아라리촌을 둘러보는 것도 좋다. 조선시대 정선의 모습을 재현한 아라리촌에서는 강원도 전통 가옥인 굴피집, 귀틀집, 돌집 사이사이로 후기 조선시대 당시 양반의 허실을 적나라하게 풍자한 작품인 〈양반전〉을 형상화한 모형과 내용이 있어 하나하나 읽으며 걷는 재미가 쏠쏠하다.

입장 시간 오전 9시~오후 5시 **입장료** 무료 **문의** 033-560-3435

정선 레일바이크

구절리역에서 아우라지역까지 이어지는 폐철로를 활용해 달리는 레일바이크는 정선의 인기 있는 여행 코스 중 하나다. 송천계곡을 끼고 가는 철길에서는 우뚝 솟은 기암절벽의 절경을 엿볼 수 있는가 하면 터널을 지나 어느새 논밭 사이로 통과하는 철길을 지나며 정겨운 농촌 풍경도 엿볼 수 있다. 정선아리랑의 애절한 사연이 깃든 아우라지까지 이어지는 거리는 7.2km로 50분 정도 걸린다.

운행 시간 3월~10월 하루 5회 운행(11월~2월 4회, 우천 시에도 정상 운행) **탑승료** 2인승 30,000원, 4인승 40,000원 **문의** 033-563-8787

화암동굴

일제강점기에 금을 캐던 천포광산으로 금광 개발 중 발견된 천연 동굴이다. 길이 1.8km에 이르는 동굴에 들어서면 금광으로 이름을 날렸던 만큼 금빛으로 번쩍이는 지하 세계를 볼 수 있는가 하면 동양 최대의 유석폭포와 대형 석순, 석주 등이 섬세한 자연의 신비감을 마주하게 된다. 여름에는 깊은 동굴 내에서 오싹오싹 공포 체험 프로그램도 진행된다. 동굴 입구까지는 모노레일을 타고 올라가도 되고 걸어 올라도 된다.

입장 시간 오전 9시 30분~오후 4시 30분 **입장료** 어른 7,000원, 청소년 5,500원, 어린이 4,000원 **모노레일 탑승료** 어른 3,000원, 청소년 2,000원, 어린이 1,500원 **문의** 033-560-3410

죽은 석탄길에서
생명길로 거듭난
'하늘길' 산책하기

🚌 **자동차 내비게이션** 하이원리조트(강원도 정선군 고한읍 하이원길 424)

🚆 **대중교통** 태백선 열차를 타고 고한역에서 내리면 하이원리조트 까지 2km 남짓 거리로 택시 이용

하늘길은 고산 특유의 서늘한 공기로 한여름에 걷기 좋다.

우리나라에는 백운산이란 이름을 지닌 산이 유난히 많다. 그중 정선 고한읍과 영월 경계에 솟은 백운산이 전국의 백운산 가운데 가장 높고 산세도 호탕하다. 그 백운산 자락 곳곳에 연결된 길이 바로 하늘길이다. 해발 1,000~1,300m를 웃도는 산자락을 잇는 하늘길은 수십 년 전, 하루하루 목숨 걸고 막장을 드나들던 광부들의 고단한 삶이 배인 석탄길이었다.

1960~1980년대 당시 국내 산업의 근간이었던 석탄을 대량으로 품은 백운산 속내는 탄맥을 찾아 거미줄처럼 퍼져 나간 갱도가 모세혈관처럼 얽혀 있고 땅 위로는 막장에서 캐낸 석탄을 함백역으로 실어 나르던 운탄길이 곳곳에 이어져 있다. 하지만 석탄이 사양길로 접어들면서 탄을 캐던 광부도, 탄을 실어 나르던 트럭도 자취를 감추면서 이 길 또한 한동안 죽은 길이었다.

하늘길은 탄광을 대신해 들어선 하이원리조트가 운탄길을 활용해 만든 트레킹 코스다. 검은 먼지 풀풀 날리던 운탄길은 아직도 거뭇거뭇한 잔돌들이 가득하지만 초목들이 꼬물꼬물 돋아나는 생명길로 거듭났다. 퉁탕거리며 달리던 트럭 대신 조붓한 사람들의 발길만이 흔적을 남기는 조용한 숲길 가에는 수줍은 듯 피어난 야생화도 가득하다. 하늘길은 겨울 끝 무렵 복수초를 시작으로 가을까지 온갖 들꽃이 끊임없이 피고 지는 천상의 화원길이기도 하다.

리조트 단지와 산자락을 둘러싸고 요리조리 연결된 하늘길은 15분짜리 산책 코스부터 4시간에 이르는 등산 코스까지 다양하다. 그중 가장 대표적인 코스는 마운틴콘도 앞에서 출발해 하늘마중길-도롱이연못-낙엽송길-전망대-하이원호텔로

도롱이연못은 일명 거울 연못이라 하기도 하고 하늘을 담은 연못이라 칭하기도 한다.

내려오는 코스(약 9.4km)로 3시간 정도 걸린다. 석탄 실은 트럭이 오가던 곳인 만큼 오르내리는 길도 완만한 데다 고산 특유의 서늘한 공기로 한여름에 걷기에도 그만인 길이다.

초입에 펼쳐진 하늘마중길은 죽죽 뻗은 낙엽송과 계절마다 피어나는 야생화가 가득한 평탄한 숲길로 하늘길을 걷기 위한 워밍업 구간이다. 이어서 완만하게 오르고 내리는 숲길 한 자락을 벗어나면 폐광에서 흘러나오는 갱내수에 포함된 금속 성분을 걸러 내는 자연정화시설을 마주하게 된다. 숲을 벗어나 탁 트인 하늘이 열리는 넓은 마당은 하늘을 마중하러 가는 길이란 의미를 비로소 알게 되는 곳이다. 이 지점부터는 수십 년 동안 석탄을 나르던 운탄길이 시작된다.

거뭇거뭇한 길바닥을 밟으며 천천히 올라 도롱이연못 이정표 따라 왼쪽 길로 접어들면 커다란 물웅덩이가 나타난다. 1970년대 즈음 지반침하로 지하 갱도가 무너져 내린 자리에 물이 차오르면서 생겨난 연못으로 광부 아낙네들의 애환이 서린 곳이다. 당시 인근 화절령 일대에 살던 광부의 아내들은 남편이 일을 나가면 늘 이 연못에 와서 도롱뇽의 생사를 확인했다고 한다. 도롱뇽이 살아 움직이면 남편이 무사하다고 믿었고, 도롱뇽을 통해 남편의 무사안위를 기원했다 하여 도롱이연못이라 일컫지만 고목과 숲, 하늘이 물속에 고스란히 비춰 일명 '거울 연못'이라 하기도 하고 하늘을 담은 연못이라고도 한다.

연못 앞은 화절령 갈림길로 너른 마당에 정자쉼터가 있어 한 차례 쉬었다 가기에 좋다. 화절령은 정선 사북리와 영월 직동리를 잇는 고개로 그 옛날 봄나물을 캐러 온 여인들이 허기를 달래기 위해 진달래꽃을 따먹으며 넘었던 고개라 하여 붙은 이름이다.

화절령 방향이 아닌 정면으로 뻗은 길로 가다 보면 다시금 갈림길이 나온다. 왼쪽으로 난 좁은 숲길은 마운틴 탑으로 오르는 산죽길로 하이원호텔은 직진해야 한다. 이곳을 지나면 시야가 확 트이면서 한동안 함백산과 태백산 등 첩첩 산줄기가 한눈에 보이는 길이 펼쳐진다. 발아래로 늘어선 산자락에 운무라도 걸리면 이곳이 왜 하늘길이란 이름을 얻게 되었는지 실감하는 곳이다. 탄광의 흔적을 보여 주듯 길목 곳곳에 층층이 쌓인 까만 석탄더미에서 자라난 하얀 자작나무의 대비가 묘한 매력을 보여 준다. 그 길 끝에서 길 양편으로 빽빽하게 들어선 낙엽송길로 들어서면 싱그러운 기운이 가득하다. 이어서 겹겹이 이어진 산줄기들이 장쾌하게 펼쳐진 모습을 볼 수 있는 전망대를 지나 하이원호텔과 깔끔하게 정돈된 골프장이 한눈에 내려다보이는 완만한 내리막 산길이 하늘길의 마지막 여정이다.

좀 더 짧게 걷고 싶다면 마운틴콘도에서 곤돌라를 타고 마운틴 탑에 오른 후 산죽길로 내려와 낙엽송길-전망대-하이원호텔(약 6.7km)로 내려오는 방법도 있다. 곤돌라에 몸을 싣고 산자락을 오르다 보면 걸음만으로는 볼 수 없는 시원한 풍광을 볼 수 있다는 것도 하늘길에서 만날 수 있는 또 다른 매력 포인트다.

호반의 도시에서 몽글몽글 피어나는 겨울 물안개 감상하기

🚗 자동차 내비게이션
  ❶ 에티오피아한국참전기념관(강원도 춘천시 이디오피아길 1)
  ❷ 소양호선착장(강원도 춘천시 북산면 청평리 산205-2)

🚌 대중교통 경춘선 전철 춘천역 2번 출구에서 건너편 산책로 따라 공지사거리 방향으로 도보 15분 후 공지천이다. 소양호는 남춘천역에서 12-1번 버스 이용

춘천 출신 작가 이외수의 대표작 《황금비늘》을 주제로 한 황금비늘 테마거리.

　물과 안개의 고장인 춘천은 많은 문화인의 예술적 감수성을 낳게 한 곳이다. 특히 공지천과 의암호는 춘천 출신 작가 이외수가 다양한 문학 작품을 통해 춘천의 감성을 표현한 곳이자 베스트셀러 소설 《황금비늘》의 배경지로 유명하다. 그런 호반의 도시 춘천은 〈응답하라 1988〉 이전 세대 청춘들에게는 낭만 가득한 추억이 깃든 곳이기도 하다. 그중에서도 '응팔 청춘'들의 데이트 명소로 유명했던 공지천과 의암호, 소양호 등은 특히나 겨울이 낭만적이다. 군데군데 꽁꽁 얼어 버린 수면 위에 소복하게 내린 눈은 넓디넓은 호수 풍경을 더욱 깊은 맛을 안겨 준다. 행여 눈이 아니라도 호수 위로 몽글몽글 뿌옇게 피어오르는 아침 물안개가 안겨 주는 독특한 풍광은 '눈 맛' 못지않다.

　귀여운 오리배들이 동동 떠 있는 공지천은 북한강 물줄기를 잠시 멈춰 놓은 의암호로 흘러드는 물줄기다. 수많은 연인의 사랑을 품어 준 이곳에는 한국전쟁에 참전한 에티오피아 군인들을 기리는 에티오피아 참전 기념관도 품고 있다. 인근에 있는 '이디오피아집'은 1968년에 문을 연 공지천의 터줏대감으로, 국내 최초로 원두커피를 선보인 곳이다. 전쟁 후 사재를 털어 참전 기념관을 세워 준 주인에게 에티오피아 황제가 고마움의 표시로 황실에서 즐겨 마시던 커피 생두를 선물한 것에서 비롯된, 독특한 이력을 지닌 카페다.

1,2,3 유람선(3)을 타고 소양호를 거슬러 오르면 청평사도 볼 수 있다. 청평사로 오르는 길목에서는 겨울의 서정을 더해 주는 소박한 굴뚝 연기(1)와 아홉 가지 소리가 들린다 하여 이름 붙은 구성폭포(2)를 보게 된다.

에티오피아 참전 기념관 건너편에는 조각공원이 조성되어 있다. 공원 내에는 춘천 출신이자《동백꽃》,《봄봄》등 탁월한 언어 감각으로 한국단편문학의 대표작가로 꼽히는 김유정 문학비를 비롯해 다양한 형태의 조각품들이 즐비해 보는 재미가 있다.

반면 공지천을 가로지르는 다리 건너 오른편으로 접어들면 호반에 바짝 붙어 있는 긴 산책로가 이어진다. 봄이면 벚꽃으로 가득하고 초록빛 여름과 가을 낙엽도 그만이지만 하얀 눈으로 덮인 겨울 풍경 또한 운치 만점인 이 호반 산책로는 이외수의 대표작인《황금비늘》을 주제로 한 '황금비늘 테마거리'로 명명되어 있다. 물, 호수, 안개, 추억, 낭만이 깃든 의암호의 서정을 특유의 감성적 필치로 묘사한《황금비늘》

은 갓난아기 때 버림받아 희망보다 절망을, 사랑보다 증오를 먼저 알아 버린 소년이 낚시의 달인을 만나 인생을 낚는 법을 배우는 이야기가 담긴 소설이다.

　"나는 세상을 썩게 만드는 주범이 우리들 마음속의 탐욕이라고 생각하오. 오늘날 오염되지 않은 낚시터가 몇이나 있소이까. 권력을 낚고 있는 낚시꾼, 부귀를 낚고 있는 낚시꾼, 명예를 낚고 있는 낚시꾼…. 진정한 낚시꾼은 물고기 낚는 법을 배우기 전에 먼저 자기 자신을 낚는 법을 배워야 하오." 행복의 절대 기준치는 없지만 이 책에서는 욕심을 버리라 말한다. 자기 자신을 털어 버릴 때 진정한 행복이 나온다고. 산책로 곳곳에는《황금비늘》을 비롯해《외뿔》,《벽오금학도》,《감성사전》등 재치가 돋보이는 글귀와 이외수 작가가 직접 그린 그림을 형상화한 금속 조형물과 이외수 우체통이 놓여 있다. 독특한 상상력과 기발한 언어 유희가 버무려진 주옥같은 글들을 하나하나 읽으며 걷다 보면 많은 것을 생각하게 하는 길이다. 아울러 황금비늘테마거리 끝자락에서 춘천 MBC 앞을 지나면 의암호를 끼고 가는 걷기 좋은 길목에는 야외 음악당을 겸비한 '춘천상상마당 아트센터'가 자리하고 있어 산책 끝에 기획 전시전을 둘러보거나 전망 좋은 카페에서 커피를 마시며 잠시 쉬었다 가기에 좋다.

눈 풍경과 어우러진 청평사 전경.

완만한 계곡길을 올라 본격적으로 청평사로 진입하는 관문.

또한 춘천에 와서 들르지 않으면 섭섭한 곳이 호반의 도시 춘천을 대표하는 소양호다. 소양댐 조성으로 형성된 소양호는 '내륙의 바다'라 일컬을 만큼 넓어, 보는 것만으로도 가슴이 탁 트일 뿐만 아니라 겨울이면 김이 모락모락 나는 노천 온천처럼 물안개가 피어오르는 모습이 이색적이다. 유람선에 몸을 싣고 그 물길을 헤치고 10분 정도 들어가면 천년 고찰 청평사의 고즈넉한 멋까지 더불어 볼 수 있다는 것이 이곳의 매력 포인트다.

㎞ 청평사행 유람선

운행 시간 오전 10시~오후 4시(1시간 간격 운행, 인파가 붐비는 주말에는 상황에 따라 30분 간격으로도 운행)
왕복 승선료 어른 10,000원, 어린이 6,000원
문의 033-242-2455

선착장에서 청평사로 오르는 길은 1.7km. 하얀 눈이 소복하게 내려앉은 계곡길은 넓고 평탄해 30분 정도면 충분히 오를 수 있다. 청평사가 아름다운 또 하나의 이유는 공주와 상사뱀의 애틋한 사랑의 전설이 전해지기 때문이다. 오르는 길목에는 넓은 암반 위에 뱀을 휘감은 공주상과 더불어 마음에 따라 아홉 가지 소리가 들린다 하여 이름 붙은 구성폭포의 멋도 볼 수 있다. 폭포를 지나 중생들에게 윤회전생의 의미를 깨우치게 하는 취지에서 만들어진 청평사 회전문(보물 제 164호)을 지나면 산자락에 아늑하게 들어앉은 절집 풍광에 마음까지 절로 편안해지는 느낌이다.

⊕ 구봉산 & 나무향기

플러스

춘천시 동면 순환대로가 관통하는 구봉산은 춘천 시내가 한눈에 내려다보이는 전망 좋은 곳이다. 특히 이곳에서 보는 야경이 아름다워 해 질 무렵이면 밤 데이트를 즐기는 연인들이 유독 많다. 구봉산 휴게소를 비롯해 전망 좋은 카페들이 줄을 이은 이곳에서는 어디에서든 한잔의 커피와 함께 춘천의 아름다운 야경을 감상할 수 있다. 공지천에서 다리 건너 안쪽에 자리한 나무향기는 고즈넉한 한옥에서 찬바람에 얼었던 몸을 개운하게 풀기에 좋은 한증막이다. 무엇보다 황토 한증막에서 땀을 뺀 후 운치 만점인 한옥 정원에서 휴식을 취하는 맛이 일품이다. 조용한 휴식을 위해 중학생 이상(학생증 지참)만 입장 가능하다.

입장 시간 오전 11시~오후 10시(금, 토요일밤 12시) **문의** 033-241-9877

먹을곳

춘천은 닭갈비로 유명하다. 춘천 닭갈비는 고기를 토막 내지 않고 포를 뜨듯 넓적하게 펼쳐 양념에 잰 것을 갖은 야채와 함께 철판에 볶은 후 잘라 먹는 맛이 일품이다. 춘천 명물은 **우미닭갈비** ☎033-253-2428, **원조중앙닭갈비** ☎033-254-2249 를 비롯해 닭갈비집이 즐비한 닭갈비골목으로 유명하다.

폭포 뒤에 숨은 산골마을에서 토속음식 맛보기

🚗 **자동차 내비게이션** 구곡폭포주차장(강원도 춘천시 남산면 강촌구곡길 254)

🚆 **대중교통** 경춘선 전철을 타고 강촌역에서 내리면 구곡폭포 주차장까지 약 도보 20분(강촌역에서 구곡폭포 주차장까지 7번(70분 간격 운행), 7-1번(180분 간격 운행) 버스 운행).

💲 **구곡폭포 입장료** 2,000원(입장권을 내면 같은 금액의 춘천사랑상품권을 내준다.)

ℹ️ **문의** 033-261-0088

강촌은 그 옛날 젊은이들의 MT 장소로 유명했던 곳이다. 2010년 경춘선 전철이 개통되면서 지금은 폐역사가 되었지만 수십 년 세월 동안 청춘들의 발길을 끌어들였던 옛 강촌역은 중장년층들에게는 아련한 향수로 남아 있다. 그런 강촌에는 여전히 젊은이들의 발길이 끊이질 않는다.

강촌역 위 봉화산 기슭에 자리한 구곡폭포는 아홉 굽이를 돌아서 떨어지는 폭포라 하여 붙여진 이름이다. 50m 높이에서 떨어지는 웅장한 물줄기가 장관이며, 여름에는 튕겨져 나오는 물보라가 시원함을 안겨 주고, 겨울에는 폭포라기보다 거대한 빙벽으로 변신해 독특한 모습을 보여 주는 곳이다. 뿐만 아니라 계곡을 끼고 폭포에 이르는 오솔길 또한 걷는 즐거움을 더해 준다. 춘천 8경 중 하나인 구곡폭포를 끼고 봉화산 자락을 한 바퀴 도는 이 길은 춘천 봄내길 중 한 코스인 물깨말구구리 길이다. 물깨말은 물가에 있는 마을이란 강촌의 옛 이름이요, 구구리는 아홉 굽이를 돌아서 떨어진다 하여 이름 붙은 구곡폭포의 옛 명칭이다.

정겨운 이름의 편안한 숲길은 여름의 시원함도 좋지만 하얀 눈이 살포시 내려앉은 겨울 계곡도 매력적이다. 매표소에서 구곡폭포에 이르는 거리는 970m. 도보로 20분가량 걸리는 길목은 구곡폭포의 특징을 살린 이야기가 담겨 있다. 일정한 간격을 두고 'ㄲ' 글자 9가지를 선정해 꿈(희망은 생명), 끼(재능은 발견), 꾀(지혜는 쌓음), 깡(용기는 마음), 꾼(전문가는 숙달), 끈(인맥은 연결고리), 꼴(태도는 됨됨이), 깔(맵시와 솜씨는 곱고 산뜻함), 끝(아름다운 마무리는 내려놓음) 아홉 가지에 달하는 '구곡의 혼'을 담아가라는 의미가 깃든 길이다. '희망은 곧 생명'이란 '꿈'을 안고 산책로 첫걸

이제 더 이상 기차가 다니지 않는 옛 강촌역(왼쪽). 강촌역에서 구곡폭포로 오르는 길목 풍경(오른쪽).

음을 내딛고 폭포 앞에 이르렀을 때 '아름다운 마무리는 곧 모든 것을 내려놓는 것'
이란 의미를 새기며 '끝'을 매듭짓는 스토리텔링은 우리 삶에 필요한 덕목들을 재
미있게 풀이한 것으로 문구 하나하나를 짚어가며 걷는 재미가 쏠쏠하다.

　여행은 느림의 미학이라고 했던가? 느릿느릿 계곡길을 걷다 보면 언제나 의연
하고 아름다운 자연의 모습들이 하나하나 눈에 들어온다. 계곡 속에 울퉁불퉁 솟아
난 바위들이며 구불구불 뻗어 오른 나무들은 언제나 한결같은 모습으로 방문객을
맞이한다. 숲길 한편에는 오가는 사람들이 저마다의 소원을 기원하며 정성스레 쌓
아올린 돌탑이 그득하다.

　아기자기한 계곡길을 따라 안쪽으로 들어서면 등산로 종합안내도가 있는데 이
곳에서 오른쪽 길로 1km 가면 문배마을, 150m가량 직진하면 구곡폭포가 나온다.
대개의 폭포는 물줄기가 시원스럽게 흘러내려야 제맛이라지만 구곡폭포는 흐르
던 물이 멈추고 꽁꽁 얼어붙은 모습도 멋스럽다. 이때를 기다렸다는 듯 빙벽 전문
가들이 몰려들어 이색적인 재미를 안겨 준다. 수직으로 우뚝 선 까마득한 얼음 절
벽에 붙어 밧줄에 의지해 한 발 한 발 올라가는 사람들의 모습은 보는 것만으로도
아슬아슬하고 스릴감 넘친다.

　구곡폭포에서 내려와 문배마을 이정표를 따라 오르는 산길은 다소 가파른 곳도

있지만 길이 잘 단장되어 있어 오르는 데 그리 어렵지는 않다. 곧게 뻗은 나무가 빼곡하게 들어찬 산허리를 타고 구렁이가 똬리를 틀듯 구불구불 휘감아 오르는 길을 한 구비 올라 고갯마루에 서면 산이 에워싼 아늑한 분지에 자리한 문배마을이 내려다보인다. 해발 430m 산자락에 폭 파묻혀 한국전쟁도 모르고 비껴갔다는 전형적인 오지마을이다.

▶ 물깨말구구리길

구곡폭포 주차장에서 문배마을을 거쳐 봉화산자락 길을 따라 다시 구곡폭포로 돌아오는 물깨말구구리길은 7km 남짓으로 천천히 걸어도 3시간 정도면 충분하다.

문배라는 명칭은 이 지역 산간에서 자생하는 돌배보다는 조금 크고 과수원에서 재배하는 배보다는 작은 문배나무가 많아서, 혹은 마을의 생김새가 짐을 가득 실은 배 형태라 해서 붙여진 것이다. 강원도 산골마을 모습을 엿볼 수 있는 마을 안에는 10여 가구가 드문드문 흩어져 있는데 대부분 민박을 겸해 토속 음식을 파는 식당으로 운영되고 있다. 이 씨네, 장 씨네, 김 씨네, 한 씨네 등 간판 이름도 푸근하고 정겹다. 이 여정의 백미는 무엇보다 시원스러운 폭포 뒤에 살포시 숨어 있는 이 산골마을에서 구수한 토속 음식을 맛보는 즐거움이다. 느긋한 걸음 끝에 인심 좋고 푸근한 산골마을 식당에서 김이 모락모락 나는 손두부 한 접시에 동동주 한 잔 기울이는 것도 좋고, 두부를 큼직하게 썰어 넣고 끓인 얼큰한 두부전골 맛도 일품이다.

⊕ 강촌레일바이크

플러스

강촌마을 주차장에서 매시 30분에 출발하는 셔틀버스를 타고 인근 김유정역에서 내려 레일바이크와 낭만열차를 타고 강촌역으로 내려오는 것도 좋다. 김유정역에서 중간 휴게소(6km)까지는 레일바이크를, 휴게소에서 강촌역(2.5km)까지는 낭만열차를 타고 내려 다양한 재미를 맛볼 수 있다. 추억과 낭만이 깃든 옛 경춘선 철로를 따라 여러 개의 터널도 통과하고 북한강의 수려한 절경을 즐기는 맛이 일품이다.

운행 시간 오전 9시~오후 5시 30분(11월~2월 오후 4시 30분), 1시간 간격 운행 **탑승료** 2인승 40,000원, 4인승 56,000원 **문의** 033-245-1000

먹을곳

문배마을 안에 감자전, 두부전골, 손두부, 산채비빔밥 등을 파는 토속음식점들이 여러 곳 있다. 옛 강촌역 주변에는 닭갈비전문 식당이 많다.

생명의 젖줄,
한강과 낙동강 발원지
찾아가기

🚗 **자동차 내비게이션**
  ❶ 검룡소(강원도 태백시 창죽동 산1-1)
  ❷ 황지연못(강원도 태백시 황지연못길 12)

🚌 **대중교통** 태백터미널에서 검룡소 입구에 있는 안창죽까지 가는 버스 이용(하루 2회만 운영). 좀 더 운행 횟수가 많은 하장 방면 버스 타면 창죽교에서 하차 후 검룡소 주차장까지 도보 약 1시간. 버스 시간(문의 영암운수 033-552-1238)이 맞지 않거나 걷는 게 싫다면 택시 이용.

한강 발원지인 검룡소는 아무리 가물어도 마르지 않는 화수분 같은 샘물이다.

물은 모든 생명의 근원이요, 삶의 터전이다. 세계적으로 유명한 문명 발상지가 강을 중심으로 형성되었고 대한민국의 수도 서울을 낳게 한 것도 바로 한강이다. 그럼에도 넓은 강줄기를 타고 출렁대는 물을 보노라면 흔한 게 물이란 생각에 물의 소중함을 미처 깨닫지 못하는 경우가 많다. 하지만 물이 없는 세상은 곧 죽음이다. 그런 의미에서 한강의 기적을 낳게 한 고마운 발원지는 이 땅에 살면서 한 번쯤 찾아봐야할 의미 있는 곳 중 하나다.

한강 물줄기를 거슬러 오르면 그 끝자락에 검룡소가 있다. 태백시 금대봉 기슭에 숨어 있는 이 작은 샘이 곧 한강을 낳은 어머니다. 1억 5천만 년 전에 형성된 석회암 웅덩이에서는 날마다 하루 2,000~3,000톤가량의 지하수가 샘솟는다. 장마철이면 이 작은 샘에서 무려 5,000톤까지 뿜어내는가 하면 아무리 가물어도 마르지 않는, 화수분 같은 샘물이다. 그야말로 작지만 어머니처럼 강한 물줄기다.

이곳에서 솟아 흐르던 작은 개울은 정선에서 몸집을 불려 조양강이 되어 흐르고 영월을 거치면서는 동강과 서강이 합류해 남한강이라는 이름을 얻는다. 그런 남한강은 충주호를 보듬고 두물머리에서 북한강과 만나 비로소 한강이 된다. 검룡소에서 시작된 물줄기는 그렇게 장장 514km를 흐르고 흘러 서해안에 몸을 풀어놓는다.

산자락에 살포시 숨어 있는 검룡소는 한강 발원지란 의미도 있지만 무엇보다 찾

낙동강 발원지인 황지연못.

가는 길이 지루하지도 않고 부담 없어 좋다. 주차장에서 걸어 들어가야 하는 검룡소까지의 거리는 약 1.4km. 다양한 종류의 나무가 우거진 숲길은 평탄해서 쉬엄쉬엄 걸어도 30분이면 닿게 되니 그야말로 가벼운 산책 코스로 안성맞춤이다.

주차장을 벗어나 두 사람이 나란히 걸을 수 있을 만한 폭의 좁은 숲길을 따라 700m가량 올라오면 마음을 씻는 다리라는 세심교가 나온다. 이곳을 건너면 곧게 뻗은 나무 숲길이 펼쳐져 삼림욕하기에도 그만이다. 졸졸졸 흘러내리는 개울물 소리에 조잘대는 새소리까지 곁들여진 숲길에는 싱그러운 기운이 가득하다. 검룡소로 다가갈수록 계곡과 바위에 초록빛 물이끼가 잔뜩 끼어 있는 모습도 이채롭다. 그 길을 따라 오르다 아치형 나무다리 건너 아담한 나무데크에 올라서면 비로소 짙은 숲 그늘 속에 숨어 있는 검룡소가 모습을 드러낸다.

초록빛 이끼로 둘러싸인 석회암 암반에서 퐁퐁 솟아오르는 샘물은 바닥이 훤히 보일 만큼 맑고 투명하다. 수온이 사시사철 섭씨 9도 안팎에 머무르는 검룡소 물가에 서면 한여름에도 한기가 느껴지는가 하면 한겨울 혹한에도 얼지 않으니 그야말로 신비로운 샘물이다. 샘에서 솟아난 물이 계단식으로 파인 암반을 따라 꼬불꼬불 내려가는 모습도 이채롭다. 이 꼬불꼬불한 물길에는 이무기의 전설이 스며 있다. 그 옛날 서해에 살던 이무기가 한강 줄기를 거슬러 올라 생명의 근원지인 검룡소에서 용이 되어 승천하고자 몸부림치며 올라간 흔적이라는 전설이 깃들어 있어 일명 '용틀임폭포'로 일컫기도 한다. 싱그러운 숲길 산책 끝에 전설만큼이나 신비로운 분위기를 자아내는 검룡소의 맑은 물 한 모금 마시는 건 여느 계곡물과 다른 의미가 깃들어 있다.

검룡소를 품은 태백에는 또 하나의 소중한 샘물 황지연못도 품고 있다. 태백 시내 한복판에 자리한 황지연못은 4대강 중 또 하나인 낙동강의 발원지다. 태백산, 함백산, 매봉산 등지에서 흘러내린 물이 땅으로 스며들었다가 이곳에서 솟아나는 물은 하루 5,000톤이 넘는다. 가뭄이든 장마철이든 그 양이 변함없다는 것도 놀랍지만 건물들에 둘러싸인 시내 한복판에 있는 물이 에메랄드처럼 맑고 고운 빛깔을 띠는 모습도 이색적이다.

검룡소에 이무기의 전설이 있다면 이곳에는 그 옛날 지독히 인색했던 황부자가 시주를 받으러 온 노승에게 곡식은커녕 쇠똥을 퍼 준 대가로 신령의 노여움을 사 뇌성벽력과 함께 집터가 꺼지면서 연못으로 변했다는 전설이 깃들어 있다. 전설 속의 집터와 방앗간터, 화장실터 등이 각각 둘레 100m인 상지, 50m인 중지, 30m인 하지 등 세 개로 나뉘었다는 연못을 중심으로 벤치와 나무가 어우러진 황지공원으로 조성되어 태백 시민들의 소중한 쉼터가 되고 있다. 상지를 가로지르는 돌다리에는 동전을 던져 행운을 점치는 코너가 마련되어 있다. 꽃 모양의 돌 위에 떨어지면 평생 행운, 거북이 등은 올해의 행운, 그 중간 지점에 떨어지면 오늘의 행운이 따른다는 것. 던져진 동전은 불우이웃돕기에 사용된다고 한다.

⊕ 구문소

플러스

황지연못에서 발원한 물이 황지천을 흐르다 동점동에 이르면 거대한 구멍이 뚫린 바위산 앞에 소를 이룬 모습을 볼 수 있는데, 이곳이 바로 구문소다. 구문소(求門沼)는 구문소의 한자 표기로, 구무는 구멍, 굴을 의미하는 고어다. 하천의 침식작용에 의해 구멍이 뚫린 구문소 일대는 수억 년 전에 형성된 고생대 침식지형의 독특한 형태를 보여 천연기념물 제417호로 지정되어 구문소 자연학습장이 운영되고 있다. 구문소 위, 우거진 숲속에 자리한 정자에 오르면 우렁찬 물소리를 들으며 잠시 쉬었다 가기에 좋고 구문소 바로 옆, 차량이 통행할 수 있도록 뚫어 놓은 바위굴의 모습도 독특하다.

눈꽃열차타고

신비로운 순백 세상 속으로
들어가기

🚌 **대중교통** 태백역 앞 버스터미널에서 6번 버스 타고 유일사 매표소 앞에서 하차. 버스 시간이 맞지 않으면 택시 이용(12km가량으로 택시비 15,000원 선)

⭐ **Tip** 겨울철에는 코레일에서 운영하는 '눈꽃열차'를 사전에 확인하면 편리하게 태백산 여행을 할 수 있다.

한반도의 척추인 백두대간의 중심을 이루는 태백산은 예로부터 신령스러운 '민족의 영산'이라 일컬어 왔다. 백두대간은 백두산에서 시작해 금강산-설악산-태백산-소백산-지리산으로 이어지는 거대한 산줄기다. 2016년 들어 도립공원에서 국립공원으로 신분 상승한 태백산은 기암괴석이나 깊은 협곡을 거느리진 않았지만 봉우리와 봉우리를 잇는 능선이 연출하는 풍광이 장쾌하기 그지없다. 그런 태백산은 철쭉이 산자락을 화려하게 뒤덮은 봄과 수목이 울창한 여름, 형형색색의 단풍으로 물든 가을도 아름답지만 뭐니 뭐니 해도 흰 눈으로 뒤덮인 겨울의 멋이 일품이다.

태백산은 눈이 많이 내리기로도 유명하다. 그런 만큼 태백산 방문객 대부분이 겨울 손님이다. 특히 눈꽃열차를 타고 찾아가는 태백산은 겨울 여행의 백미로 꼽힌다. 태백산이 눈꽃 트레킹 명소로 인기가 높은 건 웅장한 산세와 달리 암벽이 적고 경사가 완만해 누구나 쉽게 오를 수 있기 때문이다. 태백산 눈꽃 트레킹은 정초에 일출을 마주하며 새해 소망을 품고자 오르는 길이기도 하다. 태백산 정상에서 마주하는 일출은 가히 장관이다. 날씨가 맑은 날에는 동해에서 불쑥 솟아나는 장엄한 일출도 볼 수 있다. 그러나 '태백산 일출을 보려면 삼대가 덕을 쌓아야 한다.'는 말이 있을 만큼 맑은 일출을 보는 건 그리 흔치 않다. 행여 맑은 해가 아니라도 산 밑에 깔린 운무 속에서 은근한 모습으로 나타나는 일출도 이색적이라 그리 섭섭할 건 없다.

태백산 등산로는 여러 갈래지만 유일사 입구에서 정상인 장군봉(1,567m)을 넘어 당골로 내려오는 코스가 무난하다. 유일사 입구에서 정상까지는 약 4km 거리지만 서너 명이 나란히 걸어도 좋을 만큼 널찍한 데다 오르막길도 완만해 2시간 남짓

천제단 밑에 자리한 망경사(왼쪽). 태백산 자락에 있는 석탄박물관(오른쪽).

눈이 시리도록 파란 하늘 밑에 피어난 새하얀 눈꽃 세상은 살면서 한 번쯤 마주해 볼 만한 풍경이다.

이면 정상에 오를 수 있다. 일출을 보려면 새벽 산행을 해야 한다. 칠흑 같은 어둠 속에서 출발하지만 눈으로 덮인 길이 환해 걷는 데 별 무리는 없다.

정상인 장군봉에 오르기 직전에는 눈꽃 트레킹의 하이라이트 구간이라는 주목 군락지가 펼쳐져 있다. '살아 천 년, 죽어 천 년'을 간다는 나무다. 살아 천 년은 그렇다 치고 죽어서도 모진 비바람을 이겨 내며 오랜 시간을 버텨 온 나무들은 형태도 제각각이다. 특히 어슴푸레한 새벽녘에 기이한 모습으로 불쑥불쑥 나타나는 주목들은 신비롭기 그지없다. 비죽비죽 제멋대로 뻗어나간 가지마다 하얗게 내려앉은 눈꽃은 죽은 나무가 피워 낸 아름다운 꽃이다. 걸음을 옮기는 곳마다 그야말로 동화 속 세상이요, 천상의 화원을 떠올리게 하는 풍경이다. 그 안에서 쉬엄쉬엄 거닐며 가지마다 다르게 피어난 눈꽃을 감상하다 정상에 오르면 시원하게 열린 하늘에 푸르스름한 기운이 감돈다. 정상에서 내려다보는 풍광은 하늘만큼이나 시원하다. 굽이굽이 산봉우리 능선을 타고 펼쳐진 순백의 세상은 그저 보는 것만으로도 가슴이 뻥 뚫린다.

정상을 넘어서면 장군봉 턱밑에 엇비슷한 높이인 '영봉'을 만나게 된다. 신령스러운 봉우리란 의미인 이곳에는 돌로 쌓아 만든 천제단이 있다. 중요민속자료로 지정된 천제단은 단군 이래 삼국시대, 고려, 조선시대를 거쳐 지금까지도 해마다 개천절이면 하늘에 제사를 지내는 곳으로, 태백산에서 가장 신성시 되는 공간이다. 수천 년에 걸쳐 하늘과 소통하는 신성하고 영험한 천제단을 품고 있기에 국내에 명산은 많아도 영산은 이곳이 유일하다고 하는 이유다.

천제단에서 내려오면 국내에서 가장 높은 곳에 들어앉은 절이라는 망경사가 있다. 이곳에는 역시나 우리나라에서 가장 높은 곳에 있는 샘(1470m)이라는 '용정'이 있다. 하늘 아래 가장 높은 샘물이요, 국내 100대 명수 중 으뜸으로 꼽는 용정은 가뭄이나 홍수가 나도 수량이 변하지 않은 신비로운 샘물로 유명하다. 한 해가 시작되는 어느 겨울, 눈이 온 날, 순백의 세상에서 모든 것을 훌훌 털어 버리고 눈처럼 깨끗한 마음을 안고 내려오는 길에 예사롭지 않은 이 물을 시원하게 들이키는 것도 나름 의미가 있을 것이다.

⊕ 태백산 눈축제

플러스 매년 1월 중순~하순에는 태백산 눈축제가 열린다. 축제의 주 무대는 유일사-당골 코스의 종착점인 당골 광장이다. 순백의 설원에서 펼쳐지는 축제 기간에는 국내외 조각가들이 빚어낸 다양한 눈 조각품들로 가득한 노천 박물관이 되는 이곳에서는 개성이 돋보이는 '나만의 눈사람'도 직접 만들어볼 수 있다. 아울러 눈 미끄럼틀, 눈썰매를 타며 동심의 세계를 즐기다 초대형 얼음집인 이글루 카페 안에서 마시는 커피 한잔도 겨울 여행의 낭만을 안겨

준다. 축제 기간에는 서울, 부산, 대전역에서 환상선순환 눈꽃열차를 운행하기에 가는 길이 한층 수월해진다. 눈 덮인 태백산에 오르려면 아이젠을 챙기는 것이 필요하다.

징검다리
옛길 넘나들며 월정사에서
상원사 오르기

🚗 **자동차 내비게이션** 월정사(강원도 평창군 오대산로 350-1)

🚌 **대중교통** 시외버스를 이용해 진부터미널에서 하차 후 월정사, 상원사행 버스 이용(전나무 숲길부터 걸으려면 월정사 일주문 앞에서 하차)

평창운수 033-335-6963
진부시외버스터미널 033-335-6307

월정사에서 상원사로 오르는 옛길에서는 수많은 징검다리를 건너게 된다.

설악산과 더불어 태백산맥 줄기를 잇는 오대산은 비로봉을 중심으로 호령봉, 상왕봉, 두로봉, 동대산 등 다섯 봉우리를 아우른 두툼한 몸집의 산이다. 골산으로서의 장쾌함을 뽐내는 설악산과 달리 산은 높고 골은 깊되 육산으로서의 후덕한 자태를 지닌 오대산은 언제 봐도 푸근함이 깃들어 있다. 그 산자락에 살포시 들어앉은 월정사에서 상원사에 이르는 계곡 숲길이 바로 오대산 선재길이다.

계곡 옆에 자리한 월정사는 신라 선덕여왕 때 자장율사에 의해 창건된 천년 고찰이다. 절 마당에 우뚝 선 8각9층석탑(국보 제48호)은 고려 초기의 석탑으로 오랜 세월의 흔적을 말해 주듯 낡았지만 우아한 기품이 스며 있다. 석탑 귀퉁이마다 풍경을 달아 놓아 바람이 불 때마다 딸랑대는 소리도 정겹다. 월정사의 말사인 상원사 또한 신라시대에 창건된 고찰로, 우리나라에 현존하는 종 가운데 가장 오래되고 아름다운 것으로 알려진 동종(국보 제36호)을 보유하고 있다.

오대산 선재길은 월정사 건너편 계곡 숲길에서 시작된다. 신라 자장율사가 석가모니의 진신사리를 모신 이후 그 옛날 스님들이 깨달음을 얻기 위해 오르던 길이자 수십 년 전까지만 해도 화전을 일구며 살던 민초들이 밭일 하러 다니던 길이라 하여 한동안 오대산 옛길로 불렸던 길이다. 상원사는 불교에서 지혜를 상징하는 문수보살의 성지로 이름난 곳으로 선재길은 문수보살의 지혜와 깨달음을 쫓아 구도의 길

1 천년 고찰 월정사 절 마당에 놓인 8각9층석탑은 국보 제48호다.
2 오래전부터 청정 자연 숲길로 명성이 자자한 월정사 전나무 숲길.

을 걷던 선재동자에서 비롯된 명칭이다.

그런 오대산 옛길의 매력은 차를 타고 휙 지나가면 결코 맛볼 수 없다. 달팽이처럼 느릿느릿 걸어야 제맛이다. 선재길 안에 들어서면 풋풋한 풀 향기와 흙냄새 가득한 오솔길이 있는가 하면 걷기 편한 나무데크길도 이어지고 산속의 비밀 화원 같은 야생화 길도 펼쳐진다. 하지만 이 길의 묘미는 뭐니 뭐니 해도 오대천의 맑은 물줄기를 요리조리 건너는 징검다리와 통나무다리, 섶다리에 오르는 재미다. 숲 오솔길을 걷다 심심찮게 건너게 되는 징검다리에서는 잠시 멈춰 맑은 계곡물에 발을 담그는 맛이 짜릿하다. 특히 보메기 앞 계곡에서는 걷다가 느긋하게 쉬어 가기에 그만이다. 보메기는 과거 오대산에서 벌목한 나무들을 모아 두던 곳으로 육중한 통나무를 운반하기 위해 보를 쌓아 계곡물을 가뒀다가 한꺼번에 터뜨려 목재를 하류로 흘려보낸 데서 유래된 명칭이다. 그 안에서 마주하게 되는 천년 숲길은 공기와 바람부터 다르다. 그리고 바람이 불 때마다 사각대는 나뭇잎 소리, 돌덩이를 휘감고 흐르는 물소리. 자연이 선사하는 청아한 오케스트라 선율 속에서 느림의 미학을 즐기다 보면 마음의 평안까지 얻게 되는 치유의 길이기도 하다.

상원사에 들어선 후 시간적으로나 체력적으로 여유가 있다면 내친김에 상원사 위 좁은 산길을 따라 올라 적멸보궁까지 둘러보는 것도 좋다. 적멸보궁은 부처님 진

신사리를 봉안한 곳으로 모든 바깥 경계에 마음의 흔들림이 없고 번뇌가 없는 보배스러운 궁전이라는 뜻이다. 욕심과 성냄, 어리석음이 없으니 괴로울 것이 없는 부처님의 경지를 나타내는 곳으로 한 번쯤 찾아볼 만한 곳이다.

반면 월정사 일주문에서 월정사로 이어지는 1km 남짓의 전나무 숲길은 오대산 선재길이 열리기 전부터 오대산을 대표하는 아름다운 숲길로 유명하다. 하늘이 보이지 않을 만큼 무성한 전나무가 쭉쭉 뻗어 있는 숲길은 보는 것만으로도 시원하다. 특히나 이 길목은 마사토가 깔린 부드러운 흙길인지라 맨발로 가볍게 걷기에 그만이다.

📍 오대산 선재길

월정사에서 상원사에 이르는 오대산 선재길(9.5km)은 대부분이 평탄해 느긋하게 걸어도 4시간이면 충분하다. 상원사에서 월정사로 돌아올 때는 군내버스를 타면 된다. 선재길 초입에 상원사에서 출발하는 버스 시간표가 있다. 오후에 걸을 경우 월정사 앞에서 먼저 버스를 타고 상원사로 가서 월정사로 내려오는 것도 방법이다. 오대산 선재길은 오대천을 가로지르는 징검다리를 여러 차례 건너야 하기에 장마철이나 큰 비가 내리면 걷기가 금지된다.

⊕ 국립한국자생식물원

^{플러스} 오대산 가는 길목에 있는 한국자생식물원은 우리 땅 곳곳에서 피어나는 토종 꽃과 나무들만 모아 놓은 의미 깊은 식물원이다. 1999년에 문을 열었지만 안타깝게도 2012년 실내 전시관 화재로 폐장된 후 8년 만에 재개장됐고, 1년 후인 2021년에 산림청 소유가 됐다. 수십 년간 자식처럼 키운 소중한 우리 식물들이 더 든든한 울타리 안에서 자라길 바라는 마음에서 김창열 원장이 산림청에 아낌없이 기부해 국립 식물원이 된 것이다. 1.2km가량의 산책 코스를 따라 할미꽃, 홀아비꽃, 며느리밥풀꽃, 깽깽이풀 등 이름만 들어도 정겨운 식물들이 가득한 이곳엔 멸종 위기에 놓인 희귀 식물들도 꽤 많다. 식물원 안에는 다양한 전시회가 열리는 상설 갤러리도 있고 책으로 가득한 북 카페도 있다. 식물원엔 소녀상 앞에 무릎 꿇고 머리를 조아린 남자 조형물도 있다. 2020년 재개장장 당시 일본 총리였던 아베 신조를 형상화한 것으로 제목은 '영원한 속죄'다. 정치적 문제를 고려해 이 조형물이 있는 곳만 김창열 개인 소유로 되어 있다.

관람 시간 오전 9시~오후 5시(11~2월 오후 4시) **입장료** 어른 5,000원, 청소년 4,000원, 어린이 3,000원, 만 65세 이상 무료 **문의** 033-332-7069

《메밀꽃 필 무렵》
소설 무대를
구석구석 돌아보기

🚗 **자동차 내비게이션** 효석문학관(강원도 평창군 봉평면 효석문학길 73-25)

🚌 **대중교통** 시외버스를 이용하여 장평버스터미널에서 내린 후 157번 버스를 타고 봉평우체국 앞인 창동4리 정류장에서 내린다. 이곳에서 이효석문학관은 도보 18분.

🟠 **관람 시간** 이효석문학관 오전 9시~오후 6시, 효석달빛언덕 오전 9시~오후 6시 30분

🔵 **휴관일** 매주 월요일

₩ **입장료** 이효석문학관 2,000원, 효석달빛언덕 3,000원, 통합권(이효석문학관+효석달빛언덕) 4,500원

ℹ️ **문의** 033-330-2700

'여름장이란 애시당초 글러서 해는 아직 중천에 있건만 장판은 벌써 쓸쓸하고 더운 햇발이 벌여 놓은 전휘장 밑으로 등줄기를 훅훅 볶는다. … 칩칩스럽게 날아드는 파리 떼도 장난군 각다귀들도 귀찮다. … 봉평장에서 한번이나 흐뭇하게 사본 일이 있을까? 내일 대화장에서나 한몫 벌어야겠네.'

오래전 강원도 일대를 떠돌아다니며 물건을 팔던 장돌뱅이들의 삶과 애환을 그린 《메밀꽃 필 무렵》에서 묘사된 봉평장터 풍경이다. 1936년에 발표된 이효석의 단편소설 《메밀꽃 필 무렵》은 장돌뱅이 허생원, 조선달, 동이 등 세 사람이 봉평장에서 대화장까지 달밤의 길을 함께 걸어가면서 전개되는 하룻밤의 이야기다. 늙고 초라한 허생원이 20여 년 전, 정을 통한 처녀의 아들 동이를 친자로 확인하는 과정이 달빛 아래 흐드러지게 피어난 메밀꽃과 어우러져 서정적인 정취가 짙게 풍겨 나오는 작품이다.

효석문화마을은 《메밀꽃 필 무렵》의 실제 무대이자 이효석이 태어나고 자란 곳이다. 지금도 9월 즈음이면 소설의 모티브가 된 메밀꽃이 한가득 피어나 작품 속 무대를 가늠해 볼 수 있다. 봉평장터를 벗어나 흥정천을 가로지르는 다리를 건너면 효석문화마을이 펼쳐진다. 이곳에는 성서방네 처녀와 허생원이 사랑을 나누던 물레방앗간도 있고 그 위 언덕에는 이효석의 생애와 작품 세계를 체계적으로 엿볼 수 있는 이효석문학관이 있다. 육필 원고와 유품, 작업실 풍경, 동시대를 풍미했던 작가들의 빛바랜 작품이 고스란히 전시된 실내 공간을 나와 전망대에 서면 봉평면 일대가 한눈에 내려다보인다.

흥정천을 가로지르는 섶다리(왼쪽). 이효석문학관(오른쪽).

1 효석달빛언덕에 들어서면 보이는 초가집은 이효석 생가를 복원한 것이다.
2 이효석이 평양에서 살던 집을 복원한 '푸른 집'
3 효석달빛언덕을 한눈에 내려다볼 수 있는 달빛나귀 전망대.

이곳에서 효석문학길을 따라 조금 더 걸어가면 나오는 '효석달빛언덕'은《메밀 꽃 필 무렵》에 등장하는 소설 속 무대를 곳곳에 조성해 볼거리가 더욱 다양하다. 책장 형태의 매표소를 지나 안으로 들어서면 보이는 초가집은 이효석 생가를 복원한 것이다. 툇마루에 걸터앉아 잠시나마 고즈넉한 분위기를 느끼기 좋은 생가 옆으로 난 길을 따라 올라가면 이효석이 평양에서 살던 집을 재현해 놓은 건물이 있다. 모양은 붉은 벽돌집이지만 담쟁이덩굴이 벽을 뒤덮어 '푸른 집'으로 불린다. 침실, 서재 등 관람로를 따라 이동하다 보면 마지막에 책장이 스르륵 열리면서 숨어 있던 아기자기한 비밀의 공간이 나타난다. 아울러 푸른 집 뒤편 언덕 끝에는 둥근달을 형상화한 '연인의 달' 조형물도 있다.

그렇게 산자락을 한 바퀴 돌아 내려와 마주하는 근대문학체험관은 1920~1930 년대 이효석이 활동했던 시간과 공간, 문학을 이야기로 조목조목 풀어낸 공간이다. 이곳에는 특히 하늘거리는 하얀 천과 어우러져 시시각각 변하는 메밀꽃밭 영상이 인상적이다. '산허리는 온통 메밀밭이어서 피기 시작한 꽃이 소금을 뿌린 듯이 흐뭇한 달빛에 숨이 막힐 지경이다.'라고 이효석 선생이 표현했듯 말 그대로의 서정적인 풍경을 배경 삼아 기념사진을 찍기에 좋은 곳이다.

매월 끝 자릿수 2일, 7일에 5일장이 열리는 봉평장터.

근대문학체험관 앞 나귀공원에는 '달빛나귀 전망대'가 조성되어 있다. 소설 속 당나귀를 연상케 하는 몸통 내부는 아담한 책방으로 꾸며져 있다. 전망대를 지나 연결되는 하늘다리는 건물 옥상을 활용해 만든 공간이다. 바람개비들이 팽팽 돌아가는 하늘다리를 건너 왼쪽으로 내려오면 하늘다리를 머리에 이고 있는 '꿈꾸는 달' 건물이 등장한다. 곳곳에 책이 가득한 북 카페를 겸한 휴게 공간인 이곳은 효석문화마을 산책 후 느긋하게 쉬어 가기 딱 좋은 곳이다.

9월 초중순, 메밀꽃이 만개하면 이 일대에선 효석문화제가 열린다. 메밀꽃밭은 한낮의 풍경도 아름답지만 달빛에 젖은 모습에선 그윽한 운치가 묻어난다. 아울러 매월 끝자리 수 2일, 7일에 5일장이 서는 봉평장터는 더더욱 활기가 넘친다.

⊕ 무이예술관

_{플러스} 효석문화마을에서 약 4km 거리에 자리한 무이예술관은 폐교를 활용한 작가들의 작업실이자 카페, 예술 문화 체험 공간이다. 운동장 곳곳에는 기발한 형태의 조각품이 늘어서 있고 건물 벽면은 물론 화장실까지 재미있는 그림이 가득 담겨 있으며 길게 이어진 복도에도 다양한 그림과 독특한 조형물이 빼곡하게 늘어서 있어 구석구석 볼거리가 풍성하다. 아울러 갤러리 카페에서 갓 구워 낸 화덕피자 맛도 일품이다.

관람시간 오전 10시~오후 10시 휴관일 수요일 요금 3,000원 문의 033-335-4118

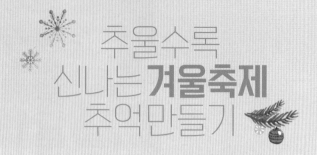

추울수록
신나는 **겨울축제**
추억만들기

🚗 **자동차 내비게이션** 화천군청 (강원도 화천군 화천새싹길 45)

🚌 **대중교통** 시외버스 타고 화천버스터미널에서 하차 후 화천대교
　　까지 도보 10분

겨울철 인기 축제중 하나인 화천 산천어축제를 즐기러 온 수많은 인파.

붕어빵, 벙어리장갑, 구수한 군고구마, 뜨끈한 어묵 국물 그리고 하얀 눈과 얼음 등은 한겨울이면 떠오르는 푸근한 이미지들이다. 추위에 움츠러들기 쉬운 겨울철, 얼음이 꽁꽁 얼고 매서운 칼바람 속에서도 이 모든 것이 어우러져 겨울 정취가 물 씬 배어나는 곳에서 얼음판과 눈밭을 뒹굴며 신명나는 겨울 추억을 만들어 보는 건 어떨까. 매년 겨울이면 눈꽃축제를 비롯해 고드름축제, 빙어축제, 송어축제 등 전국 각지에서 다양한 축제들이 펼쳐진다. 하지만 그중에서도 단연 인기를 끄는 건 화천 산천어축제다. 첩첩이 둘러싸인 산자락에서 불어오는 골바람으로 인해 화천천은 전국에서 두꺼운 얼음이 가장 빨리 어는 곳으로 유명하다. 추우면 추울수록 제맛이 나는 산천어축제는 매년 100만 명 이상이 모여들어 우리나라를 대표하는 축제일 뿐 아니라 '세계 4대 겨울 축제'로 인정되면서 외국인 참가자도 수만 명에 달한다. 이처럼 명실공히 세계인의 축제로 자리매김했기에 축제가 열릴 때마다 해외 언론 사들의 현장 취재 열기도 뜨겁다.

해를 거듭할수록 점점 더 인기가 많아지는 이유는 단 하나, 오로지 겨울에만 맛 볼 수 있는 묘미에 흠뻑 빠져들 수 있기 때문이다. 그중 가장 인기 있는 건 미국 CNN이 '세계 7대 겨울 불가사의'로 선정한 산천어 얼음낚시다. 물이 맑고 깨끗한 산간 계곡에 서식하는 산천어는 생김새가 우아하고 색깔이 고와 계곡의 여왕이라

1 동심의 세계로 돌아가기 좋은 앉은뱅이 썰매.
2 맨손으로 산천어잡기는 화천 산천어축제 중 가장 인기 있는 행사다.

낚시로 잡든 맨손으로 잡든 즉석에서 구워 먹는 산천어는 축제의 하이라이트 맛이다.

불린다. 축제 중 투입되는 산천어는 무려 60만 마리에 달해 맑은 물속은 그야말로 '고기 반 물 반'이다. 꽝꽝 얼어 버린 투명한 얼음판 밑에서 유유히 헤엄쳐 다니는 팔뚝만 한 산천어들은 강태공들에게는 유혹 덩어리 그 자체니 아예 얼음판에 엎드려 구멍에 코를 박고 산천어를 낚는 사람들도 많다. 낚싯줄을 톡톡 당겨 가며 산천어를 유인해 속속 잡아들이는 전문가들도 있지만 생각만큼 녹록진 않다. 그래도 워낙 고기가 지천이니 운만 따라 준다면 어설픈 초보자에게 걸려드는 녀석들도 많기에 낚싯대 끝에서 묵직한 떨림이 전해 올 때 잽싸게 낚아 올리는 순간의 짜릿한 손맛을 위해 매년 겨울을 손꼽아 기다린다는 사람도 많다.

이에 질세라 '산천어 맨손잡기'의 인기도 만만치 않다. 참가자들 대부분이 처음에는 고기를 풀어놓은 풀 안에 바지만 살짝 걷고 들어가지만 막상 들어가면 잡으려는 욕심에 첨벙거리다 온몸이 다 젖게 된다. 마치 '나 잡아봐라~' 라는 듯 잡는 이의 애간장을 녹이며 요리조리 잘도 피해 다니는 산천어들과 허둥지둥 고기를 쫓아다니는 참가자들의 모습에 구경하는 이들이 더 재미있어 한다. 잡은 고기를 밖으로 내던지거나 주머니에 넣으면 무효. 반드시 손으로 잡아들고 나와야 한다. 그러다 보니 잡은 고기를 입에 물고 또 잡으러 다니는 이도 있어 한바탕 웃음바다를 만들기도 한다. 그렇게 잡은 산천어를 즉석에서 회를 떠서 초고추장에 찍어 먹는 맛도 그만이요, 노릇노릇 구워 먹는 맛도 일품이다. 축제장 주변에는 약간의 비용을 받고 회를 떠 주고 상추와 초고추장 등을 제공하는 곳과 구워 먹는 공간이 마련되어 있다. 설

령 고기를 잡지 못했더라도 산천어회나 구이, 산천어회덮밥 등을
별도로 판매하니 산천어의 별미를 맛보는 데 문제는 없다.

　산천어축제라 해서 산천어만 잡는 것으로 그친다면 아쉽다.
넓은 얼음판 위에서는 재래식 썰매를 타며 추억이 깃든 동심으로
돌아갈 수도 있다. 아이와 함께 탄 아빠, 정답게 썰매를 끌어 주
는 연인, 동생을 밀어 주는 오빠, 그 모습만으로도 훈훈함이 전해
진다. 반면 튜브를 타고 내려오는 눈썰매와 콩닥콩닥 봅슬레이는
짜릿한 스릴감을 안겨 주고, 얼음판 위에서 펼쳐지는 축구는 참
가자의 의지와 상관없이 넘어지고 자빠지는 몸 개그를 하는 통에
하는 이들이나 보는 이들이나 한바탕 웃으며 스트레스를 풀다 보
면 빙판에서의 추위도 단번에 잊게 된다. 아울러 빙판에서 골 넣
기, 얼음 자전거나 썰매 빨리 타기 시합 등 빙판 깜짝 이벤트가 펼
쳐지기도 한다. 등수 안에 들면 푸짐한 상품도 받게 되니 일석이
조다. 다양한 프로그램 참가비 일부는 농특산물교환권 또는 화천
사랑상품권으로 교환하여 현금처럼 사용할 수 있다.

이렇게 한바탕 축제가 펼쳐지고 난 밤에는 주민들이 직접 만든 산천어 형상의 산천어 등불이 줄줄이 달린 선등거리가 은은하게 불을 밝힌다. 항상 눈을 뜨고 있는 물고기는 나쁜 기운을 막아 준다는 풍습을 바탕으로 이곳을 걷는 사람 모두가 '신선이 되는 즐거움, 심신이 아름다워지는 즐거움, 복을 듬뿍

🏴 산천어축제

산천어축제는 매년 1월 초부터 1월 말까지 화천천과 화천읍 일대에서 펼쳐진다. 주말에는 얼음낚시터가 조기 매진될 수 있으므로 방문 전에 산천어축제 홈페이지를 참고해 미리 예약해 두는 것이 좋다.

홈페이지 www.narafestival.com
문의 1688-3005

받는 즐거움'을 누리라는 의미의 거리다. 비록 얼음은 꽁꽁 얼었지만 '얼지 않은 인정, 녹지 않는 추억'이란 축제의 슬로건처럼 훈훈한 얼음나라 화천이 선사하는 겨울 추억 하나쯤은 가져볼 만하다.

➕ 애니메이션박물관

플러스

국내 최초로 애니메이션을 주제로 한 전문박물관으로, 춘천시 서면 현암리에 있어 산천어축제장을 오가는 길목에 들러 보기에 좋다. 1층 전시관에 들어서면 1960년대 초에 제작된 100여 편의 CF애니메이션 필름 및 자료, 당시 사용되었던 가스영사기는 물론 최초의 장편 애니메이션인 〈홍길동〉, 최초의 인형 애니메이션인 〈흥부와 놀부〉 등 60년대 작품을 비롯해 70년대 우리에게 친숙했던 〈태권V〉시리즈 등 시대별로 스토리보드 및 당시 촬영했  던 카메라 등이 일목요연하게 전시되어 있다. 2층으로 올라가면 북한관을 비롯해 미국관, 일본관, 유럽관, 동유럽관, 아시아를 포함한 기타 지역관 등으로 구성되어 세계 애니메이션의 역사를 한 눈에 볼 수 있다.

관람 시간 오전 10시~오후 6시 입장료 관람권(애니메이션박물관+토이로봇관) 7,000원, 춘천 시민 5,000원 휴관 일 월요일 문의 033-245-6470

화천산소길

화천산소길은 굽이도는 북한강 변을 따라 조성된 100리 길이다. 40km가 넘는 긴 거리라 자전거로 둘러보는 이들이 많지만 걷기 여행지로도 인기가 높다. 100리 산소길 가운데 가장 부담 없이 걷기 좋은 구간은 화천읍 내에 있는 화천대교에서 출발해 미륵바위~살랑교 건너 오른쪽 수상데크길(반환점)~위라리 칠층석탑~화천대교로 돌아오는 수변 코스로 왕복 8km 정도 된다. 특  히 강물 위에 띄운 수상데크길은 수변 코스의 백미를 보여 준다. 길이 1km에 달하는 다리에 들어서면 바람에 찰랑대는 물줄기를 따라서 살며시 몸이 출렁대는 '물 위의 산책' 묘미가 이색적이다.

Part 4
충청도

국내여행 버킷리스트

Chungcheong-do

'춘마곡 추갑사' 풍경 엿보기

🚗 자동차 내비게이션
- ❶ 마곡사(충남 공주시 마곡사로 966)
- ❷ 갑사(충남 공주시 계룡면 갑사로 567-3)

🚃 대중교통
- ❶ 마곡사 공주종합버스터미널 앞에서 마곡사행 770번 버스
- ❷ 갑사 공주종합버스터미널에서 610번 버스 타고 옥룡동행정
  복지센터 정류장 하차 후 갑사행 320번 버스 이용

마곡사는 봄 풍경도 화사하지만 가을의 멋도 그윽하다.

　공주를 대표하는 여러 사찰 중 마곡사와 갑사를 두고 흔히 '춘마곡 추갑사'라 일
컫는다. 마곡사는 봄에, 갑사는 가을에 가야 제맛이란 의미다. 말 그대로 태화산 자
락에 아늑하게 들어앉은 마곡사의 봄 풍경은 화사하다. 사찰 곳곳에 피어난 벚꽃은
눈이 부시고 경내를 관통하는 계곡을 타고 돋아난 연초록빛 새싹들은 싱그럽다. 그
틈을 비집고 살포시 얼굴을 내민 제비꽃도 마곡사의 봄을 수놓는 데 한몫한다. 여기
에 태극 모양으로 감싸며 흐르는 계곡 물소리는 생기가 넘친다.
　신라의 고승 자장율사가 창건한 것으로 전해 오는 마곡사는 고려시대 보조국사
지눌이 중창하면서 번성한 절로 보물로 지정된 전각도 여러 개다. 자연과 조화를 이
룬 절은 일주문을 지나 물줄기를 끼고 경내에 이르는 숲길도 호젓하다. 그렇게 마주
한 마곡사는 개울을 사이에 두고 전각들이 여기저기 흩어져 있다. 마곡사에서 가장
오래된 영산전(보물 제800호)은 개울 건너기 전 왼쪽으로 가야 볼 수 있다. 마곡사의
정문으로 속세와 부처의 세계를 경계 짓는 해탈문과 사천왕상이 들어선 천왕문, 단
청이 거의 없어 그윽한 고풍미가 감도는 아담한 명부전도 개울 건너기 전에 자리하
고 있다.
　명부전 앞 극락교를 건너 넓은 마당 안에 들어서면 일명 다보탑이라 일컫는 5층
석탑(보물 제799호), 대광보전(보물 제802호)이 마주하고 있다. 대광보전 뒤에 자리

갑사로 향하는 오리숲길은 낙엽의 운치가 멋스럽다.

한 대웅보전(보물 제801호)은 대광보전과 더불어 마곡사의 중심 본전으로 외관상
으로는 2층 형태이나 내부는 천정이 높은 하나의 공간으로 형성된 독특한 조형미
를 보여 준다. 내부를 받치고 있는 싸리나무 기둥을 안고 돌면 아들을 점지해 준다
는 설로 인해 반질반질 윤이 나 있다. 대웅보전 옆길로 내려서면 저수지처럼 넓은
계곡에 징검다리가 놓인 풍경이 정겹다.

　반면 대광보전 옆에 자리한 아담한 건물은 백범 김구 선생이 머물던 백범당이다.
마곡사는 대한민국임시정부 주석이자 독립운동가인 김구 선생과 인연이 깊은 절

이다. 김구 선생이 1896년 명성황후 시해사건에 가담한 일본군 장교를 죽인 혐의로 사형선고를 받아 옥살이를 하던 중 1898년에 탈출해 은거했던 곳이 바로 마곡사다. 당시 스물셋 청춘이던 김구 선생은 이곳에서 머리를 깎고 불교에 귀의해 이듬해 봄까지 지냈다. 선생이 머물던 백범당에는 이런 글귀가 걸려 있다. '눈 덮인 들판을 밟을 땐 어지러이 걸어선 아니 되노라. 오늘 내가 걸었던 길을 뒷사람이 그대로 따를 테니까.' 평생 좌우명으로 삼았던 서산대사의 선시를 담은 김구 선생의 친필 휘호다. 그 앞에는 선생이 해방 후 다시 찾아와 심은 향나무가 오롯이 서 있다.

마곡사를 안은 태화산 자락에는 소나무가 유난히 많다. 산을 빼곡하게 메운 솔숲을 따라 '마곡사 솔바람길'이 갈래갈래 나 있어 절을 둘러보고 가볍게 산책하기에도 그만이다. 그 안에는 선생이 즐겨 걸었던 '백범 명상길'도 있고 솔잎이 깔려 푹신한 '솔잎 융단길'도 있다. '춘마곡'이라 하지만 사실 마곡사의 봄보다 가을이 더 좋다는 이들이 많다. 묵직한 세월의 무게를 얹은 천년 고찰을 단풍으로 곱게 물들인 풍광을 마주하면 왜 그런지 충분히 이해가 간다.

갑사 절집에서 탐스럽게 익어 가는 감나무.

태화산 자락에 마곡사가 있다면 계룡산 자락에는 갑사가 있다. 주봉인 천황봉에서 쌀개봉, 삼불봉으로 이어지는 능선이 닭의 벼슬을 머리에 쓴 용의 형상이라 하여 이름 붙은 계룡산 기슭에 자리한 갑사는 백제 때 아도화상이 창건했다고 전해진다. 조선 세종 6년(1423년) 사원 통폐합에서도 제외될 만큼 명성이 높았을 뿐만 아니라 세조 때에는 오히려 왕실의 비호를 받아《월인석보》를 판각하기도 한 명찰이다.

'추갑사'로 유명하니 만큼 이곳은 가을 풍경이 깊고 그윽하다. 특히 갑사 주차장에서 갑사에 이르는 오리숲길(2km)의 멋이 일품이다. 일주문과 사천왕문을 지나면 대웅전을 중심으로 강당과 적묵당, 진해당 등 크고 작은 건물이 오밀조밀 들어선 모습을 볼 수 있다. 갑사 대웅전은 정유재란(1597) 때 불탄 것을 1604년 재건한 것으로 외관이 화려하면서도 장중하다. 1584년에 주조된 갑사 동종(보물 제478호)은 일제강점기 때 헌납이란 명목으로 공출되었다가 해방 후 되찾아온 것으로 우리 민족의 수난사를 함께 겪은 종이다.

강당을 지나 오른쪽 계곡 아랫길로 접어들면 일명 공우탑이라 불리는 이끼가 잔뜩 낀 3층석탑을 볼 수 있다. 백제 때 갑사에 속한 암자를 지을 자재를 운반하던 소가 냇물을 건너다 기절해 죽자 그 넋을 위로하기 위해 세운 독특한 이력을 지닌 탑이다. 공우탑을 지나면 대적전 아래편으로 내려오면 통일신라시대 것으로 추정되는 철당간지주(보물 제256호)도 우뚝 서 있다.

갑사를 둘러본 후 충남 제일의 명산으로 꼽는 계룡산 산행을 하는 것도 좋다. 코스는 다양하지만 차를 갑사 주차장에 두었다면 갑사 안쪽에서 용문폭포와 금잔디 고개를 거쳐 삼불봉에 올랐다가 내려오는 코스(왕복 6km)가 무난하다. 삼불봉에 오르면 천황봉을 비롯해 산의 형상이 디딜방아의 받침대인 쌀개를 닮았다 하여 이름 붙은 쌀개봉, 자비로운 관세음보살 같다 하여 이름 붙은 관음봉, 봉우리 형상이 네 자루의 붓을 세워 놓은 형상이라 하여 이름 붙은 문필봉, 봉우리가 하늘에 이어졌다 하여 이름 붙은 연천봉 등이 한눈에 보여 계룡산의 절경을 감상하기에는 그만이다. 반면 차가 없다면 삼불봉에서 남매탑을 거쳐 동학사(6.6km)로 내려가는 것도 좋다.

⊕ 송산리고분군

백제 웅진 도읍기의 왕과 왕족의 무덤이 군집된 곳으로 무령왕릉을 비롯한 7기의 고분이 자리하고 있다. 특히 1971년 배수로 공사 중 우연히 발견된 무령왕릉은 백제 25대 왕인 무령왕과 왕비의 합장 무덤으로 찬란했던 백제문화예술을 한눈에 엿볼 수 있음은 물론 확실한 연대를 증명하는 기록이 담겨 있어 발굴 사상 최대의 학술적 가치를 지닌 곳으로 평가되는 곳이다. 완만한 언덕길을 따라 부드러운 곡선을 이루며 이어지는 고분군을 따라 조성된 산책로는 쉬엄쉬엄 걷기에 좋다. 고분군 내부는 보호 차원에서 둘러볼 수 없지만 송산리고분군 모형관에 무령왕릉을 비롯해 5, 6호분을 실물 크기로 재현하여 그 흔적을 자세히 엿볼 수 있다.

입장 시간 오전 9시~오후 5시 30분(11월~2월 오후 4시 30분)
요금 어른 3,000원, 청소년 2,000원, 어린이 1,000원 **문의** 041-856-0331

공산성

성왕 16년(538년), 부여로 도읍을 옮길 때까지 64년간 백제 왕도를 지키던 성이다. 야트막한 능선을 따라 형성된 공산성곽의 둘레는 약 2.5km. 발밑으론 금강 줄기가 유유히 흐르고 군데군데 우거진 숲에서 싱그러운 새소리가 들려오는 기분 좋은 산책길이다. 넓은 마루에 앉아 금강의 풍치를 음미하기에 좋은 공북루를 지나 언덕을 한 구비 내려오면 가을이면 노랗게 물든 은행나무에 둘러싸인 영은사의 그림 같은 풍경을 볼 수 있다. 아울러 성내에는 1624년, 이괄의 난을 피해 이곳에 머물렀던 인조를 기리기 위해 세운 쌍수정 등 볼거리가 다양하다.

입장 시간 오전 9시~오후 5시 30분(11월~2월 오후 4시 30분)
입장료 어른 3,000원, 청소년 2,000원, 어린이 1,000원 **문의** 041-840-2266

외로운 벼랑길에서
비단길로 변신한
옛길 걸어보기

🚗 **자동차 내비게이션** 산막이만남의광장(충북 괴산군 칠성면 산막이
옛길 88)

🚌 **대중교통** 괴산시내버스터미널(문의 043-834-3351)에서
141-1, 141-3번 버스 타고 외사리 입구 정류장에서 하차

충북 괴산군 칠성면 외사리 끝에는 산막이마을이 살포시 들어앉아 있다. 산막이마을은 말 그대로 산이 장막처럼 둘러싸고 있어 붙은 이름이다. 첩첩산중 안에 깊숙이 숨어 있어 괴산 오지 중에서도 오지로 통하던 마을이었기에 조선시대에는 유배지로 활용되기도 했다. 그렇게 산중에 홀로 뚝 떨어진 이 마을은 괴산댐이 생기면서 더욱 외딴곳이 되었다. 1957년에 건설된 괴산댐은 당시 우리 기술로 준공한 최초의 댐이라 하여 괴산의 자랑거리가 된 했지만 본의 아니게 산막이마을을 더더욱 꽁꽁 가둬 두는 모양새가 되었기 때문이다.

안 그래도 이웃 마을로 나오는 길이 수월치 않았건만 댐 건설로 인해 산자락을 훑어 내리던 좁은 개울은 넓은 호수에 묻혀 그나마 오가던 길도 사라졌다. 이로 인해 산막이마을 사람들은 어쩔 수 없이 나룻배를 통해 바깥 마을로 나와야 했다. 하지만 번번이 배를 타는 것도 번거롭고 불편했기에 풀숲 산비탈에 길을 냈다. 호수를 발밑에 두고 산허리를 에둘러 나오는 그 길은 한 사람이 겨우 지날 정도로 좁은 데다 비탈진 벼랑길이었기에 늘 조심조심 걸어야 했다. 산막이옛길은 그 벼랑길을 통해 산막이마을에서 외사리 사오랑마을까지 이어지는 10리길(4km)이다. 과거에는 산막이마을 사람들이 그렇게 마음 졸이며 드문드문 오가던 외로운 길이었지만 지금의 산막이옛길은 180도 달라졌다. 코스 대부분이 나무데크길로 걷기에 편할 뿐 아니라 기암괴석 절벽과 어우러진 호수를 따라 이어지는 그림 같은 풍경을 음미하며 걷기 좋은 길로 입소문이 나면서 괴산을 대표하는 명소가 되었다.

새롭게 복원된 이 옛길은 그야말로 비단길이 되어 시쳇말로 '대박'이 났다. 2011

산막이옛길 소나무 숲을 가로지르는 출렁다리(왼쪽)와 호랑이굴(오른쪽).

년 길을 튼 이후 수백만 명이 이 길을 걸었다. 비단길이 된 옛길은 이제 마음 졸일 일 없이 느긋하다. 걷는 내내 짙은 숲 그늘이 드리워진 데다 싱그러운 산바람과 시원한 강바람이 서로를 시샘하듯 불어 주니 한여름에도 걷는 발걸음이 즐겁다. 그 길목 곳곳에는 옛이야기들이 담겨 있고 아기자기한 볼거리도 많아 옛길의 매력을 더해 준다.

옛길 출발점인 사오랑마을 초입에는 뿌리가 서로 다른 나무의 가지가 한 나무처럼 합쳐져 '사랑 나무'라고도 부르는 연리지와 그 옛날 사오랑 서당 시절 한여름의 더위를 피해 야외 학습장으로 이용했던 고인돌쉼터가 나란히 자리하고 있다. 이곳을 지나 마주하게 되는 소나무 숲 출렁다리는 엉금엉금 건너면서도 묘한 재미를 안겨 준다. 출렁다리를 건너지 않고 오른쪽 길로 가면 정사목을 볼 수 있다. 뜨거운 사랑을 나누는 남녀의 모습을 하고 있는 소나무가 다소 민망하긴 하지만 천년에 한 번 나올 정도로 희귀한 음양수다.

이어서 세상 근심 걱정을 모두 잊는다는 망세루, 1968년까지 호랑이가 실제로 드나들었다는 호랑이굴, 매의 형상을 한 매바위, 여우비나 여름 무더위를 피해 잠시 쉬어 간 여우비 바위굴이 줄줄이 이어진다. 하나하나 구경하며 걷다 보면 앉은뱅이가 물을 마시고 난 후 걸었다는 전설이 깃든 앉은뱅이약수터도 있으니 시원하게 목을 축이기에는 금상첨화다. 아울러 깎아지른 절벽 끝에서 호수를 향해 툭 튀어나온 고공전망대는 바닥이 투명유리로 되어 있어 오금이 저리면서도 짜릿하다. 스릴 만점 전망대를 뒤로 하고 마흔 개 계단으로 이루어져 이름 붙은 '마흔 고개'를 넘어서면 비로소 산속에 꼭꼭 숨어 있던 산막이마을이 모습을 드러낸다.

산막이마을에 도착 후 돌아 나오는 방법은 세 가지다. 더 이상 걷는 것이 싫다면 산막이마을 선착장에서 배(유료)를 타고 나오면 된다. 아니면 왔던 길로 다시 걸어 나오거나 산막이마을 안쪽에 연결된 등산로를 통해 돌아 나오는 방법이다. 해발 430~450m 남짓의 봉우리로 이루어진 산이지만 제법 암팡져서 오르고 내려야 하는 수고로움은 있지만 이 등산로를 걸어 봐야 만이 산으로 둘러싸여 막혀 있는 산막이마을의 실체를 온전히 볼 수 있다.

이 길목에서는 바위를 뚫고 나와 꿋꿋하게 자랐다 하여 이름 붙은 '시련과 고난의 소나무', 나무꾼이 나무를 자르려 할 때 나무가 울어 중지했다는 이야기가 담긴 '신령참나무'도 볼 수 있다. 울창한 노송과 어우러진 아름다운 자연에 하늘도 감탄했다 하여 이름 붙은 천장봉을 넘어서면 괴산댐 준공으로 인해 산비탈이 물에 잠기고 드러난 땅이 한반도 지형처럼 보이는 모습을 볼 수 있는 한반도전망대가 기다리고 있다. 또한 그 옛날 한양으로 과거 보러 간 아들을 위해 등잔불을 켜 놓고 100일 기도를 올렸던 봉우리라 하여 붙은 등잔봉에서도 괴산호 물줄기와 어우러진 산막이마을이 한눈에 내려다보인다.

⊕ 문광저수지

플러스

괴산군 문광면 양곡리는 평범한 시골 마을이지만 해마다 가을이면 수많은 사람이 찾아드는 곳이다. 마을 진입로는 물론 이 마을의 생명 젖줄인 저수지를 둘러싸고 있는 은행나무 때문이다. 수십 년 전 마을사람들이 심어 가꾼 은행나무들은 줄잡아 300여 그루. 건장하게 자란 그 은행나무들이 가을이면 황금터널을 이  룰 뿐만 아니라 저수지 수면까지 노랗게 물들이는 풍광이 이색적이다. 이즈음에는 전국 각지에서 모여든 사진 동호인들의 셔터 소리가 끊임없이 터져 나오고 황금빛 가을 산책을 즐기려는 발길도 적잖다. 유색벼를 활용한 '논 그림' 또한 이 마을의 볼거리 중 하나다. 문광저수지 둑 아래에 펼쳐진 논은 해마다 다른 그림을 선보이는 거대한 야외 미술관이 된다.

제각각의
멋을 품은 무릉도원에서
신선처럼 유람하기

🚐 **자동차 내비게이션**
 ❶ 도담삼봉(충북 단양군 매포읍 삼봉로 644)
 ❷ 상선암(충북 단양군 상선암길 36-5)
 ❸ 사인암(충북 단양군 사인암2길 42)

🚌 **대중교통** 단양시외버스터미널 앞 버스정류장에서 도담삼봉
 하선암 중성암 상선암 사인암 방면 버스를 이용

단양 팔경 중 하나인 도담삼봉 밤 풍경.

우리나라에는 빼어난 비경들을 묶어 '무슨 몇 경'이라 꼽는 지역이 많다. 단양도 예외는 아니다. 단양이란 명칭은 연단조양(鍊丹調養)에서 유래됐다. 연단은 신선들이 먹는 약이요, 조양은 따뜻한 빛을 골고루 비춘다는 것으로, 그 내면에는 곧 '신선이 다스리는 살기 좋은 무릉도원 같은 고을'이란 의미를 담고 있다. 그런 단양에는 여덟 군데의 명승지가 있다. 이른바 '단양 팔경'으로 도담삼봉, 석문, 구담봉, 옥순봉, 사인암, 하선암, 중선암, 상선암이 이에 속한다.

단양 팔경은 하나같이 산과 물이 절묘하게 어우러졌지만 풍기는 멋은 제각각 다르다. 보기에도 좋고 마음까지 절로 여유로워지는 풍광에 매혹되어 그 옛날 정도전과 퇴계 이황을 비롯한 선비들은 저마다의 비경을 마음의 고향 삼아 머물렀고, 조선화가 김홍도는 그 절경을 고스란히 화폭에 담아냈다. 그러니 한 번쯤은 속세에서 벗어나 무릉도원 같은 고을에 몸을 들여 신선처럼, 시를 읊던 선비처럼 느긋한 유람을 즐겨 보는 것도 좋다. 단양 팔경 중 첫 번째는 매포읍 도담리에 있는 도담삼봉이다. 단양읍을 둥글게 감싸고 돌다 S자 형태로 굽어지는 남한강 물줄기 한가운데서 고고하게 솟아오른 세 개의 봉우리가 바로 도담삼봉이다. 고만고만한 기암괴석 세 개가 따로 또 같이 서 있는 모습이 이색적인 곳으로, 가운데 우뚝 솟은 봉우리를 남편봉, 불룩한 배를 내밀고 앉아 있는 형태의 오른쪽 봉우리를 첩봉, 이를 외면한 채 샐

1 물가에 병풍처럼 솟구친 사인암.
2 널찍한 암반 위에 '붕암'이라 일컫는 둥근 바위가 들어선 하선암.
3 올망졸망한 바위들이 켜켜이 쌓인 모습이 아기자기한 상선암.

쭉한 모습으로 돌아앉은 듯한 왼쪽 봉우리를 처봉이라 부른다. 도담삼봉은 자신의
호를 '삼봉'이라 칭한 조선 개국공신 정도전을 비롯한 많은 선비가 찾아와 시를 읊
은 곳으로도 유명하다.

　남편봉에 들어선 정자(삼도정)로 인해 아기자기한 모습을 더해 주는 도담삼봉은
낮에 보는 것도 좋지만 이른 아침 물안개가 피어오를 때는 신비롭고 해가 진 후 조
명을 받은 세 개의 바위가 까만 물빛에 선명하게 비춰지는 모습도 인상적이다. 특히

하얀 눈이라도 내려앉으면 그림보다 더 그림 같은 풍경을 자아낸다. 아울러 도담삼봉 주차장 안쪽 산자락을 오르면 도담삼봉을 내려다볼 수 있는 전망대 위편에서 둥그스름하게 구명 뚫린 석문(2경)도 더불어 엿볼 수 있다.

반면 단성면을 훑어 내리는 선암계곡이 품은 하선암, 중선암, 상선암은 6, 7, 8경으로 꼽는 곳이다. 초입의 하선암은 3층으로 형성된 풍만한 너럭바위 위에 둥글고 커다란 바위덩이가 덩그러니 앉은 모습이 이색적으로 그 형상이 마치 미륵 같다 하여 '불암'이라 부르기도 한다. 계절마다 다른 풍경을 보여 주는 하선암의 절경을 두고 퇴계 이황은 '봄이면 철쭉꽃이 노을 같고 가을이면 단풍이 비단 같다'고 묘사하기도 했다.

하선암에서 5km쯤 위에 있는 중선암은 특히 옥염대와 명경대라 불리는 두 개의 웅장한 백색바위가 눈길을 끈다. 옥염대 암벽에 새겨진 '사군강산삼선수석(四郡江山三仙水石)'이란 글귀는 단양, 영춘, 제천, 청풍 사군 중 상선암, 중선암, 하선암이 가장 아름답다는 의미를 담고 있다. 중선암보다 조금 안쪽에 있는 상선암은 하선암 중선암에 비해 눈에 띄게 큰 바위는 없지만 올망졸망한 바위들과 함께 넓적넓적한 바위 사이를 연결하는 아치형 다리와 어우러져 아기자기한 멋을 자아낸다. 아울러 하선암에서 중선암, 상선암으로 이어지는 59번 도로는 계곡을 따라 구불구불 이어지는 길이 멋져 드라이브 코스로도 그만이다.

단성면 옆 대강면 사인암리에 자리한 사인암은 단양 팔경 중 5경으로 상선암, 중

사인암 뒤편에 살포시 숨어 앉은
자그마한 삼성각.

선암, 하선암과 달리 수직으로 곧게 뻗은 절벽 머리에 소나무를 달고 있는 풍경이
일품이다. 물위에서 병풍처럼 솟구친 절벽은 갖가지 물감을 흩뿌려 놓은 듯 색깔이
알록달록한 것이 독특하다. 가을이면 울긋불긋 단풍까지 어우러져 더욱 인상적이
다. 그 풍경에 반한 추사 김정희는 '하늘에서 내려온 한 폭의 그림 같다'고 쉽사리 극
찬했지만 조선 최고의 화가 김홍도는 사인암의 비경을 화폭에 담아내는 데 애를 먹
었다. 코앞에서 십여 일을 지켜보면서도 쉬이 그려낼 수 없을 만큼 경이로운 풍경
이었기 때문이란다. 그런 사인암 옆에는 청련암이 자리하고 있다. 아담한 마당 안에
들어선 모습이 절이라기보다 여염집 같은 풍경이다. 청련암 오른쪽, 좁은 돌계단을
따라 올라가면 사인암 뒤편 기암절벽 틈새를 비집고 들어앉은 삼성각이 이채롭다.

　3경, 4경은 절벽을 기어오르는 듯한 거북이 형상의 기암괴석이 잔잔하게 일렁
이는 물에 비치면 거북 무늬가 있다 하여 이름 붙은 구담봉, 단애를 이룬 옥빛 절벽

이 마치 대나무순이 솟아 오른 것 같다 하여 이름 붙은 옥순봉이다. 단양과 제천 경계 지역에 놓인 옥순봉은 단양 팔경이자 제천 10경에도 들어 있다. 옥순봉을 놓고 두 지역이 줄다리기 하는 건 예나 지금이나 변함없다. 그 옛날 청풍군에 속한 옥순봉 절경에

♠ 충주호유람선

장회나루~청풍나루 구간은 구담봉과 옥순봉을 비롯해 층층이 쌓아올린 듯한 기암절벽이 장관인 강선대, 신선봉, 삿갓바위 등 경관이 뛰어난 충주호의 비경을 엿볼수 있다.
장회나루 문의 043-421-8615

반한 단양 출신의 기녀 두향이 단양 군수로 부임해 자신을 아끼던 퇴계 이황에게 옥순봉을 단양군에 속하게 해 달라고 청했지만 청풍 군수가 이를 허락지 않자 이황이 옥순봉에 '단구동문'이라 새겨 단양의 관문으로 정했다는 이야기가 전해 오는 곳이기도 하다. 하지만 행정구역상으로는 지금도 제천시 청풍면에 속해 있다. 절묘한 생김새의 구담봉과 모두가 탐냈던 옥순봉은 장회나루에서 청풍나루를 오가는 유람선을 타야 그 모습을 볼 수 있다. 아울러 단양 팔경 유람은 도담삼봉-석문-사인암-하선암-중선암-상선암-구담봉-옥순봉 순으로 돌아보는 것이 일반적이다. 비경을 모두 둘러보려면 최소한 1박 2일은 잡아야 한다.

⊕ 소백산

플러스

비로봉을 중심으로 국망봉, 연화봉, 형제봉 등이 줄줄이 펼쳐진 소백산은 무엇보다 시야가 탁 트인 완만한 능선 길을 걷는 묘미가 매력적인 곳이다. 특히 소백산 정상인 비로봉(1,439m) 부근은 '살아 천년, 죽어 천년' 간다는 주목 군락지로 유명한데다 키작은 풀들만이 가득 펼쳐진 풍경이 알프스 초원을 연상시킨다. 반면 봄이 무르익으면 연화봉 줄기를 타고 철쭉이 화사하게 피어나는가 하면 연화봉에서 비로봉에 이르는 능선 자락은 계절

마다 피어나는 야생화로 천상의 화원으로 불리기도 한다. 이곳은 대개 봄 철쭉, 겨울 눈꽃으로 덮인 백색평원을 보러 오는 이들이 많지만 여름의 초록 밭과 누런 잔풀들이 바람에 흩날리는 늦가을 풍경도 매혹적이다.

신기루 같은
'안개 섬' 에서
하룻밤 보내기

🚐 **자동차 내비게이션** 대천연안여객선터미널(충남 보령시 대천항중
앙길 30)

🚌 **대중교통** 대천역과 보령종합버스터미널 앞 시내 버스 정류장에
서 대천연안여객선터미널행 버스 타고 대천항여객터미널에서
호도와 녹도를 거쳐 외연도로 가는 배 이용(4월~9월 하루 2회
(오전, 오후) 운행, 10월~3월 하루 1회(오전) 운행. 시기와 날씨에
따라 출항 시간이 변경 가능하니 사전 확인 필요).
신한해운 041-934-8772

정겨운 그림으로 가득한 외연도 마을 골목길.

어느 날 문득, 일상이 팍팍하고 갑갑하게 느껴질 때는 삶의 시계추를 한 템포 늦춰 주는 것도 필요하다. 이럴 때는 분위기를 전환해 잠시 뭍을 떠나 호젓한 섬에서 하루 이틀 머무르는 것도 좋다. 조금은 먼 바다에 있는 외딴섬이라면 더욱 좋다. 뭍에서 보는 섬은 외롭지만 정작 그 섬에 들어가면 외로움에 앞서 마음도 느긋하고 편해진다. 그러기에는 때 묻지 않은 원시의 섬, 신비의 섬이라 일컫기도 하는 외연도가 제격이다.

외연도는 보령 앞바다에 떠 있는 수십 개의 섬 중 가장 먼 섬이다. 바람 잔잔한 새벽녘이면 중국에서 닭 울음소리가 들리기도 한다는 섬이다. 외연도는 육지에서 멀리 떨어져 연기에 가린 듯 까마득하게 보이는 섬이라 해서, 혹은 일 년 중 대부분이 안개에 쌓여 있다 하여 붙여진 명칭이다. 호젓한 섬마을을 병풍처럼 감싼 산봉우리와 몽돌해안, 이국적인 풍경의 초원 지대까지 품은 외연도는 몇 해 전 문화체육관광부가 선정한 '가고 싶은 섬'이자 미국 CNN이 '대한민국의 가장 아름다운 섬 33선' 중 하나로 꼽은 섬이다.

하지만 안개 자욱한 바다에서 신기루처럼 불현듯 나타났다 사라지는 외연도는 그리 호락호락 문을 열진 않는다. 기상 상황이 멀쩡한 대천항에서 종종 배가 뜨지 못하는 건 바로 이 안개 때문이다. 뱃길로 두 시간 남짓 걸리는 이 '안개 섬'은 아담

1,2 아침부터 내내 활기 넘치던 포구도 해 질 무렵이면 붉게 스며드는 노을처럼 호젓함이 감돈다.

하다. 항구를 감싸고 있는 방파제 끝의 빨간 등대가 섬 초입이라면 또 다른 방파제 끝의 하얀 등대가 섬 끝이다. 그렇듯 규모는 작지만 어장이 풍부한 외연도는 생동감이 넘친다. 수시로 항구를 들락거리는 어선에 작업을 마친 어부들이 펼쳐 놓은 그물도 한가득이다. 하얀 등대로 가는 길목에는 외연도의 특산품인 까나리액젓 통이 수없이 널려 있다.

항구를 둘러싸고 고만고만한 집들이 붙어 있는 골목길 담장 곳곳에는 외연도 풍경을 담은 벽화가 그려져 있다. 꽃붕어가 헤엄치는가 하면 해님이 미소를 보내고 강강술래로 흥을 돋우는가 하면 나팔꽃과 동백꽃 그림이 마을에 생기를 더해 준다. 마을 뒤로는 세 개의 산이 봉긋봉긋 솟아 있다. 섬 초입의 것이 봉화산, 가운데가 당산, 섬 끝자락에 솟은 것은 망재산이다.

물기를 머금은 안개는 당산 자락에 천혜의 자연을 선물했다. 외연도의 명물이자 천연기념물로 지정된 상록수림은 동백나무와 후박나무, 팽나무, 고로쇠나무 등 각종 상록활엽수와 낙엽활엽수가 수백 년 동안 어우러져 원시림을 방불케 하는 곳이다. 당산에는 아주 오래전 중국의 전횡장군을 기리는 아담한 사당도 놓여 있다. 제나라가 망하자 한나라의 추격을 피해 500여 명의 군사를 이끌고 외연도에 정착한 전횡장군은 항복하지 않으면 섬 전체를 토벌하겠다는 한나라의 위협에 섬 주민과 군사들의 안전을 위해 홀로 한나라로 들어가 스스로 목숨을 끊었다는 이야기가 전해 오고 있다. 그 후 섬사람들은 그의 사당을 짓고 지금까지 매년 정월 대보름이면 당제를 지내고 있다.

상록수림은 마을 안쪽에 있는 외연초등학교 옆 돌계단이 그 입구다. 돌계단을 지나 나무 계단 길로 들어서면 본격적으로 하늘이 보이지 않을 만큼 울창한 숲이 펼쳐진다. 구불구불 제각각의 모습으로 뻗어 오른 나무들의 모습은 예사롭지 않다. 방문객에게 꾸벅 인사하듯 구부정하게 휘어진 동백나무가 눈길을 끄는가 하면 팽나무 줄기를 휘감고 올라가는 나무 등 사방으로 뻗은 나뭇가지들이 서로 얽히고설켜 함께 의지하며 살아온 나무들에게서는 오랜 세월이 심어 놓은 고고한 기품이 어려 있다. 봄이 오면 곳곳에서 툭툭 떨어진 붉은 동백꽃이 널려 있어 걷는 발걸음이 조심스럽다.

상록수림을 넘어 오른쪽으로 접어들면 몽글몽글한 돌멩이들로 가득한 명금해변이 펼쳐진다. 둥그스름한 바다 오른편에는 수박덩이처럼 큼지막한 몽돌이 널려 있는 큰 명금, 왼편으로는 손톱만 한 몽돌로 이루어진 작은 명금이 형성되어 있다. 끊임없이 들락거리는 파도에 말갛게 얼굴만 씻을 뿐 꿈쩍 않는 큰 명금과 달리 조막만 한 몽돌로 가득한 작은 명금은 파도에 쓸려 '차르르르~' 울려 퍼지는 몽돌 소리가 상큼하다. 몽돌이 깔린 해변 앞에는 울퉁불퉁 기암괴석과 코앞에 떠 있는 섬들이 어우러져 장쾌하면서도 아기자기한 풍경을 빚어낸다. 그 풍경을 마주하며 몽돌소리를 듣노라면 가슴이 탁 트이고 마음이 편안해진다.

작은 명금에서 큰 명금으로 이어지는 해안산책로를 지나면 외연도 최고봉인 봉화산 가는 길이다. 언덕에서 풀을 뜯는 흑염소들의 모습도 정겹다. 정상까지는 쉬엄쉬엄 걸어도 30분 정도면 충분해 가볍게 트레킹 하기에 좋은 코스다. 가지런하게 이어진 계단 틈새로 풀들이 수북하게 피어 있다. 야생화와 어우러진 아름다운 풀길 끝에는 잠시 숨을 고르기에 좋을 나무데크 쉼터가 조성되어 있다. 이곳에서부터는

1 파도가 밀려올 때마다 자그르르 몽돌 구르는 소리가 아름다운 명금해변.
2 노을 속에 항구로 돌아오는 배는 집 떠나온 나그네의 감성을 자극한다.

계단이 아닌 흙길이다. 정상에는 봉수대로 사용되던 흔적이 남아 있다. 정상에 오르면 나무에 가려 탁 트인 전망을 보기 힘든 반면 정상에 오르기 직전 잠시 나무들이 길을 터 준 지점이 오히려 항구를 중심으로 옹기종기 모인 집과 점점이 떠 있는 섬들을 품은 바다 풍경이 한눈에 내려다보인다. 이국적인 초원을 보려면 섬 끝자락에 솟은 망재산을 올라야 한다. 가파른 비탈길과 바위면을 로프를 잡고 넘나들어야 하는 편치 않은 길이지만 그 수고로움만큼의 풍광을 선사해 준다.

해 질 무렵, 분주했던 항구는 모든 일손이 멈춰진 채 고요하다. 낮 동안 내내 끼룩거리며 수다를 떨던 갈매기들도 조용하다. 마을을 붉게 물들이던 해가 이내 넘어가고 컴컴해진 바다에는 등대불만 반짝인다. 그렇게 점점 깊어져 가는 밤을 맞는 작은 섬. 적막 속에 감싸인 포구의 아련한 밤 풍경은 나그네를 왠지 모를 감성에 젖게 한다. 그리고 자욱한 새벽안개 속에 서서히 동이 트면 봉화산과 망재산 봉우리가 머리를 내밀고 아침 햇살을 받아 반짝이는 몽돌들. 보이는 모든 것이 그림 같은 외연도의 평온한 비경을 가슴에 담고 다시 오르는 뱃길은 한결 경쾌하고 가볍다.

'귀족 조개' 맛보고 죽도 둘레길 산책하기

🚐 **자동차 내비게이션** 남당항 주차장(충남 홍성군 서부면 남당항로 213번길)

🚍 **대중교통**
❶ 홍성버스터미널에서 남당행 버스 이용(홍주여객 041-642-1371)
❷ 남당항~죽도 여객선 하루 5회(토·일·공휴일은 6회) 운항(10분 소요, 화요일 휴항, 신분증 지참 필수, 홍주해운 041-631-0103)

 바닷물이 드넓은 갯벌을 넘나드는 천수만은 '바다의 곳간'이다. 봄 주꾸미를 시작으로 꽃게, 갑오징어 철이 지나면 가을 대하, 겨울 새조개로 이어지고 바지락과 낙지까지 얹어 주니 그 중심에 있는 홍성 어부들은 그 바다가 늘 고맙다. 그렇게 천수만이 철마다 안겨 주는 별미에 아름다운 노을까지 곁들인 홍성은 언제든 발품이 아깝지 않은 곳이다.

 천수만 방조제 코앞에 자리한 궁리포구는 길쭉한 천수만을 낀 홍성 바다의 첫 포문을 열어 주는 곳으로, 넘실대던 바닷물이 물러나면 드러나는 넓은 갯벌이 인상적이다. 궁리포구에서 바다를 끼고 아랫녘으로 내려가면 바지락으로 유명한 어사항이다. 조금 더 내려온 남당항은 바닷가에 늘어선 횟집도 많아 언제든 활기차다. 천수만의 작은 항구가 이렇듯 활기를 띠게 된 건 가을 대하축제와 겨울 새조개축제로 유명해진 덕이다. 특히 속살이 새의 부리를 닮아 이름 붙은 새조개는 양식이 안 되는 순수 자연산이다. 한겨울에만 슬쩍 나타나는 새조개는 수심 10~30m 아래 진흙 바다이 서식지인 데다 새의 부리를 닮은 길쭉한 발로 재빠르게 옮겨 다녀 베테랑 어부도 재수가 좋아야만 잡을 수 있다는 녀석들이다. 그런 만큼 값도 비싸 '조개의 귀족'이라 불리는 새조개는 1~2월 즈음에 가장 통통하게 살이 오르는 천수만 최고의 겨울 별미다.

1 죽도 둘레길을 따라 걷다 보면 옹기종기 모인 작은 섬들을 품은 바다 풍경을 만난다.
2 죽도의 전망대 쉼터에는 한용운 스님, 김좌진 장군, 최영 장군이 반겨 준다.

남당항 코앞에는 홍성에서 하나뿐인 유인도인 죽도가 동동 떠 있다. 대나무가 유독 많아 이름 붙은 죽도는 야트막한 3개의 봉우리와 그 사이사이에 펼쳐진 아담한 해변을 오르내리는 둘레길이 깔끔하게 조성되어 '차 없는 트레킹 명소'로 은근히 인기 있는 곳이다. 그 길을 오가며 마주하는 마을엔 집집마다 정겨운 벽화가 그려져 있어 걷는 재미를 더해 준다. 구간마다 '댓잎소리길', '파도소리길'이라 이름 붙은 아기자기한 길을 따라 섬을 자박자박 걷다 보면 재미있는 캐릭터의 한용운 스님, 김좌진 장군, 최영 장군이 반기는 전망대 쉼터도 만나게 된다.

1895년 일제의 명성황후 시해와 단발령에 분개한 을미의병이 들불처럼 일었고, 우리 외교권을 빼앗긴 을사늑약 이듬해인 1906년 전국에서 가장 큰 규모의 의병을 다시 한 번 일으켰던 홍성은 항일운동의 성지로 일컫는 고장이다. 그런 홍성에선 인물 자랑하지 말라는 얘기도 있다. '황금 보기를 돌같이 하라.'라던 최영 장군, 사육신으로 절개를 지킨 성삼문, 일생을 독립운동에 바친 김좌진 장군과 한용운 스님도 홍성 출신이다. 그것을 기념하여 제각각 방향을 달리하며 탁 트인 바다를 내려다볼 수 있는 3개의 죽도 봉우리에 한용운 스님, 김좌진 장군, 최영 장군 쉼터를 조성한 것이다.

죽도 둘레길은 선착장 방파제 안쪽에서 연결되는 나무 계단에서 시작된다. 계단을 올라 마주하는 곳은 대나무 섬인 죽도가 품은 유일한 소나무 숲 동산이다. 제법 울창한 솔숲을 벗어나 아담한 해변 길을 지나면 본격적으로 대나무 숲길이 등장한다. 빽빽한 대숲 사이로 연결된 오솔길을 따라 제1조망쉼터에 오르면 옹기종기 모인 작은 섬들을 품은 바다 풍경이 시원하게 펼쳐진다. 바로 이곳에 섬세한 글로 심금을 울린 시인이자 일제와 타협한 친일파들을 거침없이 꾸짖는 '사이다 발언'으로 속을 시원하게 해 준 한용운 스님이 자리하고 있다.

제1조망쉼터에서 바다를 향해 뻗어 있는 대숲 계단을 내려오면 자갈로 뒤덮인 해변이 모습을 드러낸다. 해변 탐방로 앞에 있는 2개의 꼬마 섬은 썰물 때 바닷물이 빠지면 걸어서 들어갈 수도 있다. 자갈 해변을 지나 정겨운 벽화가 담긴 마을길로 접어들면 듬직한 김좌진 장군이 기다리는 제3전망쉼터로 오르는 탐방로가 연결되어 있다. 그 길목에는 화려한 색감의 도자기 조각들을 붙여 만든 액자 형태의 조형물이 설치되어 기념사진을 찍기에도 좋다. 이어서 제3조망쉼터에서 내려와 마을 오른쪽 봉우리로 오르면 제2조망쉼터가 있다. 최영 장군이 반기는 이 쉼터에는 홍성의 대표 인물과 명소를 소개하는 죽도갤러리도 마련되어 있다.

이렇듯 선착장에서 연결되는 향긋한 소나무길~포근한 대나무길~탁 트인 해변길~마을길로 이어지는 죽도 둘레길은 2시간 정도면 돌아볼 수 있다. 아울러 20여 가구가 사는 죽도에는 식당을 겸한 민박집이 여러 곳 있어 하룻밤 머물며 좀 더 느긋한 시간을 보내는 것도 좋다.

⊕ 천수만 노을 명당

_{플러스} 홍성 8경 중 하나인 '궁리포구 낙조'를 비롯해 남당항으로 이어지는 7km 가량의 해안도로는 어디서든 천수만을 붉게 물들이는 노을을 마주하기 좋은 해넘이 명소다. 궁리항과 어사항 사이에 자리한 속동전망대 앞에 솟아오른 모섬 위엔 바다를 향해 돌출된 뱃머리 전망대를 설치해 마치 배 위에서 해넘이를 보는 듯해 '타이타닉 포토존'이라 일컫는다. 또한 남녀가 마주 보고 있는 조형물을 품은 어사리노을공원과 남당항 노을전망대도 낭만적인 해넘이를 감상하기에 좋은 곳이다.

어사리노을공원의 조형물.

백제의 마지막 길 끝에서
백마강
유람선타기

🚗 **자동차 내비게이션** 부소산성(충남 부여군 부여읍 부소로31)

🚌 **대중교통** 시외버스 타고 부여시외버스터미널 하차 후 구드래강
변까지 도보 10분

　부여는 백제의 마지막 역사를 간직한 도시다. 성왕 16년(538년)에 수도를 공주에서 부여(당시 명칭은 사비)로 옮긴 백제는 의자왕 때 나당연합군에 패하면서 660년에 그 역사를 마감한다. 어느덧 1,350여 년의 세월이 흘렀지만 부여에는 120여 년간 이어진 사비백제시대의 흔적이 지금도 곳곳에 남아 있다. 부여를 휘감아 도는 금강 줄기를 이곳에서는 백마강이라 일컫는다. 그 백마강이 감싸고 돌아 외적 방어에 유리했던 부소산성은 유사시에는 왕궁을 방어하는 최후의 보루였지만 경치가 좋아 평상시에는 왕궁의 후원으로 사용되던 곳으로 사비백제문화역사의 중심지로 꼽는 곳이다.

　부소산성을 이루는 부소산은 해발 106m밖에 안 되는 야트막한 산으로 무엇보다 흙을 다져 만든 토성길과 완만한 산책로를 걷는 맛이 일품이다. 구불구불 소나무와 단풍나무가 우거진 부소산성 산책로에서 처음으로 만나는 곳은 삼충사. 백제 말 의자왕에게 잘못된 정치를 바로잡고자 직언을 하다 투옥된 성충, 성충과 함께 임금께 고하다 유배당한 흥수, 황산벌전투로 이름난 계백 등 세 명의 충신을 기리기 위해 세운 사당이다. 이곳에서 단풍나무 터널을 이룬 숲길을 지나면 계룡산 연천봉에서 떠오르는 해를 맞이하던 곳이라던 영일루와 백제군의 곡물 창고였던 군창지로 이어진다. 나당연합군의 침공으로 인해 700여 평이나 되는 큰 창고 안에 가득 쌓아

낙화암 밑 강가에 자리한 고란사는 백마강에
몸을 던진 삼천 궁녀의 넋을 위로하기 위해 지
었다는 절이다.

두었던 곡물들이 불에 타 지금까지 흙속에 묻혀 있다지만 지금은 넓은 마당에 곡물
대신 아름드리 소나무들만 들어서 있다. 걸음을 옮겨 소나무가 우거진 야트막한 둔
덕 위에 자리한 반월루에 오르면 부여를 감싸고 도는 강과 어우러진 부여 시내 전경
이 한눈에 내려다보인다.

반월루에 이어 부소산성에서 제일 높은 곳에 자리한 사자루에 들어서면 발밑으
로 빽빽하게 들어찬 소나무 숲 사이로 고요히 흐르는 백마강 줄기가 숨바꼭질 하듯
모습을 드러낸다. 사자루를 지나 부소산성 끝자락에 이르면 산성이 함락되자 정절
을 지키려던 백제의 삼천 궁녀가 강물에 몸을 던져 꽃잎처럼 떨어졌다는 전설이 깃
든 낙화암이 솟아 있다. 깎아지른 바위 밑으로 푸른 물줄기가 흐르는 백마강 모습을
보면 다리가 후들거릴 만큼 아찔하지만 풍광만큼은 최고다. 특히 해 질 무렵 이곳에

서면 금강 줄기에 퍼지는 낙조가 아름답다.

　낙화암 밑 강가에 자리한 고란사는 삼천 궁녀의 넋을 위로하기 위해 지었다는 절로 규모는 작지만 모양새는 예쁘다. 고란사 뒤편 담장에는 삼 천 궁녀가 줄을 서서 치마폭으로 얼굴을 가리고 강물로 뛰어드는 모습을 담은 벽화가 그려져 있고 그 앞 암벽 틈에서는 약수가 퐁퐁 솟아난다. 한 잔 마실 때마다 삼 년이 젊어진다는 걸 모른 채 벌컥벌컥 마셨다가 갓난아이가 되었다는 할아버지 전설이 어린 약수터다. 2.3km가량의 산책 끝에 긴 국자로 떠서 마시는 약수가 시원하기 그지없다.

　고란사 바로 밑은 백마강 유람선 선착장이다. 이곳에서 황포돛배 유람선을 타면 구드래 선착장까지 15분 남짓 걸린다. 짧은 뱃길 여정이지만 부여의 상징인 백마강에 두둥실 몸을 실어 볼 수 있다는 게 매력적이다. 백마강변에 얽힌 전설도 가지가지다. 그 유명한 낙화암을 비롯해 백마고기를 미끼 삼아 용을 낚았다는 조룡대, 백제 성왕 때 홍수로 인해 청주에서부터 떠내려왔다는 부산 등 선장의 구수한 입담을 통해 들으며 두루 엿볼 수 있다. 강을 따라 천천히 움직이는 배 위에서 낙화암을 올려다보면 비록 전설이긴 하지만 아

단풍나무 숲이 터널을 이루는 부소산성 산책로.

백마강 유람선(위). 백제 말기 세 명의 충신을 기리기 위해 세운 삼충사(아래).

름다운 풍광을 뒤로 한 채 뛰어내렸을 궁녀들 생각에 코끝이 찡해 온다.

그 옛날 백제의 도성인 사비성의 포구로 일본이나 중국으로 오가던 배가 드나들던 나루터 일대를 뜻하는 명칭인 구드래 선착장에 내리면 강변을 따라 백마강 둔치가 넓게 펼쳐져 있다. 그 한 자락에는 다양한 형태의 조각 예술품을 엿볼 수 있는 구드래조각공원도 자리하고 있다. 백제의 마지막 흔적 끝에서 발을 들이는 백마강 둔치는 봄이면 유채, 가을에는 코스모스가 끝을 가늠할 수 없이 피어나 장관을 이룬

다. 바람이 스칠 때마다 꽃 물결을 일
렁이며 환영하는 아름다운 꽃 들판은
백제의 마지막 역사를 보듬기 위해
찾아든 이들에게 안겨 주는 또 다른
선물이다.

▌▄ 부소산성
입장 시간 오전 9시~오후 6시(11월~2월 오후 5시) 입장료 어
른 2,000원, 어린이 1,000원 문의 041-830-2884

▌▄ 백마강 유람선
운행 시간 구드래 첫배 오전 9시 30분, 고란사 막배 오후 5시(주
말 오후 6시)
고란사 구드래 승선료 (편도) 어른 · 청소년 6,000원, 어린이
3,500원
고란사선착장 041-835-4690

⊕ 궁남지

플러스

부여 시내에 자리한 궁남지는 백제 무왕 35년(634년)에 만든, 우
리나라에서 가장 오래된 인공 연못이다. 연못을 둘러싸고 5만여
평에 달하는 주변은 온통 연꽃밭으로, 여름이면 백련, 홍련, 가시
연 등 다양한 연꽃이 활짝 피어 장관을 이룬다. 연꽃이 피지 않은

시기에는 볼품이 덜하지만 연못 한가운데 떠 있는 아담한 정
자와 연못 가장자리 곳곳에 초가지붕의 파라솔과 아담한 벤치가
놓인 모습이 그림 같아 부여 연인들의 데이트 장소로 인기가 높
다. 감미롭게 흘러나오는 음악 소리를 들으며 연못을 돌다 연못을 가로지르는 예쁜 구름다리를 건너
포룡정에 앉아 잠시 휴식을 취해도 좋다.
입장료 무료

정림사지

궁남지에서 도보로 10분 거리에 있는 정림사지는 부여의 유서
깊은 유적지 중 하나다. 정림사는 백제의 사비 천도 즈음인 6세
기 중엽에 창건되어 백제 멸망 때까지 번창했던 사찰이다. 절은
사라졌지만 절터에는 현존하는 석탑 중 가장 오래된 것이자 우

리나라 석탑의 시조로 꼽는 정림사지 5층석탑이 굳건히 자리를
지키고 있다. 이곳에 정림사지 5층석탑만 덜렁 있었다면 허전할
법 하지만 백제의 불교문화를 엿볼 수 있는 정림사지박물관이
들어서 돌아볼 만하다. 건물 형태가 불교의 상징인 '卍'자 모양으로 조성된 박물관에 들어서면 백제의
정교한 건축 기술을 비롯해 백제시대 중 가장 화려했던 사비 시기의 불교 관련 벽화와 유물들을 엿볼
수 있다.
입장 시간 오전 9시~오후 6시 **휴관일** 월요일 **입장료** 어른 1,500원, 어린이 700원 **문의** 041-832-2721

산사에서 청초한 가을 꽃길 걷고, 사찰국수 덤으로 맛보기

🚌 **자동차 내비게이션** 영평사(세종특별자치시 장군면 산학리 444)

🚆 **대중교통** 세종고속시외버스터미널에서 영평사까지 약 6km 정도지만 버스로는 두 번 갈아타야 하므로 택시를 이용하는 것이 편리하다.

영평사 구절초 축제 기간에 무료로 제공되는 사찰
국수는 '꽃보다 국수'라는 명칭으로 유명해졌다.

봄꽃이 화사하다면 가을꽃은 청초하다. 봄꽃에 따스함이 있다면 가을꽃에는 왠지 모를 서늘함이 스며 있다. 여름 끝을 지나 아침저녁 서늘한 기운이 감돌기 시작하면 하나둘 모습을 보이기 시작하는 게 들국화라 일컫는 구절초다. 구절초 필 무렵 하늘은 높아지고 알알이 영근 쌀 알갱이들은 한껏 고개를 수그린다. '구절초 꽃 피면은 가을 오고요 / 구절초 꽃 지면은 가을 가는데' 라는 김용택 시인의 〈구절초 꽃〉 한 대목처럼 구절초는 가을의 전령사가 되어 주는 꽃이다.

그렇게 가을을 맞이한 구절초를 원 없이 볼 수 있는 곳이 세종시 장군산 자락에 안겨 있는 영평사다. 오랜 역사를 지닌 것도, 이렇다 할 문화재도 없는 작은 절이지만 가을이면 그 어떤 곳보다 주목받는 건 흐드러지게 피어난 구절초로 뒤덮인 풍경이 장관을 이루기 때문이다. 절 경내는 물론 절을 둘러싼 산비탈 전체가 온통 하얀 구절초로 덮여 언뜻 하얀 눈이 소복하게 내려앉은 듯한 풍경은 더할 나위 없이 이색적이다. 그렇게 가을에 살포시 피어난 구절초는 한 유행가 가사처럼 '눈꽃인 듯 눈꽃 아닌 눈꽃 같은' 묘한 자태로 사람들의 발길을 유혹한다.

영평사를 둘러싼 산기슭에 가득한 구절초들은 자생적으로 피어난 것이 아니라 영평사 주지 스님의 구절초 사랑 덕분이다. 10여 년 전, 산등성이에 핀 구절초의 청초한 모습에 반해 해를 거듭하며 심고 또 심어 정성껏 가꾼 결과다. 그런 영평사는

1 경내에서 판매하는 은은한 구절초 차.
2 영평사 경내 장독대를 비집고 나온 구절초가 귀엽다.

더욱 높아진 파란 가을하늘 아래 아늑한 산사와 자연, 맑은 공기 속에 스며든 은은한 꽃향기만으로도 정신이 맑아지는 곳이다. 초가을 코스모스가 알록달록한 꽃빛으로 추심을 흔들어 놓는다면 순백의 구절초는 한가위를 넘어 점점 깊어가는 가을 정취 속에 마음을 차분하게 가라앉히는 매력적인 꽃이다.

영평사로 들어서는 도로변에도 구절초로 가득하니 이곳의 구절초 여행은 이미 진입로에서부터 시작되는 셈이다. 1km 남짓 이어지는 향긋한 꽃길을 따라 일주문을 넘어 들어선 대웅전 앞마당은 온통 잔디로 뒤덮여 여느 절 마당과 다른 모습이다. 특히 대웅전 왼쪽에 자리한 삼신각의 아담한 마당에 오르면 코앞에 우뚝 솟은 아미타불과 대웅전을 배경으로 하얀 구절초가 어우러진 풍경이 일품이다.

영평사 구절초는 먼저 대웅전과 삼신각, 삼명선원 일대를 둘러본 후 장군산 자락을 한 바퀴 돌아보면 온전히 엿볼 수 있다. 대웅전 옆 장독 마당을 지나 요사채를 지나면 야트막한 산길을 따라 내내 구절초 꽃길이 이어지기 때문이다. 완만한 비탈을 이루는 산자락에 흩뿌려진 꽃길은 주차장 초입이나 절 주변에 무리지어 한가득 피어 있는 것과 달리 나무, 잡풀들과 사이좋게 어우러지며 피어 있어 자연미가 물씬 풍긴다. 게다가 산사 주변에는 사람들로 붐비지만 이 산자락에는 그 새하얀 꽃을 이리저리 넘나드는 나비와 꿀벌들의 모습만 분주해 호젓한 꽃길 산책을 즐기기에 그만이다. 군데군데 '구절초 꽃길'이란 팻말을 따라 500m가량 오르면 다시 내리막길. 언덕을 넘어 내리막길로 접어들면 싱그러운 숲길이 펼쳐진다. 나무들이 하늘을 뒤덮어 그늘을 드리우고 향긋한 풀냄새와 흙냄새, 가을 풀벌레 소리가 가득한 길이다. 이 길을 따라 300m가량 내려오면 다시금 하얀 구절초 밭이 모습을 드러낸다. 이곳에도 길목마다 온통 구절초로 덮여 있다. 갓난아이 손바닥처럼 작고 앙증맞은 꽃들이 가을바람에 일렁이며 요리조리 움직이는 구절초의 노란 꽃술은 언뜻 자신의 꽃말처럼 '순수'한 모습으로 깔깔대며 웃는 어린아이 얼굴 같다. 그 모습을 보는 이의 입가에도 절로 미소가 번진다.

매년 구절초가 만개하는 10월 무렵에는 영평사 내에서 구절초축제도 열린다. 축제 기간에는 가슴을 촉촉하게 적셔 주는 산사 음악회를 비롯해 다양한 행사가 펼쳐진다. 또한 이 기간에는 영평사에서 조미료를 넣지 않고 죽염수로 간을 맞춘 담백한 잔치국수를 무료로 제공한다. 일명 '꽃보다 국수'라는 명칭으로 유명해진 국수공양은 줄줄이 엎어 놓은 항아리를 밥상 삼아 먹는 맛이 일품으로, 점심 즈음에는 국수를 먹기 위해 길게 늘어선 사람들의 모습도 이색적이다. 꽃도 보고 출출했던 배도 채운 후 대웅전 앞에 자리한 찻집에서 차를 마시며 여유로운 휴식을 취하고 달밤의 음악회까지 즐기는 고요한 산사의 정취. 어느 가을날 꼭 한 번쯤 맞이해 볼 일이다.

⊕ 베어트리파크

플
러
스

세종시 전동면에 자리한 베어트리파크는 10만여 평에 이르는 공간 안에 계절마다 피어나는 수많은 꽃과 나무가 어우러진 거대한 공원이다. 꽃과 나무가 어우러진 공원이야 전국 어디서나 흔히 볼 수 있지만 이곳이 독특한 건 동물이 있는 수목원이란 주제로 다양한 볼거리를 안겨 주기 때문이다. '곰 나무 공원'이란 명칭이 상징하듯 이곳에서는 국내 여느 동물원에서는 좀처럼 보기 힘든 다양한 곰 가족을 만날 수 있다. 이곳에 터를 잡고 사는 반달곰은 무려 150여 마리나 된다. 곰뿐만 아니라 꽃사슴, 공작, 보는 것만으로도 귀여운 애완동물들이 곳곳에서 발길을 멈추게 한다. 아울러 가을이면 억새와 은행나무 등 낭만적인 가을을 상징하는 단풍 낙엽 산책길을 오붓하게 걷는 즐거움도 있다.

관람 시간 오전 9시~오후 6시(금·토·일 오후 7시) **입장료** 어른 12,000원, 만3세~초등학생 8,000원

400년 된 솔밭에서 '아날로그 캠핑' 즐기기

🚌 **자동차 내비게이션** 송호국민관광지(충북 영동군 양산면 송호로 105)

🚆 **대중교통** 경부선 영동역 인근 버스 정류장에서 봉곡행 또는 마니산행 버스 타고 송호유원지 앞에서 하차

예전 사람들은 농사일을 끝내고 '천렵'를 즐겼다. '냇가에서 사냥한다'는 의미인 천렵은 말 그대로 개울에서 물고기를 잡아 솥단지를 걸어 놓고 즉석에서 끓인 매운탕에 한잔 술을 기울이며 농사의 고단함을 풀어 놓는 휴식의 시간이다. 생각해 보면 요즘 인기를 끄는 캠핑 또한 천렵의 일종이다. 풀벌레 소리 정겨운 자연 속에서 즐기는 여유로운 시간은 잠시나마 빡빡한 도심 생활의 고단함을 풀기에 그만이다. 그러니 어느 여름날, 혹은 단풍이 물든 가을날에 텐트 하나 들고 홀쩍 떠나는 여행도 한 번쯤은 필요하다.

수려한 산세를 품고 있어 '한국의 알프스'란 애칭을 얻은 영동은 '양산 팔경'으로 이름난 고장이다. 그 안에는 영국사, 비봉산, 봉황대, 강선대, 함벽정, 여의정, 자풍서당, 용암이 들어 있다. 그중 양산면 송호리에 위치한 송호국민관광지는 양산면의 8개 경승지 가운데 여의정과 강선대, 용암을 한곳에 품었기에 양산 팔경의 중심지로 꼽곤 한다.

국민관광지란 명칭이 언뜻 그렇고 그런 번잡한 곳을 떠올리게도 하지만 이곳의 풍광은 그 선입견을 무색케 한다. 금강 상류의 맑은 물줄기를 따라 널찍하게 조성된 송호국민관광지의 자랑은 빽빽하게 들어찬 고령의 소나무들이다. 이 울창한 송림은 과거 황해도 연안부사였던 박응종이 가져온 솔방울이 씨앗이 되어 400년을 이어온 결과물이다. 이 안에 양산 팔경 중 하나인 여의정이 들어앉아 있다. 이는 소나무밭을 일군 박응종이 말년에 관직을 내려놓고 낙향해 지은 아담한 정자로 후학을 가르치던 곳이다.

강가에 자연스럽게 펼쳐진 송호국민관광지는 늦가을의 멋도 운치 있다.

물놀이하기에도 그만인 금강을 사이에 두고 건너편 절벽 위에 세워진 강선대.

금강을 사이에 두고 건너편 봉곡리 강가 절벽 위에는 선녀가 내려와 목욕을 했다는 전설이 깃든 강선대가 살포시 앉아 있다. 그 밑으로 유유히 흐르는 강줄기에 볼록 솟은 바위가 양산 팔경 중 또 하나인 용암이다. 하늘로 승천하던 용이 목욕하는 선녀를 훔쳐보다 떨어져 그대로 굳어 버렸다는 웃지 못할 전설이 스민 바위다. 잔풀이 우거진 천변에서 이리저리 풀을 뜯는 소들의 모습도 정겹다.

수령 400년에 이르는 소나무들이 저마다 우아하게 뻗어 올린 가지들이 머리를 맞대 시원한 그늘을 드리운 솔밭은 가볍게 산책하는 사람들도 많지만 캠핑지로도 인기가 높다. 취사장, 급수대, 매점, 화장실 등 캠핑을 위한 편의 시설뿐만 아니라 산책로와 자전거길, 족구장이 있어 가벼운 운동도 즐길 수 있고, 와인테마공원도 조성되어 있다. 특히 여름에는 유아용 풀, 성인용 풀, 유스풀, 슬라이드풀이나 강가에 뛰어들어 시원하게 물놀이를 즐길 수 있다는 점도 매력적이다.

물놀이를 겸한 여름 캠핑도 좋지만 강줄기를 따라 길게 늘어선 단풍나무와 은행나무의 호젓한 풍경을 엿볼 수 있는 가을 캠핑도 매력적이다. 하지만 이곳에서 철저히 금하는 건 오토캠핑이다. 차를 들이면 아무래도 소나무와 잔디밭이 훼손될 우려가 있기 때문이다. 그러니 누구든 주차장에 차를 두고 관리소에서 제공하는 손수레를 이용해 캠핑 장비를 일일이 옮겨야 한다. 아울러 해먹도 설치할 수 없다. 울창한 송림이 싱싱하게 유지될 수 있는 비결이다. 게다가 이곳에서는 일부 구역 외에는 전기도 사용할 수 없다. 하지만 야영 본연의 취지인 아날로그 캠핑을 즐길 수 있는 곳이기에 캠핑객들은 오히려 다소의 불편함을 감수하고 끊임없이 찾아든다.

어둠이 내려앉은 고요한 솔밭에는 별빛과 달빛이 부드럽게 소나무 사이로 스며든다. 은은한 별빛 달빛 아래 도란도란 이야기꽃을 피우는 이들의 모습에서는 여유로움이 묻어난다. 그렇게 밤을 보내고 맞는 아침에는 새벽이슬을 머금어 더욱 진하고 향긋해진 솔 내음이 코끝으로 스며든다. 자연이 선사해 준 감미로운 밤과 신선한 아침 풍경은 누구에게라도 잊을 수 없는 또 하나의 추억거리를 안겨 준다.

|🏴 송호국민관광지

입장료 무료
텐트 설치비 1박당 15,000원(낮 12시~익일 오전 11시)
문의 043-740-3228

⊕ 영국사

플러스

고려 공민왕이 홍건적의 난을 피해 머물렀다는 영국사는 양산 팔경 중 제1경으로 꼽을 만큼 수려한 풍광을 자아낸다. 천태산 중턱에 들어선 천년 고찰 영국사의 규모는 아담하지만 수령 1,000년을 훌쩍 넘어 천연기념물로 지정된 은행나무가 뿜어내는 가을 풍경은 가히 일품이다.

난계국악박물관 & 난계사

영동은 고구려의 왕산악, 신라의 우륵과 더불어 우리나라 3대 악성으로 불리는 난계 박연이 태어난 문화 예술의 고장이기도 하다. 난계 박연 선생이 태어난 심천면에는 박물관뿐 아니라 선생의 영정을 모신 사당인 난계사와 국악기체험전수관, 난계 국악기 전시 판매장 등 국악 관련 시설이 오밀조밀 한자리에 모여 있다. 난계국악박물관에서는 제례악 연주 모형과 악기 제작 과정 등은 물론 관악기와 현악기, 타악기 등 우리 국악기의 일면을 하

나하나 엿보는 재미가 쏠쏠하다. 난계국악박물관 옆에는 '하늘의 북'이란 의미의 천고가 있는데 그 천고 옆 홍살문 안쪽에는 박연 선생의 영정을 모신 사당인 난계사가 자리하고 있다. 반면 박물관 앞에 있는 국악기체험전수관에서는 버튼을 눌러 가야금, 피리, 단소, 거문고, 편경 등 각종 국악기의 음을 들을 수 있다.

난계국악박물관 관람 시간 오전 9시~오후 6시 **휴관일** 매주 월요일, 1월 1일, 설, 추석연휴 **입장료** 어른 2,000원, 청소년 1,500원 **문의** 043-740-3886

100년 전 서울에서 애잔한 드라마 감성 느껴보기

🚗 **자동차 내비게이션** 선샤인랜드(충남 논산시 연무읍 봉황로 102)

🚌 **대중교통** 연무대고속버스터미널 앞에서 202번, 205번, 212번 버스 타고 훈련소입소대대 앞에서 내리면 선샤인랜드까지 도보 15분 거리(약 1km)

⭐ **Tip**
밀리터리체험관 문의 041-746-8480 / 오전 9시~오후 6시(11~2월 오후 5시) / 수요일, 1월 1일, 설·추석 당일 휴관 / 체험 비용은 종류에 따라 다름. 서바이벌 체험은 최소 6명 이상 모여야 가능하고 사전 예약 필수.

선샤인 스튜디오
문의 1811-7057 / 오전 9시~오후 6시(30분 전 입장 마감) / 수요일 휴무 / 입장료 어른 10,000원, 청소년 8,000원, 4세~초등학생 및 65세 이상 6,000원

논산은 백제와 신라가 치열한 혈투를 벌인 곳이다. 660년, 5만 대군을 앞세운 신라 김유신과 황산벌에서 맞선 백제의 계백 장군은 5천 명의 결사대를 이끌고 맹렬하게 싸웠지만 수적인 열세로 전멸하였고, 백제는 결국 무너지고 말았다. 나라를 위해 목숨 걸고 싸운 계백의 애국충정이 어린 백제의 옛 터전인 논산에는 오늘날 신병들을 맞는 육군훈련소가 자리를 잡았다.

그 인근에 조성된 복합 문화 공간인 선샤인랜드에는 논산 하면 떠오르는 '훈련소' 이미지를 접목한 밀리터리체험관이 있다. 탱크와 헬리콥터, 전투기 등 군장비들이 전시된 광장 옆에 있는 밀리터리체험관은 군대와 연관된 체험을 할 수 있는 곳이다. 가상현실(VR)체험관에서는 테러 조직에 납치된 인질을 구출하는 특수부대원이 될 수도 있고 스크린사격장과 실내사격장에서는 다양한 형태의 총 쏘기 체험을 통해 스트레스를 풀기에 좋다. 아울러 실외에 조성된 서바이벌체험장에선 시가지를 누비는 전투 게임을 통해 짜릿한 스릴감을 느낄 수 있다.

반면 밀리터리체험관 뒤에 있는 '1950스튜디오'는 한국전쟁 직후인 1950년대 서울 거리를 재현한 곳이다. 인상적인 벽화가 담긴 벽체 사이로 들어서면 요리조리 휘어지는 골목마다 전쟁의 아픔을 딛고 꿋꿋하게 살아가던 삶의 흔적이 곳곳에 담겨 있다. 당시 고달픈 서민들의 애환을 달래 주던 선술집과 극장, 여인숙, 추억의 물

1950년대 서울 거리를 재현한 1950스튜디오.

건들을 팔던 구멍가게를 비롯해 그 시절의 상황을 말해 주는 포스터들이 레트로 감성을 자아내는 이곳은 무료로 둘러볼 수 있다.

1950스튜디오 옆에는 그보다 수십 년 앞선 시대로 거슬러 올라가는 '선샤인 스튜디오'가 자리하고 있다. 1900년대 초 대한제국 시대의 한성(서울) 거리를 재현한 이곳은 2018년에 방영된 드라마 〈미스터 선샤인〉 핵심 촬영지였다. 〈미스터 선샤인〉은 일제에게 야금야금 빼앗긴 대한제국의 주권을 되찾기 위한 의병들의 눈물겨운 투쟁과 그 안에서 피어난 노비 출신의 미군 장교 유진 초이(이병헌)와 양반 가문의 딸 고애신(김태리)의 애틋한 사랑을 담은 작품이다. 드라마는 끝난지 오래지만 선샤인 스튜디오에는 기와집, 초가집, 일본식 가옥, 서양식 건물, 전찻길 등 촬영 장소들이 그대로 남아 있다. 게다가 배우들이 입었던 의상과 소품을 대여해 주는 양품점(유료)에서 취향대로 골라 입고 드라마 장면을 따라 하는 '인증샷' 명소로 입소문을 타면서 핫 플레이스로 떠오른 곳이기도 하다.

입구에 들어서면 바로 보이는 글로리호텔은 유진 초이와 자유분방한 부잣집 도련님 김희성(변요환)이 머물던 곳으로 '선샤인 스튜디오'의 감초 같은 장소다. 드라마 말미엔 폭발한 것으로 나오지만 실제로는 멀쩡히 남아 있다. 1층에는 드라마 장면을 엿볼 수 있는 소극장도 있고 호텔 여주인인 쿠도 히나(김민정)가 입었던 드레스와 촬영 소품

1 선샤인 스튜디오에서는 드라마 〈미스터 션샤인〉 속의 거리를 만날 수 있다.
2 선샤인 스튜디오의 한성전기 2층은 주인공 유진 초이의 집무실로 꾸며져 있다.

들이 전시되어 볼거리가 쏠쏠하다. 카페로 운영되는 2층으로 올라가면 드라마 속 종업원들과 똑같은 옷을 입은 직원들이 손님을 맞는 센스도 엿보이고, 테라스에 서면 '선샤인 스튜디오' 전경이 한눈에 내려다보인다.

글로리호텔 아래에 있는 아치형 돌다리인 홍예교는 남녀 주인공의 운명적인 첫 만남 장소이다. 극 후반부에 일본군과 총격전을 벌이던 유진 초이가 고애신을 살리기 위해 달리는 기차를 분리하고 희생한 장면을 촬영한 기차가 글로리호텔 위편에 전시되어 있다. 홍예교 앞 전찻길을 따라 늘어선 저잣거리에는 꽃신, 장신구, 사기그릇 등 다양한 소품들이 아기자기하게 진열되어 있다. 그런가 하면 드라마 속 인물들이 신기한 눈빛으로 맛보던 무지개 카스테라와 팥빙수 모형이 그대로 놓인 불란셔제빵소 내부에는 해당 장면을 담은 모니터가 있어 은근 보는 재미를 더해 준다.

천민 출신으로 일본 낭인이 된 구동매(유연석)의 집이었던 일본식 가옥 1층은 고애신을 흠모한 구동매, 김희성, 유진 초이가 술을 마시며 기 싸움을 벌이던 선술집으로 꾸며져 있다. 그 뒤편에 있는 초가집은 찰떡궁합으로 깨알 웃음을 선사했던 두남자(김병철, 배정남)가 "말만 하면 다 해드린다."라며 운영하던 전당포이자 흥신소,

만물상이던 '해드리오'로 대문 안쪽에 붙여진 '일본돈 사절' 문구도 그대로 남아 있다. 그뿐만 아니라 거리 곳곳에서 덕수궁 정문의 옛 이름 현판을 건 대안문(大安門), 김희성이 고애신을 위해 통째로 빌린 전차, 의병들의 현상수배 몽타주 등 드라마에 등장했던 것들을 툭툭 마주치게 된다.

1898년 설립된 국내 최초의 전기회사인 한성전기를 재현한 서양식 건물 2층은 드라마에서 유진 초이의 집무실로 나온 곳으로 인상적인 대사와 스틸 사진들이 전시되어 있다. 카페로 운영되는 1층엔 유진 초이의 실존 인물로 알려진 애국지사 황기환의 전시회도 열고 있다. 미국에 묻혔던 황 지사의 유해는 순국 100년 만인 2023년, 고국으로 돌아와 국립대전현충원에 안장됐다.

"눈부신 날이었다. 우리 모두는 불꽃이었고, 모두가 뜨겁게 피고 졌다. 잘 가요, 동지들. 독립된 조국에서 씨 유 어게인." 〈미스터 션샤인〉의 마지막 대사가 실현된 것이다. 드라마를 통해 대한제국 시대의 아픔과 가슴 아픈 사랑의 여운을 안겨 주는 '선샤인 스튜디오'는 드라마 시청자에겐 더 애틋하게 다가오고, 드라마를 보지 못한 이들에게도 의미 있는 추억을 남길 수 있는 곳이다.

⊕ 강경 근대역사문화거리

_{플러스} 금강 하류에 위치한 강경은 100여 년 전 강경포구를 중심으로 번성기를 누리며 조선 3대 시장 중 하나로 명성을 떨친 곳이다. 지금도 강경읍내 곳곳에는 그 시절에 세워진 은행, 학교, 성당, 교회 등 다양한 근대 건축물들이 오밀조밀 모여 있는 근대역사문화거리가 형성되어 있다. 그 중심에 있는 강경역사문화관은 국가등록문화재로 지정된 옛 한일은행 강경지점 건물로 강경의 옛 모습을 담은 사진과 생활용품들이 전시되어 있고, 그 뒤에 있는 세트장 같은 강경구락부에는 카페가 있어 그 시절의 흔적을 엿보며 걷던 이들이 쉬어 가기 좋다. 아울러 박범신의 소설 〈소금〉의 배경이 되었던 집이 있는 옥녀봉에 오르면 강줄기를 품은 강경이 시원하게 내려다보인다.

강경역사문화관(왼쪽)과 강경구락부의 카페(오른쪽).

호수 길 산책하며
국내에서 가장 긴
출렁다리 건너기

🚗 **자동차 내비게이션**
- ❶ 탑정호광장(3주차장)(충남 논산시 가야곡면 종연리 256)
- ❷ 탑정호 출렁다리 북문(4-1주차장)(충남 논산시 부적면 신풍리 769)

🚇 **대중교통** 논산역 또는 논산버스터미널에서 3주차장까지 택시로 12분

⭐ **Tip**
출렁다리 오전 9시~오후 6시(6~8월 오후 8시, 11~2월 오후 5시), 30분 전 입장 마감

음악 분수 평일 2회(오후 4시, 8시), 주말·공휴일 3회(오후 2시, 4시, 8시) / 월요일, 1월 1일, 추석, 설 휴무 / 12~3월 가동 중단

1944년에 조성된 탑정호는 충남에서 두 번째로 넓은 저수지다. 대둔산 물줄기를 담아 농업용수를 공급하는 '논산의 젖줄'인 탑정호는 물도 맑고 여러 산줄기와 어우러진 풍경도 좋아 '논산 2경'으로 꼽히는 곳이다. 그런 탑정호에 등장한 출렁다리는 길이 600m로 국내는 물론 동양에서 가장 긴 출렁다리다. 2021년에 개통하면서 논산의 관광 명소가 된 이 출렁다리는 2023년부터 무료로 전환되면서 찾는 사람들이 더 많아졌다.

출렁다리는 흔들려야 제맛이라지만 이 다리는 생각보다 그리 크게 흔들리지 않는다. 하지만 폭 2.2m인 바닥 대부분이 구멍이 촘촘하게 뚫린 철망과 강화유리로 되어 있어서 내딛는 발걸음마다 꽤나 아찔한 스릴감을 안겨 준다. 다리 중간에는 잔잔한 호수 풍경을 감상하며 잠시 쉬었다 가기에 좋은 쉼터도 마련되어 있다.

논산의 명물이 된 출렁다리뿐만 아니라 넓은 저수지를 에워싼 둘레길인 '탑정호 소풍길'도 걸음 여행자들에겐 제법 인기 있다. 6개 코스로 나뉜 '탑정호 소풍길'을 전부 도는 종주 코스는 19km에 이르지만, 가장 인기 있는 소풍길은 이정표가 잘되어 있는 1코스와 2코스다. 출렁다리와 수변데크길을 따라 걷는 1코스(4.7km), 대명산을 거쳐 탑정호 수변생태공원으로 향하는 2코스(4.05km)는 각각 1시간 30분 정도 걸린다. 걷는 거리가 좀 짧다 싶으면 1코스와 2코스를 연계해 탑정호를 반 바퀴 정도 도는 것도 좋다.

2개의 코스를 연결하여 걷는 여정은 음악 분수 가동 시간을 감안해 탑정호광장에서 시작하는 것이 편리하다. 1코스에 포함된 탑정호광장엔 늠름하게 서 있는 계

넓은 저수지 주위를 따라서 걷는 탑정호 소풍길.

1 호수 안쪽으로 길게 뻗은 아담한 솔섬.
2 호수 전체를 조망하기 좋은 대명산 전망대.
3 다양한 수생식물 사이사이로 산책로가 조성되어 있는 수변생태공원.

백 장군의 조형물과 음악 분수를 코앞에서 볼 수 있는 무대도 마련되어 있다. 아기자기한 탑정호광장을 벗어나 곧게 뻗은 제방 둑길을 건너면 둑 끝자락에 아담한 석탑이 있다. 고려 시대에 만든 것으로 추정되는 이 탑은 탑정호가 조성되면서 수몰된 절에 있던 것을 지금의 자리로 옮긴 것이다.

제방 둑길 끝에 다다르면 호숫가를 따라 조성된 수변데크길로 연결된다. 구불구불 이어지는 물 위의 데크 길을 걷다 보면 강처럼 넓은 호반 풍경에 눈이 시원하고 가슴이 뻥 뚫리는 느낌이다. 바람이 불 때마다 물에 잠긴 산그림자가 가볍게 살랑대는 모습도 이채로운 수변데크길 끄트머리에는 소나무가 밀집된 동그란 '솔섬'이 기다리고 있다. 호수를 향해 뻗은 이 아담한 섬엔 몇 개의 벤치가 놓여 솔숲 그늘에서 잠시 쉬어 가기에 그만이다.

'솔섬'에서 몇 걸음 더 옮기면 드디어 탑정호 출렁다리 입구(북문)에 이르게 된다. 여기서 다리 건너 시계 방향으로 돌면 출발점인 탑정호광장으로 가는 1코스 구간이고, 반대로 출렁다리 앞 도로 건너편에 있는 대명산 입구로 가면 2코스 출발점이다. 대명산 입구에서 나무 계단으로 접어들어 숲길을 오르다 보면 나오는 하트 조형물 전망대에선 잠시 숨을 고르며 저수지를 둘러싼 풍경을 내려다보기에 좋다.

정상을 넘어 오솔길을 따라 내려오면 '딸기향농촌테마공원' 앞에 탑정호 수변생태공원이 펼쳐져 있다. 다양한 수생식물들 사이사이로 조성된 산책로를 걷다 보면 다시금 출렁다리로 향하는 수변데크길이 연결되어 있다. 수변생태공원을 벗어나 저수지를 병풍처럼 감싸고 있는 대명산 줄기 아래 데크 길을 따라 출렁다리(북문)로 돌아와 다리 건너 탑정호광장으로 향하는 연계 코스는 약 11km로 4시간 정도 걸린다.

위치에 따라 보는 맛이 다양한 탑정호는 밤이 되면 또 다른 매력을 보여 준다. 잔잔한 수면을 붉게 물들이던 저녁노을이 가시고 어둠이 내리면 출렁다리에 설치된 2만여 개의 LED 조명이 각양각색의 빛을 밝히면서 화려한 불빛 향연이 시작된다. 여기에 음악 분수가 가세해 100m 높이로 솟구치는 물줄기가 음악에 맞춰 춤을 추듯 다양한 모습으로 변신한다. 이 물 위의 공연(낮 20분, 야간 30분)을 보러 오는 야간 데이트족도 제법 많다.

⊕ 관촉사

플러스

탑정호에서 가까운 관촉사는 논산 1경이자 국보로 지정된 거대한 은진미륵을 품은 절로 유명한 곳이다. 높이 18m가 살짝 넘는 이 불상은 고려 광종 때 조성된 것으로, 유난히 큰 얼굴과 길게 늘어진 귀, 머리 위에 솟은 기둥 끝에 얹은 네모진 갓, 비정상적일만큼 크고 두툼한 손을 지닌 모습이 독특하다. 그래서 '못난이 불상'이라고 불리는 은진미륵의 정식 명칭은 석조미륵보살입상이다.  가파른 계단을 올라 절 마당으로 들어서는 입구에는 은진미륵을 조성하게 된 사연이 만화로 소개되어 있다. 경내에는 불교 경전을 넣은 책장에 축을 달아, 한 번 돌리면 경전을 읽은 것과 같은 공덕을 쌓을 수 있다는 윤장대도 있다.

대통령 별장에서
하루 내 맘대로
대통령 되어 보기

🚗 **자동차 내비게이션** 청남대(충북 청주시 상당구 문의면 청남대길 646)

🚌 **대중교통** 청주시외버스터미널 앞에서 311번 버스 타고 청남대 문의매표소 앞에서 하차. 문의매표소에서 청남대까지는 12km 남짓으로 택시 이용.

Open **관람 시간** 오전 9시~오후 6시(12월~1월 오후 5시. 1시간 30분 전 입장 마감)

Close **휴관일** 매주 월요일, 1월 1일, 설날, 추석 당일

₩ **입장료** 어른 6,000원, 청소년 4,000원, 어린이·만 65세 이상 3,000원

따뜻한 남쪽의 청와대란 의미를 지닌 청남대는 역대 대통령들의 별장으로 이용되던 곳이다. 청남대는 1980년 대청댐 준공식에 참석한 전두환 전 대통령이 대청호의 빼어난 풍광에 반해 별장을 짓게 하면서 비롯됐다. 금강 줄기에 댐을 건설하면서 생긴 인공 호수인 대청호는 '내륙의 한려수도'라 지칭될 만큼 산봉우리를 요리조리 휘감아 도는 물줄기 풍경이 아름답다. 1983년부터 다섯 명의 역대 대통령이 휴가로 머물렀던 청남대는 고(故) 노무현 전 대통령이 단 하룻밤만 묵은 후 2003년에 국민의 품에 안겨 준 의미 있는 곳이다. 풍수학자들 사이에서 '최고의 명당'으로 손꼽혔다는 이곳에는 신라의 고승인 원효대사의 예언도 깃들어 있다. 당시 당나라 유학길에 올랐다 신라로 돌아오던 원효대사가 대청호변 산기슭에 자리한 현암사에 머물렀을 때 발밑으로 흐르는 강줄기를 보며 '이곳에 장차 호수가 생기고 임금이 머무는 곳이 될 것'이라 했다는 이야기가 전해 온다. 고승의 예언처럼 대한민국 '임금님'들이 머물던 곳으로 20여 년간 베일 속에 가려졌다 모습을 드러낸 청남대 안에는 역대 대통령들의 흔적이 켜켜이 남아 있다.

초입에 자리한 대통령역사문화관은 역대 대통령의 기록물과 외국 국빈에게 받은 선물들, 청남대에서 사용했던 역대 대통령들의 손때 묻은 물건들을 전시한 곳으로 전시용품들의 면면을 살펴보면 대통령마다 각기 다른 취향도 엿볼 수 있다. 대통

1 청남대 산자락 전망대에서 내려다본 대청호.
2 역대 대통령들의 동상이 줄줄이 늘어선 대통령광장.
3 청남대 안에 조성된 메타세쿼이아 숲속 쉼터.

령들이 즐겨 찾던 곳도 제각각이다. 전두환 대통령이 스케이트를 탔던 양어장, 노태우 대통령이 골프를 치던 잔디밭, 김영삼 대통령이 조깅을 하던 호반길, 노무현 대통령이 자전거를 탔던 길, 김대중 대통령 내외가 독서와 사색을 즐겼다는 초가정 등을 둘러보면 취미도 달랐던 것을 알 수 있다.

안쪽에 형성된 대통령광장에는 초대 이승만 대통령부터 노무현 대통령에 이르기까지 실제 크기의 역대 대통령 동상이 줄줄이 이어져 있고 동상 뒤로는 청와대를 비롯해 백악관, 버킹엄궁전 등 세계적으로 유명한 대통령궁을 타일벽화로 꾸며 놓은 점도 눈길을 끈다. 그곳으로 향하는 길목에는 자전거 타는 노무현, 독서하는 김대중, 조깅하는 김영삼, 골프 치는 노태우 등 역대 대통령의 조형물과 재미있는 캐리커처 그림판이 전시되어 있다.

대통령 일가가 휴가로 머물던 곳인 청남대 본관은 청남대 개방 직전 모습 그대로 보전되어 있다. 벽에 걸린 달력 역시 개방 당시인 2003년 4월에 멈춰 있다. 이곳에 가장 많이 머물렀던 김영삼 대통령은 휴가 중에 정국구상을 가다듬은 끝에 특별담화문을 발표해 '청남대 구상'이란 정치 신조어까지 만들어냈다. 그중 대표적인 것이 '금융실명제 실시'와 비자금 파문으로 비난 여론이 거셌던 전두환, 노태우 대통령을 재판에 넘겨 구속시킨 '역사 바로 세우기'였다. 국민에게 개방되고 나서 10여 년 후 건립한 대통령 기념관은 청와대를 60% 규모로 축소한 것이다. 청와대 형상을 꼭 빼닮아 '미니 청와대'로 불리는 이곳에는 국무회의를 주재하고 의장대 사열과 정상회담 등 대통령의 업무를 체험할 수 있는 공간도 마련되어 있다. 비록 흉내에 불과하지만 잠시나마 대통령이 된 기분을 맛볼 수 있으니 나름 재미있는 경험이다.

'대통령 업무'를 마친 후 '대통령길'을 걷는 맛도 일품이다. 최고의 명당답게 최고의 풍광을 거느린 청남대 곳곳에는 대통령마다 즐겨 걷던 산책 코스가 연결되어 있다. 각각의 산책로에는 전두환, 노태우, 김영삼, 김대중, 노무현, 이명박 대통령 길이란 명칭도 붙여졌다. 6명의 전직 대통령 이름이 붙은 '청남대 대통령길'의 총 거리는 약 11km다. 전체를 다 걷기 힘들다면 김대중 대통령길을 거쳐 김영삼 대통령길(또는 노무현 대통령길)-전두환 대통령길-노태우 대통령길을 잇는 순환 코스(약 7km)가 무난하다.

대통령역사문화관 앞 계단에서 시작되는 김대중 대통령길 코스는 산길을 오르내리는 길이다. 그 길목에는 김대중 대통령 내외가 즐겨 찾아 배를 따 먹었던 배밭과 행운과 기쁨을 기원하는 의미인 645개의 나무 계단도 펼쳐진다. 그렇게 산자락을 오르면 청남대와 어우러진 대청호가 왜 '내륙의 한려수도'라 일컫는지 한눈에 엿볼 수 있는 전망대도 있다. 전망대에서 내려와 출렁다리 건너 김대중 대통령길의 종착점인 초가정까지는 산 능선을 타고 오르내리는 울창한 숲길이 이어진다.

초가정에서부터는 조깅을 즐겼던 김영삼 대통령길이 시작된다. 평탄한 산책로 초입 갈림길에서 오른쪽 윗길은 노무현 대통령길 시작점으로 1km 남짓의 호젓한 숲길로 조성되어 있다. 전두환 대통령길은 김영삼 대통령길에 있는 대통령광장을 지나 청남대 본관 뒤에서 시작된다. 호반을 따라 산줄기를 에둘러 가는 길목 곳곳에는 걷기 좋은 나무데크길이 조성되어 있다. 산책로를 돌아 전두환 대통령이 스케이트를 즐겼다는 양어장을 가로지르는 수상데크를 빠져나오면 노태우 대통령길이 이어진다. 그 길 끝은 대통령역사문화관이다.

'한국의 사막'에서 이국적인 풍경 즐기기

🚗 **자동차 내비게이션** 신두리 사구센터(충남 태안군 원북면 신두해변 길 201-54)

🚌 **대중교통** 태안공용터미널(041-675-6674)에서 신두리행 버스 타고 신두3리 종점에서 하차 후 해안사구까지 도보 10분

사막 여행은 아마도 많은 이들이 꿈꾸는 로망 중 하나일 수도 있다. 하지만 그것을 위해 중동 지역이나 아프리카 등지로 휙 떠나는 건 그리 쉬운 일은 아니다. 그나마 다행인 건 한국에도 사막이 있다는 점이다. 중동이나 아프리카처럼 가도 가도 끝이 안 보이는 원초적인 사막에 비하면 미니어처 수준이지만 나름 이국적인 사막의 정서를 느낄 수 있는 곳은 바로 태안에 펼쳐진 신두리 해안사구다.

해안사구는 모래가 쌓여 생긴 언덕으로 바람과 모래, 시간이 빚어낸 합작품이다. 1만 5천 년이란 긴 세월 동안 거센 겨울바람이 실어 날라 쌓이고 쌓인 모래언덕의 최대 높이는 19m로 웬만한 건물 6층을 능가한다. 로마가 하루아침에 이루어진 게 아니듯 오랜 세월에 걸쳐 켜켜이 쌓인 신두리 해안사구는 길이 3.4km에 폭 500m ~1,300m를 넘나드는 국내 최대 규모이기에 사람들은 자연스럽게 '한국의 사막'이라 부른다. 바람에 먼지처럼 날아와 내려앉은 모래이기에 만져 보면 밀가루처럼 곱고 부드럽다. 그렇게 형성된 모래언덕은 바람이 불 때마다 민들레 홀씨처럼 날아가 모양이 조금씩 바뀌기도 한다. 바람이 심한 날이면 사막처럼 밤새 모래언덕 하나가 생기기도 하고 없어지기도 한다니 여느 곳에서는 좀처럼 접하지 못하는 자연의 조화를 엿볼 수 있는 곳이기도 하다.

사막 풍광을 엿보기 위해 이곳을 찾는다지만 황량한 모래벌판만 있는 건 아니다. 신두리 사구는 흔히 연상하는 사막 분위기와는 다른 양상을 보여 준다. 모래로 덮이기 전 본래의 토양이 밑바탕을 깔고 있기 때문이다. 그 모래언덕에는 여름이면 곱게

바람과 모래, 오랜 시간이 빚어낸 이색적인 신두리 해안사구.

끝을 가늠할 수 없을 만큼 광활한 신두리해변 위에는 드넓은 억새밭도 펼쳐져 있다.

피어났다 가을이 되면 방울토마토 같은 열매를 맺는 해당화를 비롯해 보라색 꽃을 피우는 순비기나무, 갯그령, 통보리사초, 갯방풍 등 척박한 모래땅에서도 질긴 생명력을 보이는 희귀식물들이 부지기수다. 뿌리도 유난히 긴 데다 옆으로 퍼져 나가 모래 유실을 막아 주기에 신두리 해안사구를 보호하는 소중한 식물들이다. 뿐만 아니라 멸종 위기종인 금개구리를 비롯해 여느 곳에서는 보기 힘든 표범장지뱀, 개미귀신, 쇠똥구리 등이 사는 생태계의 보고로 천연기념물 제431호로 지정된 곳이다.

그런 신두리 해안사구에는 걷기 좋은 탐방로가 있다. 탐방로 초입에는 부드러운 곡선을 이룬 거대한 모래언덕이 펼쳐진다. 예전에는 이 모래언덕 위에 오를 수 있었지만 많은 이들이 오르내리다 보니 언덕이 부서져 내려 지금은 지정된 탐방로를 통해서만 볼 수 있다. 탐방로를 따라 모래언덕 입구 전망대에 오르면 언덕 너머로 바다가 한눈에 들어오는 풍경이 시원하다. 모래언덕 전망대를 내려와 안쪽으로 조금 더 들어서 순비기언덕으로 오르는 길목에서 곱디고운 모래를 스치고 간 바람의 흔적이기도 한 물결 무늬와 모래 틈을 비집고 나온 키 작은 식물들을 엿볼 수 있다.

순비기언덕에서 오른쪽으로 접어들면 사막이라기보다는 야생 초원 같은 느낌이 물씬 풍겨 난다. 바닷바람이 언덕을 타고 솔솔 넘어오는 드넓은 초원은 썰렁한 것 같으면서도 고즈넉한 풍경이 또 다른 형태의 이국적인 느낌을 안겨 준다. 파도 소리를 벗 삼아 그 길을 걷다 보면 해당화 군락지도 만나게 된다. 해당화는 사랑하는 사

람을 그리워하는 여인의 마음이 담겨 있는 꽃이라
는 의미를 담고 있다. 이어서 억새로 가득 덮인 억새
골에 들어서면 바람이 불 때마다 일제히 고개를 숙
이며 이리저리 움직이는 모습이 마치 군무를 보는
듯 재미있다. 억새골을 지나 한 굽이 돌아 나오면 '작

📌 **신두리 사구 센터**

해안사구로 들어서는 출입문이기도 한 신두리 사구 센터에서는 해안사구에 대한 다양한 정보를 엿볼 수 있는 전시실과 체험 공간이 마련되어 있다. 천연기념물로 지정된 신두리 해안사구는 오후 6시가 넘으면 출입을 금한다.

은 별똥재'라 이름 붙은 지점이 있다. 이는 오래전에 떨어진 운석이 빚어낸 모래밭
이라고 한다. 별똥재는 말 그대로 별똥의 재를 일컫는 것으로 운석이 떨어진 땅에는
좋은 기운을 머금고 있다 하니 아름다운 탐방로에서 그 좋은 기운을 받아오는 것도
좋다. 탐방로의 마지막 길목은 곰솔 생태숲이다. 숱한 구불구불한 소나무들이 빼곡
하게 들어찬 곰솔숲은 해안가라기보다 마치 삼림욕장에 들어선 듯 싱그럽다. 그 곰
솔숲을 빠져나오면 처음에 보았던 모래언덕이 코앞에 보인다.

신두리 해안사구가 매력적인 건 멋진 신두리해변을 품고 있다는 점이다. 끝을 가
늠할 수 없을 만큼 길고 넓은 해변 모래는 곱기도 하거니와 발이 푹푹 빠지는 여느
바닷가 모래와 달리 단단해 산책하기에 안성맞춤이다. 맨발로 걸으면 발바닥에 전
해 오는 감촉도 일품이다. 이곳은 특히 해 질 녘 풍경이 아름다워 노을 산책을 즐기
는 이들도 많다.

⊕ 두웅습지

플러스

신두리 해안사구 정문으로 나와 왼쪽으로 1km가량 들어가면 두웅습지도 둘러볼 수 있다. 두웅습지는 모래 속으로 스며든 빗물이 사구가 형성되면서 바다로 빠져나가지 못하고 사구와 배후 산지 사이에 고여 형성된 것이다. 길이 200m, 너비 100m, 최대 수심 3m에 달하는 두웅습지는 세계에서 가장 작은 람사르습지로 지정되어 있지만 우리나라 해안사구에 인접한 습지로는 가장 규모가 크다. 멸종 위기종인 금개구리를 비롯해 맹꽁이 같은 양서류와 다양한 수생식물의 보금자리로 습지보호구역으로 지정되어 있다.

아름다운 노을길 끝에서 명품 낙조 감상하기

🚗 **자동차 내비게이션** 꽃지해안공원(충남 태안군 꽃지해안로 400)

🚌 **대중교통** 안면도버스정류장에서 창기5리, 백사장으로 가는 버스 이용

⭐ **Tip** 꽃지해안공원 주차장에 차를 세워 두고 주차장 입구에서 출발하는 버스(하루 7회 운행) 타고 안면버스정류장에서 내려 창기5리, 백사장으로 가는 버스 이용

동해에 일출이 있다면 서해에는 일몰이 있다. 햇살이 기울고 땅거미가 지면 푸르렀던 하늘과 바다가 어느 순간 붉은 빛으로 물드는 풍광 속에는 포근한 온기가 감돈다. 그런 서해를 끼고 남북으로 길게 펼쳐진 태안은 갯벌과 사구 등 해안 생태계의 가치를 인정받아 국내에서 유일하게 해안 자체가 국립공원으로 지정된 곳이다. 태안에는 이처럼 소중하고 아름다운 해안을 따라 최북단 학암포에서 안면도 최남단 영목항에 이르기까지 여러 개 코스의 해변길이 연결되어 있다. 2007년 기름 유출 사고로 한때 죽음의 해변이 되는 아픔을 겪었지만 수많은 자원봉사자의 구슬땀으로 지금은 바다를 보며 걷는 동안 몸도 마음도 개운해지는 치유의 길로 거듭났으니 참으로 다행이다.

그중 백미로 꼽는 곳은 안면도 노을길이다. 안면도는 우리나라에서 여섯 번째로 큰 섬이다. '동물이나 사람이나 편안히 누워 쉴 수 있는 섬'이란 뜻을 지닌 안면도는 본래 섬이 아니었다. 문어발처럼 구불거리는 태안반도 서남쪽 끝에 매달린 육지였으나 조선 인조 때 지방에서 걷은 조세를 배로 운송하고자 뱃길을 열기 위해 운하를 파면서 본의 아니게 섬이 됐다. 그 후 오랜 세월이 흐른 1968년에 연육교를 놓아 육지와 다시 연결된 안면도는 어딜 가나 혈통이 좋다는 안면송의 향긋한 솔 향이 묻어난다. 일제강점기 때만 해도 섬 전체가 푸른 숲이라 할 만큼 소나무가 울창해 '도

1 꽃지해변으로 들어서는 아치형 꽃지다리.
2 노을길 곳곳에는 해안생태계를 보호하기 위한 나무데크길이 조성되어 있다.
3 해 질 무렵이면 꽃지해변 노을을 카메라에 담기 위해 많은 사람이 몰려든다.

끼 하나만 있어도 먹고 살만 하다'는 말이 나돌 정도였다. 그런 내력을 지닌 안면도
를 훑어 내리는 노을길은 안면도 초입에 자리한 백사장항에서 꽃지해수욕장까지
이어지는 길이다. 그 길목에는 넓은 백사장과 울창한 소나무 숲길, 해안사구 생태계
보호를 위해 설치한 나무데크길에 야트막한 산길까지 골고루 갖춰져 있다. 또한 곳
곳에 전망대가 설치되어 탁 트인 바다와 어우러진 해안의 멋진 풍경을 엿보는 맛도
그만이다.

걸음의 시작점인 백사장항은 안면도에서 가장 큰 포구로, 봄이면 알이 꽉 찬 꽃
게, 가을이면 자연산 대하로 이름난 곳이다. 그 포구 끝에는 울창한 소나무 숲이 펼

처져 있는데, 나무 계단을 올라 야트막한 언덕을 넘어오면 바닷가에 있는 튀어나온 바위가 세 개로 보인다 하여 이름 붙인 삼봉이 길손을 맞는다.

삼봉을 지나 기지포해변으로 이어지는 길목은 모래언덕으로 형성된 해안사구로 유명하다. 설탕처럼 고운 모래더미가 바람이 불 때마다 모양을 달리하는 변화무쌍한 사구는 다양한 종류의 식물이 살아가는 곳이자 지하수를 정수해 저장해 주는 역할을 하는 생명의 땅이다. 때문에 이곳에는 모래 유실을 방지하기 위해 설치한 대나무 펜스가 길게 이어져 있는가 하면, 해안사구 식물들을 보호하기 위해 설치한 나무 데크길이 조성되어 있다. 곳곳에 설치된 나무데크길의 길이가 1,004m로 일명 '천 사길'이라 칭한다.

그 해변을 더욱 풍요롭게 해 주는 것은 곰솔숲이다. 잎이 곰 털처럼 거칠다 해서 이름 붙인 곰솔이 빼곡하게 들어찬 숲길은 아늑하다. 솔향기가 가득한 숲길은 바다에 무수히 떨어진 솔잎 덕에 폭신폭신하다. 이처럼 탁 트인 해안을 따라 솔숲과 모래밭이 번갈아 나타나는 길에서 두여전망대에 오르면 대규모 지각 운동에 의해 물결 모양을 이룬 독특한 습곡지대도 엿볼 수 있다. 마치 밭을 갈아 놓은 듯 줄줄이 골이 파인 채 넓게 펼쳐진 검은 바위는 밀물 때 들어왔다 썰물 때 빠져나가지 못한 물고기를 잡는 원시어업 형태인 독살로 활용되는 곳이기도 하다.

두여전망대를 내려와 몽돌로 이루어진 두에기해변과 방포해변을 거쳐 꽃지해변으로 이어지는 마지막 산 언덕을 방포해변 전망대-(100m)꽃지해변 전망대(산길 정

물결 모양의 독특한 습곡지대를 엿볼 수 있는 두여전망대.

새를 얹은 솟대와 어우러진 할미바위 할아버지바위.

점에 위치한 전망대에 서면 할미바위와 할아비바위가 나란히 서 있는 꽃지해변이 한눈에 보인다)-(600m)꽃다리(전망대에서 계단으로 내려와 아스팔트 도로를 따라 오다 모감주 군락지를 지나면 방포항 앞에 꽃지해변으로 연결된 꽃다리가 있다. 꽃다리 앞에 차 한잔 마시기 좋은 아담한 카페가 있다)-(300m)꽃지해변(할미바위와 할아비바위와 어우러진 낙조가 아름다운 꽃지해변은 썰물 때면 나란히 자리한 두 바위까지 걸어 들어갈 수 있다)으로 걸으면 좋다. 그중 무엇보다 꽃지해변의 노을은 말 그대로 노을길 걸음 여행자들을 위한 최고의 선물이다.

변산 채석강, 인천 석모도와 함께 '서해안 3대 낙조'로 꼽히는 꽃지해변의 노을은 노부부로 인해 유명해졌다. 노부부란 바로 해수욕장 앞에 수문장처럼 버티고 서 있는 할미바위와 할아비바위다. 신라 때 전쟁에 나간 지아비를 기다리다 바위가 되었다는 가슴 아픈 사연이 깃든 두 봉우리와 어우러진 노을이 아름다워 사시사철 수많은 사진 작가가 이곳을 찾는다. 바다 속으로 불기둥이 풍덩 빠져버리는 것 같은 일몰 순간은 짧지만 붉은 잔영이 오래도록 긴 여운을 남겨 황홀경에 빠져들게 한다. 해안에 붉은 해당화가 많아 이름 붙여진 꽃지해변은 울창한 솔숲을 등지고 펼쳐 있으며 싸늘한 바람에 일렁이는 파도가 백사장을 부드럽게 애무하는 모습만으로도 철지난 바다의 정취를 만끽할 수 있다. 특히 1년 중 날씨가 가장 맑고 청명해 수평선이 뚜렷하게 보이는 늦가을부터 겨울의 낙조가 아름답다는 안면도 꽃지해변은 할미바위와 할아비바위 사이로 떨어지는 붉은 해가 장관을 이룬다.

🏴 안면도 노을길

백사장항을 출발하여 삼봉해수욕장-기지포해수욕장-안면해수욕장-두여해수욕장-밧개해수욕장-방포항을 거쳐 꽃지해변으로 이어지는 안면도 노을길은 약 12km로 4시간이면 충분하다. 꽃지해변의 낙조를 보려면 일몰 시간에 맞춰야 하므로 자신의 걸음 속도와 휴식 시간을 감안해 출발시간을 잡아야 한다.

겨울 여행은 되도록 혼자, 가족도 좋고 연인도 친구도 좋지만 홀로 떠나 보는 것도 좋다. 한 해를 정리하며 나를 돌아보는 사색의 길로 삼아 보면 더욱 좋다. 여유롭고 낭만적인 시간을 보내기에 안면도의 겨울 바다만큼 안성맞춤인 곳도 없다. 부지런히 걸어온 한 해를 뒤돌아보고 고요한 해변과 바닷가 솔숲길, 소담한 포구, 황홀한 노을이 있는 태안반도는 그런 여행에 제격이지 싶다. 시름과 번민을 찬 바다에 내던지고 한결 개운해진 마음을 갖고 일상으로 돌아올 수 있다. 이 대자연의 길을 그저 두 발로 솔숲과 해변을 걸었을 뿐인데 어떤 물질로도 채울 수 없는 희열을 느낄 것이다.

⊕ 안면도자연휴양림

플러스

안면도자연휴양림은 안면도에서도 가장 잘 보존된 솔숲에 자리잡고 있다. 충청남도 산림환경연구소에서 운영하는 '지자체 휴양림'이지만 규모는 국립휴양림보다 더 크다. 휴양림 입구에서부터 거대한 수목원을 방불케 한다. 휴양림 이용자는 투숙객과 삼림욕 방문객으로 구분된다. 안면도자연휴양림은 객실이 22개밖에 없어서 전국 휴양림 가운데 예약하기 가장 힘든 곳으로 유명하다. 이곳에는 야영데크조차 없다. 객실은 온라인 예약 개시와 함께 바로 예약이 완료된다. 특히 주말이나 휴가철은 '하늘의 별 따기'다. 대신 치열한 예약 전쟁에서 승리한 사람은 천연림에서 고즈넉한 하룻밤을 보낼 수 있다.

Part 5
전라도

국내여행 버킷리스트

Jeolla-do

'연인의 길' 오르며 사랑 고백하고 탑사에서 소원빌기

🚗 **자동차 내비게이션** 마이산 북부주차장(전북 진안군 마이산로 127)

🚌 **대중교통** 진안버스터미널에서 북부주차장 또는 남부주차장(탑사) 방면 버스 이용(문의 무진장여객 063-433-5282)

마이산으로 향하는 연인의 길과 마이열차.

'북은 개마고원, 남은 진안고원'이라는 말처럼 진안은 평균 고도 400m에 이르는 고원 지대다. 그렇듯 높은 진안 땅에는 볼록 솟은 두 개의 봉우리가 말의 귀를 닮았다 해서 이름 붙은 마이산(馬耳山)이 있다. 뾰족한 숫마이봉(681m)과 뭉툭한 암마이봉(687m)이 사이좋게 솟아 '세계 유일의 부부봉'이라 일컫는 마이산은 읍내에서 가까운 북부주차장과 좀 더 먼 남부주차장에서 오를 수 있다. 두 귀를 쫑긋 세운 봉우리를 고스란히 엿볼 수 있는 곳은 북부주차장 쪽으로, 특히 두 봉우리를 물에 품은 저수지(사양제) 앞에서 보는 마이산 풍경이 일품이다.

예전에는 사양제를 지나 508개의 긴 계단을 올라야 하는 수고로움이 있었지만 2019년 옆구리 옛길을 다듬은 '연인의 길'이 조성돼 오르는 길도 한결 수월해졌다. 마이열차를 타면 1.9km에 달하는 연인의 길을 편하게 올라 부부봉 턱밑까지 금세 닿을 수 있지만 그렇게 훌쩍 지나치기엔 아쉬운 감이 있다. 연인의 길은 명칭에 걸맞게 구불구불한 길을 따라 사랑을 키워 가는 조형물들이 곳곳에 배치된 달달한 산책로라서, 연인끼리 사랑을 다짐하며 천천히 걷기에 그만이다. 그 길 끝에 이성계 조형물이 있는 건 고려 장수 이성계가 새 왕조를 꿈꾸며 백일기도를 드린 곳이 바로 마이산이기 때문이다.

조형물을 지나 오솔길로 들어서면 비로소 사양제 위쪽 508개의 계단 끄트머리

1,2 이국적인 느낌의 돌탑이 가득한 탑사.
3 이성계가 새 왕조를 꿈꾸며 백일기도를 드렸다는 은수사.

와 만나게 된다. 이곳에서 막바지 나무 계단을 올라서면 천왕문이다. '왕이 하늘로 오른다.'라는 뜻을 지닌 천왕문은 암마이봉과 숫마이봉 사이 고갯길로 물길을 나누는 분수령이기도 하다. 아담한 마당 한복판엔 금강과 섬진강을 향해 갈라지는 물줄기 이정표가 놓여 있다.

　이정표를 중심으로 양편에 솟은 봉우리를 코앞에서 보면 마치 시멘트와 자갈을 섞은 콘크리트 더미 같다. 1억 년 전 마이산은 호수였다. 자갈과 모래 진흙으로 가득했던 호수 바닥이 지각 변동으로 불쑥 솟아올라 지금의 봉우리가 된 것이기 때문이다. 표면에 크고 작은 구멍이 숭숭 뚫린 건 풍화 작용으로 자갈이 빠져나간 흉터다. 뾰족한 숫마이봉은 150m 높이에 뚫린 화엄굴은 둘러볼 수 있지만 정상에 오를 순 없다. 반면 뭉툭한 암마이봉은 정상까지 오를 수 있지만(동절기 통제) 길이 좁고 가팔라 조심해야 한다.

　천왕문을 넘어서면 나오는 은수사가 바로 이성계가 백일기도를 드린 곳이다. 그는 남원 운봉에서 왜구를 물리치고 개성으로 돌아가다가 이곳이 잠시 머물렀고, 훗날 다시 찾아와 새 왕조를 꿈꾸며 백일기도를 드렸다고 한다. 은수사(銀水寺)는 기도 중에 마신 샘물이 은처럼 맑아 붙은 이름이다. 샘물 옆에는 기도를 마친 증표로 심었다는 청실배나무가 오롯이 서 있다. 겨울에 이 주변에 정화수를 떠 놓으면 얼음

줄기가 하늘로 솟아오르는 역고드름 현상이 나타난다니 이 또한 자연의 신비다.

언뜻 코끼리 얼굴 같은 수마이봉을 병풍 삼은 은수사를 지나 조금 더 내려가면 암마이봉 줄기에 폭 파묻힌 탑사가 살포시 모습을 드러낸다. 마이산의 명물인 탑사는 이름 그대로 돌탑 천지다. 마이산이 자연이 만든 걸작이라면 그 기묘한 골짜기에 가득한 돌탑은 인간이 만들어 낸 걸작이다. 마치 동남아 사원처럼 이국적인 풍경을 자아내는 돌탑은 1885년에 입산한 이갑용(1860~1957) 처사가 남은 생애를 바쳐 30여 년간 쌓아 올린 것이다. 한 돌 한 돌 정성껏 쌓아 올린 탑은 당초 120여 개였다는데 지금은 80여 개만 남아 있다. 그중 대웅전 뒤 가장 높은 곳에 자리한 천지탑은 암마이봉과 숫마이봉처럼 음탑과 양탑으로 조성되어 있다.

수박만 한 돌덩이 사이사이로 손톱만 한 돌멩이가 틈을 메운 탑들은 아슬아슬해 보이지만 폭풍이 몰아쳐도 흔들리기는 하지만 무너지지 않는다니 이 또한 신비롭다. 돌로 쌓은 수련이요 정성이라는 걸 아는 듯 100여 년 풍상을 잘도 견뎌 낸 돌탑 사이를 거닐며 나만의 소원을 비는 것이 탑사의 또 다른 묘미다. 하지만 행여 돌을 만지거나 무심코 돌을 올려놓는 행위는 절대 금물이다. 사람들의 손길로 자칫 무너질 염려가 있기 때문이다.

탑사에서 남부주차장까지는 완만한 도로를 따라 내려가는 길이다. 2.5km에 달하는 그 길목엔 마이산 계곡물을 담은 호수(탑영제)와 금당사가 있어 아기자기한 볼거리를 안겨 준다. 특히 봄에는 길목 내내 펼쳐진 벚꽃 터널, 그리고 탑영제와 어우러진 벚꽃이 일품이다. 마이산은 고원 기후로 인해 전국에서 벚꽃이 가장 늦게 피는 곳으로 유명하다. 해마다 마지막 벚꽃을 선물해 주는 이곳 풍경은 일생에 한 번쯤은 접해 볼 만하다.

플러스 ⊕ 북부주차장 주변에는 진안역사박물관과 세계 각국의 진귀한 가위들이 전시된 세계 유일의 가위박물관(10:00~18:00 / 월요일, 1월1일, 설·추석 당일 휴관 / 문의 063-430-8744)이 있다. 북부주차장 초입에 자리한 진안홍삼스파에선 마이산 탐방 후 옥상 노천탕에 몸을 담그고 마이산을 바라보며 피로를 풀기에 그만이다.

소설따라
근대역사문화의
흔적따라가기

🚗 **자동차 내비게이션** 군산근대역사박물관(전북 군산시 해망로 240)

🚌 **대중교통** 군산시외버스 터미널, 군산역 앞에서 근대역사박물관
으로 가는 버스 이용

탁류길은 군산이 낳은 소설가 채만식의 대표 소설인 《탁류》의 흔적을 밟는 길이다.

천리 길을 흘러온 금강의 마지막 물줄기가 바다를 만나 몸을 푸는 군산은 기름진 들판과 수많은 섬을 두루 아우른 고장이다. 이처럼 바다와 강, 섬, 평야가 어우러진 군산에는 다양한 구불길이 거미줄처럼 얽혀 있다. 구불길은 '이리저리 구부러지고 수풀이 우거진 길에서 여유를 느끼며 머무르고 싶은 이야기가 있는 길'이란 의미다. 다양한 구불길 중 단연 인기 있는 코스는 군산이 낳은 소설가 채만식 선생의 소설 《탁류》 배경지를 따라 군산 옛 도심 한복판을 파고드는 '탁류길'이다.

《탁류》는 1930년대 즈음 일제의 가혹한 수탈로 인해 힘겹게 살아가야 했던 우리 민족의 삶을 그려낸 소설이다. 일제가 분탕질해 놓은 그 탁한 물결에 휩쓸려 가난한 삶을 살 수밖에 없었던 민초들의 아픔이 녹아 있는 탁류길 중심에는 군산항이 있다. 1899년 일본에 의해 개항된 군산항은 조선 제일의 곡창지대에서 난 쌀을 일본으로 퍼 나르는 관문 역할을 했다. 아울러 그 황금 들판을 야금야금 파먹으러 들어온 일본인들은 우리 민초들을 변두리로 밀어내고 '그들만의 세상'을 만들었다. 지금도 이곳에는 군산내항을 중심으로 쌀 수탈의 근거지였던 세관과 은행을 비롯해 일본식 주택과 사찰 등의 건물이 그대로 남아 있다.

그들이 남겨 놓은 가슴 아픈 근대문화유산의 뒤안길을 밟아가는 '탁류길'은 곧 100년을 거슬러 과거로 돌아가는 시간 여행이다. 그 출발점은 군산내항 앞에 있는

1 군산 근대역사박물관 옆에 자리한 (구)군산세관.
2 군산의 역사가 담긴 생활상을 꼼꼼하게 보여 주는 군산 근대역사관 내부.
3 영화 〈8월의 크리스마스〉에 등장했던 초원사진관.

군산 근대역사박물관이다. 군산의 역사가 담긴 과거 생활상을 꼼꼼하게 보여 주는
박물관에서 특히 눈길을 끄는 건 미곡취인소다. 미곡취인소(米穀取引所)는 일제가
쌀의 자유 거래를 금지하고 독점으로 운영하던 선물거래장으로, 곡식을 사고팔면
서 생기는 시세 차익을 통해 이익을 얻고자 하는 일종의 노름장이기도 했던 곳이다.
근대역사박물관 옆에 자리한 (구)군산세관은 1908년에 세워진 것으로 대한제국
시절 유일했던 세관이다.

근대역사박물관 앞 도로 건너편으로 들어서 야트막한 언덕 옆구리를 타고 오르
는 수덕산공원을 거쳐 내려오면 월명공원을 만나게 된다. 공원 입구 오른편에는 당
시 수산업의 중심지인 해망동과 군산 시내를 연결하기 위해 뚫은 해망굴도 보인다.
월명공원 산자락에 오르면 항구도시의 지침대 역할을 하는 수시탑 앞에 바다조각
공원이 있다. 아담한 공간이지만 독특한 조형물을 보는 재미가 있다.

탁류길은 바다조각공원을 지나자마자 왼쪽 계단으로 내려가야 한다. 비탈길을
내려와 들어서게 되는 신흥동 일대는 일제강점기 당시 일본인과 군산 유지들이 살
던 부자 동네로 곳곳에 일본식 목조건물들이 남아 있는 모습을 볼 수 있다. 그중 미
곡 유통업으로 막대한 부를 축적한 일본인 히로쓰가 살던 2층집은 근대문화유산으

로 지정돼 일반인들에게 공개되고 있다. 좁고 긴 복도와 다다미방, 정원 등 전형적인 일본식 가옥의 특징을 지닌 히로쓰 가옥은 영화 〈장군의 아들〉과 〈타짜〉 등의 촬영 무대였다.

반면 히로쓰 가옥 인근에 있는 초원사진관은 영화 〈8월의 크리스마스〉에 등장한 곳이다. 영화가 개봉된 지 어느덧 20년이 되어 가면서 세월의 더께가 내려앉기 시작했지만 추억을 더듬으며 찾아드는 발걸음이 제법 많다. 인근에 있는 이성당은 1945년부터 이어온 우리나라에서 가장 오래된 빵집이자 군산의 명물로 항상 수십 명의 손님이 길게 늘어서는 진풍경을 보이는 곳이다.

탁류길 길목에는 1930년대 군산의 모습을 복원한 근대문화체험단지도 있다. 체험단지를 빠져나와 동국사로 가는 길목인 문화거리는 독창적인 간판과 아기자기한 전시품들을 볼 수 있는 길이다. 그 길 끝에 자리한 동국사는 1909년에 지은 국내 유일의 일본식 사찰로, 고은 시인이 출가한 절로도 유명하다.

동국사를 지나 선양동해돋이공원에 오르면 이른바 '콩나물고개'로 이어진다. 《탁류》에서 한참봉 쌀가게가 있던 이 고개는 부유했던 일본인들의 거주지와 달리 비탈진 산자락에 가난한 민초들의 오두막집들이 콩나물처럼 빼곡하게 들어찼다 하여 붙여진 명칭이다. 그 콩나물고개를 내려오면 정겨운 벽화와 여기저기 재미있는 문구가 눈길을 끄는 개복동 예술인의 거리가 펼쳐진다. 개복동을 지나 진포해양공

일제강점기 시절 미곡 유통업으로 막대한 부를 쌓았던 일본인 히로쓰가 살던 집.

국내 유일의 일본식 사찰인 동국사(위). 아기자기한 볼거리가 가득한 문화거리(아래).

원으로 가는 길목에 있는 (구)조선은행은 조선총독부 직속 은행으로 소설에서는 타
락한 은행원 고태수의 일터였다. 금고가 채워질 때마다 우리 민초들은 점점 더 굶주
려야 했던 이곳은 이제 군산 근대건축관이 되었고, 그 옆의 일본 제18은행은 과거
토지 강매를 주도하는 곳이었지만 지금은 군산근대미술관으로 옷을 갈아입었다.

  (구)조선은행 뒤편에 자리한 진포해양테마공원은 고려 말 최무선 장군이 최초
로 화포를 이용해 왜구를 물리친 진포대첩을 기념하기 위해 조성한 곳이다. 다양한

군장비들을 보는 재미도 있지만 눈여겨볼 건 부잔교다. 조수 간만의 차로 인한 바닷물 수위에 맞춰 다리를 오르내려 일명 '뜬다리 부두'로 불리던 이곳은 일본이 쉴 새 없이 쌀을 수탈해 간 흔적 중 하나이기 때문이다. 아울러 진포해양공원과 근대역사박물관 사이에 있는 백년 광장은 개항 100년을 상징하는 곳으로《탁류》의 소설 속 인물상들이 당시의 아픔을 말없이 보여 주고 있다.

🚩 탁류길

탁류길을 걸으려면 진포해양테마공원 입구에 있는 관광안내사무소에서 지도를 받아야 편리하다.

군산 근대역사박물관에서 출발해 군산 근대역사박물관으로 돌아오는 탁류길은 7km 남짓이다. 발길 닿는 곳마다 과거의 흔적들이 얽혀 있는 '탁류길'은 100여 년의 시간이 흘렀어도 상처를 지울 수도, 잊을 수도 없는 우리의 역사를 되돌아보게 해 주는 길이다.

⊕ 경암동 철길마을

플러스

군산항 인근에 있는 경암동 철길마을은 군산 여행자들이 한 번쯤 들르는 곳이다. 1944년에 개통된 철길은 과거 인근에 자리한 제지회사의 제품과 원료를 군산역까지 실어 나르기 위해서였다. 철로야 어디든 똑같지만 철로 양편에 바짝 들어선 집들 사이로 덩치 큰 기차가 아슬아슬하게 통과하는 모습은 어디서도 찾아볼 수 없는 이곳만의 독특한 풍경이었다. 그렇게 하루 두 차례씩 기차가 통과할 때마다 철로 변 주민들은 부지런히 빨래를 걷고, 장독을 닫고, 강아지를 불러들이곤 집안에서 창문 틈으로 스며드는 기차 소음에 귀를 틀어막아야 했다. 그러나 2008년 이후 기차 운행은 중지됐고, 지금은 잡초가 무성한 철로를 따라 늘어선 낡은 집 곳곳에 옛 기찻길 풍경을 담은 벽화들과 추억이 깃든 가게들도 생겨나 사진을 찍기 위해 오는 발걸음도 많다.

해상케이블카

타고 목포 명소 둘러보기

🚗 **자동차 내비게이션** 목포해상케이블카 북항승강장(전남 목포시 해양대학로 240)

🚌 **대중교통**
❶ 목포역 앞에서 3번, 15번 버스 타고 서부초등학교 앞에서 내리면 북항승강장까지 도보 5분
❷ 목포역에서 택시로 약 10분 거리

　목포의 상징인 유달산은 해발 228m에 불과하지만 산줄기를 타고 기묘하게 솟구친 바위들이 암팡지고 웅장해 '호남의 소금강'이라 일컫는다. 그 옛날 이순신 장군이 왜군의 기를 꺾기 위해 엄청난 군량미처럼 위장했다는 노적봉과 삼등바위, 이등바위를 거쳐 유달산 정상인 일등바위에 오르면 발밑으로 건물들이 오밀조밀 들어선 시내와 목포대교를 품은 아기자기한 바다 풍경이 시원하게 펼쳐진다.

　바다를 사이에 두고 유달산 코앞에 떠 있는 섬은 높은 유달산 밑에 있다 하여 고하도(高下島)라는 이름이 붙었다. 2012년 목포대교가 생기면서 언제든 드나들 수 있게 되었고, 2019년엔 국내에서 가장 길다는 해상케이블카(3.23km)도 설치되어 유달산까지 손쉽게 오르내릴 수 있으니 세상 편한 섬이다. 그런 고하도는 해안 둘레가 12km인 작은 섬이지만 내륙으로 파고드는 영산강 줄기와 바다를 잇는 뱃길 요충지로 정유재란 때 이순신장군이 조선을 지키는 데 한몫 톡톡히 한 곳이다.

　임진왜란(1592) 때 바다에서 연전연승했던 이순신은 1597년 왜군이 다시 침략(정유재란)하자 명량해전에서 13척의 배로 133척을 화끈하게 물리치며 왜군들을 물귀신으로 만들었다. 그 후 악에 받친 왜군이 다시 몰려올 것을 대비해 이순신이 진지를 옮긴 곳이 바로 고하도다. '겨울 북서풍을 막아 주고 배를 감추기에 알맞다.'라는 평가대로 적의 눈을 피하기 좋은 이곳에서 군량미를 비축하고 배도 늘린 이순신은

바다 위를 걷는 고하도 해상 데크(왼쪽)과 판옥선을 포개 놓은 형상의 전망대(오른쪽).

곳곳에서 승전보를 울렸다. 그러던 중에 침략 우두머리인 도요토미 히데요시의 사망으로 왜군에게 철수 명령이 떨어졌지만 탈출 길목을 지키고 있던 이순신에 의해 500여 척을 거느린 왜군들은 노량 앞바다에서 처참하게 박살났다. 이순신은 단 한 명도 살려 보내지 않겠다는 일념으로 꽁지 빠지게 도망가는 왜군을 추격하다 적의 총탄에 쓰러지고 말았다. "나의 죽음을 알리지 말라."라는 유언에 장군의 죽음도 모른 채 싸우던 군사들이 대승을 거둔 건 1598년 음력 11월 19일이다.

'이순신 장군의 요새'였던 고하도는 섬의 모양새가 용을 닮았다 하여 '용섬'이라 부르기도 한다. 그런 고하도 안엔 명량대첩을 승리로 이끈 판옥선을 포개 놓은 형상의 전망대를 중심으로 바다 위를 걷는 해상 데크와 용의 등줄기를 타고 오르는 숲길이 조성되어 있다. 목포대교 코앞까지 이르는 해상 데크엔 이순신 장군과 용머리 조형물이 설치되어 있고 반대편 섬 끝의 울창한 솔숲에 이순신 장군의 사당이 있다.

고하도에서 해상케이블카를 타면 단번에 유달산 정상 턱밑까지 오를 수 있다. 정상으로 향하는 길목인 마당바위 전망대에 오르면 보이는 일등바위 절벽엔 일본인들이 가장 존경한다는 '홍법대사'와 그의 수호신인 '부동명왕'이 옥에 티처럼 박혀 있다. 눈을 부릅뜬 부동명왕은 바로 보이지만 홍법대사는 그 오른편 안쪽에 숨어 있다. 홍법대사가 창시한 진언종은 일본 불교 종파 중 하나로 기적의 주술이 가미된 밀교다. 악귀와 번뇌를 쫓는다는 부동명왕은 밀교 신자들이 숭배하는 5대 명왕 중 하나인데, 홍법대사가 죽은 뒤 추종자들이 홍법대사 옆에 항상 부동명왕을 껌딱지처럼 붙이는 바람에 홍법대사 수호신처럼 되어 버렸다. 그런 홍법대사와 부동명왕이 유달산 정상에 생뚱맞게 들어선 건 침략의 발판을 자처하며 조선에 들어온 진언종 승려들이 1920년대 즈음 일본 불교의 부흥을 꾀한다는 명목으로 자기들 멋대로 새겨 놓았기 때문이다.

🚡 **목포해상케이블카**

북항승강장~유달산~고하도를 잇는 해상케이블카는 왕복권을 끊으면 편리하게 오갈 수 있다. 먼저 고하도를 둘러본 후 케이블카를 타고 유달산에서 내려 일등바위에 오른 후 다시 케이블카를 타고 북항승강장으로 오는 방법, 일등바위에서 유달산 초입인 노적봉까지 걸어 내려오는 방법도 있다. 유달산승강장~마당바위~일등바위~마당바위~유선각~이난영노래비~노적봉으로 내려오는 도보 코스는 50분 정도 걸린다.
문의 061-244-2600

비록 이렇듯 볼썽사나운 흔적이 남아 있긴 하지만 해 질 무렵 유달산 최고봉인 일등바위에서 내려다보는 목포 풍경은 가히 일품이다. 케이블카에서 내려 유달산 정상에 슬쩍 올랐다가 다시 케이블카로 북항승강장으로 가는 이들도 많지만, 유달산 초입인 노적봉까지 걸어 내려오는 것도 좋다. 내려오는 길목에는 억눌린 민족의 울분을 가슴 아픈 사랑으로 포장한 이난영의 〈목포의 눈물〉 노래비도 있다. 그 밑에 있는 60m의 높이의 두툼한 바위 봉우리가 바로 노적봉으로, 이순신 장군이 바위 전체를 볏짚으로 덮어 군량미가 산더미처럼 쌓인 것으로 위장하니 '군사들이 얼마나 많기에 군량미가 저 정도냐?' 하고 왜군들이 지레 겁을 먹고 도망쳤다는 이야기가 전해져 온다.

부동명왕이 새겨져 있는 유달산 절벽.

그윽한 '눈맛'이 유혹하는 변산반도 겨울 여행하기

🚗 **자동차 내비게이션**
- ❶ 채석강(전북 부안군 변산면 채석강길 24)
- ❷ 내소사(전북 부안군 진서면 내소사로 191)
- ❸ 곰소항(전북 부안군 진서면 곰소리)

🚌 **대중교통** 부안읍내 버스터미널에서 격포, 변산 방면 버스 타고 채석강에서 하차. 채석강에서 줄포 방면 버스 타면 내소사, 곰소항을 거쳐 감.

₩ 내소사 입장료 무료

ℹ️ 문의 063-583-7281

이 땅을 울긋불긋 물들였던 단풍도 하나둘 낙엽으로 변해 대지 위에 사뿐히 내려앉는다. 낙엽이 떨어지는 소리는 시간이 가는 소리, 세월이 가는 소리다. 그렇게 가을이 지나고 숨 가쁘게 이어온 한 해를 넘기려는 겨울이 찾아들면 누구나 한 번쯤 지나온 시간을 돌이켜보게 되곤 한다. 그럴 즈음 변산반도를 찾아보는 것도 좋다. 변산반도는 무엇보다 오랜 세월을 묵묵히 견뎌낸 끝에 진정한 아름다움을 발한 모습이 곳곳에

있기 때문이다. 숱한 시간을 거치며 겹겹이 쌓인 돌덩이들이 독특한 멋을 자아내는 채석강, 빛바랜 단청이 속 깊은 아름다움을 발하는 내소사, 오랜 시간 곰삭아 제맛을 발휘하는 곰소항 젓갈. 이 모든 것이 시간 앞에서 겸허함을 갖게 해 주고 여기에 하루를 불태우고 홀연히 스러져 가는 아름다운 노을까지 곁들여 있으니 한 해를 마무리하는 겨울 여행지로 제격이다.

변산반도에서 빼놓을 수 없는 여행지 중 하나가 채석강이다. 당나라 시인 이태백이 배를 타고 술을 마시다 물에 비친 달빛에 반해 뛰어들었다는 중국의 채석강과 비슷하다 하여 이름 붙은 채석강은 오랜 세월 파도에 깎여 언뜻 켜켜이 쌓인 시루떡 같은 기암절벽이 이색적이다. 자연의 신비를 고스란히 보여 주는 풍광을 보러 사시사철 사람들의 발길이 끊이질 않아 겨울에도 썰렁함이 없다. 절벽 앞에는 암반이 넓게 펼쳐져 해안 풍경의 운치를 더해 준다. 썰물 때면 갯바위 위를 걸어서 한 바퀴 둘러볼 수 있다.

채석강에서 곰소항으로 이어지는 해안도로는 드라이브 코스로도 손꼽히는 곳이다. 변산반도는 '서해안 3대 낙조'로 꼽힐 만큼 아름다운 노을로 여행객들의 마음을 사로잡는 곳이기도 하다. 해 질 무렵, 바다를 끼고 도는 이 길을 지나다 보면 아담한 솔섬을 배경으로 피어날 때보다 아름다운 여운을 남기며 사라져 가는 멋진 노을을 감상할 수 있다. 겨울 바다의 낭만도 있지만 눈이 내려앉은 변산반도는 곳곳마다 제각각의 서정적인 풍경으로 사람들을 유혹한다. 곰소항으로 가는 길목에는 전나무 숲길로 유명한 천년 고찰 내소사가 있다. 사찰의 관문인 일주문에서 천왕문에 이르기까지 곱게 다져진 흙길 양편으로 전나무가 가득한 매력적인 산책로다. 600m 남

1 새하얀 눈으로 뒤덮여 서정적인 풍경을 자아내는 내소사.
2 눈 내리는 겨울이면 이국적인 분위기를 풍기는 곰소염전.
3 내소사로 들어서는 전나무 숲길.

짓 이르는 길목마다 향긋한 나무향이 코끝에 스며드는 숲길이 기분을 상쾌하게 한
다. 더욱이 눈 오는 날 이곳을 찾으면 하얀 눈을 뒤집어쓴 전나무길 풍경이 한 폭의
그림처럼 다가온다. 전나무숲길 안쪽에 살포시 들어앉은 대웅전은 단청이 없어 더
욱 고풍스러운 분위기를 자아낸다. 보물 제291호로 지정된 이 건물의 백미는 바로
꽃창살이다. 연꽃과 국화꽃이 문짝마다 아담한 꽃밭처럼 섬세하게 새겨져 있어 언
제 가도 마음의 꽃을 담아올 수 있다.

　이어서 마주하게 되는 곰소항은 국내에서 손꼽히는 젓갈 산지로 이름난 곳이다.
변산반도 남쪽에 포근히 안긴 포구 안에 들어서면 오랜 시간 곰삭아 제맛을 발휘하
는 젓갈을 판매하는 상점이 줄줄이 늘어서 있어 김장철이 시작되는 초겨울에는 젓
갈을 사려는 이들의 발길이 끊이질 않는다. 곰소염전의 천일염으로 만든 젓갈이 인
기 만점으로 명란, 창란, 오징어, 꼴뚜기, 바지락, 갈치속젓 등 저마다 특유의 맛을

지난 젓갈은 입맛 없는 겨울철, 미각을 돋우기에 그만이다.

곰소항은 맛깔스런 젓갈뿐만 아니라 한적한 포구의 멋까지 맛볼 수 있다. 북적대던 김장철이 지나면 곰소항도 한숨 돌린다. 갯벌을 넘나들며 끼룩대며 날아다니는 갈매기들도 한없이 자유로워 보인다. 특히 희미한 가로등 불빛을 받아 곱게 흩날리는 눈가루가 아담한 포구에 소복소복 쌓이는 서정적인 밤 풍경은 그야말로 또 다른 그림이 된다.

포구 인근에 자리한 곰소염전도 철을 빗겨 정적만이 감돈다. 인적 없는 소금판 위에는 새하얀 구름들만 동동 떠다닌다. 겨울 휴지기를 맞아 한적하다 못해 쓸쓸하기까지 한 그 모습이 오히려 인상적이다. 간혹 소금을 대신해 하얗게 내려앉은 눈꽃으로 가득한 겨울 염전의 모습도 독특하다. 네모반듯한 염전 사이길마다 하얀 눈이 쌓여 독특한 경계를 짓는 모습도 그렇고, 하얀 눈으로 뒤덮인 소금창고들이 어우러진 모양새는 이국적인 풍경을 선사한다.

⊕ 줄포만갯벌생태공원

플러스 곰소항 인근인 줄포면에 있는 자연생태공원이다. 갯벌을 품은 넓은 들판에 갈대숲 10리길, 야생화단지, 바둑소공원, 은행나무 숲길 등이 어우러져 바다 못지않게 가슴이 탁 트이는 곳이다. 특히 사람 키를 훌쩍 넘는 갈대숲 사이로 난 좁은 길을 걷다보면 갈대가 품을 벌리며 안기라고 손을 내미는 것만 같아 푸근한 느낌이 든다. 넓은 갈대숲 한 귀퉁이에는 드라마 〈프라하의 연인〉에 나왔던 하얀 집이 서 있다. 누군가를 그리워하며 사랑, 그 쓸쓸함에 마음 아파하며 작업에 몰두하던 남자가 살던 집. 넓은 벌판에 덩그러니 놓인 그 예쁜 집이 묘한 낭만을 안겨 준다. 공원 한복판에는 아담한 잔디동산을 섬처럼 가둬 둔 호수도 있다. 물가에 비친 알록달록한 색상의 대형 바람개비가 이국적인 풍경을 주는 이곳에서는 캠핑도 가능하다.
문의 063-580-3171

먹을곳 곰소항에는 작은 종지에 10여 가지의 젓갈이 한 상 가득히 나오는 젓갈백반을 판매하는 식당이 여럿 있다. 맛보기로 한 가지씩 집어 먹는 동안 밥 한 그릇이 뚝딱 비워진다. 특히 아삭아삭한 알맹이가 입안에서 톡톡 터지는 청어알젓을 뜨끈한 밥과 함께 마른 김에 싸 먹으면 겨울철 별미로 그만이다.

섬과 섬 사이 넘나들며 '섬티아고 길' 걷기

🚗 **자동차 내비게이션** 송공여객선터미널(전남 신안군 압해읍 압해로 1852-13)

🚌 **대중교통**

❶ 목포역 앞에서 130번 버스 타고 솔꼬지 정류장에서 내리면 송공여객선터미널까지 도보 9분 거리(약 600m)

❷ 송공여객선터미널(해진해운 061-261-4221)에서 당사~매화~소악~소기점~대기점~병풍~매화~소악~당사도를 거쳐 송공항으로 돌아가는 배가 하루 4회 운항(소악도 40분, 대기점도 1시간 소요된다. 배 시간은 계절과 날씨에 따라 바뀌므로 미리 확인해야 한다.)

⭐ **Tip** **숙박** 소기점도에 식당을 겸한 게스트하우스(061-275-3003)가 있고 대기점도에 숙식이 가능한 민박집이 여러 곳 있다.

자전거 대여 '섬티아고 길'을 걷는 게 부담스럽다면 자전거 투어도 가능하다. 대기점도와 소악도 선착장에 있는 전기자전거 대여소(010-6612-5239)에서 빌린 자전거는 편한 곳에서 반납하면 된다.

신안군은 우리나라의 섬 3,300여 개 중 1,004개를 품고 있어 '천사의 섬'이라 일컫는 고장이다. 그중 증도면 병풍리는 6개의 섬(병풍도, 대기점도, 소기점도, 소악도, 진섬, 딴섬)을 품고 있다. 올망졸망 모여 있는 6개의 섬은 밀물 때는 각각의 섬이었다가 썰물 때는 하나로 이어진다. 오래전 섬 주민들이 섬과 섬 사이 갯벌에 돌을 놓아 만든 노두길이 있기 때문이다. 지금은 시멘트 포장이 되어 차량 통행도 가능하지만 섬과 섬을 연결하는 노두길은 하루에 두 번 바닷물에 잠긴다.

　기점소악도는 병풍도를 뺀 나머지 5개의 섬을 묶어 부르는 명칭이다. 외지인이 찾을 일 없던 섬마을에 생기가 돌기 시작한 건 2020년 예수의 12제자 이름을 붙인 12개의 꼬마 예배당이 생기면서부터다. 그 밑바탕엔 한국 개신교 최초의 여성 순교자인 문준경(1891~1950) 전도사의 숨결이 담겨 있다. 신안 출신인 그는 1년에 고무신이 8켤레나 닳을 만큼 섬들을 돌며 복음을 전파하다 한국전쟁 때 순교했지만, 그로 인해 지금도 증도면 주민 90%가 기독교인이다. 문 전도사의 발자취를 따라 대기점도~소기점도~소악도~진섬~딴섬으로 이어지는 길목 곳곳에 자리한 12개의 예배당을 둘러보는 길은 순례자의 길로 유명한 스페인 '산티아고 길'에 비유해 '섬티아고 길'이라고 부른다. 그 입소문을 타고 찾아드는 발길이 늘어난 것이다.

　종교와 상관없이 누구에게나 열린 예배당은 10m²(약 3평) 규모로 혼자 들어가면 딱 좋을 공간이다. 번호순으로 이어진 이정표를 따라 만나는 12개의 예배당은 저마다 독특한 모양에 별칭도 있어 하나하나 찾아보는 재미가 제법 쏠쏠하다.

1 바르톨로메오의 집(감사의 집)은 저수지에 떠 있는 '물 위의 예배당'이다.
2 작은 야고보의 집(소원의 집) 지붕 밑에는 풍어를 기원하는 물고기 모양이 그려져 있다.
3 소악교회 앞에는 문준경 전도사의 상징인 고무신과 작은 보퉁이가 놓여 있다.

대기점도 선착장에 있는 1번 '베드로의 집(건강의 집)'은 하얀 벽과 파란 지붕이 그리스 산토리니를 연상케 한다. '섬티아고 길'은 그 옆에 있는 종을 치면서 시작된다. 방파제 끝에서 오른쪽으로 접어들어 대기점도 북촌마을에서 만나는 2번 '안드레아의 집(생각하는 집)'은 입구와 지붕 위에 앉은 고양이상이 인상적이다. 수십 년 전 들쥐 떼에 의해 피해를 입던 주민들이 고양이를 들여와 키우면서 지금은 사람보다 고양이가 더 많은 동네가 되었는데 이를 상징한 것이다. 북촌마을 끝자락에 있는 3번 '야고보의 집(그리움의 집)'은 숲속의 별장 같은 모습이다.

야고보의 집에서 돌아 나와 대기점도 남촌마을로 넘어오면 등대처럼 생긴 4번 '요한의 집(생명평화의 집)'이 있다. 내부의 길쭉한 창 너머 보이는 무덤은 땅을 기증한 할아버지의 아내가 묻힌 곳으로 할아버지의 사랑을 느낄 수 있는 곳이다. 이어서 소기점도로 연결되는 노두길 입구에 있는 5번 '필립의 집(행복의 집)'은 전형적인 프랑스 남부 지방의 건축 형태로 물고기 비늘 모양이 덮인 고깔 지붕이 독특하다.

노두길 건너 소기점도로 들어서면 6번 '바르톨로메오의 집(감사의 집)'이 저수지에 살포시 떠 있다. 언뜻 호루라기처럼 보이는 '물 위의 예배당'은 잔잔한 수면에 반영되어 물속에 쌍둥이 예배당이 있는 것 같다. 소기점도 게스트하우스 뒤편 언덕에 있는 7번 '토마스의 집(인연의 집)'은 하얀 건물에 새파란 문과 창틀, 구슬 바닥이 인상적이다. 8번 '마태오의 집(기쁨의 집)'은 소기점도와 소악도를 잇는 노두길 중간에 터를 잡았다. 신안의 특산물인 양파를 본뜬 지붕이 러시아 정교회의 성당을 연상시키며, 밀물 때면 바다 위에 동동 떠 있는 모습이 이색적이다.

소악도에 들어서면 문준경 전도사의 상징인 고무신과 작은 보퉁이가 있는 소악교회를 지나 우측 둑길 끝에 9번 '작은 야고보의 집(소원의 집)'이 나온다. 지붕 밑의 물고기 모양은 풍어를 기원하는 어부들의 소망을 담고 있다. 소악도에서 노두길 건너 진섬에 들어서면 4개의 뾰족지붕을 얹은 10번 '유다 타대오의 집(칭찬의 집)'이 기다리고 있다. 아울러 솔숲 언덕에 자리한 11번 '시몬의 집(사랑의 집)'은 파리의 개선문처럼 가운데가 뚫린 형태로 언덕에서 내려다보는 바다 풍경이 시원하다. 반면 12번 '가롯 유다의 집(지혜의 집)'은 물이 들면 갈 수 없어 '딴섬'이라 일컫는 무인도에 있다. 뾰족지붕을 얹은 날씬한 형태인 마지막 예배당 앞에 있는 종을 12번 치면 순례길이 마무리된다.

이렇게 12개의 예배당을 두루 거치는 길은 약 12km로 걸음에 따라 3~4시간 걸리지만 자칫 노두길이 물에 잠겨 발이 묶일 수 있으므로 물때를 잘 맞추는 게 중요하다. 그래서 대기점도 선착장에서 번호순대로 걷는 게 보통이지만 물때에 따라 소악도 선착장이 있는 진섬에 내려 딴섬에 자리한 12번 예배당을 먼저 들른 후 역순으로 걷기도 한다. 이렇듯 각각의 예배당에 붙은 별칭의 의미를 되새기며 스스로를 돌아보는 '섬티아고 길'은 당일치기도 가능하지만 섬에서 하룻밤 머물며 보다 여유롭게 둘러보는 게 좋다.

⊕ 병풍도

플러스

2번 안드레아의 집 아래쪽에는 대기점도와 병풍도를 연결하는 노두길이 있다. 병풍처럼 깎아지른 기암절벽을 품은 병풍도에는 세계 최대 규모(3만 4500평)의 맨드라미 동산이 조성되어 있다. 5500만 송이가 피어나는 맨드라미 꽃밭 곳곳에는 천사 날개를 단 예수의 12제자 조각상도 자리하고 있다. 집집마다 지붕을 맨드라미처럼 붉은색으로 통일해 독특한 풍경을 자아내는 병풍도에선 맨드라미가 절정에 이루는 10월에 맨드라미 축제가 열린다.

병풍도 가는 길.

아찔하지만 짜릿한
절벽 '비렁길'
 트레킹하기

🚌 **금오도 가는 배**

여수 연안여객선터미널 신아해운 061-665-0011
1코스 출발점인 함구미까지 하루 3회(1시간 30분) 왕복 운항

백야도선착장 좌수영해운 061-665-6565
함구미(35분)를 거쳐 직포(1시간)까지 가는 배가 하루 3회 왕복 운항. 원하는 코스를 선택하기에 좋다.

신기항 한림해운 061-666-8092
금오도 여천항(20분)까지 운항. 배편이 가장 많고(하루 기본 7회, 주말에는 30~40분 간격 운행) 가까워 차를 가지고 가는 사람들이 많이 이용한다.

여수의 또 다른 매력은 바다에 보석처럼 떠 있는 수많은 섬이다. 그중 가장 주목받는 섬은 여수시 남쪽에 떠 있는 금오도다. 금오도는 다리로 연결돼 더 이상 섬이라 하기에 뭐한 돌산도 다음으로 큰 섬이다. 섬의 생김새가 금빛 자라를 닮았다 하여 이름 붙은 금오도는 한때 '거무섬'이라 불리기도 했다. 햇빛이 비집고 들어갈 틈도 없을 만큼 숲이 워낙 울창해 멀리서 보면 섬 전체가 거뭇하게 보였기 때문이다. 그도 그럴 것이 이 섬은 1880년대 중반까지만 해도 나무를 함부로 베지 못하도록 지정한 조선왕조 '봉산(封山)'으로 민간인 출입을 철저히 금했기에 지금도 그 원시림을 고스란히 품고 있다. 그런 금오도가 불현듯 유명해진 건 2010년부터 길을 튼 비렁길 덕분이다. '비렁'은 절벽의 순우리말인 '벼랑'의 여수 사투리다. 비렁길은 걷기 열풍에 힘입어 벼랑에다 없던 길을 새로 만든 게 아니다. 그저 오래전부터 섬사람들이 땔감을 구하고 밭을 일구기 위해 오르내리던 '삶의 길'을 살짝 다듬었을 뿐이다. 그 바다 위벼랑길은 안전 시설을 갖춰 위험하지 않으며, 조망이 뛰어난 곳마다 들어선 전망대에 서면 아찔한 풍광이 시쳇말로 끝내준다. 게다가 울창한 동백숲과 갈대숲은 아늑하고 중간중간 만나는 소박한 어촌 마을은 정겹다.

아무리 풍광이 좋아도 수도권을 기준으로 여수까지 내려와서 또다시 배를 타고 들어와야 하는 금오도는 그리 녹록치 않은 여정이다. 게다가 차로 섬 안에서의 이동은 자유롭지만 비렁길을 걸을 경우 차를 가지러 와야 하는 번거로움이 있고, 차가 없는 사람도 비렁길을 걸으려면 버스나 택시로 이동해야 한다. 버스는 배가 도착하는 시간에 맞춰 운영하며 택시는 거리에 따라 1만~2만 원이다. 배편은 계절과 기상에 따라 시간이 변동될 수 있으니 출발 전 해운회사에 확인하는 것이 좋다. 이런 불편함에도 불구라고 매년 30만 명 이상이 찾는 이유는 '살면서 한 번쯤은 와 봐야 할 곳'이란 입소문이 도는 때문이기도 하다.

그런 비렁길은 5개 코스로 나뉘는데, 1코스는 섬 서쪽 끝에 자리한 함구미마을에서 미역널방-신선대를 거쳐 두포마을(5km), 2코스는 두포마을에서 굴등전망대-촛대바위를 거쳐 직포마을(3.5km), 3코스는 직포마을에서 매봉전망대-비렁다리를 거쳐 학동마을(3.5km), 4코스는 학동마을에서 사다리통전망대-온금통전망대를 거쳐 심포마을(3.2km), 5코스는 심포마을에서 막개전망대를 거쳐 섬 동쪽 끝인 장지마을(3.3km)까지 걷는 길이다. 비렁길 총 거리는 이렇듯 안내도에 18.5km

1 비렁길에서 마주하는 그림 같은 일몰은 걷는 자에게 안겨 주는 섬의 선물이다.
2 코스마다 긴 절벽길을 내려와 들어서게 되는 마을은 여행자들을 푸근하게 맞아 준다.
3 비렁길에서는 절벽길을 걷다가 간간이 바다를 코앞에 둔 해변길도 걷게 된다.

로 기재되어 있지만 실제 걸어 보면 23km를 훌쩍 넘어 하루에 다 걷는 건 무리다. 섬에서 하룻밤 묵으면 코스를 다 걸을 수 있지만 당일치기라면 1개나 2개 코스가 적당하다. 마을과 마을을 잇는 각각의 코스는 비슷한듯 하면서도 풍광이 제각각이다. 그중 1코스와 3코스가 가장 인기다. 바다를 품은 벼랑 위와 울창한 숲을 넘나드는 1코스는 가장 긴 코스(실제 8km 남짓)지만 비교적 완만해 초행자도 무리 없이 걷기 좋다. 정겨운 돌담이 가득한 함구미마을을 지나 벼랑길로 접어들어 가장 먼저 마주하는 전망대는 섬 주민들이 지게로 짊어지고 온 미역을 널어 말렸다는 미역널방이다. 바다가 한눈에 들어오는 깎아지른 절벽 위에 설치미술작품과 함께 펼쳐진 암반은 말 그대로 미역을 널어 말리기 좋을 만큼 널찍하다. 미역널방에서 신선대로 가는 길목에서는 초분도 볼 수 있다. 볏짚을 덮어씌운 초분은 시신을 바로 매장하지 않고 흙으로 살짝 덮어 두었다가 1~2년 뒤 뼈만 추려 매장하는 섬 지역 특유의 장례법이다. 이는 망자에 대한 애정과 배를 타고 나가면 언제 돌아올지 모르는 섬사람들의 삶에서 비롯된 풍습이다. 이어서 바다 위에 우뚝 솟아오른 신선대를 지나 빽빽한 대숲길을 빠져나오면 1코스의 도착점인 두포마을이다.

반면 직포마을에서 시작되는 3코스는 거리는 비교적 짧지만 비렁길에서 가장 높은 매봉전망대를 품고 있기에 오르내리는 길이 다소 가파르다. 하지만 그 수고로움을 보상하듯 탁월한 전망을 안겨 준다. 3코스는 동백숲 터널로도 유명해 봄이면 가장 많은 이가 찾는다. 시원한 숲 그늘 속에서 걸음을 옮길 때마다 송이째 툭툭 떨어진 동백꽃이 지천이라 밟고 지나가기가 미안할 정도다. 그 길목에는 높이 솟구치다 쪼개진 듯 갈라진 절벽 틈 사이로 넘실대는 바다를 엿볼 수 있는 갈바람통전망대도 있다. 이곳에서 시작되는 긴 오르막길을 올라 매봉전망대에 들어서면 망망대해 건너편에 나로도우주센터까지 한눈에 보이는 풍광에 가슴이 뻥 뚫린다. 전망대를 내려오면 바닷물이 파고드는 협곡을 이은 길인 42m의 출렁다리(비렁다리)도 건너게 되는데, 다리 중간 바닥에 투명 유리를 깔아 발밑으로 까마득한 벼랑의 아찔함이 고스란히 전해진다. 한편 이 출렁다리는 '함께 건너면 사랑이 이뤄진다'는 속설도 있으니 연인과 함께 걸어 보자. 행여 '나 홀로 여행'이라도 산모퉁이를 돌 때마다 새로운 비경을 속속 보여 주는 벼랑길에서 파도소리를 친구 삼아 바닷바람을 맞으며 걷다 보면 이래저래 묵은 스트레스를 모두 날려 버릴 수 있으니 그것도 좋다.

남해의 나폴리,
'여수 밤바다'
즐기기

🚗 **자동차 내비게이션** 이순신광장(전남 여수시 선어시장길 6)
🚌 **대중교통**
❶ 여수 EXPO역에서 이순신광장까지 2.4km 남짓으로 택시로 7분, 도보로 35분 정도 걸린다.
❷ 여수종합버스터미널에서 이순신광장으로 가는 버스가 많다.

밤이 되면 온통 형형색색의 조명으로 반짝이는 여수 밤바다는 그야말로 환상적이다.

    여수의 지형은 길쭉한 꼬리를 단 나비 모양새다. 굴곡이 심한 전형적인 리아스식 해안을 품고 있기 때문이다. 여기저기 들쭉날쭉 튀어나온 해안선이 복잡하긴 하지만 그렇듯 구불구불한 형태가 오히려 독특한 풍경을 선사하기에 '남해의 나폴리'라 일컫기도 한다. 여수 갯가길은 그 아름다운 해안선을 따라 걷는 길이다. 2013년 첫 길을 튼 후 현재까지 4코스로 연결된 갯가길의 총 길이는 56km 남짓이다. 그중에서 가장 걷기 편하고 낭만적인 곳은 '여수 밤바다 코스'다. 잔잔한 기타 반주에 맞춰 속삭이듯 들려주는 버스커버스커의 노래는 불현듯 그 '여수 밤바다'를 궁금케 한다. 버스커버스커의 노래로 유명세를 탄 여수 밤바다를 직접 보면 정말이지 누군가에게 전화를 걸어 함께 걷자고 할 만큼 야경이 환상적이다. 그 풍경을 오롯이 엿보려면 여수 구도심을 한 바퀴 도는 '여수 밤바다 코스'가 제격이다. 중앙동 이순신광장에서 출발해 돌산대교-돌산공원-거북선대교-여수 구항 해양공원을 지나 다시 이순신광장으로 돌아오는 순환길(7.8km)로 걷는 내내 여수 앞바다를 눈에 담게 된다. 출발점과 도착점이 같기에 반대 방향으로 돌아도 상관없지만 명칭 그대로 이곳은 밤에 걸어야 제맛이다.

    실내를 둘러볼 수 있는 큼지막한 거북선이 들어선 이순신광장은 무엇보다 장군의 칼을 본 떠 만든 조형물이 눈길을 끈다. 초승달처럼 길쭉한 조형물이 줄줄이 늘

거대한 거북선이 들어앉은 이순신광장(왼쪽). 시시각각 변하는 불빛으로 눈길을 끄는 하멜등대(오른쪽).

어선 광장에서는 은은한 조명 속에 다양한 거리 공연도 펼쳐져 활기가 넘쳐난다. 광장을 벗어나 여객선터미널로 가는 길목에는 수산시장과 교동시장, 서시장 등이 있어 시장 구경하는 재미도 제법 쏠쏠하다. 여객선터미널을 지나 돌산대교 못미처 야트막한 언덕 느낌의 예암산에 오르면 돌산대교와 거북선대교로 이어진 돌산도가 한눈에 들어온다.

산자락에서 내려와 팔각정 앞에 길게 놓인 돌산대교를 건너는 길목에서는 발밑으로 아담한 장군도가 내내 눈에 들어온다. 다리를 건너면 코앞에 돌산공원이 볼록하니 솟아 있다. 나무 계단을 따라 오르는 돌산공원은 예암산과 더불어 여수 밤바다 야경을 온전히 엿볼 수 있는 으뜸 포인트다. 예암산에서 보는 풍경이 시원하다면 돌산공원에서 보는 풍경은 다양하고 아기자기하다. 전망대에 올라 왼쪽으로 눈을 돌리면 돌산대교가 반짝이고 오른쪽으로 눈을 돌리면 거북선대교를 배경으로 해상 케이블카가 하늘 위를 둥둥 떠다니는 모습이 이채롭다. 그 사이에서 가장자리를 따라 붉은 조명 띠를 두른 장군도 또한 당당하게 불빛을 뿜어낸다. 사방에서 시시각각 색깔을 바꿔 가며 반짝이는 오색 불빛들이 여수의 밤을 황홀하게 수놓는다.

돌산공원 밑에서 연결되는 진두해안길은 바다 건너 여수항을 마주보며 걷는 길이다. 휘황찬란한 조명들이 좀 더 바짝 다가온 길을 걷다 보면 어느새 거북선대교로 연결된다. 다리 끝자락에 닿을 즈음이면 걷는 동안 아스라이 보이던 하멜등대가 발밑에서 역시나 시시각각 변하는 조명을 뿜어내며 '어서 내려오라'고 여행자를 유혹한다. 거북선대교 끝에서 연결된 계단을 내려오면 다리 위에서 보던 하멜등대가 기다리고 있다.

동양의 향신료와 도자기 등을 유럽에 팔아 막대한 부를 쌓은 네덜란드 선박회사 선원이던 하멜은 우리나라를 최초로 유럽 세계에 알린 인물이다. 1653년 일본으로 항해 도중 태풍을 만나 일행과 함께 제주도에 표착한 그는 일행과 함께 한양으로 압송되었다가 여수로 옮겨져 통합 14년간의 억류 생활 끝에 탈출한 후 우리에게는 《하멜표류기》로 알려진 기행문을 펴냈다. 등대가 세워진 자리는 수백 년 전 그가 탈출한 현장이다. 이곳에서 해양공원을 지나면 출발 지점이던 이순신광장이다.

해가 뉘엿뉘엿 넘어갈 즈음 걸음을 떼어 한 바퀴 돌다 보면 어느새 하늘과 바다를 붉게 물들이던 노을이 가시고 점점 깊어가는 어둠 속에서 점점이 불을 밝힌 낭만 가득한 여수 밤바다는 꿈결처럼 내내 마음속에 박혀 오랫동안 여운이 가시질 않는다.

어느 가을날,
절과 절 사이
요염한 꽃길 걷기

🚗 **자동차 내비게이션**
 ❶ 불갑사(전남 영광군 불갑면 불갑사로 450)
 ❷ 용천사(전남 함평군 해보면 용천사길 209)

⭐ **Tip** 차를 불갑사 주차장에 세우고 불갑사에서 용천사로 넘어오
 면 돌아가는 교통편은 택시를 이용해야 한다. 하지만 불갑사–
 용천사 구간은 그다지 긴 거리가 아니어서 다시 불갑사로 걸어
 가는 사람들도 많다.

🚌 **대중교통** 영광공영버스터미널에서 불갑사행 버스타고 종점 하차

무더운 여름 끝에 찬바람이 불기 시작하면 불갑사, 용천사, 선운사 등 남도의 절집 안팎 곳곳에서는 가을볕을 받아 붉은 빛을 토해 내는 꽃무릇이 하나둘 피어나기 시작한다. 꽃이 진 후에야 잎이 돋아나는 꽃무릇은 꽃은 잎을, 잎은 꽃을 그리워한다는 의미에서 상사화와 혼동되기도 하지만 잎이 진 후에 꽃이 피는 상사화와는 엄연히 다르다.

그리움에 꽃잎 속내에 진한 멍이 든 걸까? 가녀린 연초록 꽃대 끝에서 달랑 피어난 꽃송이는 유난히 짙은 선홍빛을 발한다. 화려한 왕관 같기도 하고 가만히 들여다보노라면 마스카라로 한 올 한 올 곱게 치켜 올린 여인네의 긴 속눈썹을 닮은 듯도 하다. 한껏 치장해 누구라도 유혹할 듯 요염한 모습이지만 어딘가 모르게 외로움이 배어 있다.

화려하고 매혹적인 모양새가 절과는 그다지 어울릴 것 같지 않건만 유독 절집에 꽃무릇이 많은 이유는 꽃무릇 뿌리에 있는 독성 때문이다. 절집을 단장하는 단청이나 탱화에 꽃무릇 뿌리를 찧어 바르면 좀이 슬거나 벌레가 꾀지 않기 때문에 심은 터이다.

특히 영광 불갑사와 함평 용천사는 9월 중순에서 10월 초 무렵이면 주변에 무리지어 피어난 꽃무릇으로 장관을 이룬다. 불갑사와 용천사의 꽃무릇은 같은 꽃이라

가까이 들여다보면 섬세하고 매혹적인 꽃무릇(왼쪽). 불갑사 안쪽에 조성된 저수지(오른쪽).

1 가을이면 온통 붉은 빛으로 물드는 용천사 경내.
2 용천사로 들어서는 입구에 조성된 항아리 조형물.

도 피어난 분위기가 다르다. 일주문을 지나 절집으로 이어지는 불갑사의 꽃무릇이 말끔하게 단장된 공원 분위기라면, 용천사의 꽃무릇은 산자락을 타고 자연스럽게 피어난 형태다. 아울러 두 절을 품고 있는 불갑산과 모악산 줄기는 하나의 능선으로 연결되어 발품을 들이면 두 곳 모두 둘러볼 수 있다는 것이 매력이다. 뿐만 아니라 불갑사에서 용천사로 넘어가는 길목 또한 꽃무릇이 줄을 잇는 빨간 꽃길이 되어 독특한 숲 분위기를 자아낸다. 매년 찾아오는 가을이지만 때를 놓치면 볼 수 없는 이 풍경은 어느 가을날 한 번쯤 꼭 찾아볼 만하다.

이 독특한 꽃 숲길은 어느 절에서 출발해도 상관없지만 용천사 경내를 지나 불갑사로 넘어가는 길 초입은 일명 '힘 기르는 숲'이라 지칭할 만큼 가파른 오르막길이 500m가량 이어져 불갑사에서 용천사로 넘어오는 것이 훨씬 수월하다. 불갑사 뒷자락에서 불갑저수지-동백골-구수재-용봉-용천사로 이어지는 꽃무릇 산길은 4km 남짓으로 1시간 30분가량 걸린다.

불갑사는 인도의 고승 마라난타가 백제에 불교를 전파하면서 세운, 우리나라 최초의 사찰로 알려진 곳이다. 불갑이란 명칭은 불교가 처음 들어온 사찰이란 의미에서 으뜸 갑자를 붙여 지은 것이다. 문짝마다 각기 다른 꽃무늬가 새겨진 대웅전(보물 제830호)을 뒤로 하고 저수지 산책로 끝자락에서 동백골로 향하는 산길로 접어들면 산자락을 타고 자연스럽게 피어난 꽃무릇길이 펼쳐진다.

불갑저수지에서 시작되는 꽃무릇길은 완만한 오르막길을 따라 구수재까지 이어진다. 불갑산과 모악산 능선이 맞닿은 구수재는 불갑사와 용천사를 오가는 지름길이다. 이곳에서 왼쪽으로 1.5km가량 가면 불갑산 정상인 연실봉으로, 발밑으로 겹겹이 펼쳐진 풍광이 시원스러워 올라 볼만 하지만 용천사는 오른쪽으로 가야 한다. 산허리를 끼고 가는 좁고 완만한 길을 따라 500m가량 가면 잠시 쉬어 가기 좋은 정자 쉼터가 있지만 여기서부터 용천사 입구까지는 줄곧 가파른 내리막 산길이다. 이 길이 바로 힘을 기르는 숲으로 지칭된 구간이다.

가파른 산길을 내려오다 용천사 지붕이 모습을 드러내는 즈음에서는 다시 산자락이 불타오르는 듯 자연스럽게 피어난 꽃무릇의 모습을 볼 수 있다. 산자락 밑에는 편안히 누워 쉴 수 있는 구불의자와 앙증맞은 구름다리도 놓여 있다. 그렇게 들어선 용천사는 백제시대에 창건된 유서 깊은 절로 한때 3,000여 명의 승려가 머물렀을 만큼 큰 규모였다지만 수차례의 화재로 전소돼 지금은 다시 지은 대웅전을 비롯한 몇 개의 전각만이 있는 조촐한 규모다. 하지만 절집을 둘러싸고 피어난 꽃무릇과 아기자기한 볼거리들이 제법 쏠쏠하다.

절 입구에 있는 저수지는 둑길을 빨갛게 수놓은 꽃무릇이 물속에서도 붉은 빛으로 넘실대는 모습이 이채롭다. 그 저수지 옆에는 미니 초가집과 수세미터널, 항아리로 만든 재미있는 항아리 조형물들이 조르륵 놓여 있다. 아울러 삼각뿔 형태로 만들어진 문을 요리조리 넘나드는 것도 빼놓으면 아쉽다. 모양은 지극히 수수하지만 겸손을 위한 '겸허문', 마음을 비우는 '허심문', 고개를 숙이는 '저두문'이란 뜻을 담은 통로이기에 자연이 선물해 준 꽃길을 걸은 후 그 뜻을 다시금 되새겨보는 것도 의미 있는 일이다. 꽃무릇이 만개하는 매년 9월 중하순 경에는 불갑사와 용천사 일대에서 꽃축제가 열린다.(문의 불갑사 061-352-8097, 용천사 061-322-1822)

법성포는 인도의 고승 마라난타가 384년에 백제에 불교를 전하면서 최초로 발을 디딘 곳이다. 이를 기념하기 위해 조성한 백제불교 최초 도래지는 불교문화는 물론 인도 간다라 미술 양식까지 볼 수 있는 볼거리가 의외로 많다. 간다라 양식으로 지었다는 독특한 모양의 일주문을 지나 안으로 들어서면 바닷가 끝에 넓은 나무 마당과 벤치, 정자가 들어서 있다. 이곳은 해 질 무렵 찾으면 붉게 물든 노을과 함께 노르스름한 가로등 불빛이 은은하게 비쳐 더욱 운

치 만점이다. 안쪽으로 들어서면 대승불교문화의 본 고장인 간다라 양식의 불교유물을 전시해 놓은 간다라유물관을 비롯해 간다라지역 사원의 탑원, 아미타불과 마라난타, 관음보살상 등을 한 곳에 세워둔 초대형 사면대불상 등 이색적인 볼거리가 다양하다. 사면대불상 위쪽으로는 울창한 나무와 화사한 꽃이 어우러진 숲쟁이꽃동산으로 이어지는 산책로가 있다.

입장료 무료

백수해안도로

한국의 아름다운 길 100선 중 하나로 꼽히는 곳으로 법성포 입구에서 오른쪽으로 백수해안도로로 연결될 길이 있다. 이곳에서 한국농촌공사를 지나 가파른 언덕을 넘어서자마자 바다가 한눈에 보이는 백수해안도로가 펼쳐진다. 이곳부터 백암리까지 이어지는 해안도로 길이는 약 12km. 탁 트인 바다가 한눈에 보이고 거북바위, 모자바위 등 곳곳에 기암괴석과 섬들이 모습을 드러내 드라이브 길로는 그만이다. 도로 중간 지점에 자리한 3층 규모의 칠선정은 백수해안도로의 전망 포인트. 정자 아래쪽으로는 바다로 내려가는 나무 계단이 설치되어 있다. '건강 365계단'이라 이름 붙은 계단을 따라 내려가면 코앞에서 바다를 구경할 수 있다.

흥미로운 술판에
기분 좋게
빠져들기

🚗 **자동차 내비게이션** 대한민국술테마박물관(전북 완주군 구이면 덕천전원길 232-58)

🚌 **대중교통**
❶ 전주시외버스공용터미널 인근 청담한방병원 앞에서 403번 버스를 타면 바로 갈 수 있지만 하루 1회만 운행
❷ 같은 정류장에서 970번 버스를 타고 구이면에서 내려 부릉부릉 버스 (1시간 전 예약 필수, 063-243-3380)로 가는 것이 더 편리함
❸ 박물관은 저수지를 사이에 두고 구이면 반대편에 있어 저수지 산책로 를 따라 반 바퀴씩 걸어 관람하고 가는 방법도 있음

Open **관람 시간** 오전 10시~오후 6시(동절기 오후 5시)

Close **휴관일** 월요일, 1월 1일, 설·추석 당일

₩ **입장료** 성인 2,000원, 청소년 1,000원, 어린이 500원, 65세 이상 무료

ⓘ **문의** 063-290-3847

애주가라면 꼭 한 번 가봐야 할 대한민국술테마박물관.

완주에는 독특한 박물관이 하나 있다. 애주가들 사이에선 '안 가 보면 평생 후회' 한다는 대한민국술테마박물관이다. 우스갯소리이긴 하지만 '이것은 장독인가, 술 독인가?' 궁금하게 만드는 수많은 항아리들과 박물관 개관 연도인 2015년에 맞춰 2,015개의 술병으로 세워진 거대한 술탑을 보면 역시나 술 박물관답다는 생각이 든다. 세상의 모든 술이 모인 이곳은 그저 애주가들만 유혹하는 곳이 아니다. 공기 좋은 산자락에 둘러싸인 박물관 안팎에 꼼꼼하게 배치된 5만여 점의 전시물엔 하나하나마다 우리가 미처 몰랐던 사연들이 깨알처럼 담겨 있다.

적당히 하면 약이지만 지나치면 독이 된다는 게 술이다. 그러니 약처럼 마시고 기분 좋게 마무리하면 좋으련만, '오고 가는 술잔 속에 싹트는 우정' 운운하며 술술 마시다 보면 아무래도 술자리 실수가 나오게 마련이다. 특히 요렇게도 섞고 조렇게 도 섞어 마시는 폭탄주는 요주의 대상인데, 놀랍게도 조선 시대에도 막걸리에 소주 를 섞은 폭탄주인 '혼돈주'가 있었다. 그 시절의 소주는 워낙 독해 마시다 죽는 경우 도 있어 종종 암살 수단으로 악용되기도 했단다.

혹시나 애주가를 넘어 술을 절제하는 게 힘든 이들이라면 특히 이곳에 전시된 계 영배(戒盈杯)를 눈여겨보길 권한다. '가득 차는 걸 경계하는 술잔'이란 의미인 계영 배는 술을 70% 이하로 따라야만 마실 수 있다. 행여 욕심 부려 찰랑찰랑 술잔을 가

술과 관련된 다양한 자료가 전시된 것은 물론, 옛 술집 풍경 등을 재현해 놓았다.

득 채우는 순간 술이 밑으로 술술 다 새어 버려 오히려 한 방울도 마시지 못하는 요상한 잔이기 때문이다. 이 술잔의 비밀은 '사이펀 원리'를 적용한 과학이 담긴 밑바닥의 작은 구멍이다. 가득 차면 빈 술잔이 되고 마는 계영배는 그야말로 적당히 마시라고 훈계하는 술잔이다.

어쨌든 한 사람이 마시는 술을 빚으려면 열 사람이 굶을 만큼의 쌀이 들어가니 조선 시대에는 흉년이 들 때마다 금주령이 내려지기도 했다. 그럼에도 양반들은 예외적으로 허용되던 '조상님 제사 술', '몸이 아파 약술' 핑계로 잘도 마셔 댔다고 한다.

이런저런 술 이야기가 담기고 볼거리도 많은 데다 톡톡 튀는 재미까지 있어 지루할 틈이 없는 박물관 안에는 일제가 매긴 세금명세표도 전시되어 있다. 집집마다 담가 놓고 기뻐서도 마시고 슬퍼서도 마시는 술에 붙는 세금이란, 당시 서민들에겐 임금님 금주령보다 더 무서운 법이다. 하지만 주세는 의외로 짭짤한 수입이었기에 한일합병 이후 조선총독부는 더 강력한 주세령을 선포했다. 허가받은 양조장만 술을 빚을 수 있었고, 면허증 없이 집에서 만든 술은 불법 밀주로 간주되어 걸리면 살림이 휘청댈 만큼의 벌금이 매겨졌다. 이런 벌금 또한 짭짤하니 일제는 밤낮없이 들이닥쳐 집안을 샅샅이 뒤지고 꼬챙이로 땅속까지 쑤셔 댈 만큼 밀주 단속에 기를 썼고 '고발 사례금'까지 내걸어 이웃 간에 등을 돌리게 한 경우도 종종 있었다. 그러면서 수백 종에 달하던 우리 전통주들이 하나둘 사라지면서 얼마 남지 않은 꼴이 되었다.

다양한 전시물들을 구경하며 걸음을 옮기다 보면, 푸근한 감성을 담아 조성한 7080 시절 골목길에 1960년대 대폿집, 1990년대 호프집 풍경도 마주하게 된다. 또한 윗층으로 올라가는 계단에는 '오늘도 수고한 당신, 부어라 마셔라', '아령 대신 술잔 들어', '술잔은 비우고 마음은 채우고', '모든 일이 술술술'과 같이 술을 권하는 문구들이 줄을 이어 발을 옮길 때마다 슬쩍 웃음 짓게 만든다. 게다가 세월 따라 변해온 정감 어린 술 광고, 추억의 소품들은 술을 즐겼던 그 시대의 청춘들에겐 아련한 추억을 안겨 주고, 레트로의 매력을 아는 요즘 청춘들 마음까지 유혹한다. 술 구경하며 웃기도 하고 서글퍼지기도 하는 박물관 앞에 펼쳐진 넓은 정원에도 술과 관련된 재미있는 조형물들이 가득하니 그야말로 행여 술꾼이 아니라도 술 세계에 푹 빠져들게 하는 곳이다.

⊕ 구이저수지

플러스 박물관 정원 끝자락 숲 아래 내려가면 구이저수지가 시원하게 펼쳐져 있다. 아기자기한 조형물이 호수처럼 넓은 저수지를 한 바퀴 도는 산책로는 8.8km가량 된다.

메타세쿼이아-고목-대나무로 이어지는 '3가지 숲길' 걷기

🚌 **자동차 내비게이션** 메타프로방스(전남 담양군 담양읍 깊은실길 2-17)

🚉 **대중교통**
❶ 담양공용버스터미널에서 메타프로방스 방면 버스 이용
❷ 버스터미널에서 메타프로방스까지 약 2km로 도보 30분 거리

⭐ **Tip** 각 지역에서 담양으로 직행하는 버스는 운행 횟수가 많지 않기 때문에 광주종합버스터미널에서 담양행 버스(20분 간격)를 타는 것이 훨씬 수월하다.

대나무 없는 담양은 '단팥 없는 찐빵'이라 할 만큼 담양은 대나무로 유명한 고장이다. 하지만 그런 대나무를 앞질러 유명세를 탄 건 메타세쿼이아다. 그 틈에서 수백 년 동안 묵묵하게, 그 오랜 세월만큼 묵직하게 자리를 지켜 온 고목나무숲이 숨겨져 있는 곳 또한 담양이다. 그 어느 것 하나 범상치 않은 나무 숲길이 바통을 넘겨 가며 릴레이식으로 전개된 건 국내 어디에서도 볼 수 없는 풍경이다. 그러니 시원한 대숲과 싱그러운 메타세쿼이아, 묵직한 고목나무숲의 멋을 비교해 가며 음미할 수 있는 것은 오로지 담양에서만 맛볼 수 있는 행복이다.

보행자 전용도로가 된 담양 메타세쿼이아길.

그런 담양에 들어서 가장 먼저 만나는 진객은 메타세쿼이아길이다. 담양읍에서 순창군 경계 지역까지 이어지는 24번 국도변은 쭉쭉 뻗은 메타세쿼이아가 줄을 이어 전국에서 가장 아름다운 가로수길로 지정된 도로이기도 하다. 이중 담양읍 학동리 부근, 88고속도로와 나란히 뻗어 있는 구도로는 메타세쿼이아길의 진수를 보여준다. 빽빽한 메타세쿼이아 가로수 사이로 쏟아지는 햇살마저 아름다운 이 길은 아예 차량 통행을 금지해 호젓하게 걷기에 그만이다. 곧게 뻗은 기둥에 삼각형 모양의 터널을 이룬 메타세쿼이아길은 계절마다 독특한 운치를 자아내 걷는 것을 그다지 좋아하지 않는 사람일지라도 한 번쯤 걸어 보고 싶게 만든다.

메타세쿼이아길 못지않게 절로 걷고 싶어지는 곳이 바로 천연기념물 제366호로 지정된 관방제림이다. 조선 인조(1648) 당시 수해를 막기 위해 쌓은 제방 위에 아름드리 고목이 줄줄이 늘어선 모습이 여느 곳에서는 좀처럼 볼 수 없는 독특한 풍경으로 담양의 깊은 멋을 더해 주는 곳이다. 메타세쿼이아길 초입, 도로 건너편에서 시작되어 담양읍을 휘감아 흐르는 담양천을 따라 펼쳐진 관방제림 산책로를 걷다 보면 400년에 달하는 세월의 멋을 고스란히 느낄 수 있다. 느티나무, 팽나무, 은단풍 등 수백 년 된 고목의 멋이 운치 만점인 관방제림 숲길은 약 2km. 오랜 세월의 무게

1 수백 년 묵은 고목들이 줄을 이은 관방제림.
2 발길 닿는 곳마다 대나무로 가득한 죽공원.

를 담아 구불구불하면서도 묵직함을 안겨 주는 고목들의 우람한 자태는 메타세쿼이아길과는 또 다른 면모를 보여 인근 주민들에게는 소중한 쉼터이자 담양 연인들의 데이트 코스로도 인기가 높다.

관방제림 끝자락에는 대나무의 멋을 엿볼 수 있는 죽녹원이 자리하고 있다. 여름에는 대나무의 시원함을 찾아 들어오는 사람들이 많지만 겨울에는 발길이 뜸해 대숲의 호젓함을 오롯이 느낄 수 있다. 싱그러운 대숲 속 여정은 그 의미도 남다르다. 곧게 자라는 대나무는 올곧은 삶의 의미를, 속을 비운 대나무는 우리네 마음도 비우고 살라는 무언의 가르침까지 안겨 준다.

죽녹원 입구를 지나 야트막한 언덕 위에 자리한 죽녹원 전망대에서 시작되는 대숲 산책로는 2.2km. 통나무가 깔린 맨발 지압로는 물론 갈래갈래 이어진 길목마다 붙여진 이름도 재미있다. 운수대통길, 죽마고우길, 사랑이 변치 않는 길, 선비의 길, 철학자의 길, 추억의 샛길 등 8가지 테마로 구성된 오솔길마다 그 분위기도 약간씩 달라 걷는 재미가 쏠쏠하다. 대나무 숲 사이로 이어진 산책로 곳곳에는 정자와 하트 벤치를 비롯해 아기자기한 꾸밈새가 많아 숲을 거닐며 기념 촬영하기에도 좋다.

더불어 일상에서 지친 몸과 마음에 활력을 불어넣고 인생을 생각하는 길이란 의미로 붙여진 철학자의 길 끝에는 가사문학의 산실인 담양의 특성을 살려 면앙정, 송강정, 식영정, 소쇄원 내의 광풍각 등이 재현되어 아기자기한 볼거리를 준다.

📍 **죽녹원**

입장 시간 오전 9시~오후 6시
(11월~2월 오후 5시 30분)
입장료 어른 3,000원, 청소년
1,500원, 어린이 1,000원
문의 061-380-2680

⊕ 대나무골테마공원

플러스

금성면 봉서리에 위치한 '대나무골테마공원'은 자연 그대로의 대숲의 멋을 엿볼 수 있는 곳이다. 이곳은 특히 눈 덮인 대숲의 풍경이 이채롭다. 초록빛이 감도는 대나무 줄기를 하얗게 덮은 모습은 이국적인 느낌마저 든다. 고요한 그 숲에 들어서 바람이 지휘하는 자연의 소리를 듣는 것도 이채롭다. 스미는 바람의 세기에 따라 때로는 우렁차게, 때로는 아주 작은 소리로 속삭이는 대나무들의 합창은 잊지 못할 또 하나의 추억을 안겨 줄 것이다.

개방 시간 오전 9시~오후 6시 **입장료** 어른 2,000원, 청소년 1,500원, 어린이 1,000원 **문의** 061-383-9291

소쇄원

남면 지곡리에 자리한 소쇄원 또한 대나무 숲에 둘러싸인 모습이 한 폭의 그림 같은 풍경을 자아내는 곳이다. 조선 중종 당시 학자인 양산보가 기묘사화로 인해 스승인 조광조가 사사되자 관직을 버리고 고향으로 내려와 지었다는 소쇄원은 조선시대 대표적인 정원으로 손꼽힌다. 무엇보다 자연을 거스르지 않고 조성한 것이 특징으로 구불구불 흐르는 계곡을 살짝 빗겨 들어앉은 단아한 아담한 건물들이 오밀조밀 들어선 모습이 운치 만점이다.

개방 시간 오전 9시~오후 6시 **입장료** 어른 2,000원, 청소년 1,000원, 어린이 700원 **문의** 061-381-0115

금성산성

담양군 금성면과 순창군의 경계를 이루는 산성산 봉우리와 능선을 연결한 금성산성은 호남에서 가장 큰 규모다. 몽골 침입부터 갑오농민전쟁, 동학농민전쟁에 이르기까지 숱한 난을 겪으면서도 훼손되지 않고 성문과 성벽 등 원형이 잘 보존될 수 있었던 건 깎아지른 절벽이 주는 완벽한 지리적 조건 때문이다. 능선으로 오르는 오솔길을 따라 30분쯤 오르면 성곽의 출입구인 외남문. 표주박 모양의 지형에 세워진 망루의 모습이 독특한 이곳은 드라마 〈선덕여왕〉에서 화백회의를 열던 촬영지로 알려지면서 유명세를 타기도 했다. 이곳에서 조금 더 올라 내남문에서 내려다보는 경관은 담양 여행에서 빼놓으면 아쉬운 것 중 하나다.

🍴 담양에 가면 대통밥은 한 번쯤 먹어봐야 한다. 대통 안에 쌀, 밤, 대추 등을 넣어 짓는 대통밥은 대나무

먹을곳

특유의 향긋함이 우러나는 담양의 별미다. 담양에 널려 있는 대통밥 전문점에 가면 대통밥뿐만 아니라 죽순회, 고등어구이, 된장찌개 등 10가지가 넘는 반찬이 맛깔스럽게 곁들여 나온다.

곱디고운 한복 입고
전통 한옥마을
골목 걷기

🚗 **자동차 내비게이션** 전주한옥마을 제1 공영주차장(전북 전주시 완산구 기린대로 99)

🚌 **대중교통** 전주시외버스터미널 앞에서 5001번 버스 타고 팔달로 예술회관 앞에서 내리면 인근에 경기전이 있다.

전주는 둘러봐야 할 곳도, 먹어 봐야 할 음식도, 즐길 거리도 넘쳐나는 곳이다. '그럼 어디에 집중해야 하나?' 행복한 고민도 할 필요가 없다. 이 모든 게 한곳에 모인, 그야말로 '친절한 종합 세트'를 갖춘 곳이 바로 전주한옥마을이다. 일제강점기에 전주 성곽을 헐고 밀려드는 일본인들에 맞서 교동과 풍남동 일대에 한옥을 짓고 모여 살면서 형성된 한옥마을은 오목대, 경기전, 전주향교, 전동성당도 품고 있다. 전주의 뼈대를 이루는 이 네 곳만큼은 들러줘야 '전주에 다녀왔다' 할 수 있으니 한옥마을은 곧 '전주 여행 1번지'인 셈이다.

세월이 흘러도 변함없는 이 한옥마을은 요즘 한복을 입고 누비는 것이 트렌드인지, 매월 마지막 주 토요일마다 '한복 데이'가 열린다. 이날은 수많은 사람이 한복을 입고 마을 전역을 거니는 모습이 이색적인 데다 한복을 입은 젊은이들이 펼치는 플래시몹과 거리 공연에 클럽댄스파티도 열려 아침부터 밤까지 신명나는 하루를 보낼 수 있다. 한복 데이가 아니어도 곳곳에 자리한 한복 대여점에서 한복을 빌려 입고 꽃처녀와 꽃도령, 왕과 왕비, 어우동이 되어 사뿐사뿐 누비는 처자들을 쉽게 만날 수 있다.

곱디고운 한복을 차려 입고 들어선 한옥마을 나들이의 묘미는 우선 골목길 걷기다. 처마를 맞대고 부드럽게 이어지는 기와지붕 아래 나지막한 돌담을 따라 요리조

요리조리 휘어지는 한옥마을 골목길에는
아기자기한 공방들이 가득하다.

리 휘어지는 골목길은 아늑하고 정겹다. 돌담 너머 살포시 보이는 통통한 장독대는
보는 것만으로 푸근하다. 골목마다 도자기와 한지 매듭, 닥종이, 갤러리 등 재미난
볼거리도 많으니 걷고 또 걸어도 피곤함이 덜하다.

 그 걸음 끝에 오르는 오목대는 기와지붕으로 빼곡하게 덮인 한옥마을이 한눈에
내려다보이는 명당 전망대다. 야트막한 숲 언덕 위에 살포시 들어앉은 오목대는 고
려 말 이성계가 남원 황산벌에서 왜구를 섬멸하고 개경으로 돌아가던 중 선조들이
살던 이곳에 들러 한바탕 승전 잔치를 연 곳이다. 잔치의 흥이 무르익을 즈음 불현
듯 이성계가 한나라를 세운 유방이 불렀던 대풍가를 읊으며 고려를 뒤엎고 새 나라
를 세우려는 야심을 넌지시 내비치자 동행했던 정몽주가 뒤도 안 돌아보고 갔다는
역사적인 장소이기도 하다.

 오목대 언덕 아랫녘에 자리한 전주향교는 지금으로 치면 기숙사를 갖춘 지방학
교다. 애초 경기전 근처에 있었지만 태조 이성계의 어진을 봉안한 경기전이 들어서
면서 글 읽는 소리가 시끄러워 태조가 편히 쉬지 못한다 하여 쫓겨나 지금의 자리에
들어앉게 되었다. 그럼에도 국내 향교 가운데 가장 온전하게 보존되어 드라마 〈성
균관스캔들〉, 〈궁〉의 촬영지로 등장했다.

 향교를 밀어낸 경기전과 호남에서 가장 오래된 서양식 근대 건축물인 전동성당
은 한옥마을 입구인 태조로 초입에서 만날 수 있다. 속 깊은 동양미와 세련된 서양
미가 한곳에서 절묘하게 어우러진 모습이 이색적이다. 국내에서 가장 아름다운 성
당 중 하나라는 전동성당은 박신양 전도연 주연의 멜로 영화 〈약속〉에서 슬픈 결혼
식을 올리는 장면을 촬영한 곳으로 유명세를 타면서 연인들 사이에서는 성당 앞에

1 국내에서 가장 아름다운 성당으로 이름난 전동성당은 연인들의 인증샷 장소로 인기가 높다.
2 들어서는 것만으로도 마음이 편안해지는 고즈넉한 한옥마을 골목길.

드라마 〈성균관스캔들〉에 등장했던 전주향교(왼쪽). 아늑함이 묻어나는 한옥의 밤(오른쪽).

서 인증샷을 찍는 게 필수 코스가 되었다.

경기전은 앞서 언급했듯 태조 이성계의 어진(국보 제317호)을 모시기 위해 태종 10년(1410년)에 지어진 것이다. 태조는 초상화를 가장 많이 남긴 왕으로 유명하다. 하지만 아쉽게도 이곳에 모셔진 게 현존하는 유일본이다. 태조 외에도 따로 마련된 어진박물관에서는 여섯 임금의 용안을 알현할 수 있다. 털끝 하나라도 똑같지 않으면 안 될 만큼 사실적으로 그려야 했던 어진에 내면세계까지 담아내야 했으니 화공들의 고충이 이만저만이 아니었을 터다. 그렇게 탄생한 어진을 꼼꼼하게 들여다보면 왕들의 성정이 보이는 듯도 하다. 꼿꼿한 태조의 얼굴에서는 강인함이, 지적인 분위기의 세종 옆의 영조는 깐깐함이, 인물 좋은 정조는 훈훈함이 보인다. 〈광해〉, 〈전우치〉 등 영화 촬영지로도 이름난 경기전은 뒷마당에 구불구불 소나무 밭과 쭉쭉 뻗은 대나무 숲이 숨어 있어 한옥마을을 돌다 느긋하게 숨을 고르고 가기에 좋다.

볼거리도 쏠쏠하지만 한옥마을이 인기 있는 건 '먹방 천국'으로 떠올라 맛 여행을 선사하기 때문이다. 사방으로 곧게 뻗은 길목에는 메뉴도 다양한 '한옥마을표 길거리 음식'이 줄을 이어 느긋하게 걷다 입맛대로 골라 먹기 그만이다. 인기 메뉴 앞에는 언제나 긴 줄이 늘어서 있지만 그 줄에 합류하는 것도 이곳만의 재미다. 특히 다양한 종류의 수제 만두를 골라 먹는 〈다우랑〉은 문을 열기 전부터 늘어선 줄 끝을 가늠하기 어렵고, 버터에 살짝 구운 문어에 특제 소스를 묻힌 〈문꼬치〉 줄도 만만치 않다. 치즈를 불판에 노릇노릇 구워 요플레를 뿌려 주는 임실치즈구이는 짭

조름하면서 새콤달콤한 맛이 은근 매력적이다. 하지만 이곳의 명물은 전국 5대 빵집 중 하나인 〈풍년제과〉의 수제 초코파이다. 견과류와 딸기잼이 든 고소하고 달콤한 초코파이는 선물로도 안성맞춤이다.

🚩 **경기전**

관람시간 오전 9시~오후 6시(6월 ~8월 오후 7시, 11월~2월 오후 5시)
입장료 25세~64세 3,000원, 13세~만24세 2,000원, 어린이 1,000원
문의 063-281-2790

⊕ 남부시장 청년몰

플러스

전동성당 앞 풍남문 뒤편에 자리한 '남부시장 청년몰'은 요즘 전주의 '핫 플레이스'로 떠오른 곳이다. '적당히 벌고 아주 잘살자'라는 슬로건을 내걸고 들어온 청년들이 펼쳐 놓은 30여 개의 가게는 저마다 개성이 뚜렷하다. 취향을 말하면 알아서 말아주는 칵테일 바, 달달함으로 사랑을 전하는 초콜릿 가게, '낮술 환영'한다는 선술집, '남기면 벌금이 따블'이라는 뷔페식보리밥집, 가게 안이 좁거나 주인장 보기 싫으면 야외 테이블을 이용하라는 멕시코요리점 등 보기만 해도 웃음이 빵빵 터지는 자글자글한 문구들이 눈길과 발길을 빨아들이는 청년몰 인기 덕에 대형마트에 밀려 죽어가던 재래시장도 덩달아 활기를 되찾았다.

한옥마을이 낮의 먹방 천국이라면 톡톡 튀는 위층 청년들과 후덕한 아래층 중년들의 절묘한 동거가 그야말로 '대박'을 친 남부시장은 밤의 먹방 천국이다. 매주 금, 토요일 오후 6시부터 자정까지 열리는 야시장은 해가 지면 썰렁해지는 한옥마을 여행자를 자연스럽게 끌어들이며 북새통을 이룬다. 불야성을 이루는 야시장에서는 터키 케밥, 러시아 빵, 필리핀 고기만두, 일본 스시, 중국 볶음국수 등 다문화 가정 주민이 즉석에서 요리해 주는 이색 음식은 물론 우리의 야식 메뉴들도 다양하게 맛볼 수 있다. 야시장의 또 다른 매력은 다양한 장르의 게릴라 공연으로 유쾌한 밤 문화를 이끌어 준다는 점이다.

자만벽화마을

한옥마을 여행자들이 아름아름 입소문을 타고 한 번씩 거쳐 가는 곳이 자만벽화마을이다. 오목대 뒤편에 연결된 육교를 건너면 바로 벽화마을이다. 언덕 자락을 따라 끊긴 듯 이어지고 끊긴 듯 이어지는 좁은 골목 담장에 담긴 재치 만점 벽화들은 만화를 보는 것만큼 재미있다. '숨은 그림 찾기' 하듯 둘러보는 골목 갤러리 안에서 일명 '돈 내고 쉬는 곳'이라는 '꼬지따뽕카페'에서 아메리카노 커피 '아따메 쓴' 아메리카노, '허벌나게 달달한' 핫초코, '오메 부드러운' 카푸치노 한잔 마시며 쉬어 가기 좋다.

🏠 한옥마을 안에는 아늑한 온돌방에서 하룻밤 보내기 좋은 한옥
숙박 게스트하우스들이 여러 곳 있다.

근대역사문화마을 돌고 독특한 펭귄마을 엿보기

🚗 **자동차 내비게이션** 양림동 관광안내소(광주광역시 남구 서서평길 7)

🚌 **대중교통**
❶ KTX 광주송정역에서 지하철을 타고 문화전당역에서 내리면 양림동 관광안내소까지 도보 15분
❷ 광주종합버스터미널에서 518번, 금호36번 버스 타고 문화전당역에서 하차

ℹ️ **문의** 양림동 관광안내소 062-676-4486

　양림동은 광주를 대표하는 근대역사문화마을이다. 광주에서 최초로 3·1운동 물꼬를 튼 양림동은 구한말 서양 선교사들이 속속 들어와 당시 '서양촌'이라 불렸던 동네다. 그 선교사들이 세운 교회와 학교, 병원, 사택들은 지금까지 고스란히 남아 소중한 근대 문화재가 되었다. 선교사들의 발자취가 곳곳에 스며 있는 양림동 골목길엔 그보다 더 오래된 우리의 전통 고택들도 꿋꿋하게 남아 있다. 이국적인 서양 건축물과 단아한 전통 한옥 사이사이엔 개성이 톡톡 묻어나는 카페와 미술관도 콕콕 박혀 있다. 이처럼 묵직한 과거의 흔적과 현대적 감각이 사이좋게 공존하는 양림동은 '백년의 추억'을 담은 광주의 명소다.

　그런 양림동 산책은 양림동마을의 역사를 일목요연하게 엿볼 수 있는 전시관이 마련된 양림동 관광안내소에서 시작하는 게 무난하다. 관광안내소에서 가까운 최승효 가옥과 이장우 가옥은 양림동을 대표하는 옛집으로, 이 구역은 과거 광주 부자들이 살았다는 윗동네다. 그 막다른 골목 끝에 자리한 최승효 가옥은 1920년에 지은 집이다. 당시 이곳 주인이던 최상현 선생은 집안에 비밀 다락방을 만들어 독립운동가들을 숨겨 준 일화로도 유명하다. 인근에 있는 이장우 가옥은 광주 옛 부잣집 면모를 보여 주는 곳으로 관람이 가능하다. 1899년에 지어진 집은 일자형이 주를 이루는 남부 지방의 가옥과 달리 'ㄱ'자 형태로 나름 멋을 부린 정원도 있다.

1 한센병 환자를 돌보았던 우일선 선교사 사택.
2 '광주의 어머니'라 불렸던 조아라 여사의 흔적을 엿볼 수 있는 조아라기념관.
3 야트막한 동산 위에는 선교사 묘원이 조성되어 있다.

이어서 만나게 되는 조아라기념관은 가정 형편이 어려운 청소년과 여성들을 비롯해 사회적 약자를 따뜻하게 품으며 평생을 헌신해 '광주의 어머니'라 불렸던 조아라 여사의 흔적을 엿볼 수 있는 곳이다. 반면 광주에서 '선교의 아버지'로 불리던 유진 벨(한국 이름은 배유지)은 광주 수피아여학교와 광주기독병원 설립자로 일제강점기 때 신사 참배를 거부해 추방된 선교사다. 조아라 기념관에서 가까운 유진벨선교기념관에선 그의 흔적을 낱낱이 살펴볼 수 있다.

유진벨선교기념관 맞은편에 자리한 호남신학대 뒤편의 야트막한 동산은 조선시대에 전염병으로 죽은 이들의 시신을 이불에 둘둘 말아 버렸던 곳이다. 그랬던 죽음의 동산은 1904년 광주로 온 유진 벨이 이곳에 나무를 심고 산자락 밑에 교회와 학교, 병원을 세우면서 '생명의 산'으로 거듭났다. 선교사들의 이름을 딴 산책로가 요리조리 연결된 울창한 숲 언덕 위엔 이곳에서 활동하던 23명의 선교사들이 잠든 묘원이 조성되어 있다.

그 산자락 밑에 자리한 우일선 선교사 사택은 1920년에 지은 서양식 건축물이다. '우일선'은 로버트 윌슨 선교사의 한국 이름으로 당시 '문둥이'라 부르며 사람들이 기피하던 한센병 환자들을 돌보았던 의료 선교사다. 그 인근에 있는 허철선 목사(본명 찰스 베츠 헌틀리) 사택은 5·18민주화운동 당시 '외신 기자들의 사랑방'이자

허철선 목사가 군인들에게 쫓기던 시민들을 숨겨
준 곳이다. 영화 〈택시 운전사〉에 등장한 독일 기자
의 실존 인물인 위르겐 힌즈페터도 이 집을 거쳐 갔
다. 또한 광주양림교회 옆 오웬기념각은 광주에 첫
교회를 세운 선교사 오웬을 위해 1914년에 지은 건
물이다.

🚩 양림동 관광안내소

100여년 세월이 첩첩이 쌓여 걸음걸음
마다 이야기가 담긴 양림동 건축물들은
양림동오거리에서 반경 500m 안에 있
지만 골목을 요리조리 넘나드는 여정이
기에 지도가 필요하다. 양림동오거리에
서 가까운 관광안내소에 문화예술여행
길, 전통문화여행길, 선교여행길 등 다
양한 코스로 구분된 양림동마을 지도가
준비되어 있다.
문의 062-676-4486

광주양림교회 앞에서 곧게 뻗은 길을 따라 오면
양림동오거리. 오거리 한쪽에 펼쳐진 펭귄마을은 좁은 골목을 따라 수십 년 전에
사용했던 온갖 잡동사니가 하나하나 '작품'이 된 동네다. 하루에 딱 두 번만 맞는 고
장 난 시계들과 검정고무신, 찌그러진 냄비 등 쓸모없어진 물건들이 독특한 예술품
이 되어 양림동에서 사람들의 발길을 가장 많이 불러들이는 곳이다.

펭귄마을은 무릎이 불편한 이 동네 어르신이 뒤뚱뒤뚱 걷는 모습이 마치 펭귄
같다고 하여 붙여진 명칭이다. 그래서 옛 물건들 사이사이엔 이런저런 펭귄 캐릭터
가 많이 눈에 띈다. 또한 '유행 따라 살지 말고 형편 따라 살자.'나 '겨울 멋쟁이 얼어
죽고 여름 멋쟁이 쪄서 죽는다.' 등의 웃음이 묻어나는 문구들이 골목 곳곳에서 발
걸음을 멈추게 한다. 이처럼 구석구석 옛 추억이 묻어나는 펭귄마을은 돌아보는 데
는 20분 정도면 충분하지만 괜스레 골목을 빙빙 돌고 또 돌게 되는 묘한 곳이다.

양림동오거리 한쪽에 펼쳐진 펭귄마을.

'한국의 하롱베이'
명품 섬
돌아보기

- 🚗 **자동차 내비게이션** 진도항(팽목선착장)(전남 진도군 임회면 진도항길 101)

- 🚌 **대중교통** 진도공용터미널에서 진도항(팽목항)으로 가는 버스 탑승(1시간 10분 소요, 버스 시간 문의 061-544-2121)

- ⛴ **여객선** 진도항(팽목항)에서 관매도행 배 탑승(하루 두 차례 운항, 출항 시간은 기상 상황과 계절에 따라 달라질 수 있으므로 반드시 출발 전 확인, 출항 문의 061-544-5353)

정겨움이 묻어나는 관매도 관호마을 골목길.

진도 앞바다에는 150여 개의 섬이 오밀조밀 떠 있다. 그 모습을 위에서 보면 마치 새 떼가 내려앉은 것 같다 하여 이름 붙은 조도면의 수많은 섬을 두고 일명 '한국의 하롱베이'로 일컫기도 한다. 물론 수천 개의 섬을 아우른 베트남의 하롱베이에 비하면 규모는 막냇동생뻘이지만 아기자기한 풍광만큼은 야무지다. 그중 하나인 관매도는 '다도해 국립공원 중 가장 아름다운 섬'으로 꼽힌 곳이다. 진도 팽목항에서 뱃길로 1시간 20분 거리인 관매도는 1700년 즈음 제주도로 귀양 가던 한 선비가 이곳 해변에 가득 피어난 매화를 보고 붙인 명칭이란다. 섬 이름의 유래처럼 봄이 되면 매화가 만발하고 이에 질세라 유채꽃이 가세하면서 화사한 꽃 섬이 된 이곳의 명물은 거대한 솔숲이다. 3만여 평을 가득 메운 관매도 해송 숲은 2010년 '전국에서 가장 아름다운 숲' 1위에 오른 영예를 안았다. '가장 아름다운 섬'에 '가장 아름다운 숲'으로 2관왕을 거머쥔 이 작은 섬 구석구석에는 '관매 10경'으로 불리는 비경도 보물처럼 숨어 있다.

몇 해 전 예능프로그램 〈1박 2일〉을 통해 출연자들은 물론 시청자들까지 그 매력에 푹 빠지게 한 관매도는 방송이 나간 그해 여름부터 부쩍 늘어난 사람들의 발길로 몸살을 앓았다. 아닌 게 아니라 당시 관매도를 오가는 연락선 항해사의 말에 의하면 "여름 성수기 20일 동안 1년 먹고 살 걸 다 벌었다." 했을 정도다. 그러나

1 '관매 1경'으로 꼽히는 관매해변.
2 관매도는 다도해 국립공원 중 '가장 아름다운 섬'으로 선정된 섬이다.

2014년 세월호 참사 이후 관광객들의 발길이 부쩍 줄긴 했지만 세월호의 아픔을 딛고 희생자들의 넋을 위로하며 관매도의 비경을 찾는 발걸음은 또 다른 의미를 안겨 준다. 선착장에 내려 왼쪽으로 가면 관매마을, 오른쪽으로 가면 관호마을이다. 관매마을 앞에 펼쳐진 둥글고 긴 관매해변은 관매 1경에 꼽힌다. 둥근 해안 저편에는 인근 섬들로 첩첩이 둘러싸여 바다가 아니라 섬들 사이에 호수가 펼쳐진 느낌이다. 길이 2km에 이르는 관매해변은 물이 빠지면 폭 200m가량의 고운 모래밭이 펼쳐지는 모습이 장관이다. 해변 끝자락에는 관매 10경으로 꼽힌 구성바위가 자리하고 있다. 널빤지 같은 바위가 층층이 쌓여 아홉 구비를 휘어지며 부드러운 곡선미를 뽐내는 풍광이 이색적이다.

　'전국에서 가장 아름다운 숲'이란 영예를 안은 송림 또한 이 해변 앞에 펼쳐져 있다. 300살이 훌쩍 넘은 소나무들로 가득한 숲길로 들어서는 길목에는 북 치고, 장구 치고, 나팔 불고, 꽹과리를 두들겨 가며 상모를 돌리는 곰돌이들의 흥겨운 놀이

마당이 펼쳐져 어깨가 절로 들썩이게 된다. 죽죽 뻗은 늘씬한 소나무가 있는가 하면 S라인을 자랑하며 부드럽게 휘어져 올라간 솔숲 길은 이른 아침에 걸으면 더욱 싱그럽다. 솔숲을 걷다 보면 '장단맞춤길'과 '가락 타는 길'도 펼쳐진다. 숲 곳곳에 편종과 편경, 북, 제례음악에 사용되는 어, 축 등의 전통 악기들과 더불어 제각각의 음을 내는 악기들이 줄줄이

관매해변 앞에 펼쳐진 송림은 '전국에서 가장 아름다운 숲'이란 영예를 안은 곳이다.

놓인 데다 직접 쳐볼 수 있으니 귀도 즐거워지는 길이다.

　장단맞춤길을 벗어나 섬 끝으로 가면 관매 2경인 방아섬을 볼 수 있다. 꼭대기에 남근바위가 우뚝 솟은 방아섬은 그 옛날 선녀가 내려와 방아를 찧었다는 전설로 인해 이름 붙은 곳으로, 아이를 갖지 못한 여인들이 정성껏 기도하면 아이를 갖게 된다 하여 더욱 유명해진 곳이다. 장산편마을 앞을 지나 본격적으로 시작되는 방아섬 길은 1.3km. 해안을 따라 가는 오솔길로 관매해변이 한눈에 보이는가 하면 울창한 숲과 대숲 길도 지나고 야생화가 가득한 들판도 거치게 되는 산책로다. 방아섬 가는 길목에서는 관매 9경으로 꼽는 독립문바위도 볼 수 있다.

　반면 야트막한 산자락을 병풍 삼아 집들이 옹기종기 모여 있는 관호마을은 돌담 길이 예쁘다. 크고, 작고, 둥글고, 모난 울퉁불퉁 제각각의 돌들이 서로 엉켜 모자란 부분을 채워 주는 돌담의 미학은 우리네 삶을 되돌아보게 한다. 나지막한 돌담 골목 길에 들어서면 예쁜 벽화들이 줄을 이어 걷는 재미를 더해 준다. 수초가 하늘거리는 사이로 거북이와 물고기가 헤엄치는가 하면 어떤 집 담에는 싱그러운 들판에 아담한 교회를 담아 서정적인 풍경을 안겨 주고 또 어떤 담에는 오선지에 담긴 꽃들이 음표가 되어 통통 튀는 음악을 연주하는 듯하다.

　돌담길 끝 언덕길로 올라가면 우실이다. 우실은 바닷가 언덕에 쌓은 돌담으로 마을의 울타리 역할을 하는 곳이다. 돌담으로 바람을 막아 농작물의 피해를 최소화 하는 지혜가 담긴 것이기도 하지만 액운을 차단하는 민속신앙의 의미도 담겨 있다. 뿐만 아니라 마을에서 상여가 나갈 때 산 자와 죽은 자의 마지막 이별 공간이기도 한 우실은 단순한 돌담이 아니라 섬마을 문화의 한 단면이다.

⚑ Tip

비오는 날이면 할미도깨비가 나온다는 전설이 깃든 '할미중드랭이굴'(4경), 방아섬 선녀들이 목욕했다는 '서들바굴폭포'(6경)는 도보로 가능하다지만 접근하기가 쉽지 않고 서들바굴폭포를 지나면 나오는 '다리여'(7경)는 바닷물이 많이 빠졌을 때 한달에 4~5회 정도 건너갈 수 있다. 한쪽 면이 깎아지른 절벽으로 이루어진 하늘담(벼락바위, 8경)은 배를 타야만 그 모습을 볼 수 있다.

우실 아래 바닷가에는 꿍돌과 돌묘가 자리하고 있다. 지름 4~5m가량의 바위덩이인 꿍돌은 밑부분에 움푹 팬 홈이 마치 사람의 손바닥을 꾹 눌러놓은 것처럼 그 형체가 뚜렷한 것이 이채롭다. 꿍돌 앞에는 왕의 묘처럼 생겼다는 돌묘가 있는데 두 바위가 짝을 이뤄 관매 3경으로 지칭된다. 두 바위를 받치고 있는 암반도 눈여겨볼 만하다. 울퉁불퉁 기묘한 형태들이 눈길을 끌기도 하지만 투박한 바위덩이에 새겨진 섬세한 무늬와 다양한 색깔들은 오랜 세월, 바람과 파도가 조각칼과 붓이 되어 만든 천연 걸작품이다.

이곳을 지나면 그 옛날 방아섬에서 방아 찧던 선녀들이 날개옷을 벗고 쉬던 곳이란 전설이 깃든 하늘다리를 볼 수 있다. 절벽과 절벽 틈새에 놓인 하늘다리는 관매 5경으로 가운데가 유리판으로 되어 있어 허공에 떠 있는 듯 아찔함을 안겨 준다. 하지만 좁은 바위틈 사이로 아득히 내려앉은 바닷물이 출렁대는 모습은 어디서도 볼 수 없는 장관으로 엉거주춤 서서 자꾸만 내려다보게 되는 매력을 지닌 곳이다. 아울러 관매도의 최고봉인 돈대산(330m)에 오르면 관매마을과 관호마을 풍경을 한눈에 내려다볼 수 있다.

'세계 슬로길 1호 섬'에서 삶의 쉼표 찍기

🚗 **자동차 내비게이션** 완도연안여객선터미널(전남 완도군 완도읍 장보고대로 339)

🚢 **여객선** 완도여객터미널에서 청산도행 탑승(출항 시간은 기상 상황에 따라 달라질 수 있으므로 미리 시간 확인)

ℹ️ **문의** 완도연안여객선터미널 1666-0950

　반복되는 삶을 살다 보면 가끔 베짱이가 되고픈 마음이 들기도 한다. 그럴 땐 슬로시티로 지정된 청산도에 몸을 들이는 것도 좋다. '느림과 여유로움으로 삶의 쉼표가 되는 섬'으로 규정된 청산도는 무언가를 하기 위해서가 아닌, 베짱이처럼 쉬고 싶은 이들에게 제격인 섬이다.

　바다에 갇힌 섬은 아무래도 외롭다. 그것을 위로하듯 구석구석 푸근하고 아름다운 풍경을 풀어놓은 청산도는 2011년 국제슬로시티연맹으로부터 공식 인증된 '세계 슬로길 1호'를 품고 있다. 마을과 마을을 잇는 청산도 슬로길은 푸근함과 아름다움이 깃든 풍경에 반해 절로 발걸음이 느려진다 하여 붙여진 명칭이다. 각각의 멋을 품은 11개 코스로 나뉘어 섬을 한 바퀴 도는 슬로길은 마라톤 코스와 똑같은 42.195km다. 청산도의 관문인 도청항에서 시작되는 슬로길 1코스에는 영화 〈서편제〉와 드라마 〈봄의 왈츠〉 무대가 담겨 있어 가장 많은 사람이 찾는다. 그 길 초입엔 청산도 풍경을 담은 사진들을 전시한 갤러리길이 있고, 마을 골목 담장에는 사진도 걸려 있다. 그중 오래전 청산중학교 학생들의 빛바랜 졸업 사진이 눈길을 끈다. 까까머리 남학생과 수줍은 미소의 여학생들, 풋풋했던 모습이지만 이들 중 누군가는 초로(初老)의 노인이 되어 지금도 이곳에서 살아가는 이도 있을 테고, 누군가는 이미 저 세상으로 간 사람도 있을 테니 만감이 교차하게 된다.

　마을 끝을 지나 다랑이 논 사이를 가르며 오르는 당리 언덕길에서는 가을볕에 고개 숙인 벼가 바람에 하늘거리고 코스모스 꽃잎들이 여행자를 유혹한다. 그 풍경들이 자꾸만 발걸음을 멈추게 하니 역시나 슬로길이다. 그렇게 아주 천천히 언덕을 오

르면 〈서편제〉로 유명해진 돌담길이 모습을 드러낸다. 서편제 돌담길에서 〈봄의 왈츠〉 세트장으로 가는 길목은 봄이면 노란 유채와 청보리 물결로 유명하지만 코스모스 가득한 가을길 또한 일품이다. 당리에서 구장리를 잇는 2코스는 고즈넉한 숲과 해안 절벽의 운치를 즐길 수 있는 '사랑길'로 청산도 사람들은 연애바탕길이라 부른다. 그 끝에서 마주하는 고인돌길(3코스)은 고인돌, 하마비, 초분 등 청산도 역사와 문화를 가장 많이 볼 수 있다. 바다에서 불쑥 솟아오른 산자락 낭떠러지 오솔길인 낭길(4코스)을 지나면 범바위길(5코스)이 이어지는데, 이 길목에 있는 범바위는 자신의 포효가 바위에 부딪혀 더 크게 울리자 더 큰 놈이 있다고 착각한 호랑이가 도망친 곳이라 하여 이름 붙은 것으로, 강한 자성을 띤 철광석이 많아 나침반도 헤매는 신비로운 곳이다. 이 범상치 않은 기를 받으려 찾아드는 발길이 많은 범바위 앞에는 맑은 날이면 거문도, 제주도까지 볼 수 있다는 전망대가 있다.

범바위길을 내려와 6코스로 들어서면 청산도 특유의 논을 발견하게 된다. 섬이지만 주민 70% 이상이 농사를 짓는 청산도는 야트막한 산등성이마다 계단식으로 펼쳐진 다랑이 논과 척박한 환경을 지혜롭게 풀어낸 구들장 논이 인상적이다. 그런 밭 곳곳에서는 무덤도 심심찮게 볼 수 있다. 땅이 귀한 곳임에도 기꺼이 조상에게 땅 한 자락을 내놓고 이른 아침 눈뜨면 무덤을 관리하러 나가는 게 첫 일과로 청산도 어르신들의 효심을 볼 수 있는 곳이기도 하다. 그 길 끝에 있는 상서돌담마을은 명칭 그대로 미로 같은 골목마다 돌담이 구불구불 연결되어 있어 어떤 곳은 돌담이 지붕까지 맞닿아 담이 아닌 벽처럼 보이기도 한다. 등록문화재로 지정된 상서마을 돌담은 보기 좋게 손보다 보니 여느 곳보다 높고 가지런하다.

돌담길만 놓고 보면 상서마을에서 신흥마을로 이어지는 길목(7코스)에 있는 동촌마을이 더 자연스럽고 운치 있다는 게 개인적인 생각이다. 허리께 높이의 돌담을 자연스럽게 타고 오른 호박넝쿨이 정겹고 그 밑에서 옹기종기 피어난 야생화들이 풋풋함을 더해 준다. 요리조리 이어지는 돌담길 한편에는 그늘을 드리운 동촌 할머니나무 앞에 쉬어 가기 좋은 정자도 있다. 신흥마을 앞 해변은 물이 들면 바닷물이 찰랑대다 물이 빠지면 모래섬이 드러나는 풀등 해수욕장이다. 물이 빠져나간 해수욕장에서는 조개를 캐거나 고둥을 줍는 재미도 있다. 뿐만 아니라 갯돌 구르는 소리를 들으며 아름다운 일출을 맞이할 수 있는 해맞이길(8코스), 가을이면 푸른 바다를 배경으로 붉게 물드는 단풍이 이색적인 단풍길(9코스), 해송 숲 사이로 아름다운 노을을 볼 수 있는 노을길(10코스), 미로처럼 얽힌 골목을 따라 섬 주민들의 소소한 일상과 재미있는 벽화까지 엿볼 수 있는 미로길이 마지막 코스다. 시간을 다투는 마라톤과 달리 느리게 걸을수록 아름다운 속살을 마주하게 되는 슬로길은 이삼일 묵으며 풀코스를 다 돌아도 좋고 마음이 끌리는 코스만 걸어도 좋다.

⊕ 청산도 순환버스

플러스 청산도에서는 도청항을 출발해 당리(서편제)─읍리(고인돌)─범바위─양지리(구들장논)─상서(돌담길)─신흥(풀등해변)─진산(갯돌해변)─지리(청송해변)를 거쳐 도청항으로 돌아오는 순환버스가 운행된다.

풀리지않는
수수께끼 속의
'천불천탑' 감상하기

🚗 **자동차 내비게이션** 화순운주사(전남 화순군 도암면 대초리 19-2)

🚌 **대중교통** 광주종합버스터미널에서 318-1번 버스 타고 운주
사에서 하차. 218번 버스를 타면 화순읍을 거치기에 40분 정도
시간이 더 걸린다.

W **입장료** 무료

ℹ️ **문의** 061-374-0660

걸음을 옮길 때마다 속속 등장하는 운주사의 이름 없는 부처들.

　산과 물, 나무, 돌 등 그 어느 것 하나 빠지지 않은 천혜의 자연을 지녔음에도 그다지 주목받지 못했던 곳이 화순이다. 세계문화유산으로 등록된 고인돌 군락, 태고의 신비로움을 보여 주는 화순적벽, 여기에 명품 생태숲으로 떠오른 모후산까지, 차분히 돌아보면 곳곳에서 새로운 풍경을 내밀어 주는 화순 땅의 숨은 보물은 바로 운주사다. 사실 운주사는 불국사처럼 국보가 많은 것도, 부석사처럼 가람배치(伽藍配置)가 의미 있는 절도 아니요, 경관이 빼어난 절도 아니다. 그럼에도 화순 여행에서 빼놓을 수 없는 건 국내 최대의 와불을 품은 곳이자 '천불천탑'으로 유명하기 때문이다. 조선 초기에 편찬된 《동국여지승람》 기록에 의하면 '절의 좌우 산자락에 석불과 석탑이 각각 천 개씩 있고, 두 석불이 서로 등을 대고 앉아 있다'라고 명시되어 있다. 천불천탑을 놓고 의견도 분분하다. 한반도를 물에 뜬 배의 형상으로 여긴 신라 도선국사가 백두대간 줄기를 품은 동쪽에 비해 턱없이 가벼워 보이는 서쪽과 균형을 맞추기 위해 이곳에 천 개의 불상과 탑을 세웠다는 설이 대세지만 또 다른 신라 고승 운주화상이 거북이의 도움을 받아 만들었다는 설, 중국 설화에 나오는 마고할미가 지었다는 설, 미륵이 도래하는 신세계를 기원하며 천민들이 세웠다는 설, 밀교 사원이라는 설, 심지어 석공들의 작업장이었을 거란 설도 있다.
　어느 것도 믿기 힘든 천불천탑 신화를 간직한 운주사는 창건 연대도 모호하다.

1 대웅전 뒤편 공사바위에 오르면 운주사 전경이 한눈에 내려다보인다.
2 영화 〈쌍화점〉에 등장했던 화순적벽 중 한 풍경.
3 주의 깊게 살펴보면 거대한 바위 밑에 숨은 불상들도 부지기수다.

다만 발굴 조사 결과 고려시대에 번창했던 절이라는 것만 추측할 뿐 지금까지도 베일에 싸인 절이다. 하지만 안타깝게도 오랜 세월을 거치면서 이곳의 돌부처와 석탑들이 소리 없이 사라지면서 지금은 100여 점의 돌부처와 20여 기의 석탑들만 남아 있다. 널린 게 돌부처고, 석탑이었기에 누군가는 슬며시 가져가 묘지석으로 썼고 누군가는 주춧돌로, 구들장으로, 디딤돌로 사용했기 때문이란다.

천불산 자락에 있는 운주사에는 천왕문도 사천왕상도 울타리도 없다. 하지만 일주문을 지나자마자 펼쳐진 잔디밭 사이로 요리조리 솟아난 석탑과 구석구석 숨어 있는 석불들을 숨은 그림 찾기 하듯 구경하는 재미가 남다르다. 마치 손님을 환대하듯 일렬횡대로 늘어서서 맞이하는 불상들이 있는가 하면 바위틈에, 거대한 바위 밑에, 볼록하게 솟은 산등성이 곳곳에 숨어 호기심 어린 눈빛으로 쳐다보는 불상들이 불쑥불쑥 나타난다. 여기저기 보는 눈길이 많아 발걸음도 조심스러워지는 곳이다.

곳곳에 들어선 불상들은 성한 것이 별로 없다. 어깨나 머리 부분이 깨졌거나 오랜 세월의 흔적인 양 이목구비를 분간하기 어려운 것도 많다. 얼굴 없는 부처도 수두룩하고 제 힘으로 설 수 없어 바위에 기대어 있거나 아예 바닥에 누워 있는 부처도 있다. 이목구비가 희미해 무표정해 보이는 얼굴들은 오히려 보는 이의 상상력을 부추긴다. 몸체도 납작해 위엄 있는 부처라기보다 구원을 바라는 중생의 모습 같기도 하다. 《동국여지승람》에서 언급했듯 석실 안에서 두 기의 부처가 등을 맞대고 앉아 있는 석조불감(보물 제797호)은 어디서도 보기 힘든 특이한 모습이다.

탑의 형태도 제각각이다. 운주사에서 가장 높은 9층석탑(보물 제796호, 10.7m)을 비롯한 몇몇의 석탑에는 아리송한 형태의 기하학적 문양이 새겨져 있다. 키만 껑충하거나 평퍼짐한 항아리 같은 탑이 있는가 하면 다듬지 않은 돌덩이 그대로를 올려 일명 '거지탑'이라 부르는 탑도 있다. 대웅전 뒤편에 있는 발형다층석탑은 주판알을 쌓은 듯한 모양이고 대웅전 가는 길에 만나는 원형다층석탑(보물 제798호)은 호떡을 켜켜이 쌓은 듯 둥근 모양이 이색적으로 '빵떡탑'이라고도 불린다.

곳곳에서 호기심 어린 표정으로 바라보는 부처들을 마주하게 되는 운주사의 발걸음은 묘하다.

　대웅전 오른쪽으로 접어들어 천불산 자락을 오르다보면 거대한 바위에 새겨진 마애불도 볼 수 있다. 운주사에서 유일한 마애불은 긴 세월을 거치며 마모되어 언뜻 눈에 띄진 않지만 도톰하게 튀어나온 콧날을 중심으로 둥그스름하게 양각된 얼굴과 눈매가 엿보인다. 마애불을 지나 정상에 오르면 천불천탑을 쌓을 때 도선국사가 올라앉아 공사를 지휘 감독했다고 해서 이름 붙은 공사바위가 있다. 아닌 게 아니라 이곳에 서면 석탑과 석불을 품은 운주사의 전경이 한눈에 들어온다.

　운주사의 명물인 와불은 대웅전 입구 왼쪽 산등성이에 반듯하게 누워 있다. 키가 12m, 10m가 조금 넘는 두 기의 와불은 마치 부부가 나란히 누운 듯한 형상이다. 전설에 의하면 도선국사가 하룻밤 사이에 천불천탑을 세운 후 마지막으로 와불을 일으켜 세우려 했으나 공사가 끝나갈 무렵 일하기 싫어진 동자승이 새벽닭 소리를 내는 바람에 하늘에서 내려온 석공들이 날이 샌 줄 알고 하늘로 가 버려 결국 와불로 남게 되었다고 한다.

　운주사는 황석영의 소설《장길산》의 말미를 장식한 곳이기도 하다. 작가의 상상력이 가미된 소설에서는 조선 숙종 때의 의적 장길산이 천불산에 숨어들어 천불천탑을 세우고 와불을 일으켜 세워 민초들이 염원하던 미륵 세상을 이루고자 했던 곳이다. 노벨 문학상 수상자인 프랑스 작가 르 클레지오 또한 운주사에 반해 '운주사, 가을비'라는 시를 남기기도 했다.

오랜 풍파를 견뎌낸 소박한 부처들을 곳곳에서 마주하게 되는 운주사의 발걸음은 묘하다. 도대체 누가, 언제, 왜 이렇게 많은 부처와 탑을 만들었는지, 모양새는 왜 그런지 지금도 알 길이 없다. 아직도 산자락 어딘가에 모습을 드러내지 않은 부처가 있을지도 모른다. 그 수수께끼는 오로지 말없는 돌부처들만이 알 뿐이다. 그저 내리는 비에 몸을 씻고 두툼하게 쌓인 눈을 이불 삼아 누워 있는 부처가 기적같이 일어나 저마다 원하는 새로운 세상이 열리길 바랄 뿐이다.

⊕ 화순적벽

^{플러스} 동복댐 물줄기에 형성된 절벽으로 물염적벽, 창랑적벽, 보산적벽, 장항적벽(일명 노루목적벽)을 통틀어 화순적벽이라 부른다. 불그스름한 빛이 '적벽'이란 명칭은 조선 중종 때 귀양 온 문신 최산두가 소동파가 노래한 양자강 황주적벽에 버금갈 만큼 아름답다하여 붙인 이름이다. 이후 수많은 풍류 시인들이 이곳에 들러 아름다움을 노래했고, 김삿갓의 방랑벽을 멈추게 한 것도 바로 이곳이다. 이중 으뜸 비경을 보이는 곳은 장항적벽이다. 칼로 잘라  낸 듯 수직으로 우뚝 솟은 적벽의 원래 높이는 100m에 달했다지만 동복댐이 만들어지면서 절반이 물속에 잠기고서도 웅장한 자태는 여전하다. 장항적벽을 앞에 두고 호수 한복판을 향해 돌출된 보산적벽 마당에 자리한 정자는 망향정. 댐 건설 후 물에 잠긴 15개 마을의 실향민을 위해 세운 정자다. 아픈 사연이 담긴 정자이지만 동복호를 사이에 두고 장항적벽과 어우러진 모습은 그야말로 한 폭의 그림으로 영화 〈쌍화점〉에도 등장했다. 상수원보호구역으로 지정되어 수십 년 동안 일반인 출입이 금지되었지만 2015년부터 화순군청에서 운영하는 '적벽 버스 투어'를 통해 돌아볼 수 있다. 버스 투어는 홈페이지(tour.hwasun.go.kr)에서 사전 예약을 해야 한다.

국내에서 가장 오래된
한옥 여관에 머물며
고찰 둘러보기

🚗 **자동차 내비게이션** 유선관(전남 해남군 삼산면 대흥사길 376)

🚌 **대중교통** 해남버스터미널에서 대흥사 방면 버스 타고 두륜승
강장 정류장에서 하차. 이곳에서 유선관까지 도보로 30분 정도
(약 2km) 걸리지만 대흥사 숲길을 따라 걷는 맛이 좋다.

해남의 명산 중 하나인 두륜산 기슭에는 대흥사가 살포시 들어앉아 있다. 이 절이 언제부터 들어앉았는지 정확한 기록은 전해지지 않지만 신라 진흥왕 때 창건됐다는 설이 있을 만큼 오래된 고찰이다. 창건 이래 수많은 학자와 시인 묵객이 교류했던 곳이자 초의선사가 말년을 보내며 차의 성지로 다져 놓은 일지암과 서산대사를 모신 표충사 등을 품은 대흥사는 해남을 대표하는 관광 명소 중 하나다.

절도 절이지만 주차장에서 대흥사 경내로 들어서는 길목은 계곡을 끼고 편백나무, 삼나무, 굴참나무, 동백나무 등의 거목들이 머리를 맞대며 만들어낸 숲 터널로도 유명하다. 그런 숲길과 절집을 잠깐 만에 휙 돌아보고 가는 건 아무래도 아쉽다. 그렇다면 하룻밤 정도 유선관에서 머무는 것도 좋다. 햇살이 비집고 들어올 틈조차 없는 그 울창한 숲길 끝자락에 자리한 유선관은 우리나라에서 가장 오래된 한옥 여관이다. 100년 전통을 자랑하는 이곳은 애초 대흥사를 찾는 신도나 수도승들의 객사로 사용되다 40여 년 전부터 여관으로 운영되고 있다. 정갈한 고택의 아름다움에 반한 임권택 감독이 즐겨 찾던 곳이자 영화 〈장군의 아들〉과 〈서편제〉, 〈천년학〉 등의 촬영지로 등장하면서 알음알음 세간에 알려졌던 유선관은 몇 해 전 TV 프로그램 〈1박 2일〉에 소개되면서 찾는 발길이 부쩍 늘었다.

야트막한 담장 너머 아담한 마당 한복판에 놓인 정원을 중심으로 부드러운 곡선미가 돋보이는 건물들이 'ㅁ'자 형태를 이루고 있다. 방마다 창호지를 통해 새어 나오는 노르스름한 불빛은 보는 것만으로도 포근하다. 툇마루와 기둥은 사람들의 오랜 손때가 묻어 반질반질하다. 예전에는 화장실과 샤워실을 공동으로 사용하는 점이 불편했지만 지금은 방마다 욕실이 있고 온돌방에 착착 개어 놓은 이부자리 대신 깔끔한 침대로 바뀌었다. 100년을 넘긴 한옥에서의 하룻밤은 색다른 맛이다. 특히 숙소 안쪽에서 들려오는 개울물 소리는 자장가처럼 정겹고, 더욱 빨리 찾아오는 산속의 밤은 느긋하다. 유선관에서 하룻밤 묵는 게 남다른 건 이른 아침, 누구도 발길을 들이지 않은 고요한 산사를 둘러볼 수 있다는 점이다. 유선관 앞 피안교를 건너 몇 걸음만 옮기면 대흥사 일주문이다. 일주문을 지나 부도전과 해탈문을 넘어서면 넓은 마당을 둘러싸고 대흥사 절집들이 조용히 다가선다. 경내에 들어서면 수많은 시화 묵객이 교류했던 흔적을 말해 주듯 추사 김정희의 글씨가 담긴 무량수각을 비롯해 경내 곳곳에 배치된 건물 현판들이 마치 서예 전시장을 방불케 한다.

1 국내에서 가장 오래된 한옥 여관에서 머무는 느낌은 아무래도 남다르다.
2,3 유선관에서 하룻밤 머물면 관광객 없는 호젓한 사찰의 멋을 둘러보기에도 안성맞춤이다.

과거에도 천불, 현재에도 천불, 미래에도 천불이 있다는 뜻으로, 어느 때나 무한한 부처님이 존재한다는 의미에서 세워진 천불전 안에 빽빽하게 들어찬 1,000개의 옥돌 부처와 정교한 창살 무늬도 아름답기 그지없다. 뿐만 아니라 사방에 이끼가 가득 찬 것은 물론 모든 구조물이 오랜 세월 동안 비바람에 벗겨져 얼룩덜룩한 모습 그대로인 대흥사는 인위적으로는 결코 흉내 내지 못할 아름다운 자연의 때깔을 고스란히 간직하고 있는 곳이다.

천불전에서 대웅전으로 가는 길목에는 일명 사랑나무라 불리는 연리근이 있다. 천년 세월을 함께하며 햇빛을 향해, 바람에 의해 서로 부대끼며 두 몸체가 하나로 엮인 느티나무 연리근이 마치 남녀가 부둥켜안고 천년 동안 사랑을 하는 듯하다. 이

나무를 향해 지극한 마음으로 기도하면 사랑의 소원이 이루어진다 하니 한 번쯤 소원을 빌어 볼 만도 하다. 아울러 대흥사 천불전 오른편으로 나 있는 좁은 산길을 따라 700m가량 올라가면 차의 문화를 일군 초의선사가 말년을 지낸 곳이라는 일지암이 있다. 소박하고 푸근해 보이는 초가지붕 밑 툇마루에 앉아 겹겹이 펼쳐진 산자락을 하염없이 바라보는 것만으로도 세상의 잡념이 사라지는 듯하다. 이곳은 맑은 날도 좋지만 비가 온 뒤 운무(雲霧)가 자욱하게 낄 때나 눈이 올 경우 더욱 운치가 있다. 산이 온전한 실체를 드러내지 않은 채 아득한 실루엣을 이루는 형상은 그윽한 멋을 품은 동양화 같다.

⊕ 두륜산 케이블카

플러스 두륜산은 대흥사 안쪽에서 오르는 등산 코스도 있지만 대흥사 주차장 인근에서 케이블카를 타고 여유 있게 올라 발아래 펼쳐진 자연의 운치를 감상하는 맛도 그만이다(총 길이 1.6km, 8분 소요). 케이블카 승강장에서 내려 전망대로 이어지는 286계단의 목책 산책로는 봄이면 진달래와 철쭉의 화사함을, 여름이면 싱그러운 녹음을, 가을이면 알록달록 단풍의 진수를, 겨울이면 하얀 눈으로 뒤덮인 그림 같은 풍경을 두루 감상할 수 있는 길이다. 전망대에 서면 노화도와 보길도, 청산도, 신지도, 생일도, 고금도 등이 동동 떠 있는 다도해가 한눈에 보이고 날이 좋으면 한라산 봉우리도 볼 수 있다. 발밑으로는 한반도 모양을 한 지형이 있다지만 언뜻 좌우로 뒤집혀진 모양새다. 전망대에서 몇 걸음 더 오르면 두륜산에서 4번째로 높은 봉우리 고계봉 표지석이 있다.

운행 시간 오전 9시~오후 6시(동절기 오후 5시) **입장료** 중학생 이상 13,000원, 어린이 10,000원
문의 061-534-8992

⊛ 유선관

숙박 유선관 내에는 6개의 한옥 객실과 한옥 카페가 있고 숲을 바라보며 즐기는 프라이빗 스파도 설치되어 있다. 숙박 손님에 한해 예약을 받아 조식을 준비해 준다. 예전에는 한식 밥상이었지만 지금은 스프, 빵, 샐러드 스타일로 바뀐 게 좀 아쉽긴 하다.

홈페이지 www.yuseongwan.kr

하나의 끝과 시작이 공존하는 땅끝에서 나만의 터닝 포인트 찾기

🚐 **자동차 내비게이션** 땅끝모노레일(전남 해남군 송지면 땅끝마을길 60-28)
🚌 **대중교통** 해남종합버스터미널에서 땅끝마을행 버스 탑승

사자봉 위에서 내려다본 땅끝마을(왼쪽), 육지 끝에 솟은 토말탑(오른쪽).

　북위 34도 17분 21초는 지도상에서 해남 땅끝마을이 차지하고 있는 숫자다. 한반도 육지 끄트머리에 있기에 '땅끝마을'이라 일컫지만 행정구역상 명칭은 전남 해남군 송지면 갈두리다. 그중에서도 갈두산 정상인 사자봉 끝에 이 숫자가 걸려 있다. 흔히 한반도를 '삼천리 금수강산'이라 하는 건 이곳에서 서울까지 천리, 서울에서 한반도 최북단인 함경북도 온성까지 2천리라 하여 나온 말이다. 서울에서 천리를 가야 하는 먼 길 끝에서 마주하는 갈두마을은 사실 여느 바닷가 마을과 다를 바 없다. 이곳에서 보는 바다도 여느 바다와 마찬가지다. 하지만 말 그대로 육지 끄트머리인 사자봉에 오르면 묘한 감정이 일게 된다. 더 이상은 발걸음을 옮길 수 없는 곳이기 때문이다. 사자봉은 선착장 인근에서 모노레일을 타면 금세 오를 수 있지만 모노레일 승강장 앞을 지나는 해안 산책로를 따라 올라가는 맛도 좋다. 정상 즈음에서 다소 가파른 나무 계단길이 있지만 그리 힘든 걸음은 아니다. 넉넉잡아 20분이면 닿는 오솔길을 천천히 걸어 오르는 길목에서는 내내 탁 트인 바다와 싱그러운 숲을 마주하게 된다.

　사자봉 위에는 타오르는 횃불 모양새를 지닌 땅끝전망대가 우뚝 솟아 있다. 전망대에서 내려다보는 풍광은 한마디로 시원하다. 아련한 수평선을 그리는 바다에 진도를 비롯해 어룡도, 백일도, 흑일도, 보길도, 노화도, 조도 등 크고 작은 섬들이 점점이 떠 있는 모습이 한눈에 들어온다. 맑은 날에는 햇빛을 받아 반짝이는 바다 끝자락에서 한라산까지 보인다. 갈두리 선착장에서 하얀 포말을 일으키며 인근 섬을 오가는 연락선들의 모습도 한 폭의 수채화를 보는 듯 아름답다. 뿐만 아니라 사자봉은 해돋이와 해넘이를 동시에 볼 수 있는 곳으로도 유명하다.

전망대에서 내려올 때는 엘리베이터 아닌 계단으로 내려오는 것도 좋다. 한 계단 한 계단 내려오는 벽면에 해남의 관광 명소와 정보들을 엿볼 수 있기 때문이다. 전망대 밑에는 조선시대 통신 수단이던 봉화대와 땅끝임을 알리는 '토말비'도 박혀있다. 이곳에서는 토말탑으로 내려가는 산책로가 연결되어 있다. 바다를 향해 내리꽂은 사자봉 끝자락에 놓인 탑이기에 제법 가파른 내리막길이지만 말끔하게 놓인 나무 계단을 밟고 내려오는 길이기에 이 또한 그리 부담스럽지 않다. 그렇게 500m가량 내려오면 삼각뿔 모양의 토말탑이 눈에 들어온다. 정말이지 더 이상 갈 곳 없는 육지 끝에 오롯이 솟은 탑이 있는 이곳이야말로 진정한 땅끝인 셈이다. 그리고 땅이 끝나는 대신 바다가 시작된다. 그것을 상징하듯 탑 앞에는 바다를 향해 나가는 뱃머리를 형상화한 아담한 전망대가 있다.

'한 가슴 벅찬 마음 먼발치로 백두에서 토말까지 손을 흔들게
십수 년 지켜온 땅끝에서 수만 년 지켜 갈 땅끝에 서서 꽃밭에 바람일 듯 손을 흔들게
마음에 묻힌 생각 하늘에 바람에 띄워 보내게'

토말탑에 새겨진 송광은 시인의 시구(앞부분 생략)처럼 더 이상 발을 내딛지 못하는 아쉬움도 있지만 넓은 바다를 향해 가슴에 묻어 두었던 것들을 훌훌 털어 버리는 시원함도 함께한다. 하나의 끝과 또 다른 하나의 시작이 공존하는 이 땅은 끝이라기보다 새로운 희망을 상징하는 것에 더한 의미를 부여하는 곳이다.

반면 선착장 앞의 맴섬은 일출 명소로 이름난 곳이다. 두 개의 바위가 나란히 마주한 모습이 한 쌍의 매미 같다 하여 이름 붙은 맴섬은 특히 두 바위 사이로 떠오르는 태양이 독특하다. 하지만 그 모습은 매년 2월과 10월 중에 각각 닷새가량만 보여 주기에 이 기간에는 수많은 사진 애호가들이 몰려드는 진풍경이 벌어지기도 한다. 해넘이 끝에 해돋이가 시작되듯 무언가의 끝에서 무언가를 시작하는 삶의 터닝포인트를 찾고자 한다면 한 번쯤 이 땅끝마을의 기운을 받아 가는 것도 좋다.

⊕ 달마산 미황사

땅끝마을 인근에 있는 달마산은 울퉁불퉁한 암봉들이 공룡 등줄기처럼 줄지어 솟아오른 절경으로 인해 '남도의 금강산'이라 일컫는다. 그 달마산을 든든한 병풍 삼아 둥지를 튼 미황사는 봄이면 한가득 피어난 동백꽃과 어우러진 모습이 아름답고 산자락을 타고 층층이 들어선 전각 앞마당에서 내려다보는 다도해 풍광도 일품이다. 중심 본전인 대웅전(보물 제947호)은 단아하고 고풍스러운 목조건축물 속살 그대로를 내비친 자태가 오히려 화려한 단청으로 치장한 주변 전각들을 소리 없이 압도한다. 대웅전을 받치고 있는 주춧돌도 눈길을 끈다. 돌마다 물고기, 게, 거북이, 문어 등이 새겨져 있다. 하나같이 바다생물인 건 우리나라에 불교가 들어올 때 육로가 아닌 해로라는 전래설이 미황사에 담겨 있기 때문이다. 이곳에서 얼마간 떨어진 암봉 위, 갈라진 벼랑 끝에 아슬아슬하게 들어앉은 도솔암 풍경도 이색적이다.

Part 6

경상도

국내여행 버킷리스트

Gyeongsang-do

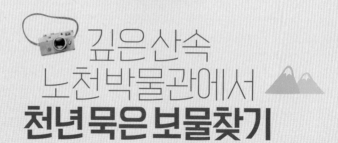

깊은산속
노천박물관에서
천년묵은보물찾기

🚗 **자동차 내비게이션** 서남산 공영주차장(경북 경주시 포석로 647)

🚌 **대중교통**
❶ 경주시외버스터미널에서 500번, 506번 버스타고 삼릉에서 하차
❷ 경주시외버스터미널, 경주고속버스터미널에서 택시로 10분 거리

　경주는 신라의 천년 역사를 품은 도시다. 그 안에서도 서라벌 남쪽에 있다 하여 이름 붙은 남산은 신라 시조 박혁거세가 태어난 곳이라는 나정에서부터 신라의 종말을 상징적으로 보여 주는 포석정지까지 아우른, 실로 신라의 시작과 끝이 고스란히 담겨 있는 곳이다. 금오봉과 고위봉을 중심으로 길쭉하게 뻗은 남산은 그리 높진 않지만 골이 깊고, 기암괴석이 유난히 많은 옹골찬 산이다. 그 깊은 산자락 곳곳에는 150여 개소의 절터와 100여 기의 석탑, 120여 구의 불상들이 숨어 있다. 그야말로 산 자체가 하나의 절이요, 거대한 노천 박물관인 남산은 유네스코 세계문화유산에 등재된 '보물산'이다.

　일찍이 바위 속에 혼이 깃들어 있다고 여긴 신라인은 남산을 부처가 머무는 영산으로 신성시하여 골마다 사찰과 불상, 탑을 조성했다. 신라인들은 바위에 불상을 새긴 것이 아니라 정으로 쪼아 바위 속에 숨어 계신 부처님을 찾아낸 것이라 여겼다. 불교를 지극 정성으로 섬긴 왕국이었기에 불상과 불탑을 세우는 건 일종의 영생 극락을 위한 일종의 구도의 길이었다. 이처럼 불국토를 염원하던 신라인의 꿈과 손길이 어린 남산을 보지 않고서는 결코 경주를 보았다 할 수 없다.

　남산 곳곳에 들어앉은 석불과 석탑은 무엇보다 자연 속에 녹아든 점이 매력적이다. 산모퉁이를 돌면 불상을 만나고, 언덕을 넘으면 석탑이 기다리고 있는 남산은 단순한 등산 코스가 아닌, 천년의 세월이 담겨 있는 보물찾기 여정이다. 하지만 '사랑하면 알게 되고, 알게 되면 보이나니 그때 보이는 건 예전 같지 않으리라'는 조선 정조 때 문장가인 유한준의 명언처럼 사랑이 있어야 눈여겨보게 되고 알아야 제대로 볼 수 있다.

남산으로 오르는 길목은 여러 곳이지만 그중에서도 가장 많은 유적을 볼 수 있는 곳은 삼릉계곡을 거쳐 용장골이나 칠불암을 거쳐 내려오는 여정이다. 삼릉계곡 초입에는 삼릉이 자리하고 있다. 신라 제8대 아달라왕, 53대 신덕왕, 54대 경명왕의 무덤이 한곳에 모여 있어 이름 붙은 삼릉계곡은 한여름에도 찬 기운이 돌아 냉골이라고도 부른다.

능을 둘러싸고 빼곡하게 들어찬 소나무 숲길을 지나 처음으로 만나게 되는 불상은 냉골석조여래좌상이다. 조선시대 숭유억불정책으로 인해 목이 잘린 채 몸체만 달랑 앉아 있는 모습이 보는 이의 마음을 아프게 하지만 풍만한 몸체를 타고 흐르는 수려한 옷 주름과 매듭이 섬세하게 표현되어 통일신라시대의 복식사 연구에 귀중한 자료가 되는 불상이다. 이어서 나타나는 삼릉계곡 선각육존불은 암벽에 붓으로 그림을 그린 듯 마애삼존불상을 선으로 새긴 것이 독특하다. 1부처 2보살의 삼존불을 두 개의 바위 면에 각각 새겨 모두 여섯 분의 불상이 담겨 있다. 이곳에서는 불상을 보는 것도 좋지만 불상이 바라보는 풍경이 더 멋있다 하여 불상이 새겨진 바위에 올라 불상과 시선을 같이 하여 경주 시내를 내려다보는 이들이 많다.

선각육존불을 지나 200m가량 올라가면 삼릉계곡 선각여래좌상이 바위 면에 담겨 있다. 높이 10m가량의 바위를 반으로 뚝 잘라 놓은 듯 가로로 길게 파인 홈을 중심으로 위로는 불상을, 아랫면에는 연꽃 대좌가 표현되어 있다. 몸체는 선으로 그은 듯한 반면 얼굴은 도톰하게 돋을새김하여 마치 바위 속에서 얼굴만 살포시 내민 듯한 형상이 이색적이다. 조각 수법도 얼굴 모양도 파격적이고 개성이 강한 이 불상은 남산에서 유일한 고려시대 작품으로 추정된다.

좀 더 오르면 보물 제666호로 지정된 삼릉계 석조여래좌상을 마주하게 된다. 반듯하게 가부좌를 틀고 앉아 있는 몸체가 당당하면서도 안정감 있어 보이지만 파불로 인해 목이 잘려 나가는 아픔을 간직한 불상이다. 지금의 모습은 두 동강 난 몸체와 얼굴을 다시 붙여 복원한 것이지만 얼굴 부분이 훼손된 탓에 뺨과 코는 어쩔 수

없이 성형수술을 받게 되었다. 삼릉계곡 끝자락에 위치한 삼릉계곡 마애석가여래 좌상은 거대한 바위 면 그 자체를 광배로 삼아 반듯하게 앉아 있는, 냉골에서는 가장 큰 불상이다. 높이 7m에 이르는 불상의 도드라진 얼굴은 매끄러운 반면 머리 뒷부분은 곱슬머리처럼 두둘두둘한 것이 특징이다. 이곳에서 금오봉으로 오르는 능선 길로 접어들면 거대한 마애불상의 모습이 한눈에 보인다.

금오봉을 넘어 용장사지로 가는 길목에는 겨울에 물을 부어 얼면서 팽창되는 힘으로 쪼갰다는 톱니 모양의 바위가 여기저기 눈에 띈다. 조선 초 매월당 김시습이 머물며《금오신화》를 집필한 곳으로 유명한 용장사지에는 거대한 바위산을 기단 삼아 우뚝 선, 세상에서 가장 높은 석탑이자 보물 제186호로 지정된 용장사곡 삼층석탑과 용장사의 대현스님이 염불을 외며 돌면 같이 고개를 돌렸다고 전해 오는 삼륜대좌불과 용장사지 마애여래좌상이 자리하고 있다.

용장골을 내려와 김시습의 법명을 딴 설잠교를 건너 왼쪽 고위봉 이정표를 따라 오르다 보면 나무 숲 사이로 산꼭대기에 우뚝 솟은 용장사곡 삼층석탑이 보이는데, 이곳에서 보면 왜 세상에서 가장 높은 탑이라 하는지 알게 된다. 이 길을 따라 한 굽이 언덕길을 오르면 오른쪽이 고위봉, 왼쪽이 칠불암 가는 길이다. 칠불암으로 내려가는 길목에서 오른쪽으로 살짝 빗겨 들면 깎아지른 절벽 위 통바위에 새겨진 신선암 마애보살반가상(보물 제199호)을 볼 수 있다. 이 길목에서 마지막으로 대하는 것은 남산 안의 유일한 국보(312호)이자 통일신라 마애불 중 최고의 걸작으로 꼽히는 칠불암 마애불상군이다. 네모진 바위에 새겨진 각기 다른 형태의 사방불과 그 뒤의 바위 면에 새겨진 삼존불 등 일곱 개의 불상이 한자리에 모인 칠불암 마애불상군은 규모면에서나 조각 솜씨에서도 단연 으뜸을 보인다.

비록 국보나 보물, 유형문화재로 지정되지 못했어도 걸음을 옮길 때마다 제각각의 모습으로 방문객을 맞이하는 남산의 모든 불상과 탑들은 천년 세월을 묵묵하게 버텨 온 그 자체만으로도 소중한 유물이다. 그 안에는 미처 발견하지 못한 부처의 모습을 품고 있는 돌덩이가 있을지도 모르니 그야말로 보물찾기하듯 눈여겨보는 묘미가 있는 곳이 바로 남산이다.

은은하면서도 화려한 '신라의 달밤' 누비기

🚌 **자동차 내비게이션** 대릉원(경북 경주시 황남동 495)

🚆 **대중교통** 경주고속버스터미널에서 대릉원 후문까지 약 700m로 도보 12분 거리

눈길 닿는 곳마다 천년 세월을 머금은 신라 유적지들이 산재한 경주는 도시 자체가 노천 박물관이라 해도 과언이 아니다. 그 안에는 유네스코 세계문화유산으로 지정된 곳도 한둘이 아니다. 역사가 깃든 볼거리가 다양하니 70~80년대에는 수학여행의 필수 코스였고, 그 이전 세대에게는 신혼여행지로 인기가 높았다. 하지만 설레는 마음으로 떠나던 수학여행은 뙤약볕 아래 유적지를 찾아 우르르 몰려다니며 단체 사진 찍느라 정신없었고, 갓 결혼한 신혼부부 또한 관광지보다는 달콤한 사랑에 설레었으니 사실 경주를 제대로 둘러봤다 하기도 뭐할 게다.

그랬던 추억 여행지 경주의 요즘 대세는 야간 여행이다. 어둠이 내린 신라 천년 고도 경주는 낭만적이다. 그윽한 달빛은 부드럽고 그 달빛 아래 점점이 밝힌 조명으로 둘러싼 유적지들은 은근 화려하다. 낮에 둘러보는 것과는 사뭇 다른 맛을 선사하는 '신라의 달밤' 여행을 즐기기에 제격인 곳은, 신라 왕족들이 누워 있는 대릉원과 궁궐터와 경주 김 씨의 시조인 김알지가 태어난 계림, 첨성대 등을 아우른 월성지구다. 이 모든 유적지는 첨성대를 중심으로 반경 1km 이내에 있어 자분자분 걸어서 둘러보기에 안성맞춤이다.

경주 밤 여행의 하이라이트를 장식하는 동궁과 월지.

1 월성지구 곳곳에서 보게 되는 신라시대 무덤군.
2 첨성대 앞에 펼쳐진 유채꽃밭 너머 보이는 무성한 숲이 계림이다.

어둠이 내리면 달빛처럼 은은한 조명으로 채워진 대릉원은 무덤 중 가장 크다는 황남대총, 신라 13대 왕이 잠들어 있는 미추왕릉, 천마총 등 23기의 능이 모인 대규모 고분군이다. 소나무가 가득한 숲길을 지나면 야트막한 언덕처럼 둥글둥글한 왕릉들이 줄줄이 모습을 드러낸다. 은은한 조명을 받은 왕릉은 더더욱 부드러운 곡선미를 드러내고, 그 사이로 난 길도 구불구불하니 걷는 마음도 한결 부드럽고 편안해진다. 이중 유일하게 내부를 둘러볼 수 있는 천마총 안에 들어서면 왕릉의 구조는 물론 신라 문화의 진수를 보여 주는 화려한 천마총 금관을 비롯해 금모자, 금허리띠, 금동신발 등 다양한 복제품 전시물도 볼 수 있다.

반면 대릉원 맞은편에 자리한 첨성대는 낮에 보면 그닥 볼품없지만 황금빛으로 반짝이며 까만 밤하늘을 환하게 밝히는 모습은 인상적이다. 선덕여왕 때 축조된 첨성대는 동양에서 가장 오래된 천문대로 둥근 하늘과 네모난 땅을 상징하는 원형과 사각형을 절묘하게 배합한 것이 특징이다. 각 석단을 이루는 원형의 지름이 위로 갈수록 점차 줄어들면서 우아한 곡선미와 함께 안정감이 돋보이는 첨성대는 해와 달, 별들의 움직임을 통해 나라의 길흉까지 점친 중요한 곳이었다. 첨성대 앞으로 넓게 펼쳐진 들판은 봄이면 노란 유채꽃이 한가득 피어나 신라의 달밤 여행을 더욱 운치 있게 만들어 준다.

꽃 들판 너머에 자리한 계림의 밤은 다양한 조명을 받아 마치 가을 단풍이 무르익은 듯 울긋불긋한 모습이 독특하다. 이 숲에는 신라 왕족이 된 경주 김 씨 탄생에 얽힌 전설이 깃들어 있다. 신라 탈해왕 때 숲에서 닭 울음소리가 들리는 곳에 금궤가 있었고, 이를 전해 들은 왕이 몸소 숲에 가서 금궤를 열자 사내아기가 있었다는 얘기다. 금궤에서 나왔기에 성은 김이요, 이름은 아기란 의미인 알지가 된 범상치 않은 아기를 데려온 왕이 태자로 삼았지만 왕이 되진 못했다. 하지만 훗날 김알지의 7대손인 미추는 김 씨 최초로 신라왕이 되어 대릉원에 묻혀 있다. 닭의 울음소리와 연관해 이름 붙은 계림은 왕족 탄생지로 신성시 되어 나무를 함부로 베지 않았기에 옛 모습 그대로 울창한 고목 숲으로 남아 있다.

계림에서 도보로 10여 분 거리인 동궁과 월지는 밤 여행의 하이라이트를 보여 주는 곳이다. 경주의 밤이 주목을 받는 것도 사실 삼국통일을 이룬 문무왕 때 조성된 동궁과 월지 때문이기도 하다. 동궁은 세자가 머물던 별궁이요, 월지는 별궁과 어우

대릉원에 펼쳐진 소나무 숲길은 밤의 운치가 그윽하다.

러진 연못이다. 신라 멸망 후 폐허가 되어 기러기와 오리만이 날아들
자 조선의 시인묵객들이 이름 붙인 '안압지'로 불려 오다 2011년 본
래의 이름인 '월지'를 되찾았다. 달빛이 물에 비치는 연못이란 의미처
럼 이곳은 어둠 속에서 더욱 아름다운 빛을 발한다. 특히 연못과 어우
러진 누각들이 물속에서 은은한 듯하면서도 화려한 자태로 도드라지
는 풍경이 일품이다. 도톰한 인공 섬이 들어앉은 연못은 둘레 1km 남
짓의 규모지만 어느 곳에서도 연못이 한눈에 다 들어오지 않는다. 규
모가 크지 않은 연못을 구불구불한 해안처럼 굴곡지게 조성해 넓은
바다처럼 느껴지게 했기 때문이다.

　군신들의 연회나 귀빈 접대 장소였던 임해전도 말 그대로 바다를
내려다보는 전각이란 의미다. 그 안에 전시된 14면체로 이루어진 주
사위 형태의 주령구는 연회장에서 흥을 돋우기 위한 놀이기구로 각

면에는 '술 석 잔 한번에 마시기', '소리 없이 춤추기', '얼굴 간지럽혀도 꼼짝 않기', '술 마시고 크게 웃기' 등 주령구를 굴린 사람에게 행해지는 벌칙이 담겨 있어 당시 신라 귀족들의 음주 문화와 풍류를 엿볼 수 있다. 은은한 달빛 아래 이렇듯 경주의 또 다른 얼굴을 접하며 밤길을 거닐다 보면 어느새 신라의 달밤도 점점 깊어 간다.

⊕ 교촌마을
플러스

본격적인 밤 여행에 앞서 계림 뒤편에 자리한 교촌마을을 둘러보자. 경주의 대표적인 양반촌으로 천연 염색 체험장, 국악 체험장, 전통찻집, 한식당 등으로 운영되는 고택도 많지만, 조선 시대의 대표적인 '노블레스 오블리주'를 실천한 경주 최부자 고택을 빼놓으면 섭섭하다. 부자가 3대를 넘기기 어렵다는 말과 달리 12대에 걸쳐 300여 년간 만석지기를 지켜온 최부자집은 무엇보다 '재물은 똥거름과 같아서 한곳에 모아 두면 악취가 나지만 골고루 흩뿌리면 거

름이 되는 법'이란 철학을 바탕으로 베푸는 삶을 실천한 점에서 숙연하게 한다. 특히 자신을 지키는 지침으로 스스로 초연하게 지내고(자처초연), 남에게 온화하게 대하며(대인애연), 일이 없을 때 마음을 맑게 가지고(무사징연), 일을 당해서는 용감하게 대처하며(유사감연), 성공했을 때는 담담하게 행동하고(득의담연), 실의에 빠졌을 때는 태연히 행동하라(실의태연)는 '육연'과 집안을 다스리는 지침으로 과거를 보되 진사 이상 벼슬을 하지 마라. 만석 이상의 재산은 사회에 환원하라. 흉년기에는 땅을 늘리지 말라. 과객을 후하게 대접하라. 주변 100리 안에 굶어 죽는 사람이 없게 하라. 시집 온 며느리는 3년간 무명옷을 입게 하라는 '육훈'은 사람들에게 많은 가르침을 안겨 준다.

최 씨 고택
관람 시간 오전 9시~오후 6시(10월~3월 오후 5시)

대릉원
관람 시간 오전 9시~오후 9시 30분 입장료 무료

동궁과 월지
관람 시간 오전 9시~오후 9시 30분 휴무일 연중무휴 입장료 어른 3,000원, 청소년 2,000원, 어린이 1,000원

도심 상공을 누비는
하늘열차 타고
대구 명소 둘러보기

🚉 **대중교통**

❶ **서문시장** 대구도시철도 3호선 서문시장역에서 하차 후 엘리
베이터를 타고 2층에서 내리면 바로 연결

❷ **김광석다시그리기길** 대봉교역 4번 출구에서 도보 8분

❸ **수성못** 수성못역에서 도보로 5분

⭐ **Tip**

하늘열차는 오전 5시 30분부터 오후 12시까지 운행된다. (배차
간격은 출퇴근 시간에 5분, 나머지 시간대는 7분)

지하철은 빨라서 좋지만 컴컴한 땅속을 달리니 답답하다. 그런 답답함은 없지만 버스나 택시도 신호 대기에 정체가 잦다 보면 갑갑하긴 마찬가지다. 하지만 대구에는 그렇듯 땅속의 답답함과 정체의 갑갑함을 한방에 날려 버린 대중교통 수단이 있다. 다름 아닌 하늘열차다. 2015

년 4월 대구도시철도 3호선으로 등장한 모노레일은 지상 10m 상공을 누비는 국내 최초의 대중교통이기에 일명 '하늘열차'라 일컫는다. 하늘을 달리는 모노레일 대중교통은 일본과 아랍에미리트를 비롯해 14개국에서 운행 중이지만 대구 하늘길(23.95km)이 가장 길다. 하늘을 누비는 열차다 보니 땅 밑은 물론 그동안 땅 위에서도 볼 수 없었던 도심 풍경이 눈에 들어온다. 상공을 가르며 고층 빌딩 사이를 지날 때는 스릴감이 돌고 달성공원과 수성못을 지긋이 내려다볼 때는 롤러코스터를 탄 것 마냥 은근 짜릿하다. 반면 햇빛에 반짝이는 강물 위를 시원하게 가로지를 때면 그야말로 하늘을 나는 듯 가슴이 뻥 뚫리는 기분이다. 뿐만 아니라 붉은 노을 끝에 화려한 네온사인으로 가득한 빌딩 숲을 지나고 강물처럼 흐르는 자동차 불빛 너머 어둠 속으로 사라지는 하늘열차는 '은하철도 999'를 연상케 하기도 한다.

차창 밖으로 파노라마처럼 펼쳐지는 이색적인 풍경을 오롯이 엿볼 수 있도록 창문 크기도 한껏 키웠다. 하지만 주거 밀집지와 아파트촌을 코앞에서 스쳐지나갈 때는 사생활 보호를 위해 슬쩍 차창이 뿌옇게 흐려지는 센스도 발휘한다. 단순히 교통수단을 넘어 '달리는 전망대'가 되어 대구의 새로운 명물로 떠오른 하늘열차는 심심풀이 재미 삼아 타는 이들도 적지 않다. 대구를 찾은 여행자들에게 하늘열차가 더욱 매력적인 건 대구의 명소들을 두루 관통하기 때문이다. 그중 사람들이 가장 많이 타고 내리는 곳은 서문시장역이다. 조선시대 3대 시장 중 하나였던 서문시장은 지금도 경북 지역에서 가장 큰 전통시장이다. 수천 개의 점포가 들어선 시장을 제대로 다 돌아보려면 반나절을 들여도 모자랄 정도다. 그만큼 쇼핑 품목도 많거니와 저렴한 가격의 먹을거리도 다양해 '먹방 투어' 명소로도 유명하다. 서문시장의 유명 메뉴는 우선 칼국수와 보리밥이다. 수십 개의 난전이 모인 칼국수 골목은 어느 때고

대구 야간 명소로 이름난 수성못(왼쪽)과 '먹방 투어'로 유명해진 경북 지역에서 가장 큰 서문시장(오른쪽).

사람들로 붐비고, 갖은 나물들을 푸짐하게 넣어 고추장에 쓱쓱 비벼 먹는 보리밥은 말 그대로 꿀맛이다. 대구 10미 중 하나인 납작만두도 빼놓으면 섭섭한 별미다.

금강산도 식후경이라고 서문시장에서 입맛대로 속을 든든하게 채웠다면 여행자들의 필수 코스인 '달구벌대로 450길'이 기다리고 있다. 바로 방천시장을 낀 '김광석 다시 그리기 길'이다. 방천시장은 해방 후 만주와 일본에서 돌아온 사람들이 모여 장사를 하면서 형성된 재래시장이다. 서문시장에 비할 순 없지만 수십 년간 활기가 넘치던 시장은 대형 마트에 밀려 쇠락하면서 한동안 인적 드문 뒷골목으로 나앉았다. 그런 옛 시장 골목이 다시금 생기를 되찾은 건 이 근방에서 태어난 김광석 덕분이다. 김광석은 살면서 누구나 한 번쯤 겪는 과정과 아픔을 노래로 위로한 진정한 가수다. 마냥 머물러 있는 청춘인 줄 알았는데 속절없이 20대를 보내고 서른을 맞은 이들에게는 '서른 즈음에'로, 입대를 앞둔 청춘들에게는 '이등병의 편지'로, 사랑과 이별로 아파하던 이들에게는 '너무 아픈 사랑은 사랑이 아니었음을'이라고 어루만져 주었고 좌절에 무릎 꿇은 이들에게는 '일어나'로 다시 한 번 해보라고 북돋아 주었다. 또한 노심초사하며 자식들 키워 시집 장가 보내고 인생의 황혼기를 맞은 '어느 60대 노부부 이야기'는 우리 모두의 마음을 울리고야 말았다. 애잔하게 읊조리던 그의 노래들은 그렇게 가랑비처럼 소리 없이 파고들며 메마른 가슴을 촉촉이 적셔 주었다.

그랬던 김광석이 1996년 겨울 고작 서른셋 나이에 홀연히 사라졌다. 자택에서 숨진 채 발견된 죽음을 두고 자살이 아닌 타살 논란도 제기됐지만 어쨌거나 그가 떠난 지 어느덧 20년이 넘었다. '김광석 다시 그리기 길'은 그런 김광석을 그리워하면서 그를 그린다는 겹 의미를 담고 있다. 살았다면 그도 이제 황혼기를 눈앞에 둔 50대 중반이건만 영원히 '서른 즈음에' 머물고 있는 그를 기억하는 이들뿐만 아니라 생전의 그를 보지 못한 젊은이들의 발길도 부지기수다. 꼬맹이 시절 아버지가 운영하던 전파사에서 흘러나오는 노래를 들으며 뛰어놀던 골목길이 이렇게 유명한 곳이 될 줄이야 그도 몰랐을 게다.

골목 초입에는 생전 그 모습대로 기타를 끼고 노래하는 김광석이 앉아 있고, 350m가량의 좁은 골목길에는 해맑은 웃음의 김광석이 내내 따라오고, 골목 곳곳에서 그의 노래가 흘러나온다. 잔잔한 목소리에 여전히 묘한 힘이 실려 있는 그 노래를 듣다 보면 불현듯 너무 일찍 떠난 그가 그리워진다.

김광석과 이별한 후 저녁 무렵 찾아가야 할 곳이 있다. 하늘열차 덕을 톡톡히 본 곳 중 또 하나인 수성못이다. 수성못은 일제강점기인 1925년 농업 용수 공급을 위해 조성한 저수지였지만 지금은 풍광 좋은 호수가 되어 대구 시민들의 휴식 공간으로 거듭났다. 특히 7080 세대들에게는 낭만적인 데이트 명소로도 유명했다. 호수로 가는 길목에는 이상화 선생의 자취들도 줄줄이 놓여 있다. 오리배가 동동 떠다니는 낮 풍경도 좋지만 이곳은 밤 분위기가 훨씬 운치 있다. 5월부터 10월까지는 매일 밤 호수 한복판에서 화려한 음악 분수 쇼가 펼쳐지고 은은한 조명이 깃든 산책로(2km)를 따라 호수를 한 바퀴 도는 맛도 일품이다.

선조들의 아련한 사연이 깃든 명품 옛길 걷기

🚗 **자동차 내비게이션** 문경새재도립공원(경북 문경시 문경읍 새재로 932)

🚌 **대중교통** 문경버스터미널에서 문경새재도립공원행 버스 이용

걷기 여행 열풍이 불면서 요즘은 전국 어디든
걷기 좋은 길을 품고 있다. 그 가운데 문경새재는
'한국의 아름다운 길 100선'에 든 곳이자 명승길
로 지정된 '나라 안에 제일가는 옛길'이다. 조선
태종 때 길을 튼 문경새재는 이웃한 하늘재와 이
우리재를 두고 새로 뚫린 고개라 하여 붙은 명칭
이다. 그런가 하면 새들도 넘기 힘들어 쉬었다 갈

만큼 높은 고개라 하여 일명 '조령'이라 칭하기도 했다. 요즘 일컫는 영남 지역은 바
로 이 조령 남쪽에 있다 하여 붙여진 것이다. 그 옛날 동래(부산)에서 한양을 잇는 또
다른 관문인 추풍령이 보름, 죽령이 열엿새 걸리는 데 비해 열나흘 길 문경새재는
가장 빠른 코스였기에 500여 년간 영남과 한양을 잇는 중요한 관문이었다.

그런 고갯길을 넘는 이들의 사연도 제각각이었다. 무거운 봇짐을 멘 보부상들이
'구비야구비야 눈물이 난다'고 한탄하며 넘던 고개를 수많은 선비는 청운의 꿈을
안고 넘었다. 과거시험을 보러 나선 선비들은 '추풍령은 추풍낙엽 떨어지듯, 죽령
은 대나무 미끄러지듯 낙방할 것 같다'는 찜찜함을 이유로 유독 문경새재를 고집했
다는 이야기도 전해 온다. 문경(聞慶)이란 명칭도 과거에 급제한 선비들이 소식을
빨리 전하기 위해 돌아오던 길이기도 해 '경사스러운 소리를 듣는다'는 의미에서
붙여졌다. 숱한 이들의 발자국을 남긴 이 고갯길은 임진왜란 당시 한 무리의 일본군
들도 넘어갔다. 부산으로 들어와 거침없이 올라오던 일본군들은 지세가 만만찮은
조령 앞에서 잠시 주춤했지만 이 고갯길을 지키는 조선군이 없었기에 아무런 저항
없이 손쉽게 넘고 말았다. 당시 조령 넘어 충주 탄금대에 진을 쳤던 조선군 지휘관
신립은 고개를 넘느라 기진맥진했을 일본군을 이곳에서 자신의 주특기인 기병술
로 격파하려는 전략을 세웠지만 안타깝게도 패배했다. 이 소식을 전해 들은 선조는
도성을 버리고 의주로 피신했고 결국 일본군은 한양을 손아귀에 넣었다.

이러저러한 사연을 품은 문경새재 옛길의 거리는 6.5km에 이른다. 나는 새조차
힘겨워 하는 고개라지만 지금의 옛길은 전체적으로 길이 평탄하고 산길 탐방로도
잘 정비되어 걸음에 대한 부담감은 별로 없다. 그 길목에는 각기 다른 모습으로 자
리한 3개의 관문을 비롯해 공무로 출장 온 조선시대 관리들에게 숙식을 제공하던

1 문경새재 제1관문과 제2관문 사잇길은 맨발 산책로로도 인기 있다.
2 조선시대 모습이 고스란히 재현된 오픈 세트장.
3 문경새재 옛길은 볼거리도 다양해 걷는 게 심심치 않다.

조령원터, 신구 관찰사가 업무를 인수인계하던 교귀정, 옛 모습 그대로 복원된 주막 터와 팔왕폭포 등 볼거리도 다양해 걷는 길이 심심치 않다.

그 시작점은 숙종 때 세워진 문경새재 제1관문인 주흘관이다. 주흘관 입구 오른쪽에 옛길박물관이 자리하고 있는데, 문경새재 옛길에 얽힌 이야기들은 물론 산과 물을 따라 형성된 크고 작은 길 위에서 우리네 삶이 어떻게 이어져왔는지 생각해 보게 하는 의미 있는 곳이기도 하다. 반면 주흘관을 지나자마자 왼편에는 경복궁을 비롯해 양반촌과 저자거리 등 조선시대의 모습이 고스란히 재현된 오픈 세트장이 있어 과거로의 시간 여행을 떠날 수도 있다. 이런저런 볼거리도 많지만 문경새재의 참맛은 걷는 그 자체에 있다. 특히 제1관문과 2관문을 잇는 3km가량의 구간은 길도 넓고 평탄한 데다 매끄러운 흙길로 다져져 맨발 산책로로 인기다. 부드러운 흙길의 감촉을 느끼며 맨발로 걷다 보면 기분도 상쾌할 뿐더러 발바닥 지압 효과도 있으니 일석이조다. 그렇게 걷다 조곡교를 건너면 산자락을 앞두고 제2관문인 조곡관이 있다. 이는 임진왜란 2년 후인 1594년에 세워졌는데, 임진왜란 당시 무방비로 왜군을 통과시켜 한양 땅을 밟게 한 후에야 세워져 그야말로 소 잃고 외양간 고친 격이다.

조곡관을 지나면 굽이굽이 똬리를 틀며 이어진 고갯길이 약간 가파르지만 한층

깊어진 숲에 고즈넉함이 배어 있다. 문경새재 아리
랑비를 지나 '장원급제길'이라는 좁은 길로 접어들
면 돌을 책처럼 쌓아 놓은 책바위도 볼 수 있다. 지름
2m, 높이 2m 크기의 돌탑으로, 그 옛날 선비들이 급
제를 기원하던 곳이자 해마다 입시철이면 수많은 사
람이 찾아와 합격을 기원하는 곳이기도 하다. 이곳을 지나 고갯마루에 오르면 문경
새재 마지막 관문인 조령관이 우뚝 솟아 있다. 이 관문들은 비록 외적 방어 기능을
수행하진 못했지만 그 옛날 고개를 넘나드는 이들에게는 더없이 고마운 안전장치
였기에 문경새재로 향하는 발길이 유독 많았던 이유이기도 하다.

┃◢ 오픈 세트장
관람 시간 오전 8시~오후 6시(동절기 오
후 5시) 입장료 어른 2,000원, 청소년
1,000원, 어린이 500원

┃◢ 옛길박물관
관람 시간 오전 9시~오후 6시(동절기 오
후 5시) 입장료 무료

꽃피는 봄날, 녹음이 우거진 여름날, 단풍이 고운 가을날, 하얀 눈이 소복하게 내
린 어느 겨울날, 옛이야기를 품은 이 오래된 길은 어느 계절에 가도 좋다. 언제나 그
윽함이 깃든 이 옛길을 자분자분 거닐다 보면 누가 알랴. 문경이란 의미처럼 경사로
운 소식을 듣게 될지.

⊕ 쌍룡계곡

플
러
스 문경시 농암면 내서리에 위치한 쌍용계곡은 물이 유난히 맑아
청룡과 황룡이 놀다 간 곳이라 하여 이름 붙은 곳이다. 속리산에
서 발원한 물줄기가 도장산과 청화산을 좌우에 두고 흐르는 골
깊은 계곡을 따라 가다 보면 몸 한 자락을 계곡물에 담근 바위 위
에 살포시 앉아 있는 아담한 정자인 사우정을 볼 수 있다. 사우란
산, 수, 풍, 월을 의미하는 것으로 정자 뒤편으로는 야트막한 산
이 있고 앞으로는 물이 흐르고 숲과 계곡에서 빚어낸 청아한 바

람에 밤이면 휘영청 밝은 달빛에 포근하게 감싸인다 하여 붙은 이름이다. 이곳에서 안쪽으로 더 들어
가면 본격적으로 쌍용계곡 표지판과 함께 다리 건너 계곡주차장이 있다. 넓게 펼쳐진 계곡 한복판에
소나무가 불쑥불쑥 솟아난 모습이 이채롭고 바위 틈틈이 물놀이하기에 딱 좋을 만큼의 물이 머물렀다
흐른다.

아기자기한 **산비탈과**
시원한 **바닷길**
맛 비교하며 즐기기

🚊 **대중교통** 도로가 복잡하고 주차장도 협소해 대중교통을 이용하는 게 편리하다.
❶ 부산 지하철 1호선 토성역 6번 출구로 나와 부산대학교병원 앞에서 사하 1-1번, 서구 2번, 2-2번 마을버스 타고 감천문화마을 정류장 하차
❷ 부산 지하철 1호선 자갈치역 2번 출구 인근에서 6번, 30번, 96번 버스 타고 암남동주민센터에서 내리면 송도해수욕장까지 도보 5분 거리

감천문화마을을 두고 사람들은 '한국의 산토리니', '한국의 마추픽추'라 일컫는 가 하면 '레고마을'이라고도 한다. 가파른 산비탈을 따라 마치 차곡차곡 끼워 놓은 레고 블록처럼 빼곡하게 들어선 집들은 얼핏 해발 2,400m 산자락에 들어앉았던 페루의 고대 도시 마추픽추를 닮았고, 바다가 넘실대니 그리스의 산토리니마을을 연상케 한다는 것이다. 마을 외형을 두고 이렇듯 근사한 수식어를 붙이지만 속내를 들춰 보면 사실 우리 민족의 아픔이 어려 있는 동네다.

이곳은 한국전쟁 당시 오갈 데 없는 피난민들이 산비탈에 얼기설기 판잣집을 짓고 살던 부산의 대표적인 달동네였다. 이즈음 수천 명의 태극도 신도들도 집단으로 정착했기에 애초 동네 이름은 태극도마을이었다. 태극을 받들며 도를 닦는 신흥종교인 태극도는 일제강점기에 탄생해 한때 신도가 10만 명을 넘었다지만 조선총독부의 해산령으로 교세가 꺾였다.

가진 것 없이 고향을 등지고 힘겨운 타향살이를 해야 했던 주민들의 삶터가 불현듯 부산의 관광 명소로 떠오른 건 2009년 즈음이다. 지역 예술가와 주민들이 합심해 시작한 마을미술프로젝트는 마을 구석구석 많은 것을 변화시켰다. 곳곳에 조형물이 들어서고 칙칙한 벽들은 재미있는 벽화가 가득한 골목 갤러리가 되었다. 흉흉했던 폐가는 예술가들의 손을 거쳐 다양한 형태의 미니 갤러리와 공방 체험장이 되었다. 힘겹게 오르내리던 148개의 가파른 계단에는 '별 보러 가는 계단'이란 예쁜 이름도 붙었다. 낭만 깃든 이름 같지만 무거운 짐을 들고 오르다 보면 힘에 부쳐 눈앞에 별이 보인다는 걸 센스 있게 표현한 것이다.

난간에 걸터앉은 어린왕자는 사진 촬영 포인트로 인기 만점이다(왼쪽). 바다 위를 걷는 송도 스카이워크(오른쪽).

틈이 없어 보이는 집들 사이로 미로처럼 얽히고설킨 골목길은 한 사람이 겨우 지나갈 만큼 좁다. 막다른 골목 같아도 길은 어디로든 트여 있다. '모든 길은 통해야 하고 뒷집 시야를 가리지 말자.'라는 태극도 신자들의 방침 때문이다. 그렇게 산자락을 타고 계단처럼 다닥다닥 들어선 집들은 지붕도 벽도 색감이 알록달록 제각각이다. 형편이 여의치 않은 주민들이 그때그때 여력에 따라 조금씩 칠한 것을 사람들은 오히려 예술작품처럼 여긴다.

그 모습을 보기 위해 찾는 발걸음은 연간 100만 명이 넘는다. 미국 CNN을 비롯해 다수의 해외 언론에서도 소개되어 외국인들도 심심찮게 찾아든다. 마을에 들어서면 무엇보다 사람 얼굴을 한 새들이 지붕 위에 조르륵 앉아 있는 모습이 눈에 띈다. 날고 싶지만 날지 못하는 인간의 욕망처럼 힘겹게 살아온 마을 사람들의 애환이 어린 듯하다. 골목을 오르내리며 다양한 작품들을 만나는 재미에 빠진 사람들에게 가장 인기 있는 건 난간에 걸터앉아 마을을 굽어보는 어린왕자다. 왕자와 어깨를 나란히 하고 사진 찍으려 늘어선 긴 줄은 또 다른 진풍경이다.

마을이 뜨면서 사람들이 몰려드니 활기는 있지만 주민들은 아무래도 불편하다. 집 앞은 소란스럽고 불쑥 들어와 카메라를 들이미는 무례한 이들도 있어 한여름에도 편한 차림이 힘들다. 가파른 산길을 오르내리는 마을버스도 관광객으로 가득해 정작 주민은 타기조차 힘겹다. 그런 불편함을 감수하고 생활 공간을 내 준 마을 사람들에게 예의를 갖추는 건 물론 기왕이면 조금이나마 마을에 도움을 주는 여행 센스도 필요하다.

그중 하나는 입구에 있는 마을정보센터에서 '감천문화마을 가이드맵'(2,000원)을 사는 것이다. 미로 같은 골목길 곳곳에 관람 포인트가 상세하게 표시되어 동선을 짜기에도 편리하고 재미 삼아 '스탬프 코스'를 돌면 마을이 담긴 엽서도 받을 수 있다. 걷다가 출출해지면 주민들이 직접 운영하는 식당도 들르고, 카페에서 차 한잔의 여유도 즐겨 보자. 판매 수익금은 독거노인의 집수리와 이불 빨래, 학생들의 교복 지원 등에 쓰이기에 보다 의미 있는 발걸음이 될 것이다.

산비탈을 누빈 후에는 바다 위를 걸어 보자. 그 현장은 대한민국 최초의 해수욕장으로 100년 역사를 자랑하는 송도해수욕장이다. 하지만 오랫동안 해운대와 광안리에 가려 있다 2015년 여름, 바다 위를 걷는 '스카이워크'가 등장하면서 다시금 옛 명성을 찾기 시작했다. 바다를 가로지르는 해상산책로는 애초 거북섬에서 등대앞(104m)까지 짧은 코스였지만 입소문을 타고 찾아드는 발길이 늘어나자 이듬해 여름에 등대섬을 연결하는 또 다른 해상산책로(192m)가 조성되면서 길이도 부쩍 늘어났다.

탁 트인 바다 위를 걷는 기분은 아기자기한 산비탈길과 달리 상쾌함을 안겨 준다. 해상산책로 곳곳에는 투명 강화유리가 설치되어 발밑으로 파도가 넘실대는 모습을 내려다보며 걷다 보면 그야말로 바다 위를 걷는 기분이 고스란히 느껴진다. 산책로의 중심을 이루는 거북섬은 말 그대로 거북이 모양이라 하여 붙여진 명칭이다. 이곳 또한 바다괴물과 싸우다 상처 입은 용왕의 딸이 자신을 구해 준 젊은 어부와 사랑에 빠진 전설을 만들어 그에 걸맞은 조형물을 세워 놓았다. 아울러 '사랑이', '다복이', '행복이'라 이름 붙인 거북이들의 기운을 받아 사랑하는 이들과 함께 행복하게 살라는 의미까지 덧붙였으니 한 번쯤 가볼만 하다.

달팽이처럼 느릿느릿 걸으며
기암괴석 바닷가
절경 음미하기

🚌 **자동차 내비게이션** 절영해안산책로 앞 공영주차장(부산광역시 영도구 영선동4가 186-66)

⭐ **Tip** 절영해안산책로 입구에 공영주차장이 있다. 걸음을 마치고 돌아올 때 버스를 이용할 수도 있지만 갈아타는 것이 다소 복잡하므로 택시를 이용하는 것이 편리하다.

🚇 **대중교통** 부산 전철 1호선 남포역 6번 출구로 나와 6번, 82번, 508번 버스 타고 부산보건고등학교 앞에서 하차. 절영해안산책로 입구까지 도보 5분.

걷기 여행이 우리 여행 문화의 한 축으로 자리하면서 각 지역마다 생겨난 걷기 좋은 길도 부지기수다. 부산도 예외 없이 갈맷길을 품고 있다. 갈맷길은 부산의 상징인 갈매기와 길의 합성어로 '갈매기의 길'이란 뜻이다. 9개 코스로 구성된 갈맷길의 총 거리는 263.8km로 '갈맷길 700리길'이라 일컫는다. 그 긴 갈맷길 중 많은 사람이 오륙대-이기대 구간을 걷지만, 해변의 도시 부산의 매력을 호젓하게 엿보기에는 영도구 남쪽 해안을 따라 이어지는 3-3코스가 제격이다. 특히 이 코스의 시작점인 절영해안산책로는 기장에서 가덕도에 이르는 부산의 해안선 중 가장 매력적인 곳이라 해도 과언이 아니다. 절영은 영도의 옛 이름으로, 달리는 말이 자신의 그림자마저 끊어 버릴 정도로 빠르다는 의미를 지니고 있다. 영도는 신라 때부터 조선 시대까지 그런 명마를 방목하던 섬으로 유명했던 곳이다.

바닷가를 따라 기암괴석이 끊임없이 이어지는 절영산책로는 오랫동안 군사 지역으로 묶여 접근이 어려웠으나 산책로가 조성되면서 멋들어진 해안 절경을 오롯이 엿볼 수 있는 걸음 명소로 변신했다. 그 길을 걷다 보면 가파른 벼랑 위로 빼곡하게 들어선 집들이 빚어내는 풍경도 이색적이고, 파도가 밀려올 때마다 자그르르 구르는 몽돌 소리도 싱그럽다. 눈이 시원하고 귀가 즐거운 해안산책로는 빠를수록 그 진가를 인정받던 명마와 달리 느리게 걸을수록 그 참맛을 즐길 수 있다.

1 탁 트인 바다 풍경이 시원한 태종대 등대전망대.
2 대형 선박들이 줄을 이어 정박한 풍경을 내려다보기 좋은 전망대.

 절영해안산책로 입구에서 빨강, 파랑, 노랑, 초록 등 원색으로 채색
된 피아노 계단에 이르기까지 800m가량 되는 길은 평탄한 데다 바닥
까지 푹신한, 그야말로 비단길이다. 그 길목 한편에는 맨발지압로도
조성되어 있고, 바다와 연관된 영도의 역사와 생활상을 표현한 타일
아트 벽화가 줄줄이 이어져 하나하나 보며 걷는 재미가 있다.

 피아노 계단을 올라 다시금 바닷가로 내려가는 돌계단은 다소 가파
르지만 잔돌맹이로 다양한 문양을 만들어 놓아 아기자기하다. 계단을
내려오면 파도의 광장이 기다리고 있다. 바위로 둘러싸인 몽돌해변으
로 파도가 밀려올 때마다 몽돌이 구르는 소리를 편안히 앉아서 감상
할 수 있도록 스탠드까지 만들어 놓았다. 이어지는 평탄한 해변길에
도 조약돌로 멋을 냈고 그 길 끝에는 소라 모양의 돌탑도 살포시 놓여
있다. 돌탑 앞 바닷가에 미니 병풍처럼 펼쳐진 기암괴석 사이를 지나
면 무지개다리도 건너고 절벽 사이를 이은 출렁다리도 있어 걷는 재
미가 제법 있다.

출렁다리 건너 해안가 절벽에 설치된 철 계단을 오르면 지금껏 걸어왔던 해안산책로와 남항대교가 한눈에 보이는 절영전망대에 서게 된다. 절영전망대를 지나 다시금 해안가 절벽에 설치된 철 계단을 오르내리면 평탄한 산책로변에 쉬어 가기 좋은 태평양전망대가 있다. 전망대에서 내려와 중리해변으로 연결되는 해안산책로 또한 처음처럼 푹신하고 평탄해 계단을 오르내렸던 수고로움을 달래 준다. 3km 남짓 이어지는 절영해안산책로는 이곳까지만 절영산책로 끝에서 이어지는 중리해변과 감지해변을 거쳐 태종대까지 이어지는 길 또한 항구도시 부산의 진면목을 여지없이 보여 주면서 여행자의 발걸음을 유혹한다.

해녀들이 직접 잡은 해산물을 파는 중리해녀촌을 지나면 잠시 바닷가를 벗어나 숲길로 들어서게 된다. 완만한 오르막 산길 끝에 만나는 널찍한 임도에서 오른쪽으로 접어들어 바다를 굽어보며 내려오면 부산항에 정박하기 위해 대기 중인 대형 선박들이 줄줄이 늘어선 묘박지의 독특한 모습을 볼 수 있는 전망대가 있다. 전망대를 지나 내려오다 잠시 쉬었다 가는 정자도 마련되어 있다. 이곳에서는 몽글몽글한 돌이 가득한 감지해변이 한눈에 내려다보인다.

감지해변을 지나 걸음 종착점인 태종대는 삼국통일의 초석을 다진 신라 태종무열왕이 전국을 순회하던 중 소나무 숲과 바다로 둘러싸인 기암절벽 절경에 취해 활을 쏘며 즐긴 것에서 유래한 명칭이다. 문화체육관광부가 선정한 '한국인이 꼭 가봐야 할 국내 관광지 100선' 중 하나로 깎아지른 해안절벽과 울창한 수목이 어우러진 바닷가에는 조막만한 자갈들이 그득한 태원자갈마당과 주전자를 닮아 일명 '주전자섬'이라고도 일컫는 생도를 엿볼 수 있는 전망대, 등대와 더불어 신선들이 노닐었다는 넓은 바위인 신선대와 바다에 나간 남편을 애타게 기다리던 여인이 그대로 몸이 굳어 바위가 되었다는 전설이 깃든 망부석 등 볼거리가 다양하다.

갈맷길 3-3코스

절영해안산책로를 시작으로 중리해변~감지해변~태종대유원지를 한 바퀴 도는 갈맷길 3-3코스는 10km 남짓으로 느긋하게 걸어도 4시간이면 충분하다. 10km가 다소 부담스럽다면 4km가량의 태종대유원지 산책로는 20분 간격으로 순환 운행(월요일 휴무)하는 다누비열차(유료)를 이용하는 것도 좋다(눈, 비 오는 경우 운행 중지).

추억이 깃든
철길 산책 &
해변 열차 타기

🚌 **자동차 내비게이션** 문탠로드 관광공영주차장(부산광역시 해운대구 달맞이길 64)

🚇 **대중교통** 부산 지하철 2호선 중동역 7번 출구에서 미포오거리로 와서 바다로 향하는 달맞이길 62번길로 내려오면 왼편에 해운대블루라인파크 미포정거장이 있다.

⭐ **해변 열차** 미포정거장~달맞이터널~청사포정거장~다릿돌전망대~구덕포~송정정거장을 왕복 운행하며, 시속 15km 정도로 편도 30분 소요된다. 원하는 시간대나 인기 만점인 해 질 무렵에 타려면 예매하는 게 좋다. 자유이용권을 구매하면 6개 정거장 어디서나 자유롭게 내려 구경하다 다음 열차를 이용할 수 있다. (운행 시간 및 탑승료 문의 051-701-5548)

　무더운 여름이면 매스컴에 심심찮게 등장하는 곳이 해운대다. 수십만 인파니 뭐니 하면서 헬기에서 비춰 주는 해수욕장을 보노라면 '짠물에 몸 담글 공간이나 있으려나' 싶을 만큼 모래밭을 빼곡하게 메운 사람들 모습은 해마다 보게 되는 풍경이다. 그렇듯 여름마다 톡톡히 유명세를 치르는 해수욕장 끝자락에 조용히 숨어 있다 불현듯 부산의 또 다른 명소로 거듭난 곳이 바로 해운대블루라인파크다.

　해운대블루라인파크는 부산에서 경주를 잇는 동해남부선의 한 구간이다. 철길이 놓인 건 일제강점기 때인 1930년대 중반으로 당시 일본인들이 우리 땅에서 거둬들인 해산물과 농산물, 각종 자원들을 손쉽게 반출하기 위함이었다. 그런 철로는 부산과 인근 주민들의 다양한 추억이 담긴 길이기도 했다. 수십 년 전 학생들에게는 요긴한 통학로였고 보따리를 이고 오일장을 찾아다니던 아낙네들에게는 생계를 위한 길이었는가 하면 해운대에서 첫날밤을 보낸 신혼부부에게는 경주로 떠나는 신혼여행길이 되어 주었다.

　특히 해운대 미포에서 송정으로 이어지는 구간은 전국에서 가장 아름다운 기찻길로도 유명했다. 바닷가에 바짝 붙은 철길 위로 기차가 지날 때마다 탁 트인 바다와 어우러진 기차 모습은 그대로 한 폭의 그림이 되곤 했다. 하지만 2013년 동해남

1 철로 위 공중에 놓인 레일을 따라 스카이캡슐이 운행된다.
2 해변 열차 내부는 바다를 감상하기 좋도록 커다란 유리창을 향해 좌석이 배치되어 있다.
3 철로를 따라 나무데크길이 놓여 바다 풍경을 즐기며 산책하기에도 좋다.

부선이 살짝 방향을 틀어 복선 철로가 새로 놓이면서 이 길목은 폐선이 되었다. 기차가 사라진 철로는 한동안 바다를 벗 삼아 느긋하게 걷기 좋은 낭만 산책로로 인기를 끌었다. 그런 철길을 고스란히 보존하려는 이들과 상업 시설로 활용하자는 목소리가 기차 레일처럼 평행선을 이루며 수년간 팽팽히 맞서다 결국 2020년 10월 해운대블루라인파크로 변신했다.

과거의 추억을 더듬으며 걷던 옛 철길엔 7년 만에 해변 열차가 등장했다. 미포에서 청사포를 거쳐 옛 송정역까지 4.8km 구간을 왕복 운행하는 해변 열차는 2량짜리 꼬마 기차다. 빨강, 파랑, 노랑, 초록색으로 칠해져 산뜻함을 안겨 주는 기차 내부에는 바다를 향해 계단식으로 길쭉하게 좌석이 배치되어 유리창 너머 시원한 바다 풍경을 편안하게 즐기기에 안성맞춤이다. 그뿐만 아니라 구간마다 직원의 안내 방송을 듣는 재미도 제법 쏠쏠하다.

해변 열차가 오가는 철로 위 공중에 설치된 레일을 따라 스르륵 움직이는 스카이캡슐도 이색적이다. 발밑으로 앙증맞은 해변 열차가 오가는 모습과 더불어 바다 풍경을 허공에서 내려다보는 맛이 독특한 스카이캡슐은 미포에서 청사포까지 2km 구간만 왕복 운행한다. 시속 4km로 느리게 움직여 편도 운행 시간이 30분 남짓인데, 각 캡슐마다 정원이 4명으로 가족이나 친구끼리 오붓하게 즐길 수 있어 특히 연인들의 데이트 장소로 인기 만점이다.

해변 열차가 지나는 구간을 따라 산책로가 나란히 이어져 자박자박 걷기에도 좋다. 예전에는 철로 위로 줄타기 하듯 재미 삼아 아슬아슬 걷던 길인데, 지금은 유모차도 다닐 수 있는 나무데크길이 놓여서 걷기는 훨씬 편해졌다. 타박타박 걷다 잠시 걸음을 멈추고 둘러보면 오륙도와 동백섬, 광안대교도 한눈에 들어온다. 느긋한 걸음으로 걸으면 1시간 30분 정도 걸리니, 산책로 전체를 걷기가 힘든 이는 미포에서 청사포까지 해변 열차나 스카이캡슐을 이용하는 것도 한 방법이다. 철길 중간 지점에 자리한 청사포는 하얀 등대와 빨간 등대를 품은 모습이 서정적이다. 아울러 청사포에서 구덕포를 지나 옛 송정역사까지 이어지는 길목에는 아기자기한 카페가 많아 해송 사이로 보이는 바다를 감상하며 걷다 잠시 쉬어 가기에도 좋다.

그 길 끝에 자리한 옛 송정역 역사는 1934년에 지어진 옛 모습 그대로 남아 등록문화재로 지정되었다. 여러 갈래의 철로가 겹치고 갈라지는 역사를 빠져나오면 송정 해변을 마주하게 된다. 최근 들어 파도를 즐기는 서퍼들이 몰려드는 서핑의 명소로 각광받는 곳이다.

⊕ 문탠로드

_{플러스} 미포철길 위 달맞이고개로 오르는 언덕 초입에서 시작되는 **문탠로드(Moontan Road)**는 은은한 달빛과 해송 숲이 뿜어내는 향긋한 솔 내음을 즐기며 걷기 좋은 산책로다. 달맞이길 입구에서 바다전망대–달맞이어울마당–해월정–달빛나들목으로 이어지는 순환 산책로는 2.5km로 부드러운 흙길을 밟으며 걷다 보면 발밑으로 아기자기하게 펼쳐진 해운대블루라인파크와 어우러진 바다의 또 다른 멋을 엿볼 수 있다.

다릿돌전망대

해변 열차를 타고 다릿돌전망대 정거장에서 내리면 바다를 향해 S자 형태로 길게 뻗은 다릿돌전망대를 둘러볼 수 있다. 청사포 마을의 수호신으로 전해지는 푸른 용을 형상화한 다릿돌전망대는 해상 등대 사이에 있는 암초들이 마치 징검다리처럼 보인다 하여 붙여진 이름이다. 높이 20m, 길이 72.5m인 전망대 끝부분에는 투명 유리 바닥을 설치해 바다 위를 걷는 듯 짜릿한 느낌을 안겨 준다.

해 질 무렵 동백섬 산책 후
이국적인 야경 광장에서
맥주 마시기

🚐 **자동차 내비게이션** 동백공원공영주차장(부산광역시 해운대구 동
백로 88)

🚃 **대중교통** 부산 지하철 2호선 동백역 1번 출구에서 동백섬 입구
까지 도보 5분

해마다 여름철 피서객을 가늠하는 곳이요, 겨울이면 북극곰 수영대회로 수많은 인파를 불러들이는 해운대해수욕장 옆에 붙어 있는 동백섬 또한 부산이 자랑하는 명소다. 세월이 흐르면서 퇴적작용으로 인해 지금은 육지 끝자락에 붙어 섬 아닌 모양새가 되었지만 여전히 섬이라는 명칭을 달고 있는 묘한 곳이다. 애초에 섬의 모양이 다리미를 닮았다 해서 '다리미섬'이라고 불렸지만 동백섬이라 일컫는 건 말 그대로 섬 전역에 동백나무가 가득하기 때문이다.

겨울 찬 기운을 밀어내고 살랑살랑 봄바람이 들면 이 아담한 섬은 사방에서 피어나는 동백꽃으로 인해 빨간 섬이 되곤 한다. 붉은 빛을 토해 내는 꽃송이들은 수명을 다해 땅에 떨어질 때도 주먹만 한 송이째로 툭툭 내려앉는다. 정열적으로 피어나 죽을 때조차도 가냘픈 모습을 보여 주지 않는 모습이기에 그 화려하고 강인함보다 오히려 더 처연하게 느껴지는 꽃이다. 동백꽃이 섬을 빨갛게 물들일 무렵 숲 곳곳에는 사스레피나무 꽃도 하얀 얼굴을 내민다. 청초한 모습과 달리 꽃향기라 하기에는 냄새가 다소 역하지만 살균작용이 뛰어난 꽃이라니 눈감아줄만 하다.

동백꽃이 아니라도 이 작은 섬은 가볍게 산책하기에 딱 좋은 곳이다. 섬을 한 바퀴 돌아 나오는 넓은 산책로는 그야말로 비단길이요, 그 밑으로 형성된 해안산책로는 시원한 풍광까지 안겨 준다. 그 시작점은 해수욕장 끝자락에 놓인 웨스틴조선호텔 앞이다. 정문 앞에서 걸음을 들이면 숲길을 지나 해안산책로로 들어설 수 있고 바닷가 후문 앞에서는 해안산책로로 바로 연결된다.

정문 앞에서 안으로 들어서면 갈래길이 나오는데 어느 곳으로 가든 한 바퀴 돌아나오는 건 마찬가지다. 그 지점에서 왼쪽으로 접어들면 초입에 섬 정상으로 오르는 길도 연결되어 있다. 소나무와 동백나무가 빼곡하게 늘어선 완만한 오르막 길 끝에 펼쳐진 마당에는 최치원 동상과 유적비, 정자가 어우러져 있다. 최치원은 통일신라 말기의 학자로 국운이 기울어 나라가 어수선해지자 벼슬을 내치고 가야산으로 향하던 중 동백섬 풍광에 반해 해안 바위에 자신의 아호인 '해운(海雲)'을 새겼다 하여 지금의 해운대란 지명이 유래됐다.

정상에서 돌아 내려와 안으로 좀 더 들어서면 산책로 밑으로 나무데크 해안산책로가 조성되어 있다. 이곳으로 내려가 왼쪽으로 살짝 방향을 틀면 바위에 홀로 앉아있는 인어상이 눈에 들어온다. 이런 조형물에는 어김없이 전설이 따라 붙듯 여기도

누리마루 APEC 하우스 너머 펼쳐진 광안대교는 낮보다 밤이 더 매력적이다.

예외는 아니다. 그 옛날 인어나라 황옥공주가 이웃나라 왕에게 시
집간 후 고향을 그리워하며 날마다 눈물을 흘렸다는 전설을 실어
일명 황옥공주상이란 애칭이 붙었다. 전설처럼 황옥공주는 끊임
없이 밀려오는 파도를 눈물 삼아 하염없이 바다만 바라보고 있다.

　인어상 반대편으로 연결된 해안산책로를 벗어나 마주하게 되
는 등대전망대는 해변의 도시 부산의 매력을 제대로 엿볼 수 있는
명당자리다. 코앞에 보이는 둥글둥글한 건물은 2005년 APEC 정
상회담이 열렸던 '누리마루 APEC하우스'다. 그 너머로 길게 이어
진 광안대교와 오륙도를 품은 바다는 낮보다 밤이 더 매력적이다.
해 질 무렵 붉은 노을이 가신 후 다이아몬드처럼 반짝이는 조명이
촘촘히 박힌 광안대교가 바다를 가르는 풍광은 가히 일품이다.

　어둠이 짙어지면 해운대의 밤은 더욱 화려해진다. 까만 어둠

속에서 70~80층을 넘나드는 초고층 아파트들이 뿜어내는 불빛들이 잔잔한 바다 물결에 반영되어 너울너울 춤추는 모습은 화려함을 넘어 몽환적이기까지 하다. 그렇듯 세계 어느 곳에 내놓아도 손색없는 마린시티의 백만 불짜리 야경을 고스란히 엿볼 수 있는 포인트는 동백섬 밑에 자리한 'The Bay 101' 앞 노천 테라스다. 카페와 펍, 레스토랑, 요트 클럽 등을 결합한 복합 해양레포츠 시설인 'The Bay 101'은 2014년 모습을 드러내자마자 단번에 부산을 대표하는 핫 플레이스로 떠올라 데이트 명소로도 유명하다. 이곳에서는 밤마다 이국적인 야경을 마주하며 맥주잔을 기울이는 연인들로 넘쳐나 야릇한 흥분과 열기가 후끈 달아오른다. 바다를 곁들인 세련된 야경 속에 시원하게 들이키는 맥주 한잔은 분명 여느 곳과 다른 '분위기 맛'을 안겨 주니 한 번쯤 찾아볼만 하다.

⊕ The Bay 101

플러스

해양 레저 클럽하우스인 이곳에서 1시간마다 운영하는 요트도 한 번쯤 타 볼 만하다. 해운대에서 출발해 광안대교를 거쳐 광안리해수욕장까지 갔다 되돌아오는 요트 투어는 주간(오전 10시~오후 4시, 2만 원), 해 질 무렵 아름다운 노을을 감상할 수 있는 선셋(오후 5시~6시, 3만 원), 부산의 화려한 야경을 감상할 수 있는 야간(오후 7시~10시, 3만 원) 투어로 나뉘어 있다.
문의 051-726-8888 홈페이지 www.thebay101.com

세계문화유산마을에서
느긋한 1박 2일
즐기기

🚗 **자동차 내비게이션** 안동하회마을(경북 안동시 풍천면 전서로 186)

🚌 **대중교통** 안동역, 안동버스터미널 앞에서 210번 버스를 타고 하회마을, 또는 병산서원에서 하차

Open **입장 시간** 오전 9시~오후 5시30분(동절기 오후 4시30분), 입장 시간 이후에도 들어갈 순 있지만 문화재로 지정된 가옥들은 문을 닫기에 둘러볼 수 없다.

₩ **입장료** 어른 5,000원, 청소년 2,500원, 어린이 1,500원

ⓘ **문의** 054-852-3588

안동은 예로부터 유서 깊은 종가가 많기로 유명한 곳이다. 예와 기품이 어린 양반의 고장이란 명성만큼이나 안동에는 지금도 수백 년간 옛 모습을 이어오고 있는 고택과 서원들이 많이 남아 있다. 특히 풍산 류 씨가 600여 년 동안 터를 지키며 살아온 하회마을 안에는 보물과 중요민속자료로 지정된 고택들이 유난히 많다.

낙동강 물줄기가 S자형을 이루며 마을을 감싸고돌아 이름 붙은 하회마을은 조선시대 8대 명당 중 하나로 꼽히는 마을이다. 터도 좋은 데다 풍광도 아름답고 유서 깊은 고택들까지 수두룩한 하회마을은 1999년 영국 엘리자베스 여왕의 방문으로 유명해진 데다 2010년에는 세계문화유산으로 지정되어 전 세계가 인정한 귀한 마을이 되었다.

섬마을처럼 아늑한 분위기를 자아내는 마을 한복판 가장 높은 곳에는 숨바꼭질하듯 담장 사이로 요리조리 굽은 좁은 골목길 끝에 삼신당 신목인 수령 600년을 훌쩍 넘은 느티나무가 자리하고 있다. 정월 대보름이면 이곳에서는 주민들이 마을의 안녕과 풍년을 기원하는 제를 올리고 하회별신굿 탈놀이를 펼친다. 아울러 신령수로 전해 오면서 나무를 둘러싸고 저마다의 소원을 담은 하얀 종이들이 수북할 뿐 아니라 늘어진 가지에도 하얀 꽃처럼 매달려 있다.

하회마을은 집들의 배치가 독특하다. 국내 대부분의 집이 남향 혹은 동남향을 하

1,2 하회마을 안에서 판매하는 다양한 종류의 하회탈 기념품.

고 있는 것과는 달리 이 느티나무를 중심으로 강을 향해 있는 터에 방향이 일정하지 않다. 느티나무 인근에 자리한 양진당은 풍산 류 씨 종가로 입암고택이라 불리기도 한다. 솟을대문 너머 기품이 엿보이는 양진당은 고려와 조선의 건축양식이 공존하는 고택의 가치를 인정받아 보물로 지정됐다. 보물로 지정된 또 하나의 고택은 선조 때 영의정을 지낸 류성룡의 종택인 충효당이다. 애초 임진왜란 후 낙향해 살았던 당시의 집은 단출했지만 지금의 모습은 류성룡 사후에 건립된 것으로 선생의 저서와 유품 등이 전시되어 있다. 이 외에도 넉넉한 양반집을 대표하는 북촌댁과 남촌댁을 비롯해 기와집과 초가집이 사이좋게 어우러진 모습은 보는 것만으로도 푸근하다.

넓은 모래밭을 품고 마을을 감싸며 흐르는 강변에는 하회마을의 또 다른 명물이 펼쳐져 있다. 일명 '만송정'이라 일컫는 울창한 노송 숲이다. 이는 류성룡의 형 류운룡이 부용대의 거친 기운을 완화시키기 위해 1만 그루의 소나무를 심은 것에서 비롯됐다. 부용대는 강 건너편에 깎아지른 듯 우뚝 솟은 절벽으로, 낙동강이 휘감고 도는 하회마을의 진면목은 부용대에 올라야 온전히 볼 수 있다. 매년 음력 7월 16일 밤마다 이곳에서 펼쳐지는 선유줄불놀이도 놓치면 아쉽다. 참나무 숯을 줄줄이 꽂은 밧줄을 부용대에서 강 자락으로 연결한 후 불을 붙이면 밧줄을 타고 내려오는 불

매년 정월 보름이면 하회마을 주민들은 수령 600년이 넘은 이 느티나무 앞에서 풍년제를 올리고 하회별신굿 탈놀이를 펼친다.

하회마을 앞 강을 건너면 부용대에 오를 수 있다.

꽃이 하늘은 물론 강물에 비치는 모습이 그야말로 장관이다.

부용대 너머에는 겸암 류운룡 선생이 학문 연구와 후진 양성에 심혈을 기울였던 겸암정사와 그를 기려 세운 화천서원, 류성룡이 임진왜란 당시의 전황을 세세하게 담은 《징비록》을 집필한 장소였던 옥연정사가 자리하고 있다. 옥연정사는 낙향한 류성룡이 재력이 달려 공부방을 짓지 못해 애태울 때 평소 가까이 지내던 승려의 우정 어린 도움으로 지은 아름다운 사연이 깃든 곳이기도 하다. 울창한 나무들이 에워싼 아늑한 터에 들어앉은 겸암정사와 옥연정사는 강 건너 만송정 솔숲과 마을이 내려다보이는 전망도 일품이다.

하회마을은 반나절 여정으로도 충분하지만 세계문화유산에 등재된 마을에서 하룻밤 묵는 것도 의미 깊다. 관광객들이 마을을 둘러볼 수 있는 시간은 공식적으로 오전 9시부터 오후 6시까지다. 관광객이 떠난 후 보다 호젓해진 옛 마을에 남으면 마음도 절로 느긋해진다. 깨알같이 돋아난 별빛 아래 돌담을 따라 마을을 차분하게 둘러보는 것도 좋고, 따끈따끈한 온돌방에서 개운하게 잠을 잔 후 이른 아침 새벽 공기를 머금은 싱그러운 솔숲에서의 산책은 하룻밤 묵지 않으면 결코 맛볼 수 없는 맛이다.

⊕ 병산서원

플러스

류성룡을 기리기 위해 세운 병산서원은 조선시대의 대표적인 유교 건축물이다. 서원 앞으로는 병풍을 펼쳐 놓은 듯한 모습이라 하여 이름 붙은 병산 자락을 휘감으며 흐르는 낙동강이 계절마다 독특한 멋을 자아내 언제 어느 때 와도 멋스럽다. 솟을대문으로 이루어진 서원의 정문인 복례문은 세속적인 마음을 누르고 예를 갖추라는 뜻을 지닌, 의미 깊은 통로다. 복례문을 지나자마자 돌계단 위에 자리한 만대루는 이곳 건축물의 백미로 꼽힌다.

정면 일곱, 측면 두 칸의 길쭉한 2층 누각으로 유생들의 휴식처이자 토론장이었던 곳이다. 만대루 앞에 펼쳐진 마당을 중심으로 정면에는 유생들의 교실이자 서원의 중심 역할을 하던 입교당이 있고, 양옆으로 기숙사였던 동재와 서재가 배치되어 있다. 아울러 입교당 대청마루에 앉아 만대루를 내려다보면 일곱 칸 기둥 사이로 보이는 강물과 병산, 푸른 하늘이 마치 일곱 폭의 병풍처럼 다가오는 풍광이 일품이다.

하회마을 홈페이지(http://www.hahoe.or.kr)에 마을 안에 있는 음식점과 민박 정보가 자세하게 안내되어 있다.

국보급 가을 풍경 음미하며
천년 고찰 극락세계에
발들이기

🚌 **자동차 내비게이션** 영주 부석사(경북 영주시 부석면 부석사로 345)

🚆 **대중교통** 영주종합터미널 또는 풍기역 앞에서 27번 버스 타고 부석사탐방지원센터에서 하차

₩ **입장료** 무료

ℹ️ **문의** 054-633-3464

가을이면 황금빛 소나기처럼 흩날리는 은행잎이 인상적인 부석사 진입로.

　가을이면 사과의 고장 영주는 삼원색의 물결이 거리를 수놓는다. 파란 가을 하늘, 그 밑에서 탱글탱글 익어가는 빨간 사과, 여기에 노란 은행나무까지 곁들여져 그야말로 색의 향연을 펼친다. 그 풍경을 오롯이 엿볼 수 있는 곳이 부석사다. 신라의 고승 의상대사가 창건한 천년 고찰 부석사는 불국사에 이어 우리나라에서 두 번째로 국보를 많이 지닌 보물 사찰이다. 봉황산 자락과 절묘하게 조화를 이룬 부석사는 계절에 따라 향기를 달리하지만 바람이 불 때마다 황금빛 소나기처럼 쏟아져 내리는 은행잎이 인상적이다. 이즈음 일주문으로 향하는 은행나무길 옆에 펼쳐진 사과밭에서는 노란빛에 뒤질세라 가지마다 빨갛게 물든 사과들이 주렁주렁 얼굴을 내민다. 달콤한 사과 향기가 솔솔 피어오르는 하늘 또한 유난히 파란빛을 발하며 가을의 정취를 더해 준다. 선선한 바람결이 이는 가을이면 이처럼 강렬한 색깔 경합을 보기 위해 먼 길을 마다않고 찾아드니 수많은 발길에 몸살을 앓는다. 그래도 어쩌랴. 그 풍경만큼은 조심스럽게 발을 들여 한 번쯤 볼만하다.

　알록달록 색깔 고운 길을 거쳐 들어서는 부석사에는 애틋한 러브 스토리가 스며 있다. 부석사를 세운 의상대사와 선묘낭자의 사랑 이야기다. 의상대사가 당나라 유학 시절 묵었던 집의 딸이던 선묘는 의상을 너무나 사랑했지만 불자의 길을 택한 의상은 이를 받아들이지 못하고 귀국길에 올랐다. 이룰 수 없는 사랑이었지만 그녀는

일주문을 지나 무량수전에 닿기까지 연결되는 아홉 단의 석축은 곧 깨달음의 경지에 이르러 극락왕생하는 구품 만다라를 상징한다.

사랑하는 이를 위해 바다에 뛰어들어 여인이 아닌 용의 모습으로 뱃길을 호위하며 따라왔고, 의상대사가 이곳에 절을 세울 때도 큰 힘을 보탰다. 당시 도둑들이 들끓어 절을 세우는 데 애를 먹자 거대한 돌로 변해 도둑들 머리 위를 떠다녀 그들을 물리쳤기에 부석사를 창건할 수 있었다고 전해 온다. 물론 믿기 힘든 전설이지만 부석사란 명칭도 무량수전 왼쪽에 자리한 큼지막한 돌 아래 위가 붙지 않고 떠 있다 하여 유래된 것이다. 인근에는 선묘낭자의 넋을 기려 세운 선묘각도 살포시 숨어 있다.

그런 부석사의 자랑은 단연 무량수전이다. 부석사의 중심인 무량수전(국보 제18호)은 봉정사 극락전과 더불어 우리나라 최고의 목조건물로 꼽는다. 그 이유는 이 절만이 갖는 독특한 구조 때문이다. 비탈진 산자락을 상처 내지 않고 빛날 화(華)자 형태로 길쭉하게 배치된 모든 건축물은 무량수전을 향하고 있다. 일주문을 통과해 무량수전에 이르기까지 아홉 단의 석축을 거쳐야 한다. 이는 하품, 중품, 상품의 단계를 밟아 깨달음의 경지에 이르러 극락왕생하는 구품 만다라를 상징한다. 산비탈을 타고 가지런히 펼쳐진 돌계단을 오르며 하나씩 마주하는 천왕문과 범종각, 안양루는 극락세계로 향하는 발판이요, 그 정점에 있는 무량수전에 발을 들이는 건 곧 극락세계에 이른다는 의미다.

무량수전은 무한한 생명과 지혜를 지녔다 하여 '무량수불'이라고도 일컫는 아미타여래좌상(국보 제45호)을 모신 곳이다. 고려 중기에 세워진 무량수전은 예나 지금이나 거드름 없이 너그러운 자태를 보인다. 공민왕의 빛바랜 친필 현판이 달린 담담한 목조건물은 볼수록 의젓하고 단아하다. 배흘림기둥 위에 팔작지붕을 얹은 야무진 건물에는 그윽한 기품이 배어 있다. 배흘림기둥은 기둥 아래쪽 3분의 1지점을 가장 불룩하게 하여 안정적인 균형미가 돋보이고, 팔작지붕은 지붕 양쪽 처마 끝에 삼각형의 면을 이룬 형태로 우아한 곡선미가 돋보인다.

무량수전 앞마당은 언제 봐도 편안하다. 무엇보다 가을볕이 내려앉은 아늑한 절 마당에서 보는 눈맛이 시원하다. 무량수전 옆 삼층석탑이 놓인 야트막한 둔덕에 서 면 저 멀리 첩첩이 포개진 소백산맥의 부드러운 능선 줄기가 그림처럼 펼쳐진 모습 이 가히 '국보급'이다. 특히 해 질 무렵 산줄기 사이로 곱게 스며드는 붉은 노을을 바 라보노라면 마음이 절로 편안해진다. 행여 무거운 마음으로 왔다 해도 이 평온한 뜰 에서 이렇게 나를 내려놓을 수 있으니 이곳이 곧 극락세계다.

⊕ 소수서원 & 선비촌

풍기군수 주세붕이 백운동사원을 건립한 이후 1550년(명종 5년) 우리나라 최초의 사액 서원으로 거듭난 곳이다. 서원의 중심이 되는 강학당은 유생들이 강의를 듣던 건물로, 내부에는 명종임 금이 내려 준 친필 편액이 걸려 있는데 진본은 소수박물관에 보 관되어 있다. 서원 입구에는 수령 500년을 넘긴 은행나무가 눈 길을 끌고, 그 아래 죽계천변에는 붉은 글씨로 경(敬)이라 새겨진 경자바위가 있다. 세조 3년, 금성대군이 단종 복위운동을 펼치다

발각되어 많은 이가 죽계천에 수장된 후 밤마다 귀신 울음소리가 끊이지 않자 당시 풍기군수였던 주세 붕이 공경할 경자를 새긴 후 위혼제를 지내자 울음소리가 그쳤다는 전설이 깃든 바위다. 죽계천 건너 편에는 소수박물관이 있는 반면 소수서원 옆에는 선비촌이 자리하고 있다. 풍채 좋은 기와집에서 소박 한 초가집, 산간벽촌의 서민주택인 까치구멍집에 이르기까지 계층에 따라 다양한 형태를 보여 주는 조 선시대의 전통가옥을 엿볼 수 있는 선비촌 내 고택에서는 숙박도 가능하다.

문의 054-638-6444

뽕뽕다리 건너
조선시대 주막에서
 ‘전걸리’ 먹기

🚗 **자동차 내비게이션** 삼강주막(경북 예천군 풍양면 삼강리길 27-1)

🚌 **대중교통** 삼강주막은 지역 버스를 타고 가는 대중교통편이 다소 불편하다. 예천시외버스터미널에서 22km, 점촌시외버스터미널에서 12km로 택시를 탄다면 점촌시외버스터미널이 더 가깝다.

ⓘ **문의** 054-654-4444(예천여객)

이 시대에 남은 조선시대 마지막 주막과 고즈넉한 간이역, 시간이 멈춘 듯 수십 년 전의 모습이 고스란히 남아 있는 정겨운 시골 마을, 게다가 예나 지금이나 강줄기 안에 폭 파묻혀 '육지 속의 섬'이라 불리는 회룡포를 품은 예천은 아련한 옛 추억을 찾아 떠나기에 좋은 고장이다. 그 추억의 여행길은 삼강나루터에서 시작하면 무난하다. 말 그대로 내성천과 금천, 낙동강 물줄기가 만나는 삼강나루터는 1900년대 중반까지만 해도 부산에서 올라오는 소금 배가 드나들던 길목이자 봇짐장수나 과거길에 오른 영남 선비들이 문경새재를 넘어 한양으로 가기 위해 반드시 거쳐야 하는 곳이었다. 길손이 모이는 길목에는 어김없이 주막이 있듯 바로 이곳에 역사의 뒤안길로 사라진 조선시대 주막이 유일하게 남아 있다.

길 위의 나그네들에게 막걸리 한 사발로 허기와 갈증을 풀어 주고 고단함을 위로해 주던 삼강주막이 이곳에 터를 잡은 건 1900년경이다. 그 주막이 지금껏 길손을 맞을 수 있게 된 건 1930년대 중반부터 70년 세월 동안 변함없이 주막을 지켜 왔던 고(故) 유옥연 할머니 덕이다. '낙동강의 마지막 주모'로 평생을 바쳤던 유옥연 할머니는 2005년 세상을 떠났지만 지금은 삼강마을 부녀회가 운영하고 있다. 거대한 회화나무 옆에 자리한 작은 초가집이 할머니가 운영하던 주막이다. 두 개의 방과 부엌이 전부인 주막은 구조가 독특하다. 방마다 출입문이 셋이나 되고 부엌 또한 드나드는 문이 네 군데다. 먼저 온 손님에게 방해되지 않도록 손님이 드나들 수 있게 함이요, 부엌에서 사방팔방 어느 곳으로도 쉽게 술상을 들일 수 있게 하기 위함이다.

유옥연 할머니만의 공간이었던 부엌에는 그분의 흔적이 고스란히 남아 있다. 할머니의 외상 장부가 바로 부엌의 벽이었기 때문이다. 먹고살기 힘든 시절 주객들은 심심찮게 외상을 했고 글을 몰랐던 할머니는 불쏘시개로 벽에 빗금을 그어 외상값을 표기한 것이다. 막걸리 한 되는 길게, 반 되는 짧게 세로로 그은 후 외상값을 받으면 가로로 줄을 그었다. 글은 몰랐지만 기억력만큼은 비상해 누구의 빗금인지 꿰차고 있던 할머니는 누군가 술을 마시고 몰래 내빼도 귀신같이 알고 외상 장부에 표시했다는 이야기도 전해 온다. 하지만 할머니의 외상 장부에는 가로금이 새겨지지 않은 것도 많아 매몰차지 못했던 할머니의 마음도 고스란히 남아 있다.

이곳은 삼강-회룡포 강변길의 출발점이자 종착점이다. 삼강 물줄기를 걷다 한 자락산을 넘어 그 유명한 뽕뽕다리 건너 회룡포마을 안에서 돌아오는 순환 코스로

1 조선시대 마지막 주막으로 남은 고(故) 유옥연 할머니의 삼강주막.
2 육지 속의 섬마을이라 일컫는 회룡포마을.
3 회룡포마을을 한눈에 내려다볼 수 있는 회룡대.

예천의 알짜배기 풍경을 두루 엿볼 수 있는 길이다. 특히 낙동강 물줄기를 가르는 보행자 전용 다리인 비룡교를 건너 비룡산 중턱에 있는 회룡대에서 내려다보는 회룡포 풍광이 일품이다. 둥글게 감아 도는 내성천 물줄기가 마치 용이 휘감은 모습이라 하여 이름 붙은 회룡포 안에 살포시 들어앉은 마을은 '육지 속의 섬마을'이라 일컫지만 섬은 아니다. 하지만 가느다랗게 이어지는 산자락을 삽으로 한 번만 뜨면 섬이 된다 할 만큼 언뜻 섬처럼 보이는 건 사실이다.

회룡대를 지나 마주하게 되는 장안사는 삼국통일을 이룬 신라 왕실이 나라의 안녕을 기원하며 세운 절이라고 하나 조선 중기 이후의 기록만이 전해 온다. 장안사에서 내려와 회룡포 방면으로 향하면 회룡교가 나온다. 다리 앞 도로 건너 '뿅뿅다리' 이정표를 따라 가면 차도를 걸어야 하지만 담장마다 매화가 피고 무당벌레가 기어다니며 나비와 벌이 날아다니고 소녀의 귀여운 미소에 웃음 짓게 되는 벽화로 가득한 마을길을 지나는 재미가 있다. 반면 회룡교 밑으로 내려가면 강변 오솔길을 걸을 수 있다. 그렇게 들어선 회룡포에서는 긴 '뿅뿅다리'가 물길을 터 준다. 공사장에서 사용하는 구멍 뚫린 철판을 이어 만든 뿅뿅다리는 건널 때마다 '뿅뿅' 소리가 나서 자연스럽게 붙여진 이름이다. 드라마 〈가을동화〉에 등장하면서 유명해진 이 다리는 구멍 사이로 동글동글 흐르는 물을 보며 건너는 재미가 독특하다. 얕은 강물 바닥에는 오랜 세월 동안 물줄기에 실려 온 모래가 곱게 깔려 물놀이하기에도 그만이다. 내성천이 실어 나른 모래는 강줄기 밖에도 넓게 펼쳐져 강물과 더불어 마을을 이중으로 감싸고도는 풍광이 이색적이다.

다리 건너 마을 안으로 들어서면 끝자락에 용포마을로 연결되는 또 다른 뿅뿅다리가 있다. 앞서 건넜던 다리보다 높고 긴 데다 물살이 빨라 건너는 맛이 좀 더 짜릿하다. 용포마을 끝에서 임도를 따라 사림재를 넘어오면 처음에 건너왔던 비룡교가 나온다. 삼강주막에서 출발해 회룡포를 거쳐 삼강주막으로 돌아오는 길은 11km 남짓으로 4시간 30분 정도 걸린다. 그렇게 한 바퀴 돌아 나와 삼강주막에서 다리쉼을 하며 일명 '전걸리'라 부르는 막걸리로 목을 축이고 배추전으로 시장기를 달래는 게 이 걸음 여정의 백미다.

⊕ 용궁역
<small>플러스</small>

삼강주막에서 차로 10분 거리인 용궁역은 경북선 줄기에 놓인 작은 역이다. 1928년에 문을 연 간이역은 큼지막한 용 조형물이 눈길을 끌기도 하지만 녹슨 철로를 품은 한적한 정취가 뭔지 모를 아련한 추억을 안겨 준다. 용궁역 앞에서 이어지는 용궁시장 거리는 수십 년 전 풍경을 그대로 간직한 모습이 푸근하고 정겹다. 담쟁이덩굴로 덮인 양조장 옆 담장에는 그 옛날 자전거로 막걸리를 배달하던 그림이 담겨 있고 몇몇 제유소는 지금도 옛날

방식 그대로 기름을 짜낸다. 참깨나 들깨를 한 자루씩 들고 온 이들의 기름이 졸졸 흘러나오는 거리에는 고소한 냄새가 솔솔 풍기니 오는 길에 갓 짜낸 참기름 한 병 사 오는 것도 좋다.

⑪ **삼강주막** 📞054-655-3035은 직접 담근 막걸리와 배추전, 도토리묵, 손두부가 세트로 나오는 '주모 한상'이 인기메뉴다. 아울러 국밥과 잔치국수 또한 가격이 저렴하고 푸짐해 주말이면 여행객들이 길게 늘어서 있다.
<small>먹을곳</small>

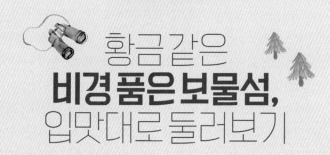

황금 같은 비경 품은 보물섬, 입맛대로 둘러보기

🚢 **울릉도행 배 타는 곳**
포항여객터미널 경북 포항시 북구 해안로 44 / 문의 1899-8114

포항 영일만항 여객터미널 경북 포항시 북구 흥해읍 영일만항로 151 / 문의 1533-3370

강릉항여객터미널 강원도 강릉시 창해로14번길 51-26 / 문의 1577-8665

묵호항여객선터미널 강원도 동해시 일출로 22 / 문의 033-534-8899 / 묵호항은 비정기 운행이므로 출발 확인 필수

⭐ **Tip** 출항 시간은 계절과 기상 상황에 따라 달라질 수 있으니 반드시 출발 전 확인이 필요하다.

'황금이 있어야만 보물섬이 아니라 황금 같은 경치를 품은 이곳
이야말로 보물섬이다.'

몇 년 전 TV프로그램 〈1박 2일〉에서 울릉도 비경에 반한 출연자
가 극찬을 아끼지 않은 멘트다. 아닌 게 아니라 화산 폭발로 인해 생겨난 울릉도는
바다에서 불쑥불쑥 튀어나온 기암절벽이 보물섬 못지않게 신비로움을 자아내는
곳이다. 그 특유의 해안 비경은 울릉도의 관문인 도동항에서 저동항까지 이어지는
해안산책로를 걸어 봐야 제멋을 알 수 있다.

울릉도의 상징 오징어가 표지판이 되어 길 안내를 하고 있는 해안산책로를 걷다
보면 깎아지른 기암절벽과 절벽 사이를 연결하는 철다리를 건너는 스릴감과 함께
자연 동굴을 통과하는 신비감도 맛볼 수 있다. 바위에 부딪히는 파도가 얼굴을 스칠
만큼 바닷가에 바짝 붙어 있는 산책로를 걷다 발밑을 내려다보면 청록빛이 투명한
바닷물이 절로 탄성을 자아내게 한다. 바닥이 훤히 보이는 바닷물에서 무리 지어 이
리저리 헤엄쳐 다니는 물고기들을 엿보는 재미 또한 별나다.

도동항과 저동항 중간 즈음에 펼쳐지는 몽돌 밭에서 울창한 솔숲과 대숲 사이로
이어지는 오솔길을 오르면 절벽 위에 자리한 행남등대에서 이웃한 저동항을 비롯
해 죽도가 한눈에 들어온다. 행남등대를 지나 저동항으로 연결되는 해안산책로 길
목에는 수직으로 우뚝 선 소라 계단이 놓여 있다. 소라껍질 속처럼 빙글빙글 돌아내

려가야 하는 좁은 계단에 들어서면 발밑으로 파
도가 넘실대는 바다에 그대로 빨려 들어갈 것만
같은 느낌에 다리가 후들거리기도 하지만 묘한
재미를 안겨 주는 계단이다.

이어서 다시금 절벽과 절벽 사이를 이어 주는
알록달록 무지개다리를 거치면 해안산책로 끝
에 불쑥 솟아난 저동 촛대바위에 닿게 된다. 고
기 잡으러 나간 아버지가 거센 풍랑에 돌아오지
못하자 상심한 딸이 바다를 보며 눈물로 지내다
그 자리에 굳어 바위가 되었다 하여 효녀바위라

▌🚩 케이블카

운행 시간 오전 8시~오후 7시(매표 마감 오후 6
시) 휴무일 연중무휴 탑승료 (왕복) 어른 7,500
원, 어린이 3,500원 문의 054-790-6427

고도 불리는 저동항 촛대바위는 일출 명소로도 유명하다. 도동항에서 저동항까지
이어지는 해안산책로는 3.5km 남짓으로 도동항으로 다시 걸어가는 게 부담스럽
다면 저동에서 도동으로 가는 버스를 타면 된다. 아울러 해 질 무렵 도동항 위에 자
리한 독도박물관 앞에서 케이블카를 타고 망향봉전망대에 오르면 오징어잡이배의
불빛으로 불야성을 이루는 도동항의 밤바다 풍경을 엿볼 수 있다.

**울릉도
둘레길**

반면 저동에서 버스(내수전에서 내리면 30분 정도 소요)나 택시를 타
고 내수전 일출전망대에 오르면, 일출이 아니더라도 코앞에서 물
개가 헤엄치는 듯한 형상의 북조도와 죽도, 저동항과 행남등대를
품은 해안산책로는 물론 날이 좋으면 독도까지 시원하게 내려다
보이는 풍광이 일품이다.

일출전망대에서 내려와 오른쪽으로 가면 울릉도 둘레길이 시작된다. 울릉도에
서 유일하게 해안도로가 연결되지 못한 내수전-석포마을을 잇는 구간이다. 이곳에
서 석포까지 연결되는 숲길은 약 3.4km. 섬이라는 생각이 전혀 들지 않을 만큼 숲
이 울창하지만 공원 산책로처럼 걷기가 편해 쉬엄쉬엄 걸어도 1시간 30분 정도면
충분하다. 길목 곳곳에서는 바다에 떠 있는 죽도와 관음도, 삼선암도 엿볼 수 있다.
아늑한 숲길을 따라가는 둘레길 끝에는 석포일출일몰전망대가 있다. 1905년 러일

1 울릉도 해안산책로 안에 마련된 쉼터.
2 독특한 바위 터널이 형성된 울릉도 해안도로.

전쟁에서 승리한 일본이 전쟁 후에도 러시아의 보복이 두려워 석포마을에 병력을 주둔시키며 1945년까지 망루로 사용했다는 전망대에 오르면 탁 트인 바다와 구불구불 펼쳐진 해안도로, 코끼리 바위 등이 한눈에 내려다보인다.

해안도로

울릉도를 한 바퀴 도는 해안도로의 절경을 엿보는 재미도 쏠쏠하다. 도동에서 산자락을 한 굽이 넘어 사동을 지나 통구미에 이르면 거대한 거북바위가 자리하고 있다. 구미는 구멍이란 의미로 양쪽에서 산이 솟은 마을의 형태가 마치 거북이가 들어가는 통과 같이 생겼다 하여 통구미라 부르는 곳이다. 통구미를 지나면 좁은 해안터널을 만나게 된다. 외길이라 파란 신호등이 켜질 때까지 터널 앞에서 기다렸다가 지나가는 맛도 이채롭다. 그런 터널을 몇 군데 지나면 남양마을. 몽돌해수욕장 주변에 우뚝 솟은 사자바위의 일몰 풍광이 아름다운 곳이다.

1 거북이가 기어오르는 형상이라 하여 이름 붙은 통구미마을의 거북바위.
2 걸음을 옮길 때마다 달라지는 풍경이 이국적인 죽도산책로.

남양에서 또 한 굽이 고개를 넘어 태하마을에 들어서면 마을 안쪽 해안절벽 산책로를 따라 태하등대까지 올라갈 수 있다. 반면 태하마을에서 구불구불 산길을 넘어오면 현포항과 추산 앞바다 사이에 묵직하게 떠 있는 코끼리바위를 볼 수 있다. 현포항 방파제가 전망 포인트로 이곳에서 보면 영락없이 물 먹는 코끼리 형상이다. 몸체와 코 사이에 직경 10m의 구멍이 있어 일명 '공암'이라고도 부르는 바위를 가까이에서 보면 주상절리 현상으로 이리저리 쩍쩍 갈라지고 울퉁불퉁해진 표면이 코끼리 피부와 비슷하다.

공암 앞에는 도로를 가로지르는 자연굴이 있는데 그 모양 또한 코끼리가 육지에서 바다로 길게 코를 내밀고 있는 형상이다. 그 사이를 아슬아슬 통과하여 안쪽으로 더 들어서면 천부리마을이 나오는데 이곳에서 내륙 쪽으로 접어들면 나리분지에 오를 수 있고 해안도로를 따라가면 바다에서 볼록볼록 솟아난 딴바위와 일선암, 삼선암의 비경을 거쳐 섬목에 닿게 된다. 섬목에서 저동 구간(4.75km)은 험한 해안절벽 지형으로 길이 끊겼지만 2019년 3월, 도로가 개통되면서 울릉도를 온전히 한 바퀴 돌 수 있게 되었다.

울릉도 해안 일주를 할 때 렌터카를 이용하는 게 가장 편리하지만 울릉도는 길이 좁은 데다 경사지고 구불구불한 곳이 많아 초보 운전자는 가급적 피하는 게 좋

다. 일행이 4인이라면 택시를 타는 것도 무난하다. 반면 도동과 천부를 기점으로 섬을 한 바퀴 도는 일반 버스(1,500원) 시간표를 알아 두면 마음에 드는 곳에서 내려 자유롭게 돌아보기에 좋다.

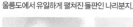

나리분지는 울릉도에서 유일하게 볼 수 있는 너른 평지다. 다른 지역에서야 흔하게 볼 수 있는 평범한 들판이지만 바다에 감싸이고 구불구불 산자락이 대부분인 섬이다 보니 이곳의 평지는 아무래도 감회가 남다르다. 산자락에 폭 파묻힌 들판은 시원스러운 바다와 달리 포근함과 편안함을 안겨 준다. 그 안에는 1882년 울릉도 개척 당시부터 수십 년 전까지 이어온 전통 가옥인 너와집과 투막집도 재현되어 있다. 특히 가을이면 분지를 둘러싸고 둥글게 띠를 이루며 물들어가는 단풍의 멋이 일품이다.

울릉도에 와서 울릉도 최고봉이자 원시 자연의 멋을 품고 있는 성인봉(984m)을 오르지 않는다면 '단팥 없는 찐빵'맛만 보는 셈이다. 산의 모양이 성스럽다 하여 이름 붙은 성인봉에 오르면 울릉도의 장쾌한 모습이 한눈에 보여 가슴이 시원하다. 나리분지에서 성인봉까지는 4.5km. 나리분지에서 신령수까지 이어지는 3km 남짓 거리는 평탄한 숲길로 가볍게 산책하기에 좋다. 그 길목에서는 천연기념물로 지정

울릉도에서 유일하게 펼쳐진 들판인 나리분지.

된 울릉국화와 섬백리향 군락지, 억새밭에 둘러싸인 산속의 외딴집인 또 다른 투막집도 볼 수 있다. 하지만 신령수를 지나면서부터는 성인봉까지 내내 가파른 산길이라 땀 꽤나 흘려야 한다. 도동에 위치한 대원사에서 출발해 성인봉을 거쳐 나리분지로 내려오는 것이 보다 수월하다.

죽도

죽도는 울릉도 부속 섬 중 가장 큰 섬이다. 울릉도 본섬에서 보는 죽도는 그저 둥글고 밋밋하지만 막상 안에 들어오면 아름다운 산책로와 이국적인 풍경이 거제도의 외도 같은 느낌을 안겨 준다. 유독 대나무가 많아 이름 붙은 죽도에 닿으면 빙글빙글 돌아 올라가는 365개의 달팽이 계단을 지나 빽빽한 대숲 오솔길을 오르는 맛이 별나다. 가파른 절벽으로 이루어진 섬인지라 초반부터 줄곧 올라야 하지만 걸음을 옮길 때마다 달라지는 풍경이 그 수고로움을 달래 준다. 매표소를 지나 바다전망대를 거쳐 플루트 부는 조각상, 바람의 정원, 야외무대로 돌아 나오는 죽도산책로는 한 바퀴 도는 데 40분가량 걸린다. 특히 소나무 숲으로 둘러싸인 바다전망대에 서면 길게 펼쳐진 울릉도 본섬과 관음도가 한눈에 들어온다.

🚩 죽도행 배

죽도행 배는 도동항에서 하루 1~2회 출발한다.

승선료(입장료 포함) 중학생 이상 25,000원, 어린이 12,000원 체류 시간 1시간 10분 정도 문의 054-791-6711

⊕ 울릉아일랜드 투어패스

플러스 경북투어패스 또는 클룩 앱에서 예약 구매할 수 있는 울릉아일랜드 투어패스는 렌터카 없이도 내 마음대로 울릉도 주요 관광지를 알차게 이용할 수 있는 전자 티켓이다. 버스를 5번 또는 무제한으로 이용할 수 있는 24시간 패스, 48시간 패스를 선택할 수 있는데 48시간 패스+버스 무제한(25,900원) 티켓이 가장 인기 있다. 처음 사용한 순간부터 24시간 혹은 48시간이 체크되는 투어패스는 주요 관광지 입장료가 무료이기에 더 저렴하게 울릉도 여행을 할 수 있다는 장점이 있다.

드라이브 즐기며
'울산의 오색바다'
감상하기

🚌 **자동차 내비게이션**
❶ 방어진항(울산시 동구 성끝길 2)
❷ 대왕암공원(울산시 동구 등대로 95)
❸ 주전해변(울산시 동구 주전해안길 300)
❹ 정자항(울산시 북구 정자1길 60-5)
❺ 강동화암주상절리(울산시 북구 회암길 34)

자동차와 정유공장, 조선소 등을 품은 울산은 국내 대표적인 공업 도시로 왠지 여행과는 거리가 먼 느낌이 들기도 한다. 하지만 바다가 열려 있는 울산 또한 속살을 들춰 보면 천혜의 관광 명소를 만만찮게 품고 있다. 무엇보다 울산 바다는 아주 다채롭다. 거대한 기암바위가 한껏 위용을 부리는가 하면 까만 몽돌해변과 수천만 년 전에 형성된 주상절리는 울산이 자랑하는 해안 풍광이다. 그 안에는 공업 도시란 명칭이 무색할 정도로 정겨운 포구마을도 들어 있다. 울산시 동구에 위치한 방어진 항에서 울산 끝자락인 강동마을(약 20km)을 거치면 제각각의 멋을 품은 바다를 두루 엿볼 수 있는데, 특히 대왕암공원 너머 주전-강동으로 이어지는 해안도로는 드라이브 코스로도 인기가 높아 여유 있게 차로 돌아보기에 금상첨화다.

　　독특한 울산 바다의 첫 번째 풍광은 방어진 코앞에 놓인 슬도다. 예전에는 배를 타야만 갈 수 있는 무인도였지만 지금은 방파제 다리를 놓아 손쉽게 오갈 수 있다. 커다란 고래 조형물이 솟은 알록달록한 방파제를 건너면 작은 섬 전체에 구멍이 숭숭 뚫려 있는 이색적인 모습을 볼 수 있다. 이는 모래가 엉켜 굳어진 바위를 파고든 조개류들이 남긴 흔적으로 '슬도'라는 명칭도 바로 이 구멍에서 비롯됐다. 끊임없이 밀려드는 파도가 이 구멍들을 스치고 나갈 때의 소리가 마치 거문고를 타듯 구슬프게 울려 퍼진다 하여 섬에 거문고 슬(瑟)자를 붙였지만 눈에 들어오는 바위마다 움푹움푹 팬 구멍 투성이로 인해 일명 '곰보섬'이라 일컫기도 한다. 탁 트인 바다를 향해 놓인 벤치에 앉아 잠시 눈을 감고 숱한 구멍을 넘나들며 거문고 가락처럼 연주하는 파도 소리를 감상하는 것도 이 바다가 안겨 주는 매력적인 요소다.

　　슬도에서 아스라이 보이는 대왕암공원은 빼곡히 들어찬 소나무 숲과 해안가의 기암괴석이 어우러진 울산의 대표적인 관광 명소다. 특히 공원 입구에서부터 펼쳐진 해송숲은 울산 12경 중 하나이자 '2011년 아름다운 숲'으로 선정됐을 만큼 경관이 뛰어나다. 슬도 앞에서 대왕암으로 연결되는 해안산책로(약 2.3km)가 있기에 걸어도 되고 차로 이동해도 무방하다. 솔숲의 향기를 맡으며 안쪽으로 들어서면 국내에서 세 번째(1906년)로 세워진 울기등대가 자리하고 있다. 등대 밑으로 내려서면 바다 위에 슬도와 달리 몽글몽글 길쭉길쭉한 바위들이 첩첩히 쌓여 독특한 풍경을 자아내는 대왕암을 만나게 된다. 바다 곳곳에서 솟아난 바위를 기둥 삼아 이어진 구름다리를 건너면 대왕암에 직접 발을 들일 수 있는데, 대왕암 끝에는 용이 승

1 기암괴석 바위들이 독특한 멋을 자아내는 대왕암.
2 해안에 펼쳐진 너른 바위마다 구멍이 숭숭 뚫려 일명 '곰보섬'이라 일컫는 슬도.
3 까무잡잡한 해변이 이색적인 주전해변은 파도가 밀려올 때마다 콩알만 한 몽돌들이 쓸려 내려가는 소리가 일품이다.

천하다 떨어졌다 하여 이름 붙은 용추암이 자리하고 있다. 보는 방향에 따라 엎드린 곰 같기도 하고 용 같기도 한 바위로, 죽은 후 경주 앞바다에 묻혀 나라를 지키는 용이 되었다는 신라 문무대왕의 뒤를 이어 세상을 떠난 문무대왕비가 남편처럼 동해의 호국용이 되고자 이 바위 밑에 잠겼다는 전설이 전해 오면서 이곳을 대왕암이라 불러오고 있다. 대왕암공원을 나와 한 굽이 언덕을 넘어가면 주전마을이다. 울산에서 가장 오래된 어촌인 아담한 포구에는 바다를 삶의 터전으로 살아가는 어부와 해녀들의 삶이 고스란히 배어 있다. 해녀 그림과 빨간 등대를 품은 방파제 곳곳에서는 물고기와 미역이 바람에 꾸덕꾸덕 말라가고 그 한편에서 그물을 손질하는 어부들 모습은 그대로 한 폭의 서정적인 그림이 된다. 그런가 하면 주전마을 시인의 집 안팎에는 어촌 사람들의 삶을 재치 있게 풀어 낸 시들도 눈길을 끈다. 하지만 이곳의 진풍경은 뭐니 뭐니 해도 해안을 따라 한가득 펼쳐진 새까만 몽돌밭이다. 석탄가루가 내려앉은 듯 까무잡잡한 해변에 밀려드는 하얀 파도의 선명한 색깔 대비가 꽤나 독특하다. 여느 몽돌해변과 달리 이곳 몽돌은 콩알만큼 자잘하다. 크기가 다른 만큼 밀려온 파도가 돌아갈 때의 소리도 다르다. 바람이 거세면 그 성량은 더욱 풍부해질 터다. 소리와 함께 기억되는 풍경은 눈을 감아도 한참 동안 아른거려 언젠가 바람이 거세게 부는 날, 다시 한 번 찾고 싶어지는 곳이다.

주전해변에서 8km가량 떨어진 강동마을 또한 몽돌해변으로 이름난 곳이다. 하지만 몽돌이 예전에 비해 눈에 띄게 줄어 군데군데 거친 모래밭이 드러나 있다. 몽돌이 사라진 건 밀려온 파도가 자연스럽게 부서지지 못하고 해안 정비로 인한 구조물에 강하게 부딪혀 몽돌을 바다로 쓸어간 탓도 있지만 일부 건축업자들과 관광객들이 몰래 채취해 간 것도 한몫했다. 행여 몽돌을 가져가다 걸릴 경우 1년 이하의 징역이나 1,000만 원 이하의 벌금형이 뒤따르니 명심하자.

강동해변 끝자락에서는 병풍처럼 펼쳐진 강동화암주상절리를 만날 수 있다. 2,000만 년 전에 분출된 용암이 냉각되어 형성된 두툼한 바윗덩이들을 코앞에서 보면 육각형 형태의 길쭉한 바위들이 겹겹이 포개진 모양새가 아주 독특하다.

➕ 간절곶

플러스
울산 남단인 울주군 서생면에 위치한 간절곶은 육지에서 가장 먼저 해가 뜨는 곳으로 유명하다. 바닷가 위 아트막한 언덕배기에 솟은 등대 전망대에 올라서면 시원하게 펼쳐진 바다가 한눈에 들어와 가슴이 탁 트인다. 등대 밑에는 국내에서 가장 큰 소망우체통이 눈길을 끈다. 봄이면 해안산책로 끝자락에 놓인 풍차가 노란 유채꽃과 파란 바다와 어우러져 그림 같은 풍경을 빚어낸다.

사뿐사뿐 걸어
원시 자연 늪길
한바퀴 돌기

자동차 내비게이션 우포늪생태관(경남 창녕군 유어면 우포늪길 220)

대중교통 창녕시외버스터미널 인근에 위치한 영신버스터미널 (055-533-1764)에서 우포늪생태관 주차장으로 가는 버스 이용

　창녕군 유어면 대대리, 세진리를 비롯해 대합면 주매리, 이방면 안리 등에 걸쳐 있는 우포늪은 국내 최대의 자연 늪이자 1,500여 종의 동식물이 서식하는 생태계의 보고로 이름난 곳이다. 끝이 보이지 않을 만큼 광활한 늪지에는 부들, 창포, 갈대, 붕어마름, 연꽃 등 수많은 물풀이 무더기로 고개를 내밀고 늪에 밑동을 반쯤 담그고 있는 나무들이 원시의 분위기를 자아낸다.

　그런 우포늪의 나이에 대해서는 의견이 분분하다. 대개 우포늪을 어림잡아 1억 4,000만 년 전에 형성된 것이라 하지만 턱도 없다는 의견도 있다. 공룡이 뛰놀던 중생대 쥐라기시대에 늪이 만들어졌다면 벌써 바위로 변해 버렸을 것이고 낙동강의 범람으로 쌓인 퇴적물로 인해 생긴 늪이니 낙동강이 생긴 후인 7,000년 전이라는 얘기다. 7,000년과 1억 4,000만 년은 결코 비교할 수 없는 수치지만 어쨌든 길게 잡아 100년을 산다 하는 인간으로서는 감히 상상할 수 없는 세월이다.

　이렇듯 오랜 세월 동안 때 묻지 않은 자연 생태를 간직한 우포늪은 철마다 모습을 바꿔 가며 자연의 아름다움을 보여 준다. 봄이면 화사한 봄꽃들이 늪을 수놓는가 하면 여름에는 노랑어리연꽃, 마름, 물옥잠이 등이 번성하여 우포의 얼굴은 더욱 화려해진다. 가을이면 바람에 일렁이는 갈대의 모습이 깊은 맛을 더해 주고 겨울이 되면 늪을 장식하던 수중식물들은 이듬해 싹이 돋아날 때까지 겨울잠을 잔다.

식물들이 휴식기를 갖는 동안 우포늪에 생기를 불어넣어 주는 것은 겨울 철새들이다. 우포늪은 사계절 모두 아름답지만 물안개 피어오르고 겨울 철새가 날아드는 늦가을부터 초겨울의 풍경을 으뜸으로 꼽기도 한다. 아울러 박새, 딱새, 멧비둘기, 종다리 등 사계절 내내 서식하는 텃새를 비롯해 큰기러기, 고니, 쇠오리 등 11월 초순경부터 북극 지방의 혹독한 기후를 피해 먼 길을 날아오느라 지친 새들에게 풍부한 먹이와 휴식처를 제공하는 소중한 곳이다. 흔히 우포늪으로 통칭되지만 사실 가장 큰 규모의 우포를 비롯해 목포, 사지포, 쪽지벌 등 네 개의 늪으로 형성되어 있다.

걷기 열풍이 일면서 요즘은 네 개의 늪을 아우른 드넓은 늪지대를 한 바퀴 도는 늪 트레킹도 인기다. 오래전부터 늪을 따라 길이 나 있긴 했지만 2010년에 '우포늪 생명길'이란 명칭으로 정식 개통되었다. 늪을 둘러싸고 도는 길은 평탄한 제방길과 갈대숲길, 개울 징검다리에 소나무 숲길, 담장마다 정겨운 그림이 담긴 소목마을까지 두루 어우러져 걷는 즐거움을 더해 준다. 그 길목에는 쉬어가기 좋은 정자들도 심심찮게 들어 있다.

우포늪 초입에서 1.5km가량은 널찍한 평지길로 주차장 입구에서 대여해 주는 자전거를 타고 늪 풍경을 음미하기에도 좋다. 탐방로 초입에 위치한 전망대에서는 망원경으로 늪의 모습과 철새들의 움직임을 자세히 엿볼 수 있고 전망대를 내려와 걷는 길목에도 늪 안쪽에 원두막 형태의 관찰대가 있어 몸을 숨긴 채 작은 구멍을 통해 새들을 관찰할 수 있다. 늪에 동동 떠다니며 조잘대는 새들은 의외로 수다쟁이다. 아울러 늪 곳곳에서 꿈틀대는 생명체들의 미동 속에는 강인함이 숨어 있다.

자전거 반환점을 지나 안쪽으로 들어서면 본격적으로 늪 길이 펼쳐진다. 갈대와 물억새 사이로 난 좁은 길은 호젓하기 그지없다. 바람에 나부끼는 갈대 소리, 새소리, 바람 소리만이 있을 뿐이다. 그 길을 따라 들어서게 되는 목포제방과 소목제방에서는 아기자기한 우포늪 풍경을 엿볼 수 있고 제방길 중 가장 긴 대대제방은 억새가 가득한 길인데다 우포늪이 가장 시원스럽게 보이는 곳이다.

이런 우포늪이 세인들의 관심을 끌기 시작한 건 1998년 국제적으로 중요한 습지를 보호하기 위한 람사르협약에 등록되면서부터다. 그러나 세상의 관심이 자연에 이로운 것만은 아닐 터다. 발걸음이 잦아지면 늪의 생명체들은 아무래도 긴장하게 마련이다. 그러니 자연이 선사한 아름다움에 보답하는 길은 자연에 대한 인간의

여느 곳과 달리 소리 없이 사뿐사뿐 걷는 것이 소중한 생명체들을 품은 원시 자연 늪을 아껴 주는 기본 예의다.

1,2,3 우포늪을 걷기 전에 우포늪 입구에 자리한 우포늪 생태관에서 우포의 생태 환경을 미리 파악하고 가면 좋다.

예의를 지키는 것이다. 여느 곳과 달리 소리 없이 사뿐사뿐 걸어야 하는 건 이 원시 자연 늪을 아껴 주는 기본 예의이기 때문이다.

우포늪 생태관 입구에서 전망대를 거쳐 목포제방-소목제방-주매제방-사지포 제방-대대제방을 돌아 생태관으로 돌아오는 거리는 8.5km 남짓으로 3시간 정도 걸린다. 우포늪을 비롯해 쪽지벌과 목포까지 더불어 돌아보는 코스는 약 13km로 4시간 30분 정도 걸린다.

아는 만큼 더 보인다고 우포늪을 걷기 전에 우포늪의 생태 환경을 고스란히 엿볼 수 있는 우포늪 생태관을 먼저 둘러보는 것이 좋다. '우포의 사계', '우포늪의 가족들', '살아 있는 우포' 등의 코너로 구성되어 있는 전시실 입구에는 우포늪 축소 조형물이 있는데, 우포늪 탐방로 버튼을 누르면 해당 탐방로에 반짝반짝 불이 들어와 길의 구조를 한눈에 알 수 있다.

🏳 **우포늪 생태관**

관람 시간 오전 9시~오후 6시 휴관일 매주 월요일, 1월 1일 관람료 무료 문의 055-530-1556

⊕ 관룡사

플러스

창녕읍 옥천리 관룡산 기슭에 위치한 관룡사는 통일신라시대에 창건된 사찰로 추정되는 천년 고찰이다. 관룡사는 원효대사가 제자와 함께 백일기도를 마친 날 화왕산 정상에서 아홉 마리의 용이 승천하는 광경을 보았다 하여 붙은 이름이다. 임진왜란 때 소실된 후 광해군 9년(1617)에 다시 지은 관룡사 내에는 약사전 (보물 제146호)을 비롯해 석조여래좌상(보물 제519호), 용선대 석조석가여래좌상(보물 제295호) 등의 보물과 부도 등의 많은 불교

유적이 산재해 있다. 특히 통일신라시대의 불상으로 추정되는 용선대 석조석가여래좌상은 한 가지 소원을 반드시 들어 준다 하여 관룡사를 찾는 사람들이 빼놓지 않고 들르는 곳이다. 대웅전 뒤편 산길을 따라 500m가량 오르면 깎아지른 절벽 위에 홀로 앉아 있는 석조석가여래좌상의 독특한 모습을 볼 수 있다.

부곡온천

우포늪 트레킹이나 관룡사 관람 후 부곡온천에서 개운하게 몸을 푸는 것도 좋다. 창녕군 부곡면 거문리 일대에 형성된 부곡온천은 전국 최고 수온(78℃)을 자랑하는 유황온천으로 이름난 곳이다. 이 외에도 규소, 염소 등 20여 종의 무기질을 함유하고 있어 호흡기질환, 피부질환 등에 효과가 높은 것으로 알려져 있다.

예쁜 산책로와
유럽풍 정원에서
인증샷 남기기

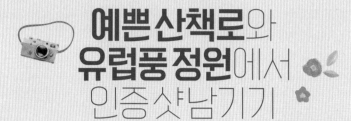

🚐 **자동차 내비게이션** 구조라유람선터미널(경남 거제시 일운면 구조
라로 53)

🚌 **대중교통** 거제 고현시외버스터미널에서 구조라행 버스(4000
번, 25번, 23번, 22번) 버스 이용(약 1시간소요)

ℹ️ **문의** 해금강외도 구조라유람선터미널 055-634-0060

샛바람소리길을 걷다 보면 빽빽하게 하늘을 가린 신우대 숲을 만난다.

　제주도가 우리나라에서 제일 큰 섬인 건 알지만 두 번째 섬은? 대개 1등은 알아도 2등은 가물가물한 경우가 많다. 정답은 쪽빛 바다에 천혜의 비경을 품은 거제도다. 섬이라지만 통영에서 이어지는 거제대교와 부산에서 이어지는 가거대교 덕분에 드나들기가 한결 수월해진 거제도에는 '샛바람소리길'이라 부르는 예쁜 산책로가 있다. 샛바람은 '동풍'을 두고 뱃사람들이 부르는 별칭이다. 거제시 일운면 구조라 마을 뒷산을 한 바퀴 돌아 나오는 '샛바람소리길'은 약 2.5km로 한 시간 남짓이면 충분히 걷는 길이다.

　'샛바람소리길'은 아기자기한 그림들이 담긴 주택가 골목길에서 시작된다. 구조라유람선터미널 건너편에 있는 그 골목을 벗어나면 조약돌 계단이 등장한다. 밟기가 미안할 정도로 정성스레 꾸민 계단을 올라 뒷산 입구에 접어들면 구수한 사투리 안내판이 발길을 멈추게 한다. "보이소 …… 옛날에 겁이 억수로 많은 아아들은 여 있는 시릿대 밭이 여름날 땡볕에도 서늘한 데다 컴컴해서 들가지도 못했는데예 …… 샛바람에 한 매친 알라(아이) 귀신들이 울어 대는 거그치 등골이 오싹해지 가꼬 …… 인자는 다 알아 삐서 겁은 좀 덜 나는데, 그래도 혼자 가모 쪼깬 그한께 우짜든가 둘이 드가서 댕기 보이소."

　겁쟁이 아이들은 얼씬도 못 했다는 곳의 정체는 하늘을 뒤덮은 신우대 숲이다.

1 탁 트인 언덕바꿈 공원은 코스모스가 피는 여름에 특히 아름답다.
2 구조라성에 오르면 구조라 마을이 한눈에 내려다보인다.

밭을 구분해 주고 샛바람을 막아 주는 방풍림 역할을 하는 대숲은 한낮에도 어둡고 서늘하다. 가늘고 긴 신우대가 터널처럼 감싼 이 '은밀한 오솔길'은 바람이 불 때마다 사르르사르르 몸 비비는 소리를 낸다. 그 옛날 '알라 귀신' 소리로 여겼던 이 샛바람 소리가 곧 길의 이름이 된 것이다. 숲 터널은 두 갈래로 벌어져 있지만 어느 곳으로 올라가든 탁 트인 초원에서 만나게 된다. '언덕바꿈 공원'이라 이름 붙은 이 초원은 어두운 숲길 끝에 마주하는 곳이기에 더욱 화사하다. 특히 때 이른 코스모스가 하늘대는 여름 언덕은 하늘하늘한 원피스를 차려입고 오는 여인들의 '인증 샷' 명소로도 유명하다.

완만한 산책로를 따라 좀 더 오르면 조선 시대에 왜구를 막기 위해 쌓은 구조라성이 모습을 드러낸다. 지금은 성벽 일부만 복원되어 소박한 모습이지만 성벽을 오르내리며 기념촬영을 하는 이가 제법 많다. 그 성벽 끄트머리에 서면 해수욕장과 항구를 품은 구조라 마을이 한눈에 내려다보인다. 마을을 지키기 위해 무거운 돌을 짊어지고 올라와 한 돌 한 돌 쌓아올린 선조들의 땀방울이 지금은 후손들을 즐겁게 하는 포인트가 된 것이다. 이곳에서 산자락을 더 오르면 내도와 외도, 해금강을 품은 바다가 시원하게 펼쳐지는 수정봉이다. 걸음 끝자락인 이곳에서 되돌아 나와 다시금 언덕바꿈 공원 앞에서 또 다른 신우대 터널을 거쳐 마을로 내려오는 '샛바람소리길'은 왠지 짧아서 아쉬운 길이기도 하다.

떡 본 김에 제사 지낸다고, 여기까지 온 김에 구조라 마을 앞에 떠 있는 외도를 둘러보는 것도 좋다. 구석구석 이국적인 정취가 풍기는 외도는 이미 오래전에 거제도 명소로 떠오른 곳으로, 사실 한 부부의 피와 땀, 눈물이 담긴 인간 승리의 현장이다. 1960년대까지만 해도 외도는 8가구가 살던 평범한 섬이었다. 1969년 낚시를 하다 우연히 하룻밤 머물게 된 외도에 반한 이창호(2003년 별세) 씨 부부는 마침 섬을 떠나려는 주민의 초가집을 사들였다. 이 부부는 이곳에서 노년을 보내는 게 꿈이었지만 바람이 조금만 거세도 뱃길이 끊기는 섬 주민들은 육지로 나가는 게 소원이었다. 결국 섬사람들은 3년에 걸쳐 부부에게 하나하나 집을 팔고 모두 떠났다. 그런데 섬에 남은 부부가 밀감 농원을 꿈꾸며 수년간 공 들인 나무들이 겨울 한파로 죄다 얼어 죽었고 이후에 키운 돼지들은 돼지 파동으로 죄다 죽었다. 모든 것을 '올인'한 섬이었기에 툭툭 털고 떠날 수도 없었던 부부는 섬에 순응하며 섬에 맞는 식물을 심기 시작했다. 그렇게 수십 년이 넘도록 가꾸고 다듬은 게 바로 지금의 외도다.

이국적인 야자수와 계절마다 다른 꽃으로 꾸며진 산책로를 거닐기 좋은 이곳에서 인기 있는 인증 샷 포인트는 유럽풍 정원에 비너스 조각상들이 줄줄이 늘어선 '비너스 가든'이다. 외도는 머무는 시간이 1시간 30분에 불과해 느긋하게 돌아보긴 힘들지만 관람 코스에 따라 섬을 한 바퀴 둘러보기엔 별 무리가 없다. 아울러 선장님의 구수한 설명을 곁들인 해금강 구경은 외도 가는 길에 얹어 주는 기분 좋은 보너스다.

그림처럼 예쁜 외도의 유럽풍 정원.

후덕한 99칸 고택에서 '아름다운 기운' 받아오기

🚗 **자동차 내비게이션** 송소고택(경북 청송군 파천면 송소고택길 15-2)

🚌 **대중교통** 청송터미널에서 지경행 버스 타고 덕천2리마을 정류장 하차(터미널에서 덕천마을까지는 택시로 5분, 도보로 40분)

주왕산을 비롯해 해발 900m 내외의 산들이 겹겹이 둘러싸고 있는 청송은 봉화, 영양과 함께 경북 지역의 3대 오지로 꼽혀 온 지역이다. 그런 만큼 때 묻지 않은 자연이 살아 있는 청송 한 자락에는 거대한 고택이 조용히 들어앉아 있다. 조선 영조 때 만석꾼으로 불리던 심처대의 7대 손인 송소 심호택이 지은 송소고택은 청송이 자랑하는 명소 중 하나다. 개인 집을 명소로 꼽는 건 외형뿐만 아니라 대대로 아름다운 사연을 지닌 집안이기 때문이다.

심처대는 고려에 충절을 지킨 심원부의 후손이다. 본디 고려 충렬왕 때 벼슬을 지낸 심홍부가 시조인 청송 심 씨는 심홍부의 증손 대에서 판이하게 두 가문으로 갈라졌다. 형 심덕부는 이성계를 도운 조선 개국공신으로 아들과 손자까지 정승에 오르는 권세를 누린 반면 동생 심원부는 절개를 지키며 이성계의 역성혁명에 반대했기에 후손들 또한 청송 일대로 숨어들어 죽은 듯이 지내야 했다.

평소 심성이 고왔던 심처대 또한 선대가 모인 청송 덕천마을 인근 호박골에서 농사를 지으며 궁핍하게 살았다. 그런 그가 만석꾼으로 거듭난 데에는 노 스님과 얽힌 일화가 전해 온다. 기력을 잃고 쓰러진 스님을 주저 없이 집으로 옮겨 정성껏 보살핀 끝에 회복한 스님은 보답으로 묏자리를 잡아 주고 '이곳에 부모님을 모시고 지금 심성대로 살아가면 대대로 복 받을 것'이란 말을 남기고 홀연히 사라졌다. 예사

1 왕버들과 능수버들 고목들이 물속에서 솟아오른 모습이 이색적인 주산지.
2 나눔의 미덕을 보여 주던 송소고택의 단아한 풍경은 보는 것만으로도 푸근하다.

롭지 않은 스님의 말을 새겨 둔 그는
훗날 스님이 일러 준 자리에 부모님을
모신 후 거짓말처럼 재산이 불어나 급
기야 만석꾼 거부가 되었다는 이야기
다. 그렇게 시작된 만석 살림은 9대에
걸쳐 이어지면서 청송 심 씨 집안은
영남의 거부로 명성이 자자했다.

그의 후손인 심호택이 덕천마을로
옮겨 송소고택을 지은 건 1880년 즈
음이다. 경복궁을 중건했던 대목장이
내려와 궁궐에나 쓰이던 귀한 적송으
로 지은 집 규모는 99칸에 이른다. 99
칸 집이라고 하면 방이 99개 있는 집
으로 생각하는 사람도 있는데 칸이란 기둥과 기둥 사이를 세는 단위다. 조선시대 당
시 궁궐을 제외한 사가는 법도에 따라 99칸 이하로 제한해 사가에서 볼 수 있는 가
장 큰 규모로 강릉 선교장, 보은 선병국 가옥과 함께 조선 3대 99칸 집으로 꼽힌다.

부잣집이기에 겪은 수난도 있었다. 떼로 몰려온 도둑들이 사람을 해치고 세간을
부수는 난동을 부리자 백발이 성성한 심호택의 노모가 "재물이 탐나면 재물만 가져
가면 그만이지 어찌 사람을 해치는가"라며 호통친 후 곳간 문을 열어 도둑들이 양
껏 털어가게 했다는 일화도 유명하다. 그런 심부자집은 일제강점기 때 일본에 진 나
라 빚을 갚는 국채보상운동에도 적극 동참했다. 그의 아들과 손자는 더욱 세상을 놀
라게 했다. 해방 이후 토지개혁이 일어났을 때 '청송에서 대구까지 가려면 심부자
땅을 밟지 않고는 못 간다'는 말이 나돌 만큼 넓은 자신들의 땅을 소작농들에게 나
눠 주면서 9대 걸친 만석꾼 타이틀을 내려놓았다.

나눔의 미덕을 몸소 보여 주었던 심 씨 가문의 송소고택은 현재 11대 후손이 지
키며 한옥 체험장으로 운영하고 있다. 청송 심 씨 집성촌인 덕천마을은 송소고택을
비롯해 100년 넘은 한옥이 즐비하다. 그런 마을로 들어서면 집집마다 돌담으로 이
어진 골목 풍경이 정겹다. 그 안쪽에 자리한 송소고택은 130년이 넘는 오랜 세월을

말해 주듯 대문을 열 때마다 삐거덕 소리가 나긴 하지만 솟을대문의 위엄 있는 자태는 여전하다.

대문 안으로 들어서면 제일 먼저 눈에 띄는 건 헛담이다. 안채로 드나드는 여자들이 사랑채에 기거하는 남자들 눈에 띄지 않게 하기 위해 지은 'ㄱ'자 형태의 담으로, 남녀유별을 중시했던 당시 시대 상황을 엿볼 수 있다. 안채와 사랑채 사이 담장에 뚫린 주먹만 한 구멍은 안채에서 사랑채 손님 수를 헤아리기 위함이다. 헛담을 지나면 집안의 가장 큰 어른이 기거하던 큰 사랑채와 가문의 후계자인 장남이 기거했던 작은 사랑채, 여자들의 공간인 안채 등 각 건물마다 독립된 마당이 있다. 대문 왼편으로는 별채가 따로 마련되어 있다.

이곳은 비가 오면 더욱 운치가 있다. 처마 끝에서 떨어지는 빗방울 소리도, 마당에 부딪히며 춤추듯 튀어오르는 빗줄기도 정감 있다. 물방울을 얹은 꽃과 풀들도 한층 생기발랄해진다. 쌀쌀한 날엔 방마다 딸린 아궁이에 참나무 장작으로 불을 지펴 뜨끈뜨끈한 아랫목에서 몸을 지지는 맛도 그만이다.

고택에서 맞는 고즈넉한 밤도 색다르다. 노르스름한 창호지 불빛이 새어 나오는 툇마루에 앉아 있으면 고택 앞을 흐르는 개울물 소리, 논둑에서 합창하는 개구리 소리 등 도심에서는 듣지 못하던 자연의 소리가 사방에서 들려온다. 까만 밤하늘에 총총히 박힌 별들은 다이아몬드를 뿌려 놓은 듯 곱다. 그 별빛 아래 함께 모여 도란도란 얘기꽃을 피우는 모습도 보기 좋다. 그리고 이른 아침 깨치 울음소리에 눈을 떠 부드러운 아침 햇살이 스며드는 방문을 열고 나오면 삽살개가 반겨 주고 닭들이 종종걸음 치는 모습들이 시골 외갓집에 온 것마냥 푸근하다.

우스갯소리로 하늘이 점지한 부잣집에서 거부의 기를 받는 받아오는 곳이라고들 하지만 고운 심성과 성실하게 땀 흘린 노력으로 일군 부를 후덕하게 베푸는 삶을 살아온 아름다운 기운을 받아오는 것이 더 맞지 않나 싶다.

⊕ 주왕산국립공원

주왕산은 우리나라 3대 암산 중 하나다. 밖에서 보면 거대한 바위로 둘러져 있어 우락부락하고 험해 보이지만 안으로 들어설수록 부드럽고 포근한 느낌이 드는 산이다. 등산이라기보다 가볍게 트레킹하기에 좋은 주왕산에는 청학과 백학이 살았다는 학소대, 앞으로 넘어질 듯 솟아오른 절벽이 금세 무너질 것 같아 긴장감을 주는 급수대, 연이어 나타나는 폭포 등 탐방객을 매료시키는 곳이 곳곳에 널려 있다. 이중 학소대에서 제1폭포에 이르는 길은 걸음을 옮길 때마다 펼쳐지는 기암괴석 절경으로 주왕산 풍경 중 백미로 꼽는 구간이다. 1폭포 위에 있는 2폭포는 중간에 항아리처럼 움푹 팬 바위가 있어 떨어지는 물줄기가 잠시 고였다가 다시 아래로 흐르는 표주박 형태의 모양새가 앙증맞고, 3폭포는 곰발바닥처럼 둥글게 패인 세 군데의 소를 거쳐 병풍처럼 넓은 바위에서 두 줄기로 흘러내리는 모습이 시원스럽다.

주산지

경종 원년(1720년)에 만들어진 농업용 저수지로 청송의 숨겨진 보물 같은 곳이다. 울창한 숲으로 둘러싸인 아담한 주산지는 물 속에 기둥을 숨긴 왕버들과 능수버들 고목들이 호수 위로 뻗어 나온 모습이 이색적이다. 잔잔한 수면에 비친 산과 구름, 기암괴석들이 한 폭의 동양화처럼 다가오는 저수지 오솔길을 따라 한 바퀴 돌아보면 다양한 각도에서 비경을 감상할 수 있다. 이 독특한 모습이 영화 〈봄, 여름, 가을, 겨울 그리고 봄〉에 등장 한 후 계절마다 많은 사진작가가 찾아오는 곳이다.

⊕ **송소고택** 📞054-874-6556에서는 안채, 사랑채, 행랑채, 별채 등

크기와 분위기가 각각 다른 온돌방에서 숙박을 할 수 있다. 송소고택 옆에 자리한 **송정고택** 📞054-873-6695은 심호택의 둘째 아들 집으로, 이곳 또한 숙박이 가능하고 유료 조식이 제공된다.

'모세의 바닷길' 건너
그림 같은 등대 섬
들어가기

🚗 **자동차 내비게이션** 통영항여객터미널(경남 통영시 통영해안로 234)

⭐ **Tip** 소매물도로 가는 배는 1시간 20분 소요되며 출항 횟수와 시간이 평일과 주말이 다르고, 기상 상황에 따라 달라질 수 있으니 미리 확인해야 한다. 배편과 등대섬 물때는 한솔해운(055-645-3717) 홈페이지에서 확인할 수 있다. 또한 소매물도는 통영에 속해 있지만 거제도 저구항에서 출발하면 50분 걸린다. '소매물도팡팡 매물도여객선예약센터'에서 배편과 등대섬 물때를 확인할 수 있다.

유난히 질푸른 바다에 올망졸망 떠 있는 섬을 품은 통영은 '한국의 나폴리'란 애칭을 얻을 만큼 매혹적인 곳이다. 그런 통영이 품은 섬 중에서 가장 인기 있는 곳은 소매물도다. 형님뻘인 대매물도를 제치고 몸집 작은 소매물도가 더 도드라진 명소가 된 건 섬 끝자락에 더 작은 등대섬을 매달고 있기 때문이다. 푸른 초지 너머 언덕 위에 오뚝 선 하얀 등대는 쪽빛 바다와 어우러져 그야말로 그림 같은 풍경을 선사한다. 오래전 한 제과업체가 선보인 '쿠크다스' CF에 녹아든 이 그림 같은 등대섬이 화제가 되면서 일명 '쿠크다스 섬'이 되어 달콤한 과자처럼 사람들을 유혹한다.

소매물도에 들어서면 선착장에서 긴 언덕을 따라 군데군데 아담한 섬 집들이 눈에 들어온다. 초입에는 관광객을 위한 펜션도 더러 있지만 위로 오를수록 수수한 섬 마을이 안겨 주는 아늑한 첫인상에 들어서는 이의 마음도 느긋해진다. 등대섬으로 향하는 길은 선착장 초입에서 한 번 갈라진다. 왼쪽은 남매바위를 품고 있는 해안절벽길이다. 고만고만한 두 개의 바위가 아래위로 놓인 남매바위는 어릴 때 헤어진 쌍둥이 남매가 뒤늦게 처녀, 총각으로 만나 오누이인 줄도 모르고 사랑에 빠져 부부의 연을 맺으려는 순간 하늘에서 내리친 벼락을 맞아 돌이 되었다는 애틋한 전설이 깃든 바위다.

하지만 남매바위를 지나면서부터는 경사가 가파르고 울퉁불퉁한 바위도 많아 오르는 길이 그리 만만치 않다. 이 길은 마을 사이로 쭉 뻗어 오른 시멘트 언덕길 끝에서 만난다. 언덕길도 제법 가파르지만 오르기에는 상대적으로 편하고 짧아 남매바위는 내려오는 길목에서 엿보는 것이 좀 더 수월하다.

언덕을 오르다 숨을 고르기 위해 잠시 멈춰 서서 문득 뒤를 돌아다보면 가파른 언덕 아래, 섬들을 동동 띄워 둔 푸른 바다가 한 폭의 그림이 되어 눈안에 들어온다. 봄이면 곳곳에 떨어진 동백꽃이 수북이 쌓여 빨갛게 물들인 모습도 이채롭다. 그 길목에는 아기자기한 다솔카페도 자리하고 있다. 직접 따온 해산물과 섬 바람에 정성스레 말린 미역과 톳, 파래들을 판매하는 할머니들도 만나게 된다. 결코 상술이 아닌 순박한 웃음으로 '힘든데 씹으면서 가라'며 건어물을 건네 주시는 분들도 있다. 먼 길을 마다않고 찾아든 이들에게 마음을 써 주는 푸근함에 오히려 뭔가 한 봉지 집어 들게 되는 것도 여행의 맛 중 하나다.

그 길 끝, 잠시 평평해진 언덕은 빼곡하게 들어찬 동백숲 단지로 남매바위에서

하루 두 번 물길을 터 사람들의 발길을 허용하는 몽돌 바닷길(왼쪽). 소매물도 선착장(오른쪽).

오르는 길과 만나는 지점이다. 이곳에서 왼쪽으로 눈을 돌리면 폐교된 지 20여 년이 넘은 소매물도 분교가 옛 모습 그대로 남아 있다. 빨간 동백꽃이 가득한 이곳에서 한걸음 쉬었다가 오른편 산자락으로 살짝 비껴 오르면 소매물도에서 제일 높은 망태봉(152m)에 서게 된다. 한두 걸음 내려서서 사방이 탁 트인 곳에 서면 바람에 하늘거리는 초원 너머 봉긋하게 솟은 등대섬 기암절벽 위에 홀로 서 있는 하얀 등대가 이국적인 풍경을 빚어낸다. 망태봉 밑에는 관세역사관이 자리하고 있다. 1970년~1980년대에 극성을 부리던 해상 밀수를 단속하기 위해 설치했던 관사가 지금의 모습으로 탈바꿈한 것이다.

망태봉을 내려와 등대섬으로 가는 길목에는 하루 두 번 물길을 터 사람들의 발길을 허용하는 바닷길을 마주하게 된다. 때문에 등대섬에 들어서려면 반드시 미리 물때를 확인해야 한다. 썰물 때만 나타나는 길이기에 일명 '모세의 바닷길'이라 일컫는 70m가량의 잘록한 몽돌길은 하얀 등대와 더불어 등대섬을 더욱 신비롭게 하는 상징적인 길이다. 오랜 시간 파도에 깎여 어디 한군데 모난 데 없이 둥글둥글한 돌로 가득한 몽돌밭 곳곳에 옹기종기 모여 도시락을 까먹는 사람들의 모습도 정겹고 편안해 보인다. 바닷길이 온전히 갈라지기 전, 발목에서 찰랑대는 바닷물에 발을 담그고 건너는 재미도 제법 쏠쏠하다. 그렇게 바닷길을 건너 등대가 있는 언덕 정상까지는 나무 계단을 타고 오르게 된다. 등대 너머 촛대바위를 비롯해 기암괴석 절경을 숨겨 둔 등대섬 밑 까마득한 절벽을 내려다보면 아찔하면서도 황홀하다.

　'누님 / 저 혼자 섬에 와 있습니다 / 섬에는 누님처럼 절벽이 많습니다 / 푸른 비단을 펼쳐 놓은 해안가를 거닐다가 / 소매물도 다솔커피숍에 철없이 앉아 / 풀을 뜯고 있는 흑염소들의 뿔 사이로 / 지는 저녁 해를 바라봅니다 / 누님이 왜 섬이 되셨는지 / 이제야 알겠습니다 / 하룻밤 묵고 갈 작정입니다'

　선착장에서 망태봉을 거쳐 등대섬까지 갔다 돌아 나오는 소매물도 여정은 쉬엄쉬엄 둘러봐도 3~4시간이면 충분하지만 정호승 시인의 〈소매물도에서 쓴 엽서〉처럼 하루쯤 머물며 저녁노을과 일출도 감상하며 보다 여유 있는 시간을 보내는 것도 좋다.

⊕ 동피랑 마을

플러스

통영여객선터미널 인근 중앙시장 뒤편 언덕배기에는 동피랑마을이 있다. 통영에서 가장 낙후된 달동네로 한때 철거 위기에 처했던 곳이지만 지금은 통영항구가 한눈에 보이는 산비탈 골목 담장마다 그려진 벽화가 입소문을 타면서 통영의 명소로 거듭난 곳이다. 미로처럼 얽혀 있는 좁은 골목마다 담벼락을 타고 화사한 꽃이 피었는가 하면 물고기가 헤엄치고, 어느 집 굴뚝에서는 문어 한 마리가 꾸벅 인사를 한다. 막다른 길이겠거니 하면서 다

시 이어지는 골목을 따라 또 다른 그림들이 눈길을 사로잡아 저마다 카메라 셔터를 눌러 대느라 바쁘다. 하지만 시도 때도 없이 카메라를 들이대는 통에 주민들이 겪는 불편을 고스란히 반영한 문구도 눈에 띈다. 동피랑 마을의 독특한 풍경을 즐기되 방문자로서의 예의를 지키는 것이 중요하다.

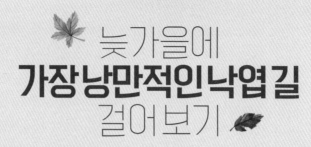

늦가을에
가장낭만적인낙엽길
걸어보기

- 🚌 **자동차 내비게이션** 상림공원주차장(경남 함양군 함양읍 필봉산길 49)
- 🚍 **대중교통** 함양시외버스터미널에서 상림공원 입구까지 도보 20분

'시몬 너는 좋으냐? 낙엽 밟는 소리가.'

가을이면 누구나 한 번쯤 읊어 보았을 프랑스 시인 레미 드 구르몽의 시 〈낙엽〉 중 한 구절이다. 이 땅을 울긋불긋 물들였던 단풍도 하나둘 낙엽으로 변해 대지 위에 사뿐히 내려앉았다. 낙엽이 떨어지는 소리는 시간이 가는 소리, 세월이 가는 소리다. 그렇게 지나가는 가을 끝이 아쉽다면 한 번쯤 함양의 천년 숲, 상림을 거닐어 보는 것도 좋다. 숲속 그득히 내려앉은 낙엽처럼, 들떴던 마음을 내려놓고 호젓함을 즐기기에 이보다 좋은 곳은 없으니까 말이다.

함양의 자랑, 상림은 신라 최고의 문장가 최치원이 함양 태수 시절 홍수 피해를 막기 위해 만든 국내 최초의 인공 숲으로 함양 8경 중 제1경으로 꼽는 곳이다. 함양 사람들은 외지에 나가 살다 보면 친구보다 더 그리운 게 상림이고, 일상이 고달플 때마다 떠오르는 게 상림 숲이라 말한다. 1.6km에 달하는 길쭉한 숲에 이름도 모양도 제각각인 늙은 나무, 젊은 나무, 큰 나무, 작은 나무들이 조화를 이루며 함께 어우러진 모습 자체가 포근함을 안겨 주기 때문이다.

숲 전체가 천연기념물로 지정된 상림공원은 철마다 각기 다른 빛깔로 사람들을 유혹한다. 봄에는 연둣빛 신록이 싱그럽고, 한여름에는 물이 올라 싱싱해진 이파리들이 시원함을 안겨 주고, 가을날에는 화려한 단풍이 한껏 뽐내고, 겨울에는 하얗게 덮인 눈이 이국적인 풍경을 안겨 준다. 그중에서도 상림의 멋을 가장 인상 깊게 내뿜는 때는 화려함을 자랑하던 단풍잎들이 가지에 대롱대롱 매달려 있다 한줌 바람에 힘없이 떨어져 나갈 즈음인 늦가을이다.

빛바랜 낙엽으로 가득 덮인 상림숲에 들어서면 마음이 편해지고 머릿속이 맑아지는 느낌이다. 색색의 단풍이 눈을 즐겁게 한다면 바닥에 수북하게 깔린 낙엽에는 깊고 푸근한 멋이 스며 있다. 걸음을 옮길 때마다 바스락대는 낙엽소리는 언제 들어도 좋고, 여기에 간간히 새소리까지 곁들여 주면 그대로 한 편의 음악이 된다. 더불어 낙엽을 떨구고 드러낸 섬세한 가지들 사이로 파고드는 고운 햇살은 그대로 한 폭의 그림이 된다. 낙엽이 곱게 깔린 길 위에서 다정하게 거니는 연인, 지팡이에 의지해 천천히 걷는 노인, 맘껏 뛰어다니는 아이, 자전거 타는 여인 등 평화롭고 여유 있는 그 모습을 떠올리면 정말이지 외지에 나간 함양 사람들이 그리워할 만도 하다.

숲 안팎으로는 아기자기한 볼거리도 쏠쏠하다. 숲 한복판에는 최치원을 중심으

천연기념물로 지정된 상림숲은 신라시대에 조성된 국내 최초의 인공 숲이다.

로 영남 선비들의 인물상과 역대 함양 군수의 공덕을 치하하는 애민선정비들이 주르륵 놓여 있는 역사인물공원이 들어 있고, 한 나무가 또 다른 나무를 살며시 감싸고 있는 형태의 '천년 약속 사랑 나무'도 이색적이다. 숲을 넘나들며 흐르는 도랑물은 졸졸졸 소리 내며 쉬지 않고 물레방아 돌리기에 바쁘고, 길게 늘어진 그네를 타는 즐거움도 있다. 오다가다 쉬어 가기에 좋은 정자도 있고, 곳곳에 다양한 운동기구와 맨발 지압로까지 있으니 산책을 즐기다 가볍게 몸을 풀기에도 그만이다.

뿐만 아니라 이 아름다운 상림숲길과 상림을 감싸고 있는 필봉산 오솔길을 엮어 만든 최치원 산책로가 있으니 자분자분 걸으며 늦가을 만추의 낭만에 흠뻑 빠져들기에 금상첨화다. 해발 233m의 야트막한 필봉산은 완만하게 오르내리는 숲길의 멋과 더불어 정상에 오르면 지리산 천왕봉과 남덕유산 자락이 한눈에 보이는 시원함도 있다.

상림주차장에서 출발해 필봉산 자락으로 올라 한남군 묘(한남군은 세종의 열두 번째 아들로 단종복위사건에 연루되어 함양으로 유배된 후 4년 만에 생을 마친 인물)가 있는 아담한 마을길을 지나-대병저수지-상림숲으로 돌아오는 최치원산책로(4.5km)는 쉬엄쉬엄 걸어도 2시간이면 충분하다.

⊕ 정여창 고택

플러스

조선시대 성리학의 대가로 꼽히는 일두 정여창 선생의 고택으로 그가 죽은 후 선조 무렵(1570년대)에 중건된 건물이다. 3,000여 평 규모에 솟을대문, 행랑채, 사랑채, 안사랑채, 중문간채, 안채, 아래채, 사당 등 다양한 형태의 건물이 들어선 정여창 고택은 조선시대 양반 대가로서의 면모를 고루 갖춘 경남 지방의 대표적인 건축물로 드라마 〈토지〉의 촬영지로 알려지면서 찾는 발길이 많은 곳이다. 마당에 들어서면 옆으로 누워있는 듯한 소나무가 눈길을 끄는 이 고택은 입구의 돌담도 정겹고 무엇보다 건물 배치가 독특하다. 꽤 큰 집임에도 그 규모를 한 번에 다 드러내지 않아 위압감을 주지 않는다. 여기저기 살포시 숨어 있는 건물 배치로 한 걸음 한 걸음 들어가다 보면 양파껍질 벗기듯 하나둘 나타나는 모습이 아기자기하면서도 재미있다. 구조적인 특성을 보일 뿐만 아니라 세간 살림살이들이 비교적 옛 모습 그대로 보전되어 있어 당시의 생활상을 엿보는 재미도 있다. 지곡면 개평리에 위치해 있다.

선비문화탐방로 걸으며
선비처럼 풍류 즐기기

🚗 **자동차 내비게이션** 안의버스터미널(경남 함양군 안의면 강변로 295)

⭐ **Tip** 차를 가지고 갈 경우 인의면에 세워 두고, 안의버스터미널(선비문화탐
방로 총착점인 광풍루 왼쪽에 위치)에서 서상행 버스(30분 간격 운행)를 타고
출발 지점인 선비문화탐방관이 있는 봉전마을에서 내려 걸어오면 된다(15
분소요). 농월정까지만 걷는다면 농월정에서 안의면으로 오는 버스(30분
간격 운행) 타면 된다.

🚌 **대중교통** 각 지역에서 시외버스를 타고 안의버스터미널(문의 1666–
0448) 하차

화림동계곡은 벼슬보다 학문을 중시하던 학자들이 모여 시를 읊고 풍류를 즐기던 곳이다.

　상림을 품은 함양에서 놓치면 아쉬운 것 중 또 하나가 화림동계곡을 타고 내려오는 선비문화탐방로를 걷는 일이다. 예로부터 '좌 안동, 우 함양'으로 지칭되던 만큼 함양은 안동과 더불어 영남을 대표하는 선비의 고장으로 이름난 곳이다. 이곳에는 신라시대 최고의 문장가 최치원을 비롯해 영남학파의 종조로 알려진 김종직, 성리학의 대가였던 정여창, 실학자 박지원 등 함양에 뿌리를 두거나 관직을 지냈던 조선시대의 쟁쟁한 학자들의 자취가 곳곳에 스며 있다. 벼슬보다는 학문과 도덕을 중시한 이들은 산 좋고 물 맑은 곳마다 정자를 지어 시서를 논하고 풍류를 즐긴 터에 함양은 지금도 100여 개가 넘는 정자와 누각이 남아 있어 정자 문화의 메카로 일컫기도 한다. 그중 정자 문화의 절정을 이루는 곳이 화림동계곡이다.

　함양 안쪽 깊숙한 곳에서 흘러내리는 화림동계곡은 남덕유산에서 발원한 물줄기가 기암괴석 사이를 우렁차게 굽이돌다 너럭바위를 비단결처럼 훑어 내리는 모습이 아름다운 곳이다. 그 안에 옥구슬처럼 맑은 물이 담긴 웅덩이와 어우러진 정자가 각각 여덟 개라 하여 예로부터 팔담팔정(八潭八亭)으로도 유명하다. 이 멋진 계곡은 그 옛날 한양으로 과거를 보러 가던 영남 선비들이 육십령을 넘기 전에 거쳐야 했던 길목으로 많은 선비가 고개를 넘기 전 이곳에서 목을 축이고 시도 읊어 가며 숨을 고르던 곳이기도 하다.

조선시대에 지어진 정자는 현재 거연정, 군자정, 동호정만 남아 있다. 너럭바위에 그림처럼 놓여 있던 농월정은 화림동 최고의 정자로 꼽혔지만 안타깝게도 2003년 화재로 사라졌다. 그 아쉬움을 달래기 위해 영귀정, 경모정, 람천정 등 1970년대 이후 새로 지은 정자들이 가미된 화림동계곡은 여전히 아름다운 면모를 보여준다. 물줄기 곳곳에 단아한 멋이 깃든 정자와 조화를 이뤄 그 운치가 더욱 돋보이는 계곡을 따라 걷는 길이 바로 선비문화탐방로다.

그 출발점은 봉전마을에 있는 봉전교다. 다리 건너기 전 오른편에는 거연정, 왼편에는 군자정이 있다. 농월정과 함께 화림동계곡을 대표하는 정자로 알려진 거연정은 계곡 한복판에 불쑥 솟아난 바위 위에 한 폭의 그림처럼 살포시 앉아 있다. 거연정은 조선 건국을 거부하며 은자로 남았던 '두문동 72현' 중 한 사람인 전시서가 서원을 짓고 은거했던 곳에 후손들이 1872년에 지은 정자다. 무지개다리 건너 정자에 들어서면 정자 밑으로 흐르는 계곡물과 정자를 받치고 있는 바위틈을 비집고 나온 소나무가 묘한 조화를 이뤄 그 안에 들어선 사람마저도 한 점 그림이 되는 곳이다.

반면 거연정보다 70년 앞서 지은 군자정은 조선 초기 대표적인 학자인 정여창을 기리기 위해 건립한 정자다. 암반에 터를 잡은 군자정은 아담하지만 기품이 있다. 봉전마을에 처가를 둔 정여창 선생은 이곳을 자주 찾아 시를 읊고 강론을 펼쳤다고 전해진다.

군자정 건너편 계곡 숲에 조성된 나무데크길을 걷다 사과밭을 지나고 다시 이어지는 계곡 숲길에서 징검다리를 건너면 또 하나의 조선시대 정자를 마주하게 된다. 임진왜란 때 의주로 피신하던 선조를 등에 업고 수십 리 길을 걸었다는 동호 장만리 선생을 기리기 위해 1895년에 건립한 동호정이다. 화림동계곡에서 가장 크고 화려한 동호정은 마루로 오르는 계단이 일품이다. 통나무를 그대로 깎아 만들어 거칠고 투박하지만 그래서 더 자연스러운 멋이 살아 있다. 정자 앞에는 해를 가릴 만큼 넓은 바위라 하여 이름 붙은 차일암이 펼쳐져 있다. 장정 수십 명이 너끈히 앉을 수 있는 바위 곳곳에 팬 웅덩이들은 그 옛날 선비들의 술통으로 활용되었다. 모인 사람의 수에 따라 크거나 작은 웅덩이에 술을 붓고 조롱박으로 떠 마시며 풍류를 즐겼다고 한다.

1 그 옛날 화림동계곡에는 100여 개의 정자와 누각이 있었다지만 현재 조선시대 정자는 3곳만 남아 있다.
2 계곡길 곳곳에 설치된 나무데크길은 아름다운 계곡을 내려다보며 걷기에 그만이다.

선비탐방로 끝자락에 있는 오리숲(왼쪽), 정자탐방로 시작점에 있는 거연정(오른쪽).

이어서 감나무와 어우러진 돌담이 정겨운 마을과 경모정, 람천정을 지나 만나게 되는 황암사는 정유재란 당시 대규모의 병력을 이끌고 온 왜군을 맞아 황석산성을 지키기 위해 치열한 격전을 벌인 끝에 죽은 이들을 기리기 위해 세운 사당이다. 가파른 계단 밑에서 보면 문이 굳게 잠긴 듯 보이지만 계단 위로 오르면 양옆으로 들어가는 통로가 있다.

황암사를 지나 들어서게 되는 농월정 터에는 독특한 형태로 골이 패인 너럭바위인 월연암 한편에 주춧돌만 남아 농월정이 있었던 곳임을 알려 준다. 선조 때 예조참판을 지낸 박명부가 임진왜란 때 의병을 일으킨 후 말년에 벼슬을 마다하고 이곳에 들어와 지은 농월정은 달을 희롱하며 논다는 옛 선비들의 풍류가 깃든 곳이다. 물에 비친 달이 물결에 이리저리 흔들리는 모습을 한잔 술과 함께 즐겼을 모습이 어렴풋이 짐작되기도 한다. 정자는 없어졌지만 살면서 한 번쯤은 선비들이 앉았던 월연암에 걸터앉아 그 옛날의 선비들처럼 유유자적 탁족의 즐거움을 누려 보는 것은 어떨까.

선비문화탐방로의 총거리는 10km 남짓으로 2개의 구간으로 나뉘어 있다. 1구간(정자탐방로 약 6km)은 거연정에서 출발해 군자정-동호정-호성마을-람천정-황암사-농월정까지 이어지는 길이고 2구간(선비탐방로 약 4km)은 농월정에서 월림마을-구로정-오리숲-광풍루에 이르는 길이다. 계곡가의 나무데크길과 징검다리 마을길을 두루 거치는 선비문화탐방로는 전반적으로 길이 평탄해 걷기가 편하다. 계곡 곳곳의 풍광이 좋아 쉬엄쉬엄 걷다 보면 4시간은 족히 걸린다. 거리가 다소 부담된다면 정자탐방로만 걸어도 충분하다.

⊕ 용추계곡

플러스

울창한 숲과 어우러진 골이 깊고 물이 맑은 용추계곡도 함양의 숨은 볼거리다. '깊은 계곡의 아름다움으로 인해 진리 삼매경에 빠졌던 곳'이라 하여 옛날에는 '심진동'이라 불리던 곳이다. 기백산, 황석산 등 해발 1,000m가 넘는 산들로 둘러싸인 용추계곡의 비경은 고풍미가 멋스러운 정자인 심원정에서 시작된다. 심원정을 지나면 연암 박지원이 안의현감으로 부임하면서 국내 최초의 물레방아를 사용했던 것을 기념하기 위해 만든 연암물레방아공원이 자리하고 있다. 공원을 지나 기암괴석이 어우러진 소와 담을 품은 계곡 위쪽에는 한여름에도 한기가 느껴지는 용추폭포가 살포시 숨어 있다. 폭포 위에는 고즈넉한 분위기의 용추사가 자리하고 있고 좀 더 올라가면 가을 단풍이 절경을 이루는 산자락에 용추자연휴양림도 있다.

★ 서귀포 폭포 여행   ★ 제주 올레길

★ 우도   ★ 한라산국립공원

★ 제주 야간 여행   ★ 협재해변과 한림공원

Part 7

제주도

국내여행 버킷리스트

Jeju
Island

제각각 장관을 이룬 '4대 명품 폭포' 둘러보기

🚗 **자동차 내비게이션**

❶ 천제연폭포(제주도 서귀포시 천제연로 132)

❷ 엉또폭포(제주도 서귀포시 엉또로 109)

❸ 천지연폭포(제주도 서귀포시 남성중로 2-15)

❹ 정방폭포(제주도 서귀포시 칠십리로214번길 35)

⭐ **Tip** 천제연폭포–엉또폭포는 차로 약 15분, 엉또폭포–천지연폭포는 차로 약 15분, 천지연폭포–정방폭포는 차로 약 5분

🚌 **대중교통** ❶제주국제공항 버스 정류장에서 600번 버스 타고 중문관광단지 내 여미지식물원 입구 정류장에서 하차 후 바로 옆 천제연폭포. ❷ 천제연폭포에서 엉또폭포는 약 9.5km. ❸ 엉또폭포 인근에 있는 강창학종합경기장공원에서 천지연폭포는 8.5km 남짓으로 갈아타야 하는 버스보다는 택시를 타는 게 가장 효율적이다. ❹천지연폭포에서 정방폭포는 2.5km로 택시 또는 도보 35분.

천지연폭포는 야간 산책 명소로도 인기가 높다.

장쾌하게 쏟아져 내리는 폭포는 푹푹 찌는 더위도 한순간에 날려 버릴 만큼 시원
하다. 보는 것만으로도 속이 시원하지만 한 폭의 동양화를 자아낼 만큼 풍경도 아름
다워 특히 여름철 여행지로 인기 만점이다. 서귀포에는 제주도의 내로라하는 폭포
가 옹기종기 모여 있다. 특히 서귀포시 동홍동에 위치한 정방폭포는 폭포수가 바다
로 직접 떨어지는 국내 유일의 해안 폭포다. 노송이 어우러진 23m 높이의 까만 절
벽에서 시원한 소리를 내며 두 줄기로 쏟아져 내리는 물줄기에 햇빛이 반사되면 무
지갯빛이 감돌아 신비로움을 더해 준다. 뿐만 아니라 내려오면서 안개처럼 퍼지는
물방울로 인해 폭포수에 발을 담그지 않고 주변에 서 있기만 해도 온몸이 흠뻑 젖
어 절로 시원하다. 폭포 절벽에는 중국 진시황의 총애를 받던 서불이 진시황의 명을
받고 불로초를 구하러 한라산에 왔다 폭포 풍경에 반해 서불이 다녀갔다는 '서불과
지'라는 글자를 새기고 돌아갔다는 전설도 전해 온다.

반면 정방폭포 인근에 위치한 천지연폭포는 높이 22m에 이르는 기암절벽에서
넓은 물줄기가 세차게 떨어지는 모습이 일품이다. 하늘과 땅이 만난 폭포라 하여 이
름 붙은 천지연폭포는 주변이 온통 천연기념물로 지정될 만큼 아름다운 경치를 자
랑한다. 폭포 아래 수심 20m에 달하는 천지연(천연기념물 제27호)에는 천연기념물
로 지정된 열대성 대형 뱀장어인 무태장어가 서식하고 있는 곳으로도 유명하다. 폭

1 70mm 이상의 비가 내려야만 장쾌한 폭포의 모습을 보여 주는 엉또폭포.
2 천제연폭포로 들어가는 선일교는 견우와 직녀가 만나는 오작교를 형상화한 다리다.

포 주변을 감싸고 몽글몽글한 형태로 자라난 담팔수 또한 제주도에서만 자라는 희
귀종으로 천연기념물로 지정된 나무다. 특히 저녁이면 산책로를 따라 은은한 조명
이 비춰져 야간 산책 명소로도 인기가 높다.

중문관광단지에 자리한 천제연폭포는 3단 폭포로 이루어져 있다. 천제연은 그
옛날 옥황상제를 모시는 칠선녀가 별빛이 속삭이는 한밤중이면 구름다리를 타고
내려와 맑은 물에 목욕을 하며 노닐다 올라갔다는 전설에 의해 붙여진 이름이다. 견
우와 직녀가 만나는 오작교를 형상화한 선일교 건너 왼쪽으로 접어들면 가장 안쪽
에 제1폭포가 있다. 제1폭포는 평상시에는 물이 거의 흐르지 않지만 네모난 막대
기둥을 차곡차곡 붙여 둥글게 세워 놓은 듯한 절벽의 모습이 독특하다. 물이 흘러내
리지 않아도 절벽 밑의 물웅덩이의 수심이 20m를 웃도는 건 끊임없이 솟아나는 용
천수 때문이다. 제1폭포의 물이 흘러내려 형성된 제2폭포는 세 줄기로 갈라져 떨어
져 내리는 모습이 장관이다. 반면 선일교 오른쪽으로 내려가면 볼 수 있는 제3폭포
는 울창한 숲속에 폭 파묻혀 있다.

그런가 하면 강정동 월산마을 안에 위치한 엉또폭포는 무성한 숲에 보일 듯 말
듯 살포시 숨어 있다 비가 와야만 한바탕 쏟아지는 비밀의 폭포다. '엉또'란 작은 바
위를 뜻하는 '엉'과 입구를 뜻하는 '도'를 강하게 발음한 제주도 방언으로, 즉 바위

입구를 의미한다. '엉'이 작은 바위를 의미한다지만 천연난대림과 어우러진 기암절벽은 결코 작지 않고 오히려 장대한 느낌이다.

엉또폭포는 적어도 70mm 이상의 비가 내려야만 폭포가 된다. 평상시에는 그저 평범한 절벽처럼 보이지만 워낙 많은 양의 비가 와야만 흘러내리는 엉또폭포는 50m 높이의 절벽을 타고 봇물 터지듯 쏟아져 내리는 폭포수가 그야말로 장관을 이룬다. 비가 오더라도 통상 하루 이틀 정도만 흘러내리니 물줄기를 보는 게 여간해선 쉽지 않다. 잘해야 1년에 보름 정도만 볼 수 있다니 어느 때고 볼 수 있는 여느 폭포와 달리 오히려 그 신비로움을 더해 준다.

물이 흐르지 않는 폭포가 뭐 볼 것 있겠냐 싶겠지만 울창한 숲에 폭 파묻힌 기암절벽은 그 자체만으로도 독특한 매력을 발산한다. 절벽 아래 둥그스름한 소를 감싸고 깎아지른 듯 수직으로 우뚝 선 절벽 군데군데마다 세로로 길게 홈이 패여 있어 마치 12폭 병풍을 둥그스름하게 펼쳐 놓은 듯하다. 게다가 거무스름한 바위에 노릇노릇한 빛깔이 묻어나는가 하면 연둣빛에 푸르스름한 기운까지 더해져 마치 한 폭의 채색화를 보는 듯하다.

마을에서 엉또폭포까지는 약 100m. 폭포로 이어지는 산책로 양쪽으로는 얽히고설켜 원시림을 방불케 하는 울창한 숲과 감귤 밭이 펼쳐진 데다 종알대는 새소리로 인해 걷는 길도 싱그럽다. 폭포 인근에는 연인들을 위한 '키스 동굴'도 마련되어 있는데 '불륜 커플 출입 자제'라는 문구가 웃음을 자아낸다. 폭포 전망대 위로 올라 마을 입구로 돌아 내려오는 길목에는 음료수나 간단한 스낵을 파는 무인카페도 있다. 이곳에서는 모니터를 통해 비올 때의 폭포 모습을 볼 수 있어 물 내리는 폭포를 보지 못한 아쉬움을 달래 준다.

🏳 **정방폭포**
관람 시간 오전 9시~오후 6시(일몰 시간에 따라 변경 가능) 입장료 어른 2,000원, 청소년·어린이 1,000원

🏳 **천지연폭포**
관람 시간 오전 9시~오후 10시 입장료 어른 2,000원, 청소년·어린이 1,000원

🏳 **천제연폭포**
관람 시간 오전 9시~오후 6시(일몰 시간에 따라 변경 가능) 입장료 어른 2,500원, 청소년·어린이 1,350원

🏳 **엉또폭포**
관람 시간 오전 9시~오후 6시 입장료 무료

제주도 축소판인
'섬 속의 섬'
느긋하게 트레킹하기

- 🚗 **자동차 내비게이션** 성산포항종합여객터미널(제주도 서귀포시 성산읍 성산등용로 112-7)
- 🚌 **대중교통** 제주국제공항에서 111, 112번 버스 타고 성산포종합여객터미널(064-782-5671)에서 내린 후 우도행 배 탑승
- ⭐ **Tip** 우도행 배는 오전 8시~오후 5시(계절별로 30분~1시간 30분 연장), 30분 간격으로 운항하지만 기상 악화 시 출항이 중단될 수 있으므로 미리 확인하는 게 좋다.

　우도는 제주도에 속한 62개 섬 중 가장 큰 섬이다. 큰 섬이라지만 사실 해안선 길이가 17km에 불과한 작은 섬이다. 면적으로 치면 여의도 3배 정도 크기로 생각보다 몸집은 작지만 제주도 하면 떠오르는 풍광을 모두 품고 있는 야무진 섬이다. 섬에 펼쳐진 해변은 에메랄드 빛으로 출렁이고, 화산섬 특유의 오름이 솟아 있는가 하면 그 밑으로 해식동굴이 뚫려 있고 곳곳에 널린 현무암 돌담길과 돌무덤, 해녀에 이르기까지 제주 특유의 자연환경과 생활 모습을 엿볼 수 있어 '제주도 축소판'이라 일컫기도 한다. 사실 그런 '섬 속의 섬' 우도를 찾기 위해 제주에 오는 사람도 적지 않다.

　우도는 소가 드러누운 형상이라 하여 붙여진 이름이다. 소를 떠올리면 순둥이 같은 눈망울에 바쁠 게 뭐 있냐는 듯 느릿느릿 걷는 것만으로도 느긋함의 대명사건만 하물며 누워 있는 소다. 그래서일까? 우도 여정은 왠지 느긋해야 할 것만 같은 이미지를 안겨 준다. 시시각각 변하는 특유의 에메랄드 빛 바다는 보는 것만으로도 황홀하고, 알록달록한 지붕을 인 집들 사이로 요리조리 휘어지는 돌담은 정겹고, 파릇파릇한 들판은 편안함을 안겨 준다. 그러니 빠른 것이 미덕인 양 숨 가쁘게 돌아가는 도심을 벗어나 들어서는 우도는 느긋할수록 감칠맛이 우러나는 섬이다.

　성산포항에서 배를 타고 15분이면 닿는 우도 천진항에 들어서면 선착장 앞에 자

1 우도봉 꼭대기에 자리한 등대 밑으로는 세계 각국의 아름다운 등대가 미니어처 형태로 전시되어 있다.
2 우도는 바다를 보며 걷다가 쉬다가 하는 재미를 반복하는 묘한 맛이 있다.

전거, 스쿠터, 사륜오토바이 대여점이 줄줄이 있다. 하지만 우도를 도는 가장 좋은 방법은 걷기다. 섬을 한 바퀴 도는 길은 올레길(1-1코스 11.7km)이다. 느긋하게 걸으면 4~5시간가량 걸리지만 아름다운 해변과 돌담길을 따라 이리저리 걷다 골목길 안의 집들 사이를 걷는 맛이 아기자기해 조금도 지루하지 않다. 걷는 게 부담스럽다면 자전거를 타는 것도 좋다. 하지만 스쿠터나 사륜오토바이는 느긋한 섬 분위기를 깨는 불청객이기도 하거니와 우도 여정과도 다소 거리가 멀다.

선착장 앞, 해녀항일운동기념비 왼쪽으로 들어서면 바로 올레 해안길이다. 구불구불 곡선을 이루며 이어지는 바닷길에는 까만 현무암을 난간 삼아 콕콕 박아 놓은 모습이 앙증맞다. 걷기 좋은 해안길을 걷다 잠시 마을길로 접어들면 풀을 뜯는 소들과 너른 풀밭이 어우러진 목가적인 풍경이 왠지 모를 편안함을 준다. 옹기종기 모인 집들을 요리조리 둘러싼 돌담길을 빠져나오면 우도 8경 중 하나인 홍조단괴 해빈이 펼쳐진다. 홍조단괴는 홍조류가 모래처럼 굳어진 희귀한 현상으로 천연기념물로 지정됐다. 과거 서빈백사로 불리던 이 해변은 눈이 부실만큼 하얀 백사장과 에메랄드 빛 바다 풍경이 지중해의 멋진 해변도 부럽지 않은 곳이다.

마치 밀레의 그림을 연상케 하듯 소박하면서도 정겨운 풍경.

걸어서 우도를 한 바퀴 돌다 보면 언덕 들판에서 소와 말들을 심심찮게 만난다.

　해변길 곳곳에는 마을에 얽힌 옛이야기들이 담겨 있는 스토리텔링 보드가 놓여 있어 하나하나 읽으며 걷는 재미도 쏠쏠하다. 마을의 안녕을 기원하기 위해 세운 방사탑은 쌓을 때 밥주걱과 솥을 넣었다는 점도 흥미롭다. 밥주걱은 외부의 재물이 마을 안으로 들어오라는 소망을, 솥은 불에 강한 이미지로 마을의 재난을 막아 달라는 의미를 지닌 것으로 우도 사람들의 염원을 고스란히 엿볼 수 있는 탑이다.

　해변에서 안쪽으로 살짝 접어들어 너른 들판에 줄기줄기 선을 이룬 독특한 돌담길도 걷게 된다. 높낮이도 다양한 돌담은 방목하는 말과 소들이 집안이나 밭, 무덤에 들지 못하게 함이다. 얼기설기 쌓은 듯 보이지만 태풍을 넘겨 가며 오랜 세월 끄떡없이 버티고 있는 건 돌과 돌 사이에 무수한 바람구멍을 텄기 때문이다. 그 돌담길을 빠져나오면 야자수와 어우러진 하고수동해수욕장을 만나게 된다. 물결이 찰랑대는 해변에 검은 해녀상이 놓인 해수욕장을 지나면 '섬 속의 섬' 우도에도 하나의 섬이 딸려 있다. 다리로 연결되어 손쉽게 둘러볼 수 있는 비양도에는 돌탑에 둘러싸인 '소원 성취 의자'도 있어 나름의 소원을 빌어 보는 것도 좋다.

다시 타박타박 걸음을 옮기면 앞서 본 두 해수욕장과 달리 검은 모래로 가득한 검멀레해변이 또 다른 매력을 보여 준다. 이곳을 지나 해안도로를 따라가다 보면 우도등대를 머리에 인 우도봉이 보이기 시작하는데 이 길목에서 보는 우도봉이야말로 소가 누워 있는 듯한 형국이다. 우도봉으로 오르다 뒤를 돌아보면 밭고랑과 돌담, 집들 사이로 꼬불꼬불 이어지는 길 끝에 바다가 어우러져 있는 풍경이 그림처럼 펼쳐진다. 우도봉 꼭대기에 들어선 등대 밑으로는 등대공원이 조성되어 우리나라는 물론 세계 각국의 아름다운 등대가 미니어처 형태로 고스란히 재현되어 세계의 등대를 한눈에 볼 수 있다. 이 우도봉 꼭대기에서 내려다보는 넓은 초원과 푸른 바다, 눈부시게 빛나는 백사장의 풍경을 통틀어 우도 8경 중 또 하나인 '지두청사'라 일컫는다.

우도에 들어오면 대부분 한 바퀴 휙 둘러보고 나가는 경우가 많다. 그러나 우도의 참맛을 보려면 적어도 1박 2일 여정을 잡는 것이 좋다. 우도 8경 중 하나로 고깃배의 조명으로 불야성을 이루는 '야항어범'의 맛을 놓치기 아깝기 때문이다.

로맨틱한 '제주도 푸른밤' 즐기기

🚘 **자동차 내비게이션**
①용두암(제주도 제주시 용두암길 15)
②제주 러브랜드(제주도 제주시 1100로 2894-72)
③성산일출봉(제주특별자치도 서귀포시 성산읍 일출로 284-12)

🚍 **대중교통**
①**용두암** 제주공항에서 453번 버스 타고 제주사대부설중학교에서 하차 후 도보 4분
②**제주 러브랜드** 제주공항에서 466번 버스 타고 제주도립미술관 하차 후 미술관 옆이 제주 러브랜드다.
③**성산일출봉** 제주공항에서 112번 버스 타고 성산일출봉 입구하차

성산일출봉은 해돋이 명소로 유명하지만 밤 풍경도 일품이다.

'떠나요, 둘이서~ 모든 걸 훌훌 버리고~ 제주도 푸른 밤 그 별 아래~'

〈제주도의 푸른 밤〉은 제주도 하면 떠오르는 가요 중 하나다. 노래가 말하듯 신문에, TV에, 월급봉투에 얽매이지 않고 모든 걸 훌훌 버리고 떠난 제주도라면 별빛 푸른 밤의 낭만을 만끽하는 야간 여행은 특별한 추억을 안겨 줄 것이다. 같은 장소라도 낮과는 다른 세계가 펼쳐지는 밤 풍경은 로맨틱한 운치가 폴폴 묻어난다.

그중 관광지라기보다는 제주 시민들의 일상적인 휴식 공간인 탑동공원은 낮보다 밤이 더 활기차다. 바다를 끼고 길게 이어진 방파제가 마치 '한국의 말레꼰(도심 한복판에 있는 바닷가 방파제로 쿠바 아바나의 명물)'을 연상케 하는 이곳은, 낮에는 썰렁하리만치 한산하지만 노르스름한 가로등 불빛이 은은하게 비치는 저녁이 되면 분위기가 확 달라진다. 방파제를 따라 거니는 연인이 부지기수인가 하면 널찍한 광장에서는 인라인스케이트를 즐기거나 자전거를 타는 이도 많다. 특히 해 질 무렵 인근 카페에서 방파제 뒤로 넘어가는 아름다운 일몰을 바라보며 커피 한잔 마시는 분위기는 낭만적이고 탑동공원 앞에 있는 횟집거리에서 선선해진 바닷바람을 맞으며 싱싱한 회와 소주 한잔 곁들이는 맛도 일품이다.

반면 용두암은 제주공항에서 가까워 대부분의 여행객이 첫발을 내딛는 곳 또는 제주를 떠나기 전에 마지막으로 방문하는 명소다. 이처럼 제주 여행의 시작과 끝을

1 은은하면서도 화려한 조명을 받아 출렁이는 물결이 이색적인 용두암 바다.
2 쿠바 아바나의 명물인 말레꼰 방파제를 연상케 하는 탑동공원.
3 성을 주제로 한 제주 러브랜드에서 보기 드문 지극히 '건전한' 조형물.

담당하는 용두암은 말 그대로 용의 머리를 닮은 형상이다. 화산 폭발로 분출된 용암
이 차가운 바닷물을 만나 굳은 뒤 오랜 세월 동안 파도와 바람에 깎여 자연스럽게
만들어진 것이다. 여기에는 한라산 신령의 옥구슬을 통해 승천하고 싶었던 용이 구
슬을 훔쳐 달아나다 분노한 신령이 쏜 활에 맞아 떨어지면서 머리만 솟아 굳었다는
전설이 깃들어 있다. 그런 용두암 또한 밤이 되면 사방에서 비추는 조명이 밤바다를
물들이는 풍경이 오묘해 낮보다는 밤에 찾는 것이 더 좋다.
　용두암에서 200m가량 떨어진 용연도 예로부터 밤의 경치가 아름다워 조선 선

비들이 뱃놀이를 하며 풍류를 즐겼던 곳이자, 지금은 제주 연인들의 밤 데이트 명소로 유명한 곳이다. 그 옛날 용의 놀이터였다는 전설이 깃든 데서 이름 붙은 용연은 병풍처럼 펼쳐진 기암절벽 사이에 폭 파묻힌 연못으로 이곳을 가로지르는 구름다리도 일몰 후 은은한 조명이 들어와 운치 만점이다. 아울러 용두암에서 공항 뒤편으로 연결된 용담해안도로와 용두암에서 이호해수욕장에 이르는 해안도로는 카페촌이 형성되어 낭만적인 야간 드라이브 코스로 인기가 높다.

|▥ 제주 러브랜드
관람 시간 오전 9시~오후 10시 입장료 12,000원 문의 064-712-6988

|▥ 성산일출봉
관람 시간 오전 7시~오후 8시(매표 마감 오후 7시) 입장료 어른 5,000원, 청소년·어린이 2,500원 문의 064-783-0959

그런가 하면 제주 시내에서 가까운 제주 러브랜드는 성을 주제로 한 야외 조각공원으로 미성년자는 입장 불가인 성인만을 위한 공간이다. 탁 트인 광장에 남녀의 노골적인 성행위를 묘사한 조각품이 곳곳에 설치되어 있는데, 기발한 문구로 성을 표현해 외설적이라기보다 웃음이 먼저 나오는 재미있는 곳이다. 주제가 그렇듯 훤한 대낮보다는 은은한 조명이 비치는 밤에 가는 것이 제격이다. 들어서자마자 가장 눈길을 끄는 것은 입구 왼편에 자리한 다양한 종류의 수도꼭지. 건장한 남자, 뚱뚱하고 땅딸막한 남자, 비쩍 마른 할아버지 등 저마다 다른 인체 조각품 아랫도리에 달린 수도꼭지는 체격에 따라 크기도 제각각이다. 그 옆에는 '골라먹는 재미'라는 문구가 붙어 있다. 대부분 이 앞에서 멋쩍어 하면서도 수도꼭지를 틀거나 기념 촬영을 하는 이들이 많다. '색을 밝히는 뚱녀 아내'와 '밤이 무서운' 비쩍 마른 남편이 빚어내는 해학적인 작품들도 낯 뜨겁기보다는 오히려 웃음을 자아낸다. '외로운 여인의 휴식처'라 불리는 누드 남성 의자, 묘한 신음 소리와 함께 들썩이는 자동차도 재미있다. 더 재미있는 것은 젊은이들보다 오히려 나이 든 사람들이 쑥스러워한다는 점이다.

또한 제주도 동쪽 끝에 돌출해 있는 성산일출봉은 해돋이 명소로 유명하지만 밤 풍경도 일품이다. 낮에 보는 맛과 달리 일몰 후 산책로를 따라 은은한 조명등이 줄줄이 불을 밝혀 분위기 있게 야간 산책을 즐길 수 있다. 특히 산책로 초입 왼쪽으로 이어진 나무데크길을 따라 들어가면 컴컴한 바다에서 환한 불을 밝힌 채 둥둥 떠 있는 한치잡이 배의 풍경이 독특하다.

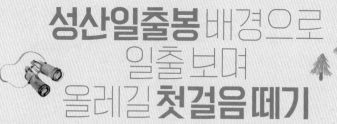

성산일출봉 배경으로 일출 보며 올레길 첫걸음 떼기

🚌 **대중교통** 제주공항에서 101번 버스 타고 세화환승정류장에서 내려 201번 버스로 갈아탄 후 시흥리 하차. 버스정류장에서 올레길 1코스 출발점인 시흥초등학교까지 도보 3분.

⭐ **Tip** 올레길을 걸으려면 대중교통을 이용하는 것이 훨씬 편하다.

스페인에 산티아고길이 있다면 우리에게는 제주 올레길이 있다. 2007년 첫선을 보인 제주 올레길은 전국에 걷기 열풍을 일게 한 주인공이자 일본 '규슈 올레길'의 스승이 됐다. '올레'는 집에서 큰길까지 연결되는 골목 같은 길을 일컫는 제주말이다. 이는 제주 전역을 실핏줄처럼 연결하는 길이기도 하다. 그만큼 제주도의 숨겨진 속살을 속속들이 엿볼 수 있다.

해를 거듭하며 퍼져 나간 올레길은 이제 제주도 본섬을 한 바퀴 돌고 인근 섬 길까지 아우르는 대장정 코스가 되었다. 올레길 곳곳에는 간세와 화살표, 리본 등이 길의 방향을 알려 준다. 간세는 제주의 상징인 조랑말을 일컫는 것으로 게으름뱅이란 뜻의 제주어 '간세다리'에서 비롯된 명칭이다. 26개 코스로 나뉘어 400km를 훌쩍 넘긴 올레길을 작정하고 한 번에 완주하는 이들도 있지만 사실상 시간적으로나 체력적으로나 쉬운 일은 아니기에 대부분의 사람은 수차례에 걸쳐 제주를 찾아 올레길을 이어 걷는다.

제주의 초원을 꼬닥꼬닥(느릿느릿) 걸어가는 간세처럼 느긋하게 걸으며 제주 특유의 오름과 마을, 바다의 참멋을 음미하는 올레길은 코스마다 색다른 매력을 보여 주듯 들어서는 발걸음도 제각각이다. 누군가는 혼자 걷고, 누군가는 가족과 함께, 누군가는 친구들과 함께 걷는다. 그 길에서 누군가는 인생 친구를 만나고, 누군가는 인연을 만나기도 한다. 걸음 여행자들을 위한 제주 올레길은 느리게 걷는 만큼 마음의 여유를 얻는 길이다. 누군가에게는 과거를 돌아보는 길이 되고, 누군가에게는 새

1,2 성산일출봉으로 접어드는 야트막한 '시의 언덕'은 걷는 자가 아니면 결코 맛볼 수 없는 풍경을 보여 준다.

로운 미래를 여는 길이 된다. 또한 누군가에게는 아픔을 이겨 내는 치유의 길이 되기도 한다.

멀고도 먼 걸음 여정이긴 하지만 '시작이 반'이라 했다. 우선 제주에서 가장 먼저 열린 1코스부터 첫걸음을 떼는 게 중요하다. 특히 세계문화유산으로 지정된 성산 일출봉을 배경으로 떠오르는 일출을 맞이하며 시작하는 발걸음이라면 더욱 의미 있다. 성산읍 시흥리에 위치한 시흥초등학교 옆에서 출발해 말미오름과 알오름을 거쳐 해안길을 지나고, 성산일출봉 인근의 광치기해변까지 이어지는 1코스 거리는 15.6km다. 초입에 오르막길이 약간 이어지지만 이후로 내내 평탄한 길로 4~5시간 정도 걸린다. 이른 아침에 출발하려면 행여 혼자 왔더라도 동행을 구해 같이 움직이는 것이 안전하다.

제주 올레의 첫 마을인 시흥리길 초입은 얼기설기 이어진 돌담 안에 당근과 배추로 가득한 밭길이다. 파릇한 이파리들이 검은 돌과 어우러져 더욱 싱그러워 보이는 밭길을 따라 오르다 보면 잠시 쉬어갈 수 있는 정자가 있다. 올레길 첫 출발지에서 각자의 소망을 남기는 소망쉼터. 이곳을 지나 지그재그 이어지는 산길을 올라 말미오름으로 향하는 능선길에서는 성산일출봉과 바다, 마을이 어우러진 풍경이 한눈에 들어온다. 이곳에서 내려다보는 시흥리 들판은 돌담 안의 채소밭들이 다닥다닥 붙어 있는 모습이 마치 색색의 천을 이어 붙인 조각보를 펼쳐 놓은 듯 아름답다.

바로 이곳이 성산일출봉을 배경으로 떠오르는 일출을 볼 수 있는 포인트다.

말미오름에서 내려와 아늑한 느낌의 분지를 통과해 다시 한 굽이 언덕을 오르면 덩그러니 서 있는 소나무와 키 작은 꽃들로 가득한 풍경이 꽤나 서정적이다. 이곳이 바로 성산포와 우도, 한라산을 비롯해 제주 동부의 오름들을 한눈에 볼 수 있는 알오름이다. 알오름을 지나 숲길을 따라 내려오면 돌담에 둘러싸인 밭들과 옹기종기 보인 집들이 평화로워 보이는 마을길이 펼쳐진다.

마을을 빠져나와 해안일주도로 건너 종달초등학교를 끼고 안쪽으로 들어가면 척박한 땅에 농사를 지을 수 없어 바닷물을 가마솥에 끓여 소금을 만들었다는 종달리 소금밭이 나온다. 소금밭 안쪽의 한적한 해변길은 성산까지 이어진다. 성산여객선터미널 앞, 야트막한 언덕길은 말미오름과 알오름에 이어 걷는 자가 아니면 결코 맛볼 수 없는 풍경을 선사한다. 코앞에 우뚝 선 성산일출봉과 마주하고 있는 우도는 하늘에서 보면 소가 누워 있는 듯한 모습이라 하여 붙은 이름이지만 이 길목에서 보는 우도는 긴 코브라 한 마리가 바다에 누워 있는 듯한 형상이다.

이곳은 또한 성산일출봉과 바다를 섬세하고 재미있게 표현한 이생진 시인의 주옥같은 시들이 담겨 있는 '시의 언덕'이기도 하다. 아름다운 풍광과 주옥같은 시들을 마음에 담으며 성산일출봉을 돌아 나오면 썰물 때면 드러나는 암반이 평야처럼 넓다 하여 이름 붙은 광치기해변을 끝으로 1코스가 마무리되지만 올레길은 계속된다. 모든 도전은 아름다운 것이다. '올레 한 바퀴'를 하나의 도전 과제로 삼아 틈틈이 이어가다 보면 아름다운 풍광 가득한 그 길 끝에서 소소한 행복을 찾을 수 있는 소중한 여정이 될 것이다.

한라산국립공원

남한 '최고봉'에 오르기

🚗 **자동차 내비게이션**
- ❶ 어리목탐방지원센터(제주도 제주시 1100로 2070-61)
- ❷ 영실통제소(제주특별시 서귀포시 영실로 500)
- ❸ 성판악탐방안내소(제주도 제주시 조천읍 516로 1865)
- ❹ 관음사지구탐방지원센터(제주도 제주시 산록북로 588)

🚌 **대중교통**
- ❶ **성판악 탐방로** 제주공항에서 181번 버스 타고 성판악(서) 하차
- ❷ **관음사 탐방로** 제주공항에서 112번 버스 타고 제대마을(북) 에서 내려 475번 버스로 환승해 관음사 탐방로 입구 하차

제주도 하면 가장 먼저 떠오르는 곳 중 하나가 바로 한라산이다. 그도 그럴 것이 한반도 최남단에 위치한 한라산은 해발 1,950m로 제주도를 넘어 남한 최고봉의 위엄을 보이는 산이기 때문이다. 한라산이란 명칭도 손을 들어 올리면 은하수를 잡을 수 있을 만큼 높은 산이라는 의미에서 붙여진 것이다. 예로부터 백두산, 지리산과 더불어 우리나라 3대 영산 중 하나로 꼽는 한라산을 두고 《택리지》의 저자 이중환은 '신선이 노니는 곳'이라고 일컫기도 했다. 한라산 정상에 움푹 팬 백록담이 '흰 사슴 연못'이란 의미 또한 그 옛날 한라산 신선들이 타고 다니던 흰 사슴들에게 이곳의 물을 먹였다는 전설에서 유래된 것이다.

제주도 한복판에 우뚝 솟은 한라산은 보는 방향에 따라 제각각 다른 얼굴을 보이지만 제주 어디서든 그 모습을 숨기지 못하는 산이다. 제주시에서 보면 웅장하게 치솟은 봉우리가 듬직한 아버지 같은 모습인가 하면, 반대편 서귀포시에서 보면 모든 것을 품어 주는 푸근하고 부드러운 어머니 같은 모습이다. 화산 분출로 생성된 휴화산으로 대부분 현무암으로 덮여 있는 한라산에는 기생화산인 숱한 '오름'들까지 곳곳에 숨어 있어 속살도 다채롭다.

해발고도에 따라 아열대식물, 온대식물, 한대식물, 고산식물 등 다양한 식생 분포를 보이는 것 또한 한라산만의 특징이다. 그 가치를 인정받아 일찌감치 유네스코 세계자연유산으로 등재된 한라산에는 자생하는 식물의 종류가 무려 1,800종이 넘는다. 지리산의 두 배가 넘는 수치로 그야말로 산 자체가 하나의 거대한 식물원인 셈이다. 2016년 여름에는 백록담 부근에서 세상에서 가장 키 작은 관목이자 멸종위기 1급 희귀야생식물로 지정된 돌매화나무 군락지가 발견돼 화제가 되기도 했다. 이는 지금까지 국내에 알려진 자생지 중 최대 규모다.

그런 한라산은 비록 귀한 식물이 아니라도 봄에는 진달래와 철쭉이 발그스름하게 물들이는 풍광이 아름답고 화려한 자태의 가을 단풍은 물론 겨울 설경에 이르기까지 철 따라 바뀌는 형형색색의 절경이 일품이다. 오로지 그 한라산 등반을 위해 제주를 찾는 사람들도 많지만 일반적인 제주 여행에서 한라산에 오르는 이들은 그리 많지 않다. 물론 만만치 않은 높이의 산을 오르는 건 녹록치 않은 발걸음이다. 그러나 일생에 한 번쯤은 국내 최고봉이라는 상징적인 의미와 식물의 보고로 명성이 높은 한라산에 올라보는 것도 의미 깊은 일이다.

성판악 탐방로에서 마주하게 되는 진달래 밭.

한라산 탐방로는 여러 갈래다. 그중에서도 어리목, 영실, 성판악, 관음사 탐방로가 대표적인데, 백록담 정상까지 오를 수 있는 곳은 성판악과 관음사 코스 두 곳뿐이다. 성판악 탐방로(9.6km)는 가장 긴 코스이긴 하나 등산로가 비교적 완만해 정상 등산을 하는 사람들이 가장 선호하는 곳이다. 특히 입구에서 진달래 밭까지 이르는 7km가량의 길은 산책로라 해도 좋을 만큼 길이 평탄하고 숲이 우거져 부담 없이 걷기에 좋다. 하지만 진달래 밭을 지나면 백록담까지 길이 좀 더 가팔라져 한동안 오르는 수고를 감안해야 한다. 반면 한라산 북쪽 코스인 관음사 탐방로(8.7km)는 계곡이 깊고 산세가 웅장해 한라산의 진면목을 볼 수 있지만 길이 가팔라 성판악 코스 등반객들이 하산 코스로 애용한다.

그런가 하면 서남쪽 영실 탐방로(5.8km)는 비록 정상인 백록담에 오르지 못하는 코스지만 숲길과 계곡을 지나 기암괴석이 멋스럽게 펼쳐진 병풍바위를 비롯해 정상 코밑에서 한라산의 아름다운 산세를 볼 수 있다는 것이 장점이다. 걷는 길이도 상대적으로 짧은 데다 비교적 길도 편해 초보자도 무난하게 오를 수 있는 이 코스는 철쭉으로 가득한 봄 풍경도 좋지만 특히 겨울 설경이 일품이다. 한라산 서북쪽에서 오르는 어리목 코스(6.8km) 또한 영실 코스와 더불어 인기 있는 등반 코스로 사제비동산을 지나 해발 1,500~1,600고지인 만세동산으로 이어지는 길목에 파노라마처럼 펼쳐지는 풍광이 시원하다.

　한 몸이면서도 저마다 다른 풍경을 보여 주는 한라산은 고도에 따라, 위치에 따라 날씨도 제각각이다. 한라산 날씨를 두고 '신만이 아는 비밀'이란 말이 돌기도 하는 건 그만큼 기후 변덕이 심하기 때문이다. 맑아도 한라산 정상 날씨는 험악한 경우가 많다. 구름 한 점 없이 맑은 날에도 막상 정상인 백록담에 오르면 구름이 잔뜩 끼어 사방이 오리무중인 경우도 부지기수니 그럴 만도 하다. 하지만 그 자체만으로도 신비롭고 운 좋게 쨍한 하늘을 만나 정상에서 내려다보는 제주도는 어디에서도 맛볼 수 없는 풍광이니 이래저래 기억에 남는 산행이 될 것이다.

⊕ 한라산 입산 시간

_{플러스} 당일 등산을 원칙으로 하는 한라산은 계절에 따라 각 탐방로별로 입산 통제 시간이 적용되므로 사전에 확인하는 것이 필수다.

어리목-영실 탐방로
어리목·영실 탐방로 입구 입산 통제 시간 (1, 2, 11, 12월) 낮 12시, (3, 4, 9, 10월) 오후 2시, (5-8월) 오후 3시, 윗세오름 통제 시간 (1, 2, 11, 12월) 오후 1시, (3, 4, 9, 10월) 오후 1시 30분, (5-8월) 오후 2시 **문의** 어리목(064-713-9950), 영실(064-747-9950)

성판악-관음사 탐방로
성판악·관음사 탐방로 입구 통제 시간 (1, 2, 11, 12월) 낮 12시, (3, 4, 9, 10월) 오후 12시 30분, (5-8월) 오후 1시(성판악 진달래 밭 통제소와 관음사 삼각봉 통제소 또한 탐방로 입구 통제 시간과 같으므로 정상에 오르려면 적어도 오전 9시 이전에 탐방로 입구에 들어서야 한다) **문의** 성판악(064-725-9950), 관음사(064-756-9950)

남태평양같은 이국적인해변과 야자수즐기기

🚗 **자동차 내비게이션** 한림공원(제주 제주시 한림읍 한림로 300)

🚌 **대중교통** 제주공항에서 102번 버스 타고 애월환승정류장에서
내려 202번 버스로 갈아탄 후 한림공원 하차

'노는 바다'도 좋지만 '보는 바다'맛이 더 좋은 협재해수욕장.

　제주 출신의 한 시인이 쓴 시 〈제주 바다〉에는 '제주 사람이 아니고는 진짜 제주 바다를 알 수 없다.'는 글귀가 있다. 사시사철, 아침저녁이 다르고, 맑은 날, 흐린 날, 비오는 날, 바람 부는 날에 따라 다른 모습을 보여 주는 제주 바다는 시인의 말처럼 제주 사람이 아니고는 진짜 제주 바다를 알 수 없다. 스쳐 지나는 이에게는 낭만 바다지만 시인의 제주 바다는 어머니의 눈물이 스며 있는 삶의 바다요, 어린 시절 유일한 놀이터였다. 그 바다를 찬찬히 들여다보는 건 아름다운 풍경을 넘어 제주 사람들의 삶을 들여다보는 여정이기도 하다.

　동해는 시원하고 서해는 포근하다면 제주 바다는 설렘을 안겨 준다. 해외 관광객들이 한국에서 가장 가고 싶은 곳으로 제주도를 꼽는 건 아름다운 해안 때문이라 한다. 수백 km에 달하는 제주 해안선을 따라가다 보면 저마다 독특한 매력을 뽐내는 해변을 줄지어 만나게 된다. 곳곳에 에메랄드 빛을 머금은 이국적인 바다는 마치 남태평양의 어느 섬에 와 있는 것 같은 설렘을 안겨 주고, 검은 현무암으로 뒤덮인 해안가는 제주도에서만 볼 수 있는 풍경이다.

　그중에서도 제주 북서부 지역인 한림읍에 펼쳐진 협재해수욕장은 제주에서도 아름답기로 이름난 해변이다. 제주 사람들이 으뜸으로 꼽는 이 해변은 미국 CNN도 '한국의 아름다운 절경' 중 하나로 소개한 바도 있다. 하긴 짙은 청녹색과 코발트

1 한림공원 안에 숨어 있는 250만여 년 전의 용암동굴.
2 이국적인 야자수가 가득한 한림공원은 볼거리도 아주 다양하다.

빛, 에메랄드 빛이 절묘하게 섞인 바다색은 세계 어디에 내놔도 뒤지지 않는 풍경이다. 무엇보다 수심에 따라, 햇살의 움직임에 따라 시시각각 변하는 물빛이 예술로 눈길 닿는 곳 모두가 한 폭의 그림이요, 한 장의 엽서 같은 풍경을 자아낸다. 다양한 색깔의 바닷물은 너무나 맑고 투명해 발을 담그기가 미안할 정도다. 거기에 저마다 소원을 담아 빼곡하게 쌓아올린 까만 돌탑들은 이색적인 풍광을 안겨 주고 코앞에 떠 있는 비양도는 그 해변에 아기자기함까지 보태 준다.

바람에 찰랑대는 물빛이 짙어질수록 곱디고운 백사장은 햇빛에 반짝이며 더욱 더 하얗게 보여 마치 설탕가루를 뿌려 놓은 것 같다. 수심도 얕고 모래도 곱고 풍광도 좋은 이 해변은 여름철 피서지로 인기 만점인 것은 당연지사다. 하지만 피서객으로 몸살을 앓는 여름에는 아무래도 그림 같은 해변의 매력을 온전히 보기가 쉽지 않다. 이곳은 '노는 바다'도 좋지만 '보는 바다'가 제격이기 때문이다.

두 가지 맛을 모두 보고 싶다면 9월 즈음이 적당하다. 요즘의 9월은 가을이라 하기가 조금 애매하다. 아침저녁 한풀 꺾인 더위가 여름을 살짝 밀어낸 듯싶지만 한낮의 햇살은 여전히 한여름처럼 따갑고 강렬해 문득문득 바닷물에 풍덩 뛰어들고 싶게 한다. 그러나 막상 몸을 담그면 여름 물과 다른 서늘한 기운에 선뜻 들어서기 힘든 게 이맘때 해변이다. 피서객이 썰물처럼 빠져나간 육지의 해변 대부분이 이젠 '노는 물'이 아닌 '보는 물'로 변하지만 긴 여름

📑 **한림공원**
관람 시간 오전 9시~오후 5시 30분 (6~8월 오후 6시, 11~2월 오후 4시 30분) 입장료 어른 15,000원, 청소년 10,000원, 어린이 9,000원
문의 064-796-0001

끝을 가장 끈질기게 붙잡고 있는 제주 해변은 몸으로도 즐기고 눈으로도 즐기기에 안성맞춤이다.

협재해변이 철 지난 바닷가의 눈요기로 인기를 끄는 건 해변 앞에 더불어 둘러보기에 좋은 한림공원이 있기 때문이다. 이국적인 정취가 물씬 풍겨 나는 야자수 산책로와 울창한 송림으로 둘러싸인 한림공원은 다양한 종류의 꽃과 나무가 사계절 내내 싱그러움을 안겨 주는 곳이다. 뿐만 아니라 공원 내에는 250만여 년 전에 한라산 일대 화산이 폭발하면서 생성된 용암동굴인 협재굴과 쌍용굴을 비롯해 제주도 자생식물과 워싱턴야자, 종려나무, 선인장 등 타 지역에서는 좀처럼 보기 힘든 남국의 열대식물과 동물들로 가득한 아열대식물원, 제주석분재원, 재암민속마을, 산야초원, 수석전시관, 연못정원 등이 아기자기하게 자리해 볼거리가 다양하다.

⊕ **비양도**

플러스

협재해수욕장 코앞에 보이는 비양도는 한림항에서 배로 15분 남짓 걸리니 마음만 먹으면 훌쩍 다녀오기에 좋다. 자동차는커녕 경운기조차 없어 호젓하기 그지없는 비양도는 섬 가장자리를 따라 걷기 좋은 산책로가 조성되어 가볍게 산책하기에 좋다. 해안을 돌다 보면 독특한 형태의 연못인 '펄랑못'과 선인장, 일명 '애기 업은 돌'을 비롯해 기이한 화산석들이 즐비해 보는 맛도 아기자기하다. 섬 안에 봉긋하게 솟은 비양봉 정상에 오르면 한라산을 품은 제주 본섬이 한눈에 들어오는 풍광이 일품이다.
한림항-비양도 배 하루 4회 운항(계절에 따라 증편) **배편 문의** 064-796-7522